高职高专"十三五"规划教材

实用
药物制剂技术

第二版

杨凤琼　兰小群　主编

化学工业出版社

·北京·

内 容 提 要

《实用药物制剂技术》(第二版)依据高职高专"项目导向和任务驱动教改"的改革思路,采用实训操作任务为实例的模式编写而成。内容选取对应于药品生产企业药物制剂生产操作岗位的职业活动,重点阐述了药物制剂工作依据及基本技术,液体类制剂、固体类制剂、半固体类制剂、其他类制剂制备技术,包合技术、微囊化技术等药物制剂新技术,以及药物制剂综合技术。本书按照"必需、够用"的原则融合理论和实践知识,为扩大学生的知识面并帮助学生自我检测,还设置有"拓展知识""达标检测"内容。书中还安排有供学生自主设计和操作的综合实训,利于培养学生的实践能力和创新思维能力。同时配备电子课件与达标检测题答案,以二维码形式呈现。

本书可作为高职高专类院校药学、药品生物技术、中药生产与加工、药品质量与安全等专业以及相关专业师生的教学用书,也可作为行业从业人员的岗位培训教材和参考书。

图书在版编目(CIP)数据

实用药物制剂技术/杨凤琼,兰小群主编. —2版. —北京:化学工业出版社,2020.6(2022.9重印)
高职高专"十三五"规划教材
ISBN 978-7-122-36561-3

Ⅰ.①实… Ⅱ.①杨…②兰… Ⅲ.①药物-制剂-技术-高等职业教育-教材 Ⅳ.①TQ460.6

中国版本图书馆 CIP 数据核字(2020)第 052543 号

责任编辑:章梦婕 李植峰 迟 蕾　　　　装帧设计:关 飞
责任校对:李雨晴

出版发行:化学工业出版社(北京市东城区青年湖南街 13 号　邮政编码 100011)
印　　刷:北京云浩印刷有限责任公司
装　　订:三河市振勇印装有限公司
787mm×1092mm　1/16　印张 18½　字数 514 千字　2022 年 9 月北京第 2 版第 2 次印刷

购书咨询:010-64518888　　　　　　　售后服务:010-64518899
网　　址:http://www.cip.com.cn
凡购买本书,如有缺损质量问题,本社销售中心负责调换。

定　价:54.00 元

《实用药物制剂技术》（第二版）编写人员

主　　编　杨凤琼　兰小群

副主编　李艳艳　丁沐淦

编　　者　（按照姓名笔画排列）

丁沐淦（广东岭南职业技术学院）

兰小群（广东岭南职业技术学院）

李艳艳（广东岭南职业技术学院）

杨凤琼（广东岭南职业技术学院）

张颖梅（广东岭南职业技术学院）

周林平（四川理工技师学院）

秦春梅（广东岭南职业技术学院）

袁　娴（广东岭南职业技术学院）

舒洁倩（广东岭南职业技术学院）

前　言

国务院《国家职业教育改革实施方案》提出针对高等职业教育培养高素质技术技能型人才的定位及培养目标。《实用药物制剂技术》（第二版）本着落实该文件精神的原则，将"坚持知行合一、工学结合"作为教材编写的指导思想，在一版教材的基础上进行修订。

本教材为广东省精品资源共享课《实用药物制剂技术》实施"项目导向、任务驱动"教学改革的配套教材，是课程建设与教材编写过程中不断探索与改革的成果。同以往同类教材相比，本教材具有如下特点。

1.本教材以"必需、够用"为原则，确定相关应用知识，整合、序化教学内容，突出职业技能的培养，学生能够学以致用，实习、毕业后能快速胜任制剂岗位工作。基于药品生产企业药物制剂生产操作这一岗位的职业特点，划分出六大教学模块：药物制剂工作依据及基本技术、液体类制剂制备技术、固体类制剂制备技术、半固体类制剂制备技术、其他类制剂制备技术、药物制剂新技术。此外，还安排了一个贯穿整个教学过程的制剂综合技术模块，将课程总目标落实到各个教学模块中。

2.每个模块又由若干项目组成，每一项目以各剂型典型实例制备操作技术为核心，以相关知识、必需知识、拓展知识为依托整合教学内容，教材编排有利于实施项目导向和任务驱动方式的教学改革，以强化学生职业能力和自主学习能力。

3.实训操作任务既有常规剂型的制备，如丸剂、散剂、颗粒剂、片剂、栓剂、软膏的制备；又有新剂型制备和制剂新技术的应用，如包合技术、微囊化技术等。每一项目根据具体的工作任务配以所需的相关知识、必需知识、拓展知识，并配以达标检测题检查学生学习情况。教材还安排有贯穿整个教学内容的供学生自主设计、自主完成的综合实训，使学生在动手实践能力训练提高的同时，培养其科学创新性思维。

4.本教材融理论与实践一体化，"教、学、做"结合。具体施教时，各学校根据自身教学条件可采用理论与实践一体化方式，学生能够在"做中学，学中做"；也可作为理论教材，以具体的实训操作任务为案例，以案例式教学模式组织课堂教学。

5.本教材根据近年国家新颁布的一系列相关法规（如 GMP、GSP、GCP 等）、《中华人民共和国药典》《药品管理法》，以及相关药品标准等进行了整体更新修订。

本教材中，项目一、项目二、项目三由杨凤琼编写，项目四由袁娴编写，项目五由张颖梅编写，项目六、项目七由兰小群编写，项目八、项目十二由李艳艳编写，项目九、项目十由舒洁倩编写，项目十一、项目十三、项目十五由丁沐淦编写，项目十四、项目十六由周林平编写，项目十七由秦春梅编写。

本教材可作为高职高专药学类专业（包括药学、药品生物技术、中药生产与加工、药品质量与安全）使用，也可供药学类专业人员作为培训教材使用。如有疏漏不足之处，恳请广大读者批评指正。

杨凤琼

2020 年 3 月

第一版前言

教育部《关于全面提高高等职业教育教学质量的若干意见》(教高【2006】16 号)第五条明确提出"大力推行工学结合,突出实践能力培养,改革人才培养模式"。《实用药物制剂技术》本着落实 16 号文件精神,针对高等职业教育培养技术性专门人才的定位及培养目标,将"以就业为导向,重视教学过程的实践性、开放性和职业性,走工学结合道路,培养高素质技能型人才"作为教材编写的指导思想。以"必需、够用"为原则,确定相关应用知识,整合、序化教学内容,突出职业技能的培养,使学生毕业后能适应并胜任药物制剂生产岗位工作。

本书可作为高职高专药学类专业(包括药物制剂、药学、化学制药、生物制药、中药制药)师生的教材,也可供药学类专业人员作为培训教材使用。与以往同类教材相比,本教材在编写中有如下特点。

1. 本教材基于药品生产企业药物制剂生产操作这一岗位的职业活动,划分出六大教学模块。即:①药物制剂工作依据及基本技术;②液体类制剂制备技术;③固体类制剂制备技术;④半固体类制剂制备技术;⑤其他类制剂制备技术;⑥药物制剂新技术。此外,还安排一个贯穿整个教学过程的药物制剂综合技术模块,将课程总目标落实到各个教学模块中。

2. 每个模块又由若干项目组成,每一项目以各剂型典型实例制备操作技术为核心,以与其相关知识、必需知识、拓展知识为依托整合教学内容,教材编排有利于实施项目导向和任务驱动方式的教学改革,以强化学生职业能力和自主学习能力。

3. 实训操作任务既有常规剂型的制备,如丸剂、散剂、颗粒剂、片剂、栓剂、软膏的制备;又有新剂型的制备和制剂新技术的应用,如包合技术、微囊化技术等。每一项目根据具体的工作任务配以所需的相关知识、必需知识、拓展知识,并设置有达标检测题以便于学生自我检测。还安排有贯穿整个教学内容、供学生自主设计和自主完成的综合实训,使学生在提高动手实践能力的同时,培养其创新思维能力,体现了科学性、时代性和适用性。

4. 本教材融理论与实践一体化,"教、学、做"相结合。具体施教时,各学校可根据自身教学条件灵活采用书中的体验式教学模式组织课堂教学,使学生在"做中学,学中做";也可按实训操作任务,以案例式教学模式组织课堂教学。

目前,我国的高职高专教学改革如火如荼,教材编写也正处于探索发展阶段,《实用药物制剂技术》是项目化改革过程中教材编写工作的尝试,因编写经验有限,书中难免存有偏差和不妥之处,敬请广大读者批评指正。

杨凤琼

2009 年 6 月

目　录

模块三 固体类制剂制备技术

模块四 半固体类制剂制备技术

模块五　其他类制剂制备技术

模块六　药物制剂新技术

模块七　药物制剂综合技术

《实用药物制剂技术》学习说明

一、课程的性质、地位和任务

1. 课程性质和地位

药物制剂技术是研究各剂型生产制备技术的一门综合性技术科学，简而言之，它是以药用剂型和药物制剂为研究对象，以用药者获得理想的药品为研究目的，而去研究一切与药物原料加工成制剂成品有关内容的科学。其宗旨是制备安全、有效、稳定、使用方便的药物制剂。

实用药物制剂技术是药学类专业（包括药物制剂、药学、化学制药、生物制药、中药制药）的主要专业课，是与医药工业及实际应用最接近的一门课程。剂型的发展初期只是为了适应给药途径而设计的形态，新剂型与新技术的发展使制剂具有功能或制剂技术的含义，如缓释及控释制剂、靶向制剂、包合技术、脂质体技术制剂、生物技术制剂、微囊化技术制剂等，从而发展了药物的传递系统（drug delivery system，DDS）。药物剂型的先进程度在某种程度上反映一个现代化工业国家的综合国力，在医药工业乃至国民经济中占有不容忽视的地位。

2. 课程的任务

课程基本任务是将药物制成适于临床应用的剂型，并能批量生产，具有有效性、安全性、稳定性、均一性的药品。课程的具体任务可概述如下。

（1）学习和应用制剂基本理论　制剂的基本理论系指药物制剂的生产制备技术、工艺管理技术等方面的基本理论。学习制剂基本理论，并将之应用于具体制剂操作中，为将来从事与药物制剂相关的生产工作打下坚实的基础是本课程的主要任务。

（2）学习和应用新剂型和新技术　生物技术药物制剂以及普通剂型（如片剂、胶囊剂、溶液剂、注射剂等）很难完全满足高效、速效、长效、低毒、低副作用，近几年来蓬勃发展的包合技术、微囊化技术、脂质体技术、球晶制粒技术、包衣技术、缓释及控释技术、纳米技术、生物技术等为新剂型的开发、新制剂品种的增加及制剂质量的提高奠定了良好的技术基础。但有些技术欠完善、难度大、成本高，有待进一步发展。因此，积极开发新剂型和新技术是当前药品科研单位和生产企业研究的一个重要任务，而学习并应用新剂型和新技术是当前本课程的目的所在。

（3）了解和应用药用新辅料相关知识　药用辅料的开发和应用在剂型设计、特别是新剂型设计中起十分关键的作用。因为处方设计是剂型和制剂成败的关键，制剂处方中除药物外，大量借助于各种辅料，以满足成型性、稳定性及有效性的需要。因此，了解和应用常用药用新辅料对制剂整体水平的提高具有重要意义。

（4）学习和应用中药新技术与新剂型　中药是中华民族的宝贵遗产，是中医用以防治疾病的主要武器，是中医赖以存在的物质基础，在继承和发扬中药传统剂型（丸、散、膏、丹、汤、酒、茶、曲、胶等）的同时，依靠现代先进的科学技术、方法、手段，遵循严格的规范标准，生产安全、稳定、质量可控、服用方便的新一代中药新剂型，任重而道远。

（5）了解制剂新机械和新设备　制剂生产正从机械化、联动化，向封闭式、高效型、多功能、连续化、自动化及程控化的方向发展。例如，入墙层流式注射灌装生产线、高效喷淋式加热灭菌器、粉针灌封机与无菌室组合整体净化层流装置等减少了人员走动和污染机会，溶出速度测定仪等质量监控仪器一代比一代先进。适合我国实际情况的新型制剂的机械和设备，对提高制剂质量、将制剂产品打入国际医药主流市场、赶超世界先进水平作用重大。

二、制剂实训规则

为保证实训的正常进行和培养学生优良的工作作风，确保取得实训教学的预期目标和理想效果，学生必须遵守下列实训规则。

1. 重视课前预习

实训前应仔细阅读实训指导，明确实训目的、要求、方法和操作步骤，做到心中有数，切不可实训时边看边做，以免手忙脚乱、出现差错。

2. 遵守实训纪律

不迟到，不早退，不无故缺席。实训时保持安静，不高声谈话和说笑。不吃零食，不进行与实训无关的活动，严禁吸烟。

3. 严格操作规程

按实训要求认真操作，做到态度严肃、要求严格、方法严密。切忌马虎从事，杜绝差错事故。实训用原、辅材料应名实相符并规范、准确称量。贵重仪器在使用前应首先熟悉性能与操作方法，做到用前检查、用后登记。如实准确记录实训数据与实训结果。

4. 注意安全卫生

进入实训室必须穿清洁的白色工作服。实训时，实训桌应保持整洁有序，不乱扔杂物，不随地吐痰。注意水电安全，严防火灾、中毒事故发生。实训结束后及时清洗仪器。值日生打扫好卫生，关闭水、电、门窗，经实训管理员或指导老师验收后方可离开实训室。

5. 爱护公共财物

配发的常用仪器应妥善保管存放，如有损坏，须立即报告实训指导老师，并按有关规定登记、赔偿。注意节约水、电、气，以及药品、试剂。

6. 按时完成实训报告

使用统一的实训报告本（纸），及时完成实训报告，做到格式规范，内容真实，数据可靠，结论正确，文字简练、工整，并按时上交。

三、实训报告书写要求和格式

实训报告既是实训者对特定条件下实训内容的书面概括，又是对实训原理、现象和结果的分析和总结；既是考查学生分析、总结实训资料能力和综合概括能力以及文字表达能力的重要内容，又是评定实训成绩的重要依据，也是完成实训的最后环节。

① 首先应列出实训序号和实训题目。具体内容应包括实训目的要求、处方、制法、现象和结果以及讨论小结等。

② 处方应按药典格式写出实训用原、辅材料的名称与用量，必要时进行组方原理及附加剂作用等的简要分析说明。

③ 制法项下应详述各操作方法、步骤及条件控制，要如实、准确地表述实训方法、实训条件，以及实训用原、辅材料及试剂等的实际用量等。

④ 实训现象或结果项下要客观地记录实训中观察到的有关现象及测定数据，或制成图、表等，决不可凭主观想象或简单地以书本理论代替实训结果。

⑤ 实训小结应是实训结果的概括性总结，要注意科学性和逻辑性，不要单纯地重复实训结果，也不要超出实训范围任意夸大。必要时可对实训结果或异常的原因加以分析，但不要离开实训一味抄书。同时对与实训直接相关的思考题作出简答。实训收获、教训、建议和要求等宜单列另加说明。文字务求简练、工整。实训成绩的评定一般由实训预习、实训操作、实训结果、实训报告、卫生纪律等方面组成，而实训操作和实训报告各占30％比例。实训报告应按要求及时集中上交实训指导老师评阅，拖延上交时间，将酌情扣减实训成绩。

模块一
药物制剂工作依据及基本技术

1. 教学目标

（1）基本目标　能按不同分类方法进行剂型分类；会查阅药典和利用网络搜索药事相关法规；会进行处方、处方药类别判定；能正确选择称量器具进行药品称量与量取、溶解和增溶操作，会绘制不同洁净区域人员净化程序。

（2）促成目标　具有良好的职业道德和端正的职业态度；具有获得专业药品信息的来源和查阅方法的初步能力；能合理选择增溶剂和助溶剂进行水难溶性药物的增溶和助溶操作；会不同洁净区域净化管理与日常监测。

2. 工作任务

项目一　药物制剂工作依据

（1）具体的实践操作实例1-1　查阅和使用《中华人民共和国药典》及制剂相关法定依据。

（2）具体的实践操作实例1-2　药物剂型分类。

（3）具体的实践操作实例1-3　处方药和非处方药认知训练。

项目二　药物制剂基本技术

（1）具体的实践操作实例2-1　基本操作——称、量训练。

（2）具体的实践操作实例2-2　药物的增溶与助溶操作训练。

（3）具体的实践操作实例2-3　洁净室净化管理训练。

3. 相关理论知识

（1）掌握《中华人民共和国药典》（以下简称《中国药典》）和主要药事法规的使用和查阅方法，药物剂型的分类，处方、处方药与非处方药、医师处方相关知识，药物称量方法，溶解和增溶方法，洁净室的设计、管理与空气净化技术。

（2）熟悉药物制剂相关常用术语，药物称量方法，药物溶解基本理论，表面活性剂的分类、特性，洁净室空气净化标准与测定方法。

（3）了解辅料在药物制剂中的应用和常用辅料，表面活性剂及其增溶原理，洁净室的气流和空气过滤法。

4. 教学条件要求

利用教学课件、生产视频、实例和网络等先进的多媒体教学手段，并结合实训操作训练（或案例），灵活应用多种教学方法，采用融"教、学、做"一体化模式组织教学。

药物制剂工作依据

【实践操作实例 1-1】 查阅和使用《中国药典》及制剂相关法定依据

1. 查阅工具

(1)《中国药典》；(2) 网络。

2. 操作内容

(1) 按照如下提示分组查阅《中国药典》并写明出处及查阅结果。

顺序	查阅项目	药典页数	查阅结果
1	甘油的相对密度	____部____页	
2	眼用制剂质量检查项目	____部____页	
3	葡萄糖注射液规格	____部____页	
4	微生物限度检查法	____部____页	
5	盐酸吗啡类别	____部____页	
6	热原检查法	____部____页	
7	密闭、密封、冷处、阴凉处的含义	____部____页	
8	甘草性状	____部____页	
9	伤寒疫苗的成品检定内容	____部____页	
10	甘草浸膏制备方法	____部____页	
11	丸剂重量差异检查方法	____部____页	
12	流浸膏剂制备方法	____部____页	
13	细粉	____部____页	
14	吲哚美锌制剂项目	____部____页	
15	滋心阴口服液的含量测定法	____部____页	
16	人用狂犬疫苗的禁忌	____部____页	

(2) 网络搜索 GMP、GLP、GSP 等相关制剂法定依据，熟悉有关内容。

【评析】

药典（pharmacopoeia）是一个国家记载药品标准、规格的法典，具有法律约束力。药典中收载药效确切、副作用小、质量较稳定的常用药物及制剂，作为药品生产、检验与使用的依据。

医药商品在其生产、经营和销售的全过程中必须采取严格措施，才能从根本上保证医药商品质量。我国推行 GMP、GSP、GUP、GLP、GCP 这些法规就是保证人们用药安全有效的重要保证。

【实践操作实例 1-2】 药物剂型分类

1. 器材与药品

实训室现有制剂产品或多媒体视频制剂产品。

2. 操作内容

分别按形态、分散系统、给药途径、制法对给出的制剂产品进行分类。

【评析】

药物剂型可按形态、分散系统、给药途径、制法进行分类，剂型分类方法各有特点，但均不完善或不全面，各有其优点和缺点。因此，一般根据医疗、生产实践、教学等方面的长期沿用习惯，采用综合分类的方法进行剂型分类。

【实践操作实例 1-3】 处方药和非处方药认知训练

操作内容：判定下列药品是属于处方药还是非处方药，并说明处方药和非处方药的区别。

①乙酰谷酰胺氯化钠注射液；②头孢氨苄胶囊；③庆大霉素参麦颗粒；④小儿阿司匹林散剂；⑤氨苄西林；⑥利多卡因注射剂；⑦维生素 C 片；⑧奥美拉唑胶囊；⑨消炎止咳片；⑩牛磺酸胶囊。

【评析】

处方系指医疗和生产部门用于药剂调制的一种重要书面文件，分为法定处方、医师处方、协定处方、生产处方等。《中华人民共和国药品管理法》规定了"国家对药品实行处方药与非处方药分类管理制度"，这也是国际上通用的药品管理模式。处方药和非处方药不是药品本质的属性，而是管理上的界定。无论是处方药，还是非处方药都是经过国家食品药品监督管理部门批准的，其安全性和有效性是有保障的。

Ⓡ 相关知识

一、常用术语及含义

1. 剂型

药物经加工制成的适合于疾病的诊断、治疗或预防需要的不同给药形式称作药物剂型，简称剂型。一般是指药物制剂的类别，如散剂、颗粒剂、胶囊剂、片剂、溶液剂、乳剂、混悬剂、注射剂、软膏剂、栓剂、气雾剂等。根据药物的使用目的和药物的性质不同，可制备适宜的不同剂型；剂型不同，给药方式不同，则药物在体内的行为也不同。不同的药物可以制成同一剂型，如利巴韦林（病毒唑）片、阿司匹林片等；同一种药物也可制成多种剂型，如甲硝唑（灭滴灵）片、甲硝唑胶囊、甲硝唑栓、甲硝唑注射液等。

2. 药物制剂及制剂学

根据药品标准或其他适当处方，将原料药物按某种剂型制成具有一定规格的药剂称为药物制剂，简称制剂。也可以说各种剂型中的具体药品，如维生素 C 片、中性胰岛素注射液等。而且把制剂的研制过程也称制剂。制剂可直接用于临床治疗或预防疾病，也可作为其他制剂或方剂的原料，如甘草流浸膏、阿片酊等。制剂主要在药厂中生产，也可在医院制剂室中制备。研究制剂的理论和制备工艺的科学称为制剂学。

3. 辅料

辅料是指生产药品和调剂处方时所用的赋形剂和附加剂，是制剂生产中必不可少的重要组成部分。

4. 药品及分类

药品（drugs）是指用于预防、治疗、诊断人的疾病，有目的地调节人的生理机能并规定有适应证或者功能主治、用法和用量的物质，包括中药、化学药和生物制品等。

5. 新药

新药是指未曾在中国境内上市销售的药品。根据物质基础的原创性和新颖性，将新药分为创新药和改良型新药。

6. 方剂及调剂学

凡按医师处方专为某一患者配制的，并明确指明用法和用量的药剂称为方剂。方剂一般在医院药房中调制，也可在持有"药品经营许可证"且通过 GSP 认证的销售机构（零售药房）中调配。研究方剂调制技术、理论和应用的科学称为调剂学。

7. 中药

中药是指在中医基础理论指导下用以防病治病的药物，亦称传统药。中药包含中药材、中药饮片、中成药、民族药。

二、药事法规

医药商品在其生产、经营和销售的全过程中，由于内外因素作用，随时都有可能发生质量问题，必须在所有这些环节上采取严格措施，才能从根本上保证医药商品的质量。因此，许多国家制定了一系列法规来保证药品质量。

我国在生产阶段实行《药品生产质量管理规范》（GMP），在流通阶段实行《药品经营质量管理规范》（GSP），在医药商品使用过程中实行《医疗机构制剂配制质量管理规范》（GPP），在实验室阶段实行《药物非临床研究质量管理规范》（GLP）和《药物临床试验管理规范》（GCP），推行这些法规是保证人民用药安全有效的重要保障。

1. 药品生产质量管理规范（GMP）

《药品生产质量管理规范》（good manufacturing practice，GMP）是药品生产过程中，用科学、合理、规范化的条件和方法来保证生产优良药品的一整套系统的、科学的管理规范，是药品生产和质量管理的基本准则，适用于药品制剂生产的全过程、原料药生产中影响成品质量的关键工序，也是新建、改建和扩建医药企业的依据。

GMP 的检查对象是人、生产环境和制剂生产全过程。"人"是实行 GMP 管理的软件，也是关键的管理对象，而"物"是 GMP 管理的硬件，是必要条件，缺一不可。GMP 要求药品生产企业应具备良好的生产设备，合理的生产过程，完善的质量管理和严格的检测系统，确保最终产品的质量（包括食品安全卫生）符合法规要求。大力推行药品 GMP，是为了最大限度地避免药品生产过程中的污染和交叉污染，降低各种差错的发生，是提高药品质量的重要措施。

2. 药品经营质量管理规范（GSP）

GSP 是英文 good supply practice 的缩写，意即《药品经营质量管理规范》。它是指在药品流通过程中，针对计划采购、购进验收、储存、销售及售后服务等环节而制定的保证药品符合质量标准的一项管理制度，是控制医药商品流通环节所有可能发生质量事故的因素从而防止质量事故发生的一整套管理程序。其核心是通过严格的管理制度来约束企业的行为，对药品经营全过程进行质量控制，保证向用户提供优质的药品。推行 GSP 对改变药品经营企业过多、过滥及药品经营秩序混乱起到积极推动作用，极大地促进了药品经营企业管理水平的提高，对促进药经营行业的经济结构调整发挥了重要作用。

3. 医疗机构制剂配制质量管理规范（GPP）

GPP 是 good pharmacy practice 的缩写，即《医疗机构制剂配制质量管理规范（试行）》。药品使用环节若没有标准可依，会造成医院药房或库房药品陈列混乱、缺乏基本仓储条件、无低温存储设备等现象。《医疗机构制剂配制质量管理规范（试行）》（GPP）是在制剂配制的全过程为保证制剂质量而制定并实施的管理制度，是把发生的人为差错事故、混药及各类污染的可能性降到最低限度的必要条件和可靠办法。

4. 药物非临床研究质量管理规范（GLP）

GLP 是 good laboratory practice 的缩写，即《药物非临床研究质量管理规范》。药物的非临床研究是指非人体研究，亦称为临床前研究，用于评价药物的安全性。在实验室条件下，通过动物实验进行非临床（非人体）的各种毒性实验，包括单次给药的毒性试验、反复给药的毒性试验、生殖毒性试验、致突变试验、致癌试验、各种刺激性试验、依赖性试验，以及与药品安全性的评价有关的其他毒性试验。制定 GLP 的主要目的是严格控制化学品安全性评价试验的各个环节，即严格控制可能影响实验结果准确性的各种主客观因素，降低试验误差，确保实验结果的真实性。

5. 药物临床试验管理规范（GCP）

GCP 是 good clinical practice 的缩写，即《药物临床试验管理规范》，是为保证药品临床试验的科学性、可靠性和重现性而制定的规范。药品临床试验是指任何在人体（患者或健康志愿者）进行的药品系统性研究，以证实或揭示试验用药品的作用及不良反应等。制定 GCP 的目的在于保证临床试验过程的规范，结果科学可靠，保证受试者的权益并保障其安全。GCP 同时规定了生产者申请临床实验所要出具的有价值的临床资料。

Ⓡ 必需知识

一、药品标准

1. 国家药品标准

药品标准是国家对药品的质量、规格及检验方法所作的技术规定。药品标准是保证药品质量，进行药品研制、生产、经营、使用、检验和监督管理所必须共同遵循的法定依据。包括《中华人民共和国药典》、药品注册标准和其他药品标准，其内容包括质量指标、检验方法及生产工艺等技术要求。

2019 年 12 月 1 日起修订施行的《中华人民共和国药品管理法》规定，药品应当符合国家药品标准。经国务院药品监督管理部门核准的药品质量标准高于国家药品标准的，按照经核准的药品质量标准执行；没有国家药品标准的，应当符合经核准的药品质量标准。国务院药品监督管理部门颁布的《中华人民共和国药典》和药品标准为国家药品标准。国务院药品监督管理部门会同国务院卫生健康主管部门组织药典委员会，负责国家药品标准的制定和修订。国务院药品监督管理部门设置或者指定的药品检验机构负责标定国家药品标准品、对照品。列入国家药品标准的药品名称为药品通用名称。已经作为药品通用名称的，该名称不得作为药品商标使用。

2. 药典

药典是一个国家记载药品标准、规格的法典，一般由国家药典委员会组织编纂、出版，并由政府颁布、执行，具有法律约束力。药典收载的品种是那些疗效确切、副作用小、质量稳定的常用药品及其制剂，并明确规定了这些品种的质量标准。例如，含量、熔点、鉴别、杂质的含量限度，以及试验方法和所用试剂等；在制剂通则中还规定各种剂型的有关标准、检查方法等。

由于医药科技水平的不断提高，新的药物和新的制剂不断被开发出来，对药物及制剂的质量要求也更加严格，所以药品的检验方法也在不断更新，因此，各国的药典经常需要修订。例如，美国、日本和我国的药典每五年修订出版一次。在新版药典中，不仅增加新的品种，而且增设一些新的检验项目或方法，同时对有问题的药品进行删除。在新版药典出版前，往往由国家药典委员会编辑出版增补本，以利于新药和新制剂在临床的应用，这种增补本与药典具有相同的法律效力。显然，药典在保证人民用药安全有效，促进药物研究和生产上起到重要作用。不同时代的药典代表着当时医药科技的发展与进步，一个国家的药典反映这个国家的药品生产、医疗和科学技术的水平。

3. 中华人民共和国药典

我国药典的全称为《中华人民共和国药典》，其后以括号注明是哪一年版，如《中华人民共和国药典》（2015 年版），如用英文表示则为 Chinese Pharmacopoeia（缩写为 ChP）。其中收载的品种是：医疗必需、临床常用、疗效肯定、质量稳定、副作用小、我国能工业化生产并能有效控制（或检验）其质量的品种。

知识链接

我国药典的历史沿革

我国最早的药典是唐显庆四年（公元 659 年）颁布的《新修本草》，又称《唐本草》，是世界上最早的一部全国性药典。中华人民共和国成立以来，我国已经出版了 10 版药典（1953 年、1963 年、1977 年、1985 年、1990 年、1995 年、2000 年、2005 年、2010 年和 2015 年版）。

药典的内容一般分为凡例、正文、索引三部分。凡例是解释和正确使用药典、正确进行质量检查的基本原则，并且把与正文品种、附录及质量检查有关的共性问题加以规定，避免在全书中重复说明。分类项目有名称编排、标准规定、标准品等。正文是药典的主要内容，叙述药典收载的所有药品和制剂。正文按中文名称笔画顺序排列，原料药在前，制剂及生物制剂在后。索引用于查找，除了可按笔画排列顺序查阅外，书末还分别列有中文索引和英文索引。

4. 国外药典

据不完全统计，世界上已有近 40 个国家编制了国家药典，另外还有 3 种区域性药典和由世界卫生组织（WHO）组织编制的《国际药典》。国际上最有影响力的药典是《美国药典》《英国药典》《日本药局方》《欧洲药典》和《国际药典》。

主要国外药典如下。

（1）美国药典 《The United States Pharmacopoeia》，简称 USP。

（2）英国药典 《British Pharmacopoeia》，简称 BP。

（3）日本药局方 《Pharmacopoeia of Japan》，简称 JP。

（4）欧洲药典 《European Pharmacopoeia》，简称 EP。

（5）国际药典 《Pharmacopoeia Internationalis》，简称 Ph. Int。它是世界卫生组织（WHO）为了统一世界各国药品的质量标准和质量控制的方法而编纂的，供 WHO 成员国免费使用。但它对各国无法律约束力，仅作为各国编纂药典时的参考标准。但许多国家，尤其是非洲各成员国将

《国际药典》作为本国或地区的认可标准，即具有法律效力。

二、药物剂型

剂型的发展

剂型的发展已经历了五代，概述如下。

第一代：简单加工供口服或外用的膏丹丸散。

第二代：随着临床用药的需要、给药途径的扩大和工业自动化发展而生产的片剂、注射剂、胶囊剂和气雾剂等。

第三代：疗效仅与体内药物浓度有关而与给药时间无关的缓释、控释给药系统。

第四代：欲使药物浓集于靶器官、靶组织和靶细胞，以提高疗效，并降低全身毒副作用的靶向给药系统。

第五代：反映时辰生物学技术与生理节律同步的脉冲式给药，即在发病高峰时期在体内自动释药的自调式释药系统。

常用剂型有 40 余种，其常用分类方法如下。

1. 按形态分类

(1) 液体剂型　如芳香水剂、溶液剂、注射剂、合剂、洗剂、搽剂等。

(2) 气体剂型　如气雾剂、喷雾剂等。

(3) 固体剂型　如散剂、丸剂、片剂、胶囊剂、膜剂等。

(4) 半固体剂型　如软膏剂、糊剂、乳膏剂等。

形态相同的剂型，其制备工艺也比较相近，例如，制备液体剂型时多采用溶解、分散等方法；制备固体剂型多采用粉碎、混合等方法；制备半固体剂型多采用熔合、研和等方法。

2. 按分散系统分类

(1) 溶液型　药物以分子或离子状态（质点的直径小于 1nm）分散于分散介质中所形成的均相分散体系，也称为低分子溶液，如芳香水剂、溶液剂、糖浆剂、甘油剂、醑剂、注射剂等。

(2) 胶体溶液型　主要以高分子（质点的直径 1~100nm）分散在分散介质中所形成的均相分散体系，也称高分子溶液，如胶浆剂、火棉胶剂、涂膜剂等。

(3) 乳剂型　油类药物或药物油溶液以液滴状态分散在分散介质中所形成的非均相分散体系，如口服乳剂、静脉注射乳剂、部分搽剂等。

(4) 混悬型　固体药物以微粒状态分散在分散介质中所形成的非均相分散体系，如合剂、洗剂、混悬剂等。

(5) 气体分散型　液体或固体药物以微粒状态分散在气体分散介质中所形成的分散体系，如气雾剂。

(6) 微粒分散型　药物以不同大小微粒呈液体或固体状态分散，如微球制剂、微囊制剂、纳米囊制剂等。

(7) 固体分散型　固体药物以聚集体状态存在的分散体系，如片剂、散剂、颗粒剂、胶囊剂、丸剂等。

这种分类方法，便于应用物理化学的原理来阐明各类制剂特征，但不能反映用药部位与用药方法对剂型的要求，甚至一种剂型可以分到几个分散体系中。

3. 按给药途径分类

这种分类方法将给药途径相同的剂型作为一类，与临床使用密切相关。

（1）经胃肠道给药剂型　是指药物制剂经口服用药后进入胃肠道，起局部或经吸收而发挥全身作用的剂型，如常用的散剂、片剂、颗粒剂、胶囊剂、溶液剂、乳剂、混悬剂等，容易受胃肠道中的酸或酶破坏的药物一般不能采用这类简单剂型。口腔黏膜吸收的剂型不属于胃肠道给药剂型。

（2）非经胃肠道给药剂型　是指除口服给药途径以外的所有其他剂型，这些剂型可在给药部位起局部作用或被吸收后发挥全身作用。

① 注射给药剂型　如注射剂，包括静脉注射、肌内注射、皮下注射、皮内注射及腔内注射等多种注射途径。

② 呼吸道给药剂型　如喷雾剂、气雾剂、粉雾剂等。

③ 皮肤给药剂型　如外用溶液剂、洗剂、搽剂、软膏剂、硬膏剂、糊剂、贴剂等。

④ 黏膜给药剂型　如滴眼剂、滴鼻剂、眼用软膏剂、含漱剂、舌下片剂、粘贴片及贴膜剂等。

⑤ 腔道给药剂型　如栓剂、泡腾片、滴剂及滴丸剂等，用于直肠、阴道、尿道、鼻腔、耳道等。

4. 按制法分类

（1）浸出制剂　是用浸出方法制成的剂型（流浸膏剂、酊剂等）。

（2）无菌制剂　是用灭菌方法或无菌技术制成的剂型（注射剂等）。

这种分类法包含剂型很少，故不常用。

剂型分类方法各有特点，但均不完善或不全面，各有其优点和缺点。因此，本书根据医疗、生产实践、教学等方面的长期沿用习惯，采用综合分类方法。

三、处方药与非处方药

1. 处方的分类

处方系指医疗和生产部门用于药剂调制的一种重要书面文件，有以下几种。

（1）法定处方　国家药品标准收载的处方。它具有法律的约束力，在制备或医师开写法定制剂时，均需遵照其规定。

（2）医师处方　医师为某一患者医疗或预防需要而写给药房（药店）的书面文件。医师处方具有法律上、技术上和经济上的意义。医师处方的结构和内容如下。

① 处方前记：包括患者的姓名、性别、年龄、日期、科病区。

② 处方正文：这是处方的主要部分，包括药物的名称、数量，拟用中草药应按"君、臣、佐、使"药味顺序书写，如配伍中成药则列于其下，另表明用量、用法。

③ 剂量、配制方法和/或服用方法：应按药典或其他药品标准规定用量范围、配制方法和/或服用方法书写。

④ 签名盖章：医师应在处方开完后签名、盖章。

（3）协定处方　一般是根据某一地区或某一医院日常医疗用药需要，由医院药剂科与医师协商共同制订的处方。它适于大量配制和贮备药品，便于控制药物的品种和质量，减少患者等候取药的时间。

（4）生产处方　大量生产制剂时所列制剂的质量规格、成分名称、数量及制备和质量控制方法等规程性文件。

2. 处方药与非处方药的含义

《中华人民共和国药品管理法》规定：国家对药品实行处方药与非处方药的分类管理制度，

这也是国际上通用的药品管理模式。

现行的《处方药与非处方药分类管理具体办法》规定：处方药必须凭执业医师或执业助理医师处方才可调配、购买和使用；非处方药不需要凭执业医师或执业助理医师处方即可自行判断、购买和使用。

处方药和非处方药不是药品本质的属性，而是管理上的界定。无论是处方药还是非处方药，都须经过国家药品监督管理部门批准，其安全性和有效性是有保障的。其中非处方药主要是用于治疗各种消费者容易自我诊断、自我治疗的常见轻微疾病。

2019年12月1日起修订施行的《中华人民共和国药品管理法》规定，处方药与非处方药分类管理具体办法由国务院药品监督管理部门会同国务院卫生健康主管部门制定。

Ⓡ 拓展知识

辅料在药物制剂中的应用

辅料是药物制剂中除主药以外的一切附加材料的总称。药品辅料作为生产药品和调配处方时所用的赋形剂和附加剂，药物制剂由活性成分的原料和辅料所组成，因此也可以说"没有辅料就没有制剂"。因此，辅料是制剂生产中必不可少的重要组成部分。药品辅料按其制剂用途不同，可以大致分为五类：制剂稳定性辅料、固体类制剂辅料、半固体类制剂辅料、液体类制剂辅料和其他医药辅料。在药剂学中使用辅料的目的如下。

（1）有利于制剂形态的形成　如液体制剂中加入溶剂，片剂中加入稀释剂、黏合剂，软膏剂、栓剂中加入基质等使制剂具有形态特征。

（2）使制备过程顺利进行　液体制剂中加入助溶剂、助悬剂、乳化剂等；固体制剂中加入助流剂、润滑剂可改善物料的粉体性质，使固体制剂的生产顺利进行。

（3）提高药物的稳定性　如化学稳定剂、物理稳定剂（助悬剂、乳化剂等）、生物稳定剂（防腐剂）等。

（4）调节有效成分的作用或满足生理需求　如使制剂具有速释性、缓释性、肠溶性、靶向性、热敏性、生物黏附性、体内可降解的各种辅料；还有满足生理需求的缓冲剂、等渗剂、矫味剂、止痛剂、色素等。

总之，辅料的应用不仅仅是制剂成型以及工艺过程顺利进行的需要，而且是多功能化发展的需要。新型药用辅料对于制剂性能的改良，生物利用度的提高及药物的缓释、控释等都有非常显著的作用。因此，药用辅料的更新换代越来越成为药物制剂工作者关注的热点。为了适应现代化药物剂型和制剂的发展，药用辅料将继续向安全性、功能性、适应性、高效性等方向发展，并在实践中不断得以广泛应用。

· 知识链接 ·

药物制剂和药品辅料发展现状

近十多年来，国外发达国家的制药工业发展迅速，先后开发出微囊、毫微囊、微球、脂质体、透皮给药系统等新剂型、新系统，药物制剂向高效、速效、长效和服用剂量小、毒副作用小的方向发展，药物剂型向定时、定位、定量给药系统转化，制剂质量有了大幅度提高。这些在国际上具有很强竞争力的新制剂、新剂型的开发成功，究其原因是重视了药剂辅料的开发和应用。没有优良的辅料就没有优质的制剂，开发出一种优良的新辅料，可促进开发一类新剂型、新系统和一批新制剂，带动一大批制剂产品质量的提高，并不亚于开发一种新药所具有的社会和经济效益。

药剂辅料在现代制剂中发挥着越来越大的作用，新辅料不断涌现，例如，聚乙二醇系列、聚乙烯系列、聚乙烯吡咯烷酮系列、聚氧乙烯烷基醚系列、聚氧乙烯烷酸酯系列、聚丙交酯系列等高分子聚合物辅料，黄原胶、环糊精等生物合成多糖类辅料，淀粉甘醇酸钠、预胶化淀粉、纤维素系列等半合成辅料，海藻酸、红藻胶、卡拉胶等植物提取辅料，甲壳素、甲壳糖等动物提取辅料等。据不完全统计，近10年开发的新辅料达300多种，且型号多、规格全。

· 知识链接 ·

药物制剂中对辅料的要求

1. 对人体无毒害作用，无副作用。
2. 化学性质稳定，不易受温度、pH 值、保存时间等的影响。
3. 与主药无配伍禁忌，不影响主药的疗效和质量检查。
4. 不与包装材料发生相互作用。
5. 尽可能用较小的用量发挥较大的作用。

® 达标检测题

一、选择题

（一）单项选择题

1. 下列关于剂型的叙述中，不正确的是（　）

A. 剂型是药物供临床应用的形式

B. 同一种原料药可以根据临床的需要制成不同的剂型

C. 同一种药物的不同剂型其临床应用是不同的

D. 同一种药物的不同剂型其临床应用是相同的

E. 药物剂型必须与给药途径相适应

2. 既可以经胃肠道给药又可以非经胃肠道给药的剂型是（　）

A. 合剂　　　B. 胶囊剂　　　C. 气雾剂

D. 溶液剂　　　E. 注射剂

3. 关于药典的叙述不正确的是（　）

A. 由国家药典委员会编纂

B. 由政府颁布、执行，具有法律约束力

C. 必须不断修订、出版

D. 药典的增补本不具法律的约束力

E. 执行药典的最终目的是保证药品的安全性与有效性

4. 关于处方的叙述不正确的是（　　）

A. 处方是医疗和生产部门用于药剂调配的一种书面文件

B. 处方可分为法定处方、医师处方和协定处方

C. 医师处方具有法律上、技术上和经济上的意义

D. 协定处方是医师与药剂科协商专为某一病人制订的处方

E. 法定处方是药典、部颁标准收载的处方

（二）配伍选择题

题 1. ~5.

A. 制剂　　B. 剂型　　C. 方剂

D. 调剂学　E. 药典

1. 药物的应用形式是（　　）

2. 药物应用形式的具体品种是（　　）

3. 按医师处方专为某一患者调制的并指明用法与用量的药剂为（　　）

4. 研究方剂的调制理论、技术和应用的科学为（　　）

5. 一个国家记载药品标准、规格的法典是（　　）

题 6. ~10.

A. 处方药　　B. 非处方药　　C. 医师处方

D. 协定处方　E. 法定处方

6. 国家标准收载的处方为（　　）

7. 医师与医院药剂科共同设计的处方为（　　）

8. 提供给药局的有关制备和发出某种制剂的书面凭证是（　　）

9. 必须凭执业医师的处方才能购买的药品是（　　）

10. 不需执业医师的处方可购买和使用的药品是（　　）

（三）多项选择题

1. 在我国具有法律效力的是（　　）

A.《中国药典》

B.《美国药典》

C.《国际药典》

D.《国家药品标准》

E.《中华人民共和国药品管理法》

2. 关于剂型分类的叙述正确的是（　　）

A. 根据给药途径不同可分为经胃肠道给药剂型与非经胃肠道给药剂型

B. 按分散系统分类便于应用物理化学的原理来阐明各类剂型的特征

C. 浸出制剂和无菌制剂是按制法分类的

D. 芳香水剂、甘油剂、胶浆剂、涂膜剂都属于均相系统的剂型

E. 散剂、丸剂、片剂、胶囊剂、膜剂为固体剂型

二、填空题

1. 医疗和生产部门用于药剂调制的书面文件为_____。

2. 在我国具有法律效力的药典是_____。

3.《中国药典》是由_____、_____、_____三部分内容组成的。

4. 按给药途径不同可分为_____给药剂型与_____给药剂型。

5. _____一般是根据某一地区或某一医院日常医疗用药需要，由医院药剂科与医师协商共同制订的处方。

三、简答题

1.《中国药典》二部中溶液的百分比有哪几种表示方法？

2.《中国药典》附录中最低装量检查的方法有哪些？药典中是怎样规定细粉、最细粉、极细粉的？

3.《中国药典》共分几部？每部各记载了什么内容？药典的凡例、正文、附录、索引各指什么？

4. 为保证药品质量，分别在何阶段实行 GMP、GSP、GPP、GLP、GCP？

5. 说明非处方药的管理要求及分类。

PPT 课件

项目二
药物制剂基本技术

® 实例与评析

【实践操作实例 2-1】 基本操作——称、量训练

1. 器材与药品

药物天平、扭力天平、量杯、投药瓶；滑石粉、乙醇。

2. 操作内容

（1）称取练习——药物天平的性能测定及称重比较

［感量测定］

① 分别平衡药物天平与扭力天平，使指针在零点。

② 在左盘或右盘上添加砝码，使指针恰好偏动一个分格。此砝码重即为该天平空皿时的感量。

［药物天平与扭力天平的称重比较］

① 检查天平各部分的灵活性及是否呈平衡状态，调整指针使之停于零点。

② 以 100g（或 200g）为药物天平的感量重，称取 20 倍感量重和 40 倍感量重的滑石粉各一份，并以扭力天平校对。

（2）量取练习——量杯与投药瓶容量的比较

① 在 100ml（或 60ml）的投药瓶中加水到 90ml（或 50ml）刻度处，再将水倒入 100ml 量杯中，记录实际体积。

② 不同液体的滴量比较及滴管的垂直与倾斜滴量比较：将滴管洗净后套上橡皮球，吸取蒸馏水，然后垂直持滴管捏橡皮球（用力均匀）使液滴缓缓滴出（60～80 滴/min），收集于 10ml 的量筒中，每次收集 3ml，记录滴数，重复一次；再倾斜 45°滴落两次，然后以 70％的乙醇溶液垂直滴落两次，分别记录滴数。

【评析】

1. 称量

常用的天平类别有：架盘天平、扭力天平、电子天平。

称量时应正确选用天平，严格按照天平称量注意要点正确使用天平。

2. 测量

常用的量器有量筒、量杯、量瓶、滴定管等。一般用于量取液体药物。

量取时，应正确选用量器，严格按照测量注意要点正确使用量器。

【实践操作实例 2-2】 药物的增溶与助溶操作训练

1. 药品

聚山梨酯-80、布洛芬、茶碱、乙二胺、烟酰胺。

2. 操作内容

(1) 增溶剂对难溶性药物的增溶作用

[聚山梨酯-80 及其加入顺序对布洛芬增溶的影响]

① 取蒸馏水 50ml 于 100ml 烧杯中，加布洛芬 50mg，反复搅拌，放置约 15min，观察并记录布洛芬的溶解情况。

② 取蒸馏水 50ml 于 100ml 烧杯中，加聚山梨酯-80 3～4ml，搅拌均匀后，加布洛芬 50mg，反复搅拌，放置约 20min，观察并记录布洛芬的溶解情况，计算药物的溶解度。

③ 取蒸馏水 50ml 于 100ml 烧杯中，加布洛芬 50mg，混匀，加聚山梨酯-80 3～4ml，反复搅拌，放置约 20min，观察并记录布洛芬的溶解情况。

④ 加布洛芬 50mg 于 100ml 烧杯中，加聚山梨酯-80 3～4ml，混匀，加蒸馏水 10ml，反复搅拌，放置 20min，观察并记录布洛芬的溶解情况。

[聚山梨酯的种类和温度对布洛芬增溶的影响]

① 取蒸馏水 50ml 两份，分别置于 100ml 烧杯中，分别加聚山梨酯-20 和聚山梨酯-40 3～4ml，搅拌均匀后，加布洛芬 50mg，反复搅拌，放置约 20min，0.45μm 微孔滤膜过滤，取滤液 0.5ml，以蒸馏水稀释并定容至 100ml，于波长 222nm（$E_{1cm}^{1\%}$ 449）下测吸收度（对照液为等量聚山梨酯，加水 50ml，取 0.5ml 稀释并定容至 100ml），分别计算药物溶解度。

② 取蒸馏水 50ml 两份，分别加聚山梨酯-80 3～4ml，搅拌均匀后，各加布洛芬 50mg，分别于室温、55℃恒温搅拌约 15min，微孔滤膜过滤，取滤液 0.5ml，以蒸馏水稀释并定容至 100ml，同上法分别测吸收度，计算溶解度并与①结果相比较。

(2) 助溶剂对难溶性药物的助溶作用

称取茶碱 3 份（每份约 0.15g），分别按下列步骤进行操作：

① 取茶碱一份放入小烧杯中，然后加水 20ml，搅拌，观察现象；

② 取茶碱一份放入烧杯中，加水 19ml，搅拌，然后滴加乙二胺约 1ml，观察现象；

③ 取茶碱一份放入烧杯中，加等量烟酰胺后，加水约 1ml，搅拌，再补加水至 20ml，观察现象。

【评析】

增溶是指某些难溶性药物在表面活性剂的作用下，在溶剂中的溶解度增大并形成澄明溶液的过程（因形成胶团而增溶）。具有增溶能力的表面活性剂称增溶剂，被增溶的物质称为增溶质。对于以水为溶剂的药物，增溶剂的最适 HLB 值为 15～18。常用的增溶剂为聚山梨酯类和聚氧乙烯脂肪酸酯类。药物的增溶作用受诸多因素影响，例如，增溶剂的性质、增溶质的性质、增溶温度、增溶质的加入顺序等。

[操作注意要点]（1）操作中各项条件应尽可能保持一致，例如，加药量、搅拌时间等。

（2）增溶操作中，样品搅拌后应放置一段时间，以利于药物充分进入胶团。

（3）注意药品加入顺序。

【实践操作实例 2-3】 洁净室净化管理训练

1. 器材

洁净室净化管理视频等。

2. 操作内容

观看洁净室净化管理视频，绘制不同洁净区域人员净化程序。

【评析】

根据我国 GMP 的精神，洁净室的布置必须根据药品的种类、剂型和工艺流程的要求做到合理平面布置、严格划分区域、防止交叉污染、方便生产操作。通常可分为 A、B、C、D 4 个级别。洁净区一般由洁净室、气闸、风淋、亚污染区、厕所、洗澡间、更衣室等组成。各个部分的布置必须在符合生产工艺要求的前提下，按照规定的基本原则设计，明确人流、物流以及空气流的流向，以保证洁净室的洁净度。

一、称量方法

● 知 识 链 接 ●

称量规则和要求

在进行称量试样工作前，必须穿好工作服，化学分析中试样的称量必须戴白细纱手套操作。微量或痕量称量时，不宜化妆。

进行分析称量工作不仅需要训练有素，具有较好的基础理论知识、熟练的操作技能，而且要求具有细心、耐心、整洁和严格遵守天平使用操作规程的良好习惯，依据本方法概要和实际需要，正确选择称量方式，快速准确地进行试样的称量。在称量工作中非工作人员不应在天平室停留。其他人员禁止与称量人员交谈。

天平按精度不同分为十级，天平的精度是该天平最小分度值与最大载荷的比值。最小分度值越小、载荷越大的天平，其精度越高。化学天平的精度一般为三至五级。常用天平的型号与精度级别见表 2-1。

表 2-1　常用天平的型号与精度级别

名称	型号	最小分度值/mg	最大载荷/g	精度	精度级别
阻尼天平	TG528B	0.4	200	2×10^{-4}	五级
全机械加砝码电光天平	TG528B	0.1	200	5×10^{-7}	三级
半机械加砝码电光天平	TG328A	0.1	200	5×10^{-7}	三级
微量天平	TG328B	0.01	20	5×10^{-7}	三级
单盘天平	DT100	0.1	100	1×10^{-4}	五级

● 知 识 链 接 ●

新式天平

随着科学技术的发展，已出现各种形式的称量仪器，如电子秤、自动天平等，总的特点是称量时被称物体不是直接与砝码相比较而求得物体的质量，而是被称物体的质量通过传感器变为电信号，经放大器放大后，反馈到自动补偿装置中产生平衡力矩，再通过显示装置直接给出示值。这类仪器具有称量迅速、简便的特点，还可与微处理机联用，但是精度仍不如传统天平，而且仍须用标准砝码加以调校。

试样的称量主要分为指定质量称量法、减量称样法和直接称样法。3 种称量方法的使用原则及操作规程如下。

1. 指定质量称量法（固定称样法）

在天平上准确称出容器的质量（容器可以是称量纸、小烧杯、表面皿等），然后在天平上增加欲称取质量数的砝码，若用电子天平可直接去皮重。用药匙盛试样，在容器上方轻轻振动。使试样徐徐落入容器，调整试样的量达到指定质量。称完后，将试样全部转移入实验容器中（称量纸必须不黏附试样，小烧杯、表面皿等可洗涤数次，可复核电子天平零点）。

2. 减量称样法（递减或差减称样法）

在称量瓶中装入一定量的固体试样，例如要求称 2 份 0.2000～0.3000g 试样，取约 0.8000g 试样装入瓶中，盖好瓶盖，将称量瓶放在天平盘上，称出其质量。取出称量瓶在容器（一般为锥形瓶或烧杯）上方，将称量瓶倾斜，打开瓶盖，用夹盖轻敲瓶中上缘，渐渐倾出样品，估计已够 0.2000g 时，在一面轻轻敲击的情况下，慢慢竖起称量瓶，使瓶口不留一点试样，轻轻盖好瓶盖，这一切都要在容器上方进行，防止试样丢失，放回天平盘上，读数记录差减值。如一次减掉不够 0.2000g，应再倒一次，但次数不能太多，如倒出试样超过要求值，不可借助药匙放回，只能弃去重称，按上法称取下份试样。液体试样可以装在小滴瓶中用减量法称量。

3. 直接称样法（增量法）

本方法类似于指定质量称量法，即用药匙取试样放在已去皮重的清洁而干燥的表面皿或硫酸纸等容器上，一次称取一定量的试样，所得读数即为试样质量，转移试样时必须全部转至容器中，不得在称量容器上遗留。

直接称样法注意事项

1. 当待测样含油脂或水分较高时，不得使用电光纸和硫酸纸作为容器称取样品。

2. 灼烧产物都有吸湿性，应在带盖的坩埚中快速称量。

3. 待称物温度较高的，烘干或灼烧的器皿必须在干燥器内冷至室温后再称量，否则，称量结果一般小于真实值，还要注意在干燥器中不是绝对不吸附水分，只是湿度较小而已，应控制相同的冷却时间，如都为 45min 或 1h，因它们暴露在空气中会吸附一层水分，使质量增加，空间湿度不同，所吸附水分的量也不同，故要求称量速度要快。

二、溶解理论

1. 溶解

溶解是指一种或一种以上的物质（固体、液体或气体）以分子或离子状态分散在液体分散介质的过程。其中，被分散的物质称为溶质，分散介质称为溶剂。溶解的一般规律为相似者相溶，即溶质与溶剂极性程度相似的可以相溶。

2. 溶剂

液体制剂选择溶剂的条件是：①对药物应具有较好的溶解性和分散性；②化学性质应稳定，不与药物或附加剂发生反应；③不应影响药效的发挥和含量测定；④毒性小、无刺激性、无不适的臭味。

药物的溶解或分散状态与溶剂的极性有密切关系。溶剂按照极性（介电常数 ε）大小，溶剂可分为极性（$\varepsilon = 30～80$）、半极性（$\varepsilon = 5～30$）、非极性（$\varepsilon = 0～5$）三种，各品种及特性参见表 2-2、表 2-3 和表 2-4。溶质分为极性物质和非极性物质。溶质能否在溶剂中溶解，除了考虑两者的极性外，对于极性溶剂来说，溶质和溶剂之间形成氢键的能力对溶解的影响比极性更大。

表 2-2 极性溶剂的品种及特性

溶剂品种	主要特性	应用及注意事项
水	可与乙醇、甘油、丙二醇等以任意比例混合，并能溶解大多数无机盐、生物碱类、糖类、蛋白质等多种极性有机物	最常用，易水解、霉变，不宜久贮，应注意药物的稳定性及配伍禁忌
甘油	味甜。能与乙醇、丙二醇、水以任意比例混合，对苯酚、鞣质和硼酸的溶解度比水大。对皮肤有保湿、滋润、延长药效等作用。含水10%则无刺激性，且可缓解药物的刺激性；30%以上可防腐	可供内服，但常用于外用液体制剂
二甲基亚砜（DMSO）	无色澄明液体，具大蒜臭味。能与水、乙醇、丙二醇等以任意比例混合。溶解范围广，有万能溶剂之称。可促进药物在皮肤上的渗透	主要用于皮肤科药剂，但对皮肤有轻度刺激性。孕妇禁用

表 2-3 半极性溶剂的品种及特性

溶剂品种	主要特性	应用及注意事项
乙醇	没有特殊说明时，乙醇指95%（体积分数）乙醇，可与水、甘油、丙二醇以任意比例混合，可溶解大部分有机药物和药材中的有效成分。20%以上具有防腐作用，40%以上能抑制某些药物的水解	为常用溶剂。本身具有一定药理作用，与水混合时可产生热效应和体积效应
丙二醇	药用为1,2-丙二醇，性质同甘油相似，但黏度小。可与水、乙醇、甘油以任意比例混合，能溶解许多有机药物，同时可抑制某些药物的水解	内服及肌内注射用药的溶剂。因辛辣味及价格较贵，口服应用受到一定限制
聚乙二醇类	常用聚乙二醇300～600。可与水、乙醇等以任意比例混合，并能溶解许多水溶性无机盐及水不溶性药物。对易水解的药物具有一定的稳定作用，兼具保湿作用	常用于外用液体制剂，如搽剂等

表 2-4 非极性溶剂的品种及特性

溶剂品种	主要特性	应用及注意事项
脂肪油	为常用非极性溶剂，如花生油、麻油、豆油等植物油。能溶解固醇类激素、脂溶性维生素、游离生物碱、有机碱、挥发油和许多芳香族药物	多用于外用液体制剂，如洗剂、搽剂等。易氧化、酸败
液体石蜡	饱和烷烃化合物，化学性质稳定，分为轻质（0.828～0.860g/ml）与重质（0.860～0.960g/ml）两种 轻质液体石蜡多用于外用液体制剂，重质液体石蜡多用于软膏剂及糊剂中	多用于软膏剂及糊剂中
乙酸乙酯	无色微臭油状液体，可溶解挥发油、甾体药物及其他脂溶性药物，具有挥发性和可燃性	常作为搽剂的溶剂。在空气中易氧化，需加入抗氧剂

3. 溶解度和溶解速率

溶解度是指在一定温度下（气体在一定压力下），一定量溶剂的饱和溶液中能溶解溶质的量。溶解度一般以一份溶质（1g 或 1ml）溶于若干毫升溶剂中表示。《中国药典》对药品的近似溶解度名词解释见表2-5。

表 2-5 《中国药典》对药品的近似溶解度名词解释

名词	解释
极易溶解	系指1g(ml)溶质能在不到1ml溶剂中溶解
易溶	系指1g(ml)溶质能在1～10ml溶剂中溶解
溶解	系指1g(ml)溶质能在10～30ml溶剂中溶解
略溶	系指1g(ml)溶质能在30～100ml溶剂中溶解
微溶	系指1g(ml)溶质能在100～1000ml溶剂中溶解
极微溶解	系指1g(ml)溶质能在1000～10 000ml溶剂中溶解
几乎不溶或不溶	系指1g(ml)溶质在10 000ml溶剂中不能完全溶解

药物的溶解过程，实为溶解扩散过程；一旦扩散达平衡，溶解就无法进行。

溶解速率是指在某一溶剂中单位时间内溶解溶质的量。溶解速率的快慢，取决于溶剂与溶质之间的吸引力胜过固体溶质中结合力的程度及溶质的扩散速率。固体药物的溶出（溶解）过程包括两个连续的阶段：先是溶质分子从固体表面释放进入溶液中，再在扩散或对流的作用下将溶解的分子从固液界面转送到溶液中。有些药物虽然有较大的溶解度，但要达到溶解平衡却需要较长时间，即溶解速率较小，直接影响到药物的吸收与疗效，这就需要设法增加其溶解速率。

三、表面活性剂

1. 概述

表面活性剂（surfactant）是指具有固定的亲水亲油基团，在溶液的表面能定向排列，并能使表面张力显著下降的物质。无论何种表面活性剂，其分子结构均由两部分构成。分子的一端为非极性亲油的疏水基，有时也称为亲油基；分子的另一端为极性亲水的亲水基，有时也称为疏油基或形象地称为亲水头。两类结构与性能截然相反的分子碎片或基团分处于同一分子的两端并以化学键相连接，形成了一种不对称的、极性的结构，因而赋予了该类特殊分子既亲水又亲油的特性。表面活性剂的这种特有结构通常称为"双亲结构"，表面活性剂分子因而也常被称作"双亲分子"。非极性烃链是8个碳原子以上烃链；极性基团是羧酸、磺酸、硫酸、氨基及其盐，也可是羟基、酰氨基、醚键等。

2. 表面活性剂的分类

表面活性剂的分类方法很多，根据疏水基结构进行分类，分为直链、支链、芳香链、含氟长链等；根据亲水基进行分类，分为羧酸盐、硫酸盐、季铵盐、PEO衍生物、内酯等；有些研究者根据其分子构成的离子性分成离子型、非离子型等，还有根据其水溶性、化学结构特征、原料来源等各种分类方法。按解离性质分为阴离子型、阳离子型、两性离子型和非离子型四类，见表2-6。

表 2-6 按解离性质分类的表面活性剂

类型		作用	常用品种
阴离子型表面活性剂	肥皂类：高级脂肪酸的盐，通式为 $(RCOO—)_n M^{n+}$	具有良好的乳化性能和油分散能力，但易被酸破坏，一般供外用	常用的有碱金属皂：O/W；碱土金属皂：W/O；有机胺皂：三乙醇胺皂
	硫酸化物：硫酸化油和高级脂肪醇硫酸酯类，通式为 $ROSO_3^- M^+$	乳化性很强，且较稳定。主要用作软膏的乳化剂，也用于片剂等固体制剂的润湿或增溶	硫酸化蓖麻油（土耳其红油）、SDS、十二烷基硫酸钠
	磺酸化物：通式为 $RSO_3^- M^+$	稳定性好，外用	阿洛索-OT、十二烷基苯磺酸钠、甘胆酸钠
阳离子型表面活性剂	季铵化合物	主要用于杀菌和防腐	苯扎氯铵（洁尔灭）和苯扎溴铵（新洁尔灭）等
两性离子型表面活性剂	卵磷脂	制备注射用乳剂及脂质微粒制剂的主要辅料	卵磷脂
	氨基酸型和甜菜碱型	在碱性水溶液中呈阴离子表面活性剂的性质，具有很好的起泡、去污作用；在酸性溶液中则呈阳离子表面活性剂的性质，具有很强的杀菌能力	氨基酸型：$R^- NH_2^+ -CH_2CH_2COO—$ 甜菜碱型：$R^- N^+ (CH_3)_2 -COO—$
非离子型表面活性剂	多元醇蔗糖酯：HLB（5～13），O/W 型乳化剂、分散剂	HLB 值在 8～13 的表面活性剂适合用作 O/W 型乳化剂，HLB 值在 5～8 的表面活性剂适合用作 W/O 型乳化剂，还可作润湿剂和助分散剂	脂肪酸山梨坦（Span）：W/O 型乳化剂 聚山梨酯（Tween）：O/W 型乳化剂
	聚氧乙烯型	O/W 型乳剂的乳化剂，也可用作静脉注射用的乳化剂	长链脂肪酸酯、脂肪醇酯
	聚氧乙烯-聚氧丙烯共聚物	能耐受热压灭菌和低温冰冻，静脉乳剂的乳化剂	

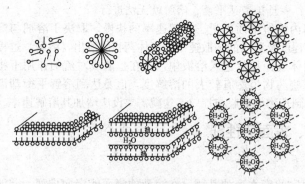

图 2-1　表面活性剂的排列结构

3. 表面活性剂的基本性质

（1）临界胶束浓度（CMC）　表面活性剂分子缔合形成胶束的最低浓度。当其浓度高于 CMC 值时，表面活性剂的排列呈球状、棒状、束状、层状、板状等结构，见图 2-1。

（2）亲水亲油平衡值（HLB 值）　表面活性剂分子中亲水和亲油基团对油或水的综合亲和力。根据经验，将表面活性剂的 HLB 值范围限定在 0～40，非离子型的 HLB 值在 0～20。常用表面活性剂的 HLB 值，见表 2-7。不同 HLB 值的表面活性剂具有不同的用途，见表 2-8。

表 2-7　常用表面活性剂的 HLB 值

表面活性剂	HLB 值	表面活性剂	HLB 值	表面活性剂	HLB 值
十二烷基硫酸钠	40.0	乳化剂 OP	15.0	脂肪酸山梨坦-20	8.6
阿特拉斯 G-263	25～30	聚山梨酯-60	14.9	阿拉伯胶	8.0
油酸钾（软皂）	20.0	聚山梨酯-21	13.3	脂肪酸山梨坦-40	6.7
油酸钠	18.0	乳白灵 A	13.0	单油酸二甘酯	6.1
苄泽 35	16.9	西黄蓍胶	13.0	蔗糖酯	5～13
苄泽 52	16.9	聚氧乙烯烷基酚	12.8	脂肪酸山梨坦-60	4.7
聚山梨酯-20	16.7	油酸三乙醇胺	12.0	脂肪酸山梨坦-80	4.3
西马土哥	16.4	卖泽 45	11.1	单硬脂酸甘油酯	3.8
聚氧乙烯月桂醇醚	16.0	聚山梨酯-85	11.0	脂肪酸山梨坦-83	3.7
卖泽 51	16.0	聚山梨酯-65	10.5	单硬脂酸丙二酯	3.4
泊洛沙姆 188	16.0	聚山梨酯-81	10.0	卵磷脂	3.0
聚山梨酯-40	15.6	明胶	9.8	脂肪酸山梨坦-65	2.1
聚山梨酯-80	15.0	聚山梨酯-61	9.6	脂肪酸山梨坦-85	1.8
卖泽 49	15.0	苄泽 30	9.5	二硬脂酸乙二酯	1.5

表 2-8　不同 HLB 值的表面活性剂的用途

HLB 值	应用	HLB 值	应用
3～6	W/O 型乳化剂	13～18	增溶剂
7～9	作润湿剂与铺展剂	1～3	消泡剂
8～18	O/W 型乳化剂	13～16	去污剂

几种不同的表面活性剂混合后的 HLB 值，可以使用下面的混合表面活性剂的 HLB 值计算公式进行计算：

$$\text{HLB}_{AB} = \frac{\text{HLB}_A \times W_A + \text{HLB}_B \times W_B}{W_A + W_B} \tag{2-1}$$

式中，HLB_A 是 A 表面活性剂的 HLB 值；W_A 是 A 表面活性剂的质量；HLB_B 是 B 表面活性剂的 HLB 值；W_B 是 B 表面活性剂的质量；HLB_{AB} 是混合表面活性剂的 HLB 值。

注：式（2-1）不能用于两性离子型表面活性剂的 HLB 值的计算。

四、洁净室空气净化标准与测定方法

1. 洁净度监测标准

（1）洁净度级别　洁净区的设计必须符合相应的洁净度要求，包括达到"静态"和"动态"

的标准。根据《药品生产质量管理规范》（2010 年修订）附录 1 规定，无菌药品生产所需的洁净区可分为 A、B、C、D 四个洁净度级别。

A 级：高风险操作区，如灌装区、放置胶塞桶和与无菌制剂直接接触的敞口包装容器的区域及无菌装配或连接操作的区域，应当用单向流操作台（罩）维持该区的环境状态。单向流系统在其工作区域必须均匀送风，风速为 0.36～0.54m/s（指导值）。应当有数据证明单向流的状态并经过验证。在密闭的隔离操作器或手套箱内，可使用较低的风速。

B 级：指无菌配制和灌装等高风险操作 A 级洁净区所处的背景区域。

C 级和 D 级：指无菌药品生产过程中，重要程度较低操作步骤的洁净区。

（2）洁净度监测标准 不同洁净度级别对空气悬浮粒子的要求标准规定见表 2-9。不同洁净度级别对洁净区微生物监测的动态标准见表 2-10。

表 2-9 不同洁净度级别对空气悬浮粒子的标准

洁净度级别	每立方米悬浮粒子最大允许数			
	静态		动态	
	≥0.5μm	≥5.0μm	≥0.5μm	≥5.0μm
A 级	3520	20	3520	20
B 级	3520	29	352 000	2900
C 级	352 000	2900	3 520 000	29 000
D 级	3 520 000	29 000	不作规定	不作规定

表 2-10 不同洁净度级别对洁净区微生物监测动态标准

洁净度级别	浮游菌 cfu/m³	沉降菌（φ90mm） cfu/4h	表面微生物	
			接触（φ55mm） cfu/碟	5 指手套 cfu /手套
A 级	<1	<1	<1	<1
B 级	10	5	5	5
C 级	100	50	25	—
D 级	200	100	50	—

2. 含尘浓度测定方法

常用的洁净室内含尘浓度测定方法目前有光散射法、滤膜显微镜法、光电比色法等。

（1）光散射法 利用散射法的强度正比于尘粒的表面积，脉冲信号的次数与尘粒数目相对应的原理，由数码管显示粒径与粒子数目。

（2）滤膜显微镜法 利用微孔滤膜真空滤过含尘空气，将尘粒捕集在滤膜表面，然后用丙酮蒸气熏蒸，使滤膜形成透明体，最后用显微镜计数，还可直接观察尘粒的形状、大小、色泽等物理性质。

（3）光电比色法 利用光密度与积尘量成正比的原理，根据光电比色计测出滤过前后滤纸的透光度的不同，直接测出空气中的含尘量。

3. 无菌检查法

无菌检查法系指检查药品与辅料是否无菌的方法，是评价无菌产品质量必须进行的检测项目。无菌制剂必须经过无菌检查法检验，证实已无微生物生存后才能使用。《中国药典》规定的无菌检查法有直接接种法和薄膜过滤法。

（1）直接接种法 将供试品溶液接种于培养基上，培养数天后观察培养基是否出现混浊或沉淀，与阳性和阴性对照品比较或直接用显微镜观察。

（2）薄膜过滤法 取规定量供试品经薄膜过滤器过滤后，取出滤膜在培养基上培养数天，观察结果,并进行阴性和阳性对照试验。该方法可过滤较大量的样品,检测灵敏度高,结果较直接接种法可靠,不易出现"假阴性"结果。但应严格控制过滤过程中的无菌条件,防止环境微生物污染而影响检测结果。

® 必需知识

一、称量与量取技术

称量操作的准确性,对于保证药剂质量和疗效具有重大意义,因此称量操作是制剂工作的基本操作技术之一。

1. 称重操作

主要用于固体或半固体药物的称量。常用的衡器是天平。常用的天平类别如下。

(1) 架盘天平　又称上天平,最大量可达 5000g,常用 500g、1000g 两种。

(2) 扭力天平　又称托盘天平,其称量一般为 100g,分度值可达 0.01g。

(3) 电子天平　实验室用的电子天平称量范围一般为 500g,可读性 0.01g,重复性 ≤±0.01g,线性 ≤±0.02g,秤盘尺寸 ϕ125mm。

● 知识链接 ●

称量注意事项

1. 按药物的轻重和称重的允许误差,正确选用天平。一般可通过天平的分度值(感量)来计算相对误差:

$$相对误差 = P/Q \times 100\%$$

式中,P 为天平的分度值(感量);Q 为所要称重的量。

例如,欲称取 0.01g 的药物,若按规定允许误差应不得超过 ±10%,则应选择分度值为 0.01g 的扭力天平。但在称取 0.1g 以下的剧毒药时,则须使用分析天平。

2. 称重时,首先应检验天平的正确和灵敏;被称药物应放在左盘,砝码放右盘;防止称重药物时撒落、损坏天平。

3. 称量完毕,应注意砝码、天平的还原。平时还应保持天平的清洁和干燥。

2. 测量操作

一般用于液体药物的量取,常用的量器有量筒、量杯、量瓶、滴定管等。测量时应注意如下要点。

(1) 用量杯或量筒量取液体时,一般应该左手持量器和瓶盖,右手取药瓶或试剂瓶,瓶签应朝上,取用后立即盖回原瓶。

(2) 量取时应保持量器垂直,保证正确读数;一般透明液体以液体凹面最低处为准,不透明液体或深色液体则以表面为准。

二、溶解与增溶技术

1. 影响药物溶解度的因素

(1) 药物的分子结构　药物在溶剂中的溶解度是药物分子与溶剂分子间相互作用的结果。根据"相似者相溶",药物的极性大小对溶解度有很大的影响,而药物的结构则决定着药物极性的大小。

（2）溶剂　溶剂通过降低药物分子或离子间的引力，使药物分子或离子溶剂化而溶解，是影响药物溶解度的重要因素。

（3）温度　温度对溶解度的影响取决于溶解过程是吸热还是放热。如果固体药物溶解时，需要吸收热量，则其溶解度通常随着温度的升高而增加。绝大多数药物的溶解是一吸热过程，故其溶解度随温度的升高而增大。但氢氧化钙等物质的溶解正相反。

（4）粒子大小　一般情况下，药物的溶解度与药物粒子的大小无关。但是，对于难溶性药物来说，一定温度下，其溶解度和溶解速率与其表面积成正比。即小粒子有较大的溶解度，而大粒子有较小的溶解度。但这个小粒子必须小于 $1\mu m$，其溶解度才有明显变化。但当粒子小于 $0.01\mu m$ 时，如再进一步减小，不仅不能提高溶解度，反而导致溶解度减小，这是因为粒子电荷的变化比减小粒子大小对溶解度的影响更大。

（5）晶型　同一化学结构的药物，因为结晶条件如溶剂、温度、冷却速率等的不同，而得到不同晶格排列的结晶，称为多晶型。药物的晶型不同，导致晶格能不同，其熔点、溶解速率、溶解度等也不同。具有最小晶格能的晶型最稳定，称为稳定型，其有着较小的溶解度和溶解速率；其他晶型的晶格能较稳定型大，称为亚稳定型，它们的熔点及密度较低，溶解度和溶解速率较稳定型的大。无结晶结构的药物通称无定形。与结晶型相比，由于无晶格束缚，自由能大，因此溶解度和溶解速率均较结晶型大。例如，维生素 B_2 三种晶型在水中的溶解度为：Ⅰ 型 60mg/L，Ⅱ 型 80mg/L，Ⅲ 型 120mg/L；新生霉素在酸性水溶液中生成的无定形，其溶解度比结晶型大 10 倍。

（6）第三种物质　如在电解质溶液中加入非电解质（如乙醇等），由于溶液的极性降低，电解质的溶解度下降；非电解质中加入电解质（如硫酸铵），由于电解质的强亲水性，破坏了非电解质与水的弱的结合键，使溶解度下降。另外，当溶液中除药物和溶剂外还有其他物质时，常使难溶性药物的溶解度受到影响。故在溶解过程中，宜把处方中难溶的药物先溶于溶剂中。

（7）其他　溶解度还与溶剂化物、pH 值、同离子效应等有关。

2. 增加药物溶解度的方法

有些药物由于溶解度较小，即使制成饱和溶液也达不到治疗的有效浓度。例如碘在水中的溶解度为 1：2950，而复方碘溶液中碘的含量需达到 5%。因此，将难溶性药物制成符合治疗浓度的液体制剂，就必须增加其溶解度。增加难溶性药物的溶解度是药剂工作的一个重要问题，常用的方法主要有以下几种。

（1）制成可溶性盐类　一些难溶性的弱酸或弱碱药物，极性小，在水中溶解度很小或不溶。若加入适当的碱或酸，将它们制成盐类，使之为离子型极性化合物，从而增加其溶解度。

含羧基、磺酰氨基、亚氨基等酸性基团的药物，常可用氢氧化钠、碳酸氢钠、氢氧化钾、氢氧化铵、乙二胺、二乙醇胺等碱作用生成溶解度较大的盐。

天然及合成的有机碱，一般用盐酸、醋酸、硫酸、硝酸、磷酸、氢溴酸、枸橼酸、水杨酸、马来酸、酒石酸等制成盐类。

通过制成盐类来增加溶解度，还要考虑成盐后溶液的 pH、溶解性、毒性、刺激性、稳定性、吸潮性等因素。例如，新生霉素单钠盐的溶解度是新生霉素的 300 倍，但其溶液不稳定而不能用。

（2）引入亲水基团　将亲水基团引入难溶性药物分子中，可增加其在水中的溶解度。引入的亲水基团有：磺酸钠基（—SO₃Na）、羧酸钠基（—COONa）、醇基（—OH）、氨基（—NH₂）及多元醇或糖基等。例如，樟脑在水中微溶（1：800），但制成樟脑磺酸钠后，则易溶于水，且毒性低。维生素 K_3（甲萘醌）在水中不溶，引入亚硫酸氢钠（—SO₃HNa），制成亚硫酸氢钠甲萘醌后，溶解度增大为 1：2。

但应注意，有些药物被引入某些亲水基团后，除了溶解度有所增加外，其药理作用也可能有所改变。

（3）改变溶剂或选用复合溶剂　某些分子量较大、极性较小而在水中溶解度较小的药物，如果更换半极性或非极性溶剂，可使其溶解度增大。例如，樟脑不溶于水，而能溶于醇、脂肪油等，故不宜制成樟脑水溶液，而可制成樟脑醑或樟脑搽剂。

在液体制剂中，经常采用复合溶剂以改变溶剂的极性，使难溶性的药物或制成盐类在水中不稳定的药物得以溶解。混合溶剂是指能与水任意比例混合，与水分子能以氢键结合，能增加难溶性药物溶解度的那些溶剂，如乙醇、甘油、丙二醇、聚乙二醇等。通常，药物在混合溶剂中的溶解度与在各单纯溶剂中溶解度相比，出现极大值，这种现象称为潜溶，这种混合溶剂称潜溶剂，例如，甲硝唑在水中溶解度为 10%（w/v），但在水-乙醇中，溶解度提高 5 倍。

潜溶剂提高药物溶解度的原因，一般认为是两种溶剂间发生氢键缔合，有利于药物溶解。另外，潜溶剂改变了原来溶剂的介电常数。

（4）加入助溶剂　助溶系指难溶性药物与加入的第三种物质在溶剂中形成可溶性的配合物、复盐、缔合物等，而增加药物溶解度的现象。加入的第三种物质称为助溶剂。助溶剂可溶于水，多为低分子化合物（不是表面活性剂）。常用难溶性药物及其应用的助溶剂见表 2-11。

·知识链接·

常用的助溶剂种类

1. 有机酸及其钠盐　如苯甲酸、苯甲酸钠、水杨酸、水杨酸钠、对氨基苯甲酸等。

2. 酰胺类　如乌拉坦、尿素、烟酰胺、乙酰胺等。茶碱与助溶剂形成氨茶碱，溶解度由 1∶120 增大到 1∶5。

3. 无机盐类　如硼砂、碘化钾等。如以碘化钾为助溶剂，能与碘形成配合物 KI_3，增加碘的溶解度，配成含碘 5% 的水溶液。

表 2-11　常用的难溶性药物及其应用的助溶剂

药　物	助　溶　剂
碘	碘化钾，聚乙烯吡咯烷酮
咖啡因	苯甲酸钠，水杨酸钠，对氨基苯甲酸钠，枸橼酸钠，烟酰胺
可可豆碱	水杨酸钠，苯甲酸钠，烟酰胺
茶碱	二乙胺，其他脂肪族胺，烟酰胺，苯甲酸钠
盐酸奎宁	乌拉坦，尿素
核黄素	苯甲酸钠，水杨酸钠，烟酰胺，尿素，乙酰胺，乌拉坦
卡巴克洛	水杨酸钠，烟酰胺，乙酰胺
氢化可的松	苯甲酸钠，邻羟苯甲酸钠，对羟苯甲酸钠，间羟苯甲酸钠，二乙胺，烟酰胺
链霉素	蛋氨酸，甘草酸
红霉素	乙酰琥珀酸酯，维生素 C
新霉素	精氨酸

（5）加入表面活性剂增溶　表面活性剂在水溶液中达到临界胶束浓度（CMC）后，一些水不溶性或微溶性物质在胶束溶液中的溶解度可显著增加并形成透明胶体溶液，称为增溶。在增溶剂的用量固定而增溶又达平衡时，增溶质的饱和浓度称最大增溶浓度（MAC）。此时若继续加入增溶质，则溶液将析出沉淀或转变为乳浊液。例如，1g 十二烷基硫酸钠能增溶 0.262g 的黄体酮；非洛地平在 0.025% 吐温胶束溶液中溶解度可提高 10 倍。对于以水为溶剂的药物，增溶剂的最适 HLB 值为 15～18。当浓度大于 CMC（HLB 值为 13～18），CMC 越低，缔合数越大，增溶量就越高。具有增溶能力的表面活性剂称为增溶剂，被增溶的物质称为增溶质，每 1g 增溶剂

能增溶药物的质量（g）称增溶量。

表面活性剂能够增溶，一般认为是由于表面活性剂在水中形成胶束的结果。表面活性剂增溶作用见图2-2。

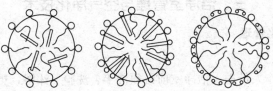

图2-2　表面活性剂增溶作用示意

∿∿∿—表示活性剂；▭▭▭　⊂⊃　∿∿—药物

3.影响药物溶解速率的因素与增加药物溶解速率的方法

固体溶解是一个溶解扩散的过程，一般用单位时间内溶液浓度增加量表示，其符合 Noyes-Whintney 方程：

$$\frac{\mathrm{d}c}{\mathrm{d}t}=\frac{DS}{Vh}(c_s-c)=KS(c_s-c) \tag{2-2}$$

式中，$\dfrac{\mathrm{d}c}{\mathrm{d}t}$ 为溶出速率；S 为药物粒子的表面积；c_s 为溶质在溶出介质中的溶解度；c 为 t 时间溶液中溶质的浓度；D 为扩散系数；V 为溶出介质体积；h 为扩散层厚度；K 是溶出速率常数。

由式(2-2)可知，影响溶解速率的因素和增加溶出速率的方法如下。

(1) 药物的粒径　同一质量的固体药物，其粒径小，表面积大，溶出速率快；对同样大小表面积的固体药物，孔隙率高，溶出速率大；对于颗粒状或粉末状的固体药物，如在溶出介质中结块，可加入润湿剂改善。

(2) 药物的溶解度 c_s　药物在溶出介质中的溶解度增大，能增加溶出速率。凡影响药物溶解度的因素，均能影响药物的溶出速率，如温度、溶出介质的性质、晶型等。

(3) 溶出介质的体积 V　溶出介质的体积小，溶液中药物的浓度（c）高，溶出速率慢；体积大，则 c 小，溶出快。

(4) 扩散系数 D　溶质在溶出介质中的扩散系数越大，溶出速率越快。在温度一定条件下，D 的大小受溶出介质的黏度和扩散分子大小的影响。

(5) 扩散层的厚度 h　扩散层的厚度越大，溶出速率越慢。扩散层的厚度与搅拌程度有关。

搅拌程度取决于搅拌或振摇的速率，搅拌器的形状、大小、位置，溶出介质的体积，容器的形状、大小及溶出介质的黏度。

三、洁净室管理与空气净化技术

（一）洁净室的净化管理

1. 人员净化管理

（1）基本要求　操作人员进入洁净室前必须洗手、洗脸、沐浴，更衣、帽、鞋，空气吹淋（风淋）等；着专用工作服，并尽量盖罩全身。

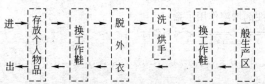

图2-3　人员进出一般生产区更衣操作程序

（2）人员净化程序

① 人员进出一般生产区更衣操作程序，见图2-3。

② 人员进出非无菌洁净室（区）的净化操作程序，见图2-4。

③ 人员进出无菌洁净室（区）的净化操作程序，见图2-5。

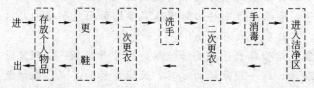

图2-4　人员进出非无菌洁净室（区）的净化操作程序

图2-5　人员进出无菌洁净室（区）的净化操作程序

2. 物的净化管理

凡在洁净室使用的原料、仪器、设备等在进入洁净室前均需清洁处理，按一次通过方式，边灭菌边利用各种传递带、传递窗或灭菌柜将物料送入洁净室内。

（二）空气净化技术

空气净化技术是创造空气洁净环境，保证和提高产品质量的一项综合性技术。主要是应用初效、中效和高效过滤器三次过滤，将空气中的微粒滤除，得到洁净空气，再以均匀速度平行或垂直地沿着同一个方向流动，并将其周围带有微粒的空气冲走，从而达到空气洁净的目的。

> ● 知识链接 ●
>
> **空气净化技术概念及分类**
>
> 　　空气净化系指以创造洁净空气为目的的空气调节措施。空气净化技术系指为达到某种净化要求所采用的净化方法。
>
> 　　根据不同行业的要求和洁净标准，可分为工业净化和生物净化。
>
> 　　工业净化系指除去空气中悬浮的尘埃粒子，以创造洁净的空气环境，如电子工业等。
>
> 　　生物净化系指不仅除去空气中悬浮的尘埃粒子，而且要求除去微生物等以创造洁净的空气环境。如制药工业、生物学实验室、医院手术室等均需要生物净化。

1. 室内空气净化方法

常见的可分为三大类。

① 一般净化：以温度、湿度为主要指标的空气调节，可采用初效过滤器。

② 中等净化：除对温度、湿度有要求外，对含尘量和尘埃粒子也有一定指标（如允许含尘量为 $0.15\sim0.25mg/m^3$，尘埃粒子不得小于 $1.0\mu m$）。可采用初、中效二级过滤。

③ 超净净化：除对温度、湿度有要求外，对含尘量和尘埃粒子有严格要求，含尘量采用计数浓度。该类空气净化必须经过初、中、高效过滤器才能满足要求。

2. 净化技术的空气处理流程

见图 2-6。

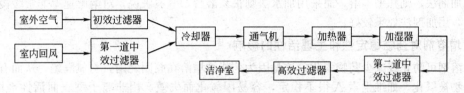

图 2-6　净化技术的空气处理流程

® 拓展知识

表面活性剂增溶原理

在药物制剂的生产过程中，往往需要将药物制成溶液。但有一部分药物，其溶解度低于治疗所需的浓度。如肌内注射或静脉注射所用的氯霉素需配制成 12.5% 的浓溶液。而在室温下氯霉素在水中的溶解度仅为 0.25%。所以要将药物制成适于治疗所需的浓度，有时需要加大药物溶解度。增大药物溶解度的方法有很多种，利用表面活性剂的增溶作用来达到这一目的，是一种重要方法。

1. 增溶的原理

表面活性剂之所以能增加难溶性药物在水中的溶解度，是因为其在水中形成"胶束"的结果。胶束是由表面活性剂的亲油基团向内形成非极性中心区，而亲水基团则向外共同形成的球状体。整个胶束内部是非极性的，外部是极性的。由于胶束的内部与周围溶剂的介电常数不同，难溶性药物根据自身的化学性质，以不同方式与胶束相互作用，使药物分子分散在胶束中，从而使溶解量增大。如非极性药物可溶解于胶束的非极性中心区；具有极性基团而不溶于水的药物，在胶束中定向排列，分子中的非极性部分插入胶束中心区，极性部分则伸入胶束的亲水基团方向；对于极性基团占优势的药物，则完全分布在胶束的亲水基团之间。

对大多数药物来讲，加入增溶剂后可增大对药物的吸收，增强生理活性。但并不是所有药物被增溶后生理活性都增强，如水杨酸被增溶后，吸收反而下降。

2. 增溶剂的选择

增溶作用在药物制剂中有很多应用。可用于内服制剂、注射剂，还可用于外用制剂。内服制剂和注射剂所用的增溶剂大多属于非离子型表面活性剂，如维生素 A、维生素 D 用吐温-80 来增溶；外用制剂所用的增溶剂以阴离子型表面活性剂为主，如松节油和煤酚用肥皂来增溶等。阳离子型表面活性剂因毒性较大，很少应用。

选择增溶剂时要慎重。要先考虑有没有毒性，会不会引起红细胞破坏而产生溶血作用。还要考虑增溶剂的性质是否稳定，要注意不能与主药发生化学反应。

有些增溶剂会降低杀菌剂的效力，这是因为杀菌剂溶解在胶团中心使游离的杀菌剂减少的缘故。如吐温类的非离子型表面活性剂会使酚类和尼泊金类的杀菌力降低。

选择增溶剂时还应考虑有些增溶剂加到口服液制剂中会有不良气味，要注意控制用量。如吐温-80有些苦味，用其增溶脂溶性维生素时，用量一般不超过药物量的2%。

3. 增溶剂的加入方法

在药物制剂的增溶过程中，各种成分的加入顺序不同，有时会对增溶效果产生较大影响。若将增溶剂与被增药剂混合均匀后再加水稀释，称为加水法。若先向增溶剂中加水稀释，再加被增溶的药剂，称为加剂法。如用聚氧乙烯脂肪酸增溶棕榈酸维生素A时，如果各种成分的加入顺序采用加剂法，则几乎不溶，而采用加水法则很易溶解。一般来说，对溶解速率非常缓慢的药剂增溶时，用加剂法效果较好。

4. 增溶剂对药物稳定性和生理活性的影响

增溶剂可防止或减少药物氧化，这是因为药物被增溶在胶团之内，与氧隔绝，从而有效地防止了药物被氧化。如维生素A很不稳定，容易因氧化而失效，用非离子型表面活性剂增溶后，其溶液要比维生素A的溶液稳定许多。

® 达标检测题

一、选择题

（一）单项选择题

1. 增加药物溶解度的方法不包括（　　）
A. 制成可溶性盐　　B. 加入助溶剂
C. 加入增溶剂　　　D. 升高温度
E. 使用混合溶剂

2. 关于药物溶解度的叙述正确的是（　　）
A. 药物的极性与溶剂的极性相似者相溶
B. 极性药物与极性溶剂之间可形成诱导偶极-永久偶极作用而溶解
C. 多晶型的药物，稳定型的较亚稳定型和不稳定型的溶解度大
D. 处于微粉状态的药物，其溶解度随粒度的降低而减小
E. 在溶液中相同离子共存时，药物的溶解度会增加

3. 配制药液时，搅拌的目的是增加药物的（　　）
A. 润湿性　　B. 表面积　　C. 溶解度
D. 溶解速率　　E. 稳定性

4. 不能增加药物溶解度的方法是（　　）
A. 加入助溶剂　　　B. 加入增溶剂
C. 加入润湿剂　　　D. 使用适宜的潜溶剂
E. 调节药液的pH

5. 苯甲酸钠在咖啡因溶液中的作用是（　　）

A. 延缓水解　　　　B. 防止氧化
C. 增溶作用　　　　D. 助溶作用
E. 防腐作用

6. 苯巴比妥在90%乙醇中溶解度最大，90%乙醇是苯巴比妥的（　　）
A. 防腐剂　　B. 助溶剂　　C. 增溶剂
D. 抗氧剂　　E. 潜溶剂

7. 下列表面活性剂中有起昙现象的是（　　）
A. 肥皂类　　B. 硫酸化物
C. 磺酸化物　　D. 脂肪酸山梨坦类
E. 聚山梨酯类

8. 对表面活性剂的叙述正确的是（　　）
A. 非离子型的毒性大于离子型
B. HLB值越小，亲水性越强
C. 作乳化剂使用时，浓度应大于CMC
D. 作O/W型乳化剂使用，HLB值应大于8
E. 表面活性剂在水中达到CMC后，形成真溶液

9. 对表面活性剂的叙述正确的是（　　）
A. 吐温类溶血作用最小
B. 用吐温增加尼泊金溶解度的同时也增加其抑菌能力
C. 用于消毒杀菌使用的是阳离子型表面活性剂
D. 表面活性剂不能混合使用
E. 聚氧乙烯基团的比例增加，亲水性降低

10. 表面活性剂性质不包括（　　）

A. 亲水亲油平衡值　　B. Krafft 点和昙点
C. 临界胶束浓度　　　D. 生理活性
E. 适宜的黏稠度

11. 配制注射剂的环境区域划分正确的是（　　）
A. 精滤、灌装、封口、灭菌为洁净区
B. 配液、粗滤、蒸馏、注射用水为控制区
C. 配液、粗滤、灭菌、灯检为控制区
D. 精滤、灌封、封口、灭菌为洁净区
E. 清洗、灭菌、灯检、包装为一般生产区

12. 大输液的滤过、灌封要求的洁净级别是
（　　）
A. D 级　　　B. C 级　　　C. B 级
D. 无洁净度要求　　　E. A 级

（二）配伍选择题

题 1. ～5.
A. 泊洛沙姆　B. 卵磷脂
C. 新洁尔灭　D. 亚硫酸氢钠
E. 十二烷基硫酸钠

1. 属于阴离子型表面活性剂的是（　　）
2. 属于阳离子型表面活性剂的是（　　）
3. 属于两性离子型表面活性剂的是（　　）
4. 属于非离子型表面活性剂的是（　　）
5. 属于抗氧剂的是（　　）

题 6. ～10.
A. Krafft 点　　B. CMC　　C. HLB 值
D. 昙点　　　　E. 微乳

6. 内相粒子小于 $0.1\mu m$ 的乳剂为（　　）
7. 超过某一温度时表面活性剂的溶解度急剧增
大，该温度称（　　）
8. 温度上升到某一值时，表面活性剂的溶解度
急剧下降，该温度称（　　）
9. 表面活性剂能形成胶束的最低浓度称（　　）
10. 表面活性剂分子中亲水和亲油基团对油或
水的综合亲和力称（　　）

（三）多项选择题

二、填空题

1. 复方碘溶液中的碘化钾为＿＿＿＿溶剂。
2. 新洁尔灭为＿＿＿＿表面活性剂，该类表面活性剂一般用作＿＿＿＿。
3. 药物稳定性试验包括＿＿＿＿、＿＿＿＿、＿＿＿＿试验。
4. 表面活性剂分为＿＿＿＿、＿＿＿＿、＿＿＿＿、＿＿＿＿四大类，各类代表物分别为＿＿＿＿、
＿＿＿＿、＿＿＿＿、＿＿＿＿。

三、简答题

1. 什么是感量？简述感量、称重与相对误差的关系。
2. 不同液体及不同滴落方式的液滴体积为何不同？影响滴重的因素有哪些？
3. 是否可用投药瓶量取液体药物配制处方？为什么？

1. 增加药物溶解速率的方法有（　　）
A. 升高温度　　B. 增加药物的粒度
C. 不断搅拌　　D. 加入增溶剂
E. 引入亲水基团

2. 影响溶解度的因素有（　　）
A. 药物的极性　B. 溶剂的性质
C. 药物的晶型　D. 微粒的大小
E. 压力的大小

3. 属于表面活性剂类的附加剂是（　　）
A. 增溶剂　　B. 乳化剂　　C. 润湿剂
D. 絮凝剂　　E. 抗氧剂

4. 表面活性剂在药剂学中的作用是（　　）
A. 增溶　　B. 助溶　　C. 润湿
D. 去污　　E. 杀菌

5. 用于表示表面活性剂特性的是（　　）
A. RH　　　B. CMC　　C. HLB 值
D. Krafft 点　E. 昙点

6. 我国《药品生产质量管理规范》中空气洁净
度划分的等级为（　　）
A. A 级　　　B. 无洁净度要求
C. B 级　　　D. C 级　　E. D 级

7. 热原的污染途径是（　　）
A. 从溶剂中带入　B. 从原料中带入
C. 从容器、用具、管道和装置等带入
D. 制备过程中的污染
E. 从输液器具带入

8. 生产注射剂时常加入适量的活性炭，其作用
是（　　）
A. 吸收热原　B. 增加主药的稳定性
C. 助滤　　　D. 脱色
E. 提高澄明度

9. 《中国药典》规定的无菌检查法有（　　）
A. 直接接种法　B. 薄膜滤过法
C. 鲎试验法　　D. 家兔法　　E. 显微镜法

4.简述影响溶解度的因素及增加药物溶解度的方法。

5.简述表面活性剂的分类及表面活性剂的特性。

四、分析计算题

1.配制 0.01％的 EDTA 二钠溶液 50ml 需加入 2％的 EDTA 二钠溶液几滴（已测知某滴管滴 2％的 EDTA 二钠溶液 40 滴相当于 1ml）？

2.计算等量的司盘-80（HLB 值为 4.3）与吐温-80（HLB 值为 15.0）混合后的 HLB 值。

PPT 课件

模块二
液体类制剂制备技术

1. 教学目标

（1）基本目标　能初步设计各类液体制剂的工艺流程；能用浸渍法、渗漉法和煎煮法小试制备典型浸出制剂；能进行溶液剂、高分子溶液剂、溶胶剂、混悬剂、乳剂等液体制剂典型实例的小试制备；能进行典型小容量注射剂等灭菌制剂的小试制备。

（2）促成目标　在此基础上，学生通过综合实训和顶岗实习锻炼，能进行浸出制剂、中药成方制剂、中药新剂型、溶液剂、高分子溶液剂、溶胶剂、混悬剂、乳剂、小容量注射剂、大容量注射剂、粉针剂、眼用制剂的生产制备或医院制剂室制备操作，并能根据各类液体制剂特点合理指导用药。

2. 工作任务

项目三　中药浸出制剂制备技术
（1）具体的实践操作实例 3-1　制备酊剂。
（2）具体的实践操作实例 3-2　制备流浸膏剂、浸膏剂。
（3）具体的实践操作实例 3-3　制备煎膏剂。
（4）具体的实践操作实例 3-4　制备糖浆。
项目四　液体制剂制备技术
（1）具体的实践操作实例 4-1　制备溶液型液体制剂。
（2）具体的实践操作实例 4-2　制备胶体型液体制剂。
（3）具体的实践操作实例 4-3　制备混悬剂。
（4）具体的实践操作实例 4-4　制备乳剂。
项目五　无菌液体制剂制备技术
（1）具体的实践操作实例 5-1　制备小容量注射剂。
（2）具体的实践操作实例 5-2　制备大容量注射剂。
（3）具体的实践操作实例 5-3　可见异物检查。

3. 相关理论知识

（1）掌握中药浸出制剂、普通液体制剂、无菌液体制剂的制备方法。

（2）熟悉中药浸出制剂，普通液体制剂，无菌液体制剂的概念、类型、特点，液体类制剂的常用溶剂、常用附加剂。

（3）了解浸出的原理，浸出制剂的质量控制与工艺设计，混悬剂和乳剂的稳定性，注射剂的等渗与等张调节，热原的含义、性质、去除方法，各类液体制剂的质量评定方法。

4. 教学条件要求

利用教学课件、生产视频、各剂型实例和网络等先进的多媒体教学手段，并结合实训操作训练（或案例），灵活应用多种教学方法，采用融"教、学、做"一体化模式组织教学。

中药浸出制剂制备技术

® 实例与评析

【实践操作实例 3-1】 制备酊剂

1. 器材与试剂

渗漉装置；橙皮、乙醇。

2. 操作内容

制备陈皮酊。

［处方］橙皮（粗粉）20g；70％乙醇适量；共制成200ml。

［制法］用渗漉法制备，称取橙皮粗粉，置有盖容器中，加70％乙醇适量，均匀湿润后密闭，放置30min，另取脱脂棉一块，用溶剂润湿后平铺渗漉筒底部，然后，分次将已湿润的粉末投入渗漉筒内，每次投入后，用木槌均匀压平，投完后，在药粉表面盖一层滤纸，纸上均匀铺压碎瓷石，然后将橡皮管夹放松，将渗漉筒下连接的橡皮管口向上，缓缓不间断地倒入适量70％乙醇并始终使液面离药物数厘米，等溶液自出口流出，夹紧螺丝夹，流出液可倒回筒内（量多时，可另器保存）加盖，浸渍24h后，缓缓渗漉［3～5ml/(min·kg)］至渗漉液达酊剂需要量的3/4时停止渗漉，压榨残渣，压出液与渗漉液合并，静置24h，过滤，测含醇量，然后添加适量乙醇至规定量，即得。

【评析】

酊剂系指药品用规定浓度的乙醇浸出或溶解而制成的澄清液体制剂。一般酊剂每100ml相当于原药物20g，含毒剧药酊剂的有效成分应根据其半成品的含量加以调整，也可按每100ml相当于原药物10g进行制备。酊剂的制备方法有渗漉法、浸渍法、稀释法（化学药物用溶解法），其中渗漉法使用较多，为了提高浸出效率，减少无效物质的浸出，生产上亦采用恒温循环浸渍的浸出工艺。

［制备要点］（1）橙皮中含有挥发油及黄酮类成分，用70％乙醇能使橙皮中的挥发油全部提出，且防止苦味树脂等杂质溶出。

（2）鲜橙皮与干燥橙皮的挥发油含量相差较大，故规定用干橙皮投料。

【实践操作实例 3-2】 制备流浸膏剂、浸膏剂

1. 器材与试剂

煎煮容器；丹参、乙醇。

2. 操作内容

制备丹参浸膏。

［处方］丹参20g；乙醇适量。

［制法］将丹参切碎，冷水浸泡15min，煎煮两次，每次沸后煮半小时，合并煎液，过滤，水浴浓缩至约5ml，加醇使含醇量达75％，静置，过滤，水浴上蒸至稠膏状，移至玻璃板上，

100℃干燥，即得。

【评析】

流浸膏剂和浸膏剂是指药材用适宜的溶剂浸出有效成分，蒸去部分或全部溶剂制成的制剂。除另有规定，每1ml流浸膏剂与原药材1g相当；每1g浸膏剂相当于2～5g原药材。流浸膏剂一般多用作配制酊剂、合剂、糖浆剂或其他制剂的原料，少数品种可直接供药用。浸膏剂分为稠浸膏剂和干浸膏剂两种。前者为半固体，具有黏性；后者为干燥粉状制品，含水量约为5%，可用稠浸膏剂干燥制备，亦可以采用喷雾干燥法、冷冻干燥法或其他适宜方法将药材浸出液直接干燥成细粉。

[制备要点]（1）丹参主要含有脂溶性和水溶性两类成分，脂溶性成分主要是丹参酮类，而水溶性成分主要是酚酸类，如丹参素、原儿茶醛等。

（2）丹参的提取可采用传统水煎法、乙醇回流法、超声波法、超临界萃取法。本操作采用传统水煎法，为提高提取效率，将丹参切碎，冷水浸泡后投料。

【实践操作实例3-3】 制备煎膏剂

1. 器材与药品

煎煮容器、电炉、蒸发皿；益母草、红糖。

2. 操作内容

制备益母草煎膏。

[处方] 益母草50g；红糖12.5g。

[制法] 取益母草切碎，加水煎煮2次，每次1h，合并煎液，滤过，滤液浓缩成相对密度1.21～1.25（500～850℃热测）的清膏，取红糖20g进行炒糖，再与10g清膏加热混匀，浓缩至规定的相对密度即得。

【评析】

煎膏剂系指药材用水煎煮、去渣浓缩后，加炼糖或炼蜜制成的半流体剂型。制备工艺流程为：药材煎煮→药液浓缩→加入炼糖（或炼蜜）→收膏→分装。

[制备要点]（1）收膏时加入的糖或蜂蜜须经过炼制，糖或蜂蜜加入过多、蔗糖转化率不适当均可导致煎膏出现返砂现象，加入量一般不超过清膏量的3倍。收膏时随着稠度的增加，加热温度可相应降低并不断搅拌。收膏稠度视品种而定，除经验指标外，相对密度一般在1.10～1.12。

（2）煎膏剂应趁热分装于洁净、干燥的大口容器中，待充分冷却后加盖，以免长霉、变质，且便于取用。

【实践操作实例3-4】 制备糖浆

1. 器材与药品

电炉、过滤装置；枸橼酸、单糖浆。

2. 操作内容

制备橙皮糖浆。

[处方] 橙皮酊5ml；枸橼酸0.5g；单糖浆加至100ml。

[制法]（1）单糖浆的制备 量取纯化水90ml煮沸，加蔗糖85g搅拌溶解后继续加热至100℃，趁热保温滤过，自滤器上添加适量纯化水，使其冷至室温成100ml，搅匀，即得。

（2）橙皮糖浆的制备 取枸橼酸直接溶于橙皮酊中可得澄明液。单糖浆加至足量。

【评析】

（1）单糖浆应为无色或淡黄色的澄清稠厚液体，为蔗糖的近饱和水溶液，含蔗糖85%

（g/ml）或 64.74%（g/g）。25℃时相对密度为 1.313，沸点约为 103.8℃。可供制备含药糖浆及作矫味、助悬剂用。

（2）单糖浆加热制备不仅能加速蔗糖溶解，尚可杀灭蔗糖中微生物、凝固蛋白，使糖浆易于保存。但加热时，温度不宜过高，时间不宜过长，以防蔗糖焦化与转化，而影响制剂质量。

（3）用冷溶法制备，可把单糖浆先配好，避免橙皮酊损失。

（4）本品产生松节油臭或混浊时，不能再用。

Ⓡ 相关知识

一、浸出制剂的定义

浸出制剂系指用适当的浸出溶剂和方法，从动植物药材或饮片中浸出有效成分，经适当精制与浓缩得到的供内服或外用的一类制剂。

知识链接

浸出制剂的发展

浸出制剂在我国有着悠久的历史。最早的记载是在公元前 1766 年商汤的"伊尹创制汤液"，继汤剂后又有酒剂、酊剂、流浸膏剂、浸膏剂及煎膏剂等。近年来，运用现代科学技术和设备进行浸出制剂实验研究，研制出许多浸出制剂新品种，应用新技术、新工艺提取药材中有效部位或多种有效成分，改革和发展了新剂型，如中药颗粒剂、片剂、注射剂、膜剂、气雾剂、滴丸剂等。另外在中西医理论指导下，现已制成不少有效中西药组方的新剂型，提高了疗效，降低了毒副作用，为发展我国医药学开创了新的途径。

二、浸出制剂的分类与特点

1. 浸出制剂的分类

浸出制剂按浸出溶剂及制备特点分为四类。

（1）水浸出制剂　指在一定的加热条件下，用水浸出的制剂。如汤剂、中药合剂等。

（2）含醇浸出制剂　指在一定条件下用适当浓度的乙醇或酒浸出的制剂。如酊剂、酒剂、流浸膏剂等。有些流浸膏剂虽然是用水浸出有效成分，但其成品中一般加有适量乙醇。

（3）含糖浸出制剂　指在水浸出制剂基础上，经精制、浓缩等处理后，加入适量糖或蜂蜜或其他赋形剂制成。如煎膏剂、冲剂、糖浆剂等。

（4）精制浸出制剂　指选用适当溶剂浸出有效成分后，浸出液经过适当精制处理而制成的药剂。如口服液、注射剂、片剂、滴丸剂等。

2. 浸出制剂的特点

浸出制剂的成品中除含有有效成分外，还含有一定量无效成分，因此，浸出制剂具有以下特点。

（1）综合作用　浸出制剂中含有多种成分，因此浸出制剂与同一药材提取的单体化合物相比，有利于发挥某些成分的多效性，有时还能发挥单一成分起不到的作用。如阿片酊不仅具有镇痛作用，还有止泻功能，但从阿片粉中提取的纯吗啡只有镇痛作用。

（2）作用缓和、持久，毒性低　浸出制剂中共存的辅助成分，常能缓和有效成分的作用或抑制有效成分的分解。如鞣质可缓解生物碱的作用并使药效延长。

（3）便于服用　浸出制剂与原药材相比，去除了组织物质和无效成分，相应提高了有效成分浓度，从而减少了用量，便于服用。同时在浸出过程中处理或去除了酶、脂肪等无效成分，不但增加了某些有效成分的稳定性，也提高了制剂的有效性和安全性。

（4）浸出制剂中均有不同程度的无效成分　如高分子物质、黏液质、多糖等，在贮存时易发生沉淀、变质，影响浸出制剂的质量和药效，特别是水性浸出制剂。部分浸出制剂不适于贮存，久贮后易污染细菌、霉菌等，如汤剂、糖浆剂；又如酒剂、酊剂、流浸膏剂具有流动性，久贮后虽不易发生染菌发霉，但运输、携带时玻璃容器易损，瓶塞若封闭不严溶剂易挥发，有时产生浑浊或沉淀；浸膏剂若存放的环境或场所不当可迅速吸潮、结块，不利于制备或包装，制备其他制剂时，可影响粉碎、制粒、成型、包衣等一系列的质量不稳定，应特别加以注意。

三、浸出溶剂及浸出辅助剂

1. 浸出溶剂

最常用的浸出溶剂为水、乙醇，其溶解性能和特点见溶解理论。

通常选用乙醇与水不同比例的混合溶剂，有利于选择性浸出有效成分。90％以上乙醇用于浸出挥发油、有机酸、内酯、树脂等；50％～70％的乙醇适用于浸出生物碱、苷类等；50％以下的乙醇适用于浸出蒽醌类等化合物。

2. 浸出辅助剂

为了增加浸出效果，或提高浸出成分的溶解度及浸出制剂的稳定性，有时也应用一些浸出辅助剂。常用的有以下几种。

（1）酸或碱　有利于碱性成分或酸性成分的浸出。

（2）甘油　稳定鞣质的作用，常与水、醇混合使用。

（3）表面活性剂　利于对药材的湿润，能提高浸出效率，但用量不宜过多。

Ⓡ 必需知识

一、浸出方法

1. 浸渍法

浸渍法是简便而常用的一种浸出方法。用一定量的溶剂，在一定温度下，将药材浸泡一定时间，提取有效成分。

（1）工艺流程　浸渍法操作工艺流程见图 3-1。

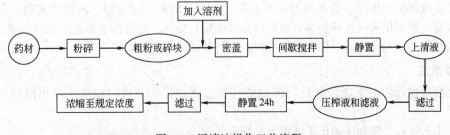

图 3-1　浸渍法操作工艺流程

（2）制法　取药材粗粉或碎块，置有盖容器中，加入定量的溶剂、密盖，间歇振摇，在常温暗处浸渍 3～5 天或规定时间，使有效成分充分浸出；也可在适当温度下浸渍以缩短时间。倾取上清液，滤过，压榨残渣，收集压榨液和滤液合并，静置24h滤过即得。

（3）特点　浸渍法的特点是浸出溶剂用量多，方法简便。适用于黏性无组织的药材，如没药等；新鲜易膨胀的药材，如大蒜等，以及价格便宜药材的浸出。本法缺点是浸出效率低，不适用于贵重或有效成分含量低的药材的浸出。

另外，药渣对浸出液的吸附引起的成分损失也是本法的一个缺点，但压榨药渣又容易使药材组织细胞破裂，大量不溶性成分进入浸出液中，给后续工序带来不便，因此，在实际生产中常采用多次浸渍法，也称重浸渍法，即将定量的浸出溶剂分次加入，既有利于提高浸出时浓度梯度，也可减少药渣对浸出液的吸附，而且不压榨，可避免大量杂质混入浸出液使浸出液不易澄清。

（4）设备　现代浸渍容器多选用不锈钢缸、搪瓷缸等，在浸渍器上装搅拌以加速浸出；为防止药渣堵塞，浸渍器下端出口的假底上放滤布。

2. 煎煮法

煎煮法是古老的的浸出方法，但至今仍是制备浸出制剂有效的方法之一。浸出溶剂多为水，也有用乙醇的。

（1）工艺流程　煎煮法操作工艺流程见图3-2。

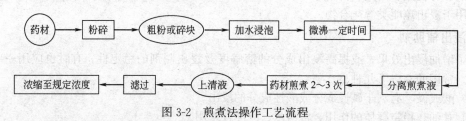

图 3-2　煎煮法操作工艺流程

（2）制法　取药材，切碎或粉碎成粗粉，置适宜容器中，加水浸没药材，浸泡适宜时间后加热至沸，保持微沸一定时间，分离浸出液，药渣依法浸出1～2次至浸出液味淡薄为止，合并浸出液，分离异物或沉淀物即得。以乙醇为溶剂时，应采用回流法，以免挥发损失，同时也有利于安全生产。

（3）特点　煎煮法适用于有效成分溶于水，且对热稳定的药材。本法的特点是方法简便易行，能煎出大部分有效成分，但是，煎出液中杂质较多，易霉变，某些不耐热或易挥发成分易被破坏，挥发损失。

（4）设备　传统的煎煮器有砂锅、陶瓷罐等。目前生产中通常采用敞口倾斜罐。多能提取器（如图3-3所示）是一种可调节温度、压力的密闭间歇式提取器，可以进行常温常压提取，也可以在高温高压或低温减压条件下提取，如常压、微压水煎、温浸、加热回流、强制循环渗漉、挥发油提取及有机溶剂回收等多种操作。

多能提取器由主体罐、热交换器、冷凝器、油水分离器、过滤器、泡沫捕集器六个部件组成。提取时一般可用蒸汽直接加热，也可间接（夹层）加热。在进行水提或醇提时，通向油水分离器的阀门是关闭的；当进行挥发油提取时，才打开油水分离器阀门。

3. 渗漉法

渗漉法是在药粉上不断添加浸出溶剂使其渗过药粉，从下端出口流出浸出液的一种浸出方法。

（1）工艺流程　渗漉法操作工艺流程见图3-4。

（2）渗漉原理及制法　渗漉时，溶剂渗入药材细胞中溶解，其可溶性成分扩散至渗漉液中，使渗漉液浓度增高，相对密度增大而向下移动，上层溶剂或稀浸出液置换其位置，产生浓度差，利于扩散。

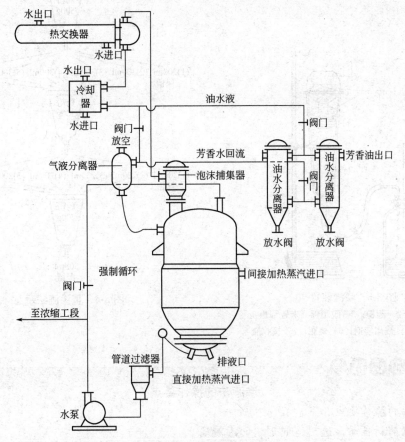

图 3-3　多能提取器示意

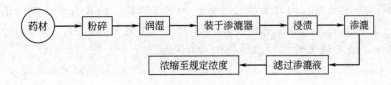

图 3-4　渗漉法操作工艺流程

（3）**特点**　渗漉法浸出效果优于浸渍法，提取比较完全，且省去了浸出液与药渣分离的操作。特别适用于剧毒药材，有效成分含量低的药材及贵重药材的浸出。但对新鲜易膨胀的药材、无组织结构的药材不宜应用渗漉法。

（4）**设备**　通常用渗漉器来进行渗漉，渗漉器有圆柱形和圆锥形（见图 3-5）。以水为溶剂，药材吸水膨胀性大，宜用圆锥形渗漉器，而膨胀性不大的药材可用圆柱形渗漉器。

为提高渗漉效率，可以采用重渗漉法，即将浸出液重复用作新药粉的浸出溶剂，具体方法见图 3-6。

重渗漉法中，一份溶剂能多次使用，溶剂用量少，同时，浸出液中有效成分浓度高，可不必浓缩，避免了有效成分受热分解或挥发损失，成品质量好，但操作麻烦、费时。

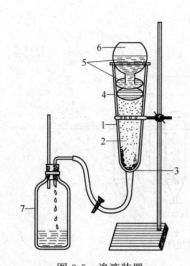

图 3-5　渗漉装置
1—渗漉筒；2—药粉；3—脱脂棉（未置筛板）；
4—滤纸；5—浸出溶剂；6—烧瓶；7—接收瓶

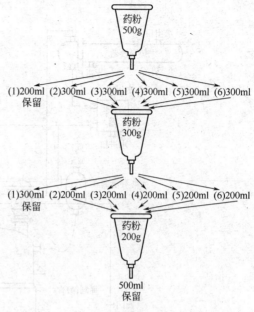

图 3-6　重渗漉法示意

渗漉法的操作要点

渗漉法的操作要点如下。

1. 根据药材性质，选用适宜形状的渗漉器。

2. 药材适当粉碎（中粉或粗粉）后，加规定量溶剂使之湿润，密闭放置一定时间（15min～6h），使充分膨胀，再装入渗漉器内。

3. 药材装入渗漉器内应均匀、松紧一致，加入溶剂时，应先打开出口活塞，以排除药材间隙的空气，待溶液自出口流出时关闭活塞，将流出液倒回器内，器内加的溶剂应高出药材面2～3cm，浸渍适当时间（24～48h）后渗漉。

新技术浸出法

1. **超临界提取法**　在一定温度下，高压的超临界气体密度大致和液体相等，溶解能力显著增加，能将各种天然物质的某些组分溶解浸出，减压后溶解能力又极大地降低，利用超临界气体这种特性，开辟了浸出新工艺。可用于超临界提取的流体种类很多，最常用的是 CO_2，经压缩机加压、升温至临界点以上即成超临界 CO_2，该流体与药材接触，溶解可溶性成分后，通过膨胀阀导入分离器，超临界液体与提取物分离，CO_2 经压缩机压缩后可循环使用。本法设备和动力费用高，适用于低含量、高价值成分提取。

2. **强化浸出法**　强化浸出法系指附加外力以加速浸出过程的方法。主要有强化渗漉浸出、流化强化浸出、电磁场强化浸出、电磁振动强化浸出、超声波浸出法等。这些方法可缩短浸出时间，提高浸出效率，但都要附加设备和增加动力消耗，实际应用价值有待全面评价。

二、浸出制剂精制方法

1. 水提醇沉法（水醇法）

该精制方法是将中药材饮片先用水提取，然后将提取液浓缩至约 1ml 相当于原药材 1~2g，再加入适量乙醇，静置冷藏适当时间后分离去除沉淀，最后制得澄清的液体。

> ● 知识链接 ●
>
> **水提醇沉法工艺依据**
>
> 1. 根据药材中各种成分在水和乙醇中的溶解性　通过和不同浓度的乙醇交替处理，可保留生物碱盐类、苷类、氨基酸、有机酸盐等有效成分；去除蛋白质、糊化淀粉、黏液质、油脂、脂溶性色素、树脂、树胶、部分糖类等杂质。通常认为，料液中含乙醇量达到 50%~60% 时，可去除淀粉等杂质，当含醇量达 75% 以上时，除鞣质、水溶性色素等少数无效成分外，其余大部分杂质均可沉淀而去除。
>
> 2. 根据工业生产的实际情况　因为中药材体积大，若用乙醇以外的有机溶剂提取，用量多、损耗大、成本高，且有些有机溶剂不利于安全生产。

操作要点如下。

（1）药液的浓缩　水提取液应经浓缩后再加乙醇处理，是为了减少乙醇的用量，使沉淀完全。最好采用减压低温浓缩，特别是经水醇反复数次沉淀处理后的药液不宜直火加热浓缩。浓缩前后可视具体情况调节 pH 值，以尽可能除去无效物质，保留更多的有效成分。

（2）加醇方式　通常可分两种方式，一为梯度递增法醇沉，即逐步提高乙醇浓度，最后一次性回收乙醇，其操作方便，但乙醇用量大；二为分次醇沉，即每次回收乙醇后再加乙醇调至规定含醇量，使含醇量逐步提高，这样有利于除去杂质，还可减少杂质对有效成分的包裹，避免一起沉出造成损失。不管用何种加醇方式，操作时皆应将乙醇在不断搅拌下慢慢地加入到浓缩药液中，使含醇量逐步提高，杂质慢慢分级沉出。

（3）冷藏与处理　加乙醇时药液的温度不能太高，加至所需含醇量后，要将容器口盖严，以防止乙醇挥发。待含醇药液慢慢降至室温后，再移置冷库中，于 5~10℃下静置 12~24h，以加速胶体杂质凝聚，如果含醇药液降温太快，微粒碰撞机会减少，沉淀颗粒较细，难以滤过。待充分静置冷藏后，先虹吸上清液滤过，再慢慢抽滤下层稠液，并以同浓度乙醇适量洗涤沉淀，以减少药液成分的损失。

2. 醇提水沉法（醇水法）

本法系指先以适宜浓度的乙醇提取药材成分，再用水除去提取液中杂质的方法。其原理和操作与水醇法相似。适用于蛋白质、黏液质、多糖等杂质较多的药材的提取和精制。但由于先用乙醇提取，树脂、油脂、色素等杂质可溶于乙醇而被提出，故将醇提取液回收乙醇后，再加水搅拌，静置冷藏一定时间，待这些杂质完全沉淀后滤过去除。

三、常用浸出制剂的制备

1. 汤剂与中药合剂的制备

汤剂是指中药材加水煎煮，去渣取汁得到的液体剂型，亦称为"煎剂"。汤剂的主要优点是适应中医辨证论治的需要；其处方组成及用量可以根据病情变化适当加减，灵活运用；汤剂多为复方，药物之间相互促进、相互抑制，达到增强药效、缓和药性的目的，有利于发挥药物成分的综合疗效；汤剂易于吸收，发挥药效迅速；制备简单易行。但汤剂需临用另煎，不利于抢救危重患者；以水为溶剂使成分的煎出有限制，有效物质利用率低；服用量大，味苦；易霉变。

中药合剂是将药材用水或其他溶剂，采用适宜的方法提取，经浓缩制成的内服液体制剂。它是在汤剂基础上改进发展的，是汤剂的浓缩品。因此，浓度较高，服用量小，便于大量制备及贮存，省去临时煎服的麻烦，服用方便。

汤剂按煎煮法制备。包括药材的加工、煎器的选择、浸泡时间、煎煮次数和时间、入药次序等几个方面。为提高汤的煎出量，减少挥发性物质损失和有效成分的破坏，应视各种药物不同性质，入药时分别对待。如对质地坚硬，有效成分不易煎出的矿石类、贝壳类、角甲类药材以及天竹黄、藏青果、火麻仁等有毒的药物（乌头、附子）应先煎；含挥发油的药材如薄荷、砂仁等以及不易久煎的如杏仁、大黄等应后下；药粉类药材如松花粉、蒲黄，含淀粉较多的浮小麦、车前子，细小种子类如苏子、菟丝子等以及附有绒毛药材如旋复花均应采取包煎；对于胶类或糖类，宜加适量水溶化后，冲入汤液中服用，即烊化。

中药合剂与汤剂制法相似，一般将药材加溶剂煎煮 2 次，每次 1～2h，过滤合并煎液，加热浓缩至每剂 20～50ml，必要时加矫味剂与防腐剂，分装于灭菌的容器内，加盖，贴签即得。

例 麻黄汤

【处方】麻黄 3～9g；桂枝 3～9g；炙甘草 3g；杏仁 9g。

【制法】将麻黄先煎约 15min，再加入炙甘草、杏仁合煎，桂枝最后于煎毕前 15min 加入，第二次煎 25min，滤取煎液，将两次煎液合并即得。

【功能与主治】本品用于辛温发表，治风寒感冒、恶寒发热、无汗、咳嗽、气喘等症。

【用法与用量】口服，分两次温服。

2. 酒剂与酊剂的制备

酒剂又名药酒，系用蒸馏酒浸提药材而制得的澄明液体制剂。酒剂在中国已有数千年的历史，《内经素问》载有"上古圣人作汤液醪醴"，"醪醴"为治病的药酒。药酒多供内服，少数作外用，也可兼供内服和外用。酒有行血活络的功效，易于吸收和发散，因此，酒剂通常用于风寒湿痹，具有祛风活血、止痛散瘀的功能。但小儿、孕妇、心脏病及高血压患者不宜用。酒剂有时为了矫味或着色，可酌情加入适量糖或蜂蜜。

酊剂系指用不同浓度的乙醇浸出或溶解药物而制得的澄清液体制剂。

酊剂的浓度一般随药材性质而异。除另有规定外，含毒剧药酊剂，每 100ml 应相当于原药材 10g（浓度为 10%），其他药物酊剂每 100ml 相当于原药材 20g（浓度为 20%），如属已知有效成分者，可用含量测定或生物测定的方法，标定其规格标准；但也有依习惯或医疗需要按成方配制者，如碘酊等。多数酊剂供内服，少数供外用。酊剂与酒剂的溶剂，因均含乙醇，而蛋白质、黏液质、树胶等成分都不溶于乙醇，故杂质较少，澄明度较好，长期贮存不易染菌变质；两者的制法多用低温浸提，或短时间加热后静置一定时间滤取澄清液。故适用于含挥发性成分或不耐热成分的药材。

（1）酒剂常用冷浸法、热浸法及渗漉法来制备。

① 冷浸法 将药材切碎、炮制后，置瓷坛或其他适宜容器中，加规定量白酒，密闭浸渍，每天拌 1～2 次，一周后，每周搅拌一次；共浸渍 30 天，取上清液，压榨药渣，榨出液与上清液合并，加适量糖或蜂蜜，搅拌溶解，密封，静置至少 14 天以上，滤清，灌装即得。冷浸法用于定量溶剂的浸出，浸渍时间长。

② 热浸法（悬浸法） 取药材饮片，用布包裹，吊悬于容器的上部，加白酒至完全浸没包裹之上，加盖，将容器浸入水浴中，文火缓缓加热，温浸 3～7 昼夜，取出，静置过夜，取上清液，药渣压榨，榨出液与上清液合并，加冰糖或蜂蜜溶解静置至少 2 天以上，滤清，灌装即得。此法称为悬浸法。此法以后改革为隔水加热至沸后，立即取出，倾入缸中，加糖或蜂蜜溶解，封缸密闭，浸 30 天，收取澄清液与药渣压榨液合并，静置适宜时间后滤清，灌装即得。

③ 渗漉法 参见浸出方法中渗漉法。

至于白酒浓度、用量、浸润温度和时间，均以各酒剂项下规定为准。

（2）酊剂制备方法可按原料不同用溶解法、稀释法、浸渍法或渗漉法。

① 溶解法 指将药物直接溶解于乙醇中即得。适用于化学药物或提纯品酊剂，如碘酊、复

方樟脑酊等。

②稀释法 以药物的流浸膏或浸膏为原料，加入规定浓度的乙醇稀释至需要量，混合后静置至澄明，分取上清液，残液滤过，合并即得。

③浸渍法 一般多用冷浸法制备，按处方量称取药材后，用规定浓度的乙醇为溶剂，浸渍3～5天，或较长的时间，收集浸出液，静置24h或更长的时间，滤过，自滤器上添加原浓度的乙醇至规定量，即得。

④渗漉法 此法是制备酊剂较常用的方法。在多数情况下，收集漉液达到酊剂全量的3/4时，应停止渗漉，药渣压榨，取压出液与漉液合并，添加适量溶剂至所需量，静置一定时间，分取上清液，残液滤过，即得。若原料为毒剧药时，收集漉液后应测定其有效成分的含量，再加适量溶剂使之符合规定的含量标准。

浸渍法与渗漉法适用于以药材为原料的酊剂制备。

3. 流浸膏剂与浸膏剂的制备

流浸膏剂是指药材用适宜的溶剂浸出有效成分，蒸去部分溶剂调整浓度至规定标准而制成的制剂。流浸膏剂除另有规定外，每1ml与原药材1g相当。流浸膏剂与酊剂中均含醇，但流浸膏剂有效成分较酊剂高。因此，容积、剂量及溶剂的副作用都有减小，流浸膏剂多用作配制酊剂、合剂、糖浆或其他制剂的原料，少数品种可直接供药用。

浸膏剂系指药材用适宜溶剂浸出有效成分，蒸去全部溶剂，调整浓度至规定标准而制成稠膏状或块、粉状的制剂。除另有规定外，浸膏剂的浓度每1g相当于2～5g药材。含有生物碱或其他有效成分的浸膏剂，皆需经过含量测定后用稀释剂调整至规定的规格标准。

浸膏剂按干湿程度不同分为稠浸膏剂和干浸膏剂两种。稠浸膏剂是浸出液经低温浓缩至稠膏状的，为半固体，具有黏性，含水量为15%～20%，干浸膏剂含水量约为5%。

浸膏剂的优点是有效成分含量高，体积小，不含浸出溶剂，可久贮，有效成分较流浸膏剂稳定。但其缺点是易吸潮或失水后硬化。

流浸膏剂系浓缩制剂，制备方法遵循充分浸出有效成分、浓缩稀浸液的原则进行。常采用渗漉法、多级浸出等工艺。若用沸水作溶剂，可用热回流法或多级浸出工艺。

渗漉法制备过程主要包括浸渍、渗漉、浓缩及调整含量四个步骤。渗漉时应先收集药材量85%的初漉液另器保存，续漉液用低温浓缩成稠膏状与初漉液合并，搅匀。若有效成分已明确者，需做含量测定及含乙醇量测定；有效成分不明者只做含乙醇量测定，然后按测定结果将浸出浓缩液加适量溶剂稀释，或低温浓缩使其符合规定标准，静置24h以上，滤过，即得。

制备流浸膏时所用溶剂的数量，一般约为药材量的4～7倍。若原料中含有油脂者应先脱脂后再进行浸出。

浸膏剂的制法与流浸膏剂相似，可用煎煮法或渗漉法制备，得到的煎液或漉液低温浓缩至稠膏状，加入适宜稀释剂或继续浓缩至规定标准。有的也采用浸渍法或回流法。在实际生产时，应根据具体设备的条件和品种，以选用浸出率高、耗能少、成本低、质量佳的方法为好。

含油脂的药材制备浸膏时，往往不能干燥和磨成细粉，须除去油脂。可用下法脱脂：将制得的软浸膏100g加石油醚300ml，摇匀，浸渍2h，经常振摇，该浸膏下沉后，倾去石油醚，再加石油醚，依法处理3次，最后倾去石油醚，残留液在70℃以下干燥即得。如需制备干浸膏时，在干燥过程中，由于浸出物的稠度增大，致使最后的溶剂不易挥散，且易造成过热现象而易引起成分分解或失效。因此，在干燥过程中应尽可能用真空低温干燥或喷雾干燥法，并应尽可能在较短的时间内完成为佳。

4. 煎膏剂的制备

煎膏剂系指药材加水煎煮，去渣浓缩后，加炼糖或炼蜜制成的稠厚半流体状的浸出制剂。煎膏剂是中药传统的剂型之一，其效用以滋补为主，兼有缓和的治疗作用，习称"膏滋"。本剂型因系经浓缩并含较多的糖或蜂蜜等辅料而制成的，故具有浓度高、体积小，有良好的保存性，便于服用等优点。活血通经、滋补性及抗衰老药剂等多采用本剂型制备，适用于慢性疾病。

由于药材煎煮时间长，有效成分浸出量多，其利用率一般比汤剂高；且因含大量蜂蜜、蔗糖，因而味美可口，便于患者应用。浸膏剂按干湿程度不同分为稠浸膏剂和干浸膏剂两种。稠浸膏剂是浸出液经低温浓缩至稠膏状的，为半固体，具有黏性，含水量为15%～20%，干浸膏含水量约为5%。

浸膏剂的优点是有效成分含量高，体积小，不含浸出溶剂，可久贮，有效成分较流浸膏稳定。但其缺点是易吸潮或失水后硬化。

浸膏剂除少数直接用于临床外，一般用于配制其他制剂如散剂、丸剂、片剂等。

浸膏剂中常加入稀释剂如淀粉、乳糖、蔗糖、磷酸钙、药渣等。由于浸膏剂的吸湿性，使用稀释剂时应注意水分。干浸膏剂往往因稀释剂选用不当造成回潮、结块，而使浸膏不易粉碎和混合。

(1) 辅料的选择

① 蜂蜜　制备煎膏剂所用的蜂蜜须经炼制处理，应选乳白色或淡黄色黏稠糖浆状液体或稠如凝脂状的半流体，无死蜂、幼虫、蜡屑及其他的杂质，味纯甜，有香气，不酸、不涩的一二等蜂蜜。蜂蜜的规格标准见表3-1。

表3-1　蜂蜜的规格标准

等级	蜜源花种	色泽	状态	气味
一等品	白荆条、柑橘、刺槐、椴树、荔枝、芝麻、梨花	呈乳白色、白色或淡黄色	透明黏稠的液体或凝如脂状的结晶体，油性大、水分少	味纯甜，具有蜜源植物的花香味
二等品	油菜、枣花、葵花、棉花等	浅琥珀色、黄色、琥珀色	透明黏稠的液体或结晶体	味甜，具有蜜源植物的花香
三等品	乌桕等	黄色、琥珀色、深琥珀色	透明或半透明黏稠液体或结晶体	味道甜，无异味
四等品	荞麦、桉树等	深琥珀色、深棕色	半透明黏稠液体或结晶体	味道甜，有刺激性

② 蔗糖　制备煎膏剂所用的糖，除另有规定外，应使用药典收载的蔗糖。糖的品质不同，煎膏剂的质量和效用也有差别。制备煎膏剂常用白糖、红糖、饴糖，各种糖在有水分存在时，都有不同程度的发酵变质特性，其中尤以饴糖为甚，在使用前应加以炼制。

(2) 蜂蜜的炼制

① 目的　除去杂质，破坏酵酶，杀死微生物，减少水分，增加黏合力。

② 方法　一般小量生产，将蜂蜜置于锅中，加热熔化后，过筛去除死蜂及浮沫等杂质，再入锅继续加热至所需的程度。大量生产，多用常压或减压罐炼制，即将生蜂蜜置于罐中，加入适量清水（蜜水总量不能超过罐容积的1/2），加热至沸腾，用适宜的筛（3～4号筛网）或板框过滤器滤过，再抽入罐中继续加热炼制，其炼制程度应根据处方中药物性质、药粉含水量，来掌握炼制的时间、温度、炼蜜颜色、水分等，按炼制程度将炼蜜分为嫩蜜、中蜜或老蜜。

> ●知识链接●
>
> **炼蜜的类型**
>
> 　嫩蜜：系指蜂蜜加热至105～115℃而得的制品，蜂蜜的颜色无明显变化，稍带黏性，含水量18%～20%，相对密度为1.34左右，嫩蜜适于含多量油脂、黏液质、糖类及动物组织等的药物制丸。
>
> 　炼蜜（中蜜）：系指蜂蜜加热至116～118℃，满锅内出现均匀淡黄色细气泡的制品，其含水量约为14%～16%，相对密度为1.37左右，用手捻有黏性，但两手指分开无长白丝。适于含纤维质、淀粉及含部分油脂、糖类等一般性药物制丸。
>
> 　老蜜：系指蜂蜜加热至119～122℃，出现较大的红棕色气泡时的制品，其含水量在10%以下，相对密度为1.40，黏性强，两手指捻之分开出现长白丝，滴入冷水中成珠，适用于含多量纤维质及黏性差的矿物质药物制丸。也可采用手持糖量计控制炼蜜含水量。

(3) 糖的炼制

① 目的　炼糖的目的在于使糖的晶粒熔融，净化杂质和杀死微生物。炼糖时控制糖的适宜转化率，还可防止煎膏剂在贮存中析出结晶（产生"返砂"现象）。

• 知识链接 •

返砂的原因

返砂的原因与煎膏含总糖量和转化糖量有关。糖的转化程度并非愈高愈好，以等量的葡萄糖和果糖作为转化糖的糖液，转化率在 10%～35% 时，有蔗糖晶体析出，转化率在 60%～90% 时，显微镜或肉眼可见葡萄糖晶体。转化率在 40%～50% 时未检出蔗糖和葡萄糖结晶，蔗糖在酸性或高温条件下转化时，果糖的损失较葡萄糖大，为防止在收膏时蔗糖的进一步转化和果糖的损失，应尽量缩短加热时间，降低加热温度，还可适当调高 pH 值。

② 方法　a.炼糖：取糖 50kg 加 25～30kg 水，加热煮沸 30min 左右，加入 0.1% 酒石酸，搅匀，微沸约 2h 待转化率不低于 60% 和含水量约达 22% 时为度。b.炒糖：取糖置适宜锅中，勤翻干炒至全熔，色转黄，至发泡及微有青白烟发生时即得。

• 知识链接 •

炼糖注意事项

炼糖的方法一般可按糖的种类及质量加适量的水炼制。

1.各种糖的水分含量不相同，炼糖时应随实际情况掌握时间和温度。一般冰糖含水分较少，炼制时间宜短，且应在开始炼制时加适量水，以免烧焦；饴糖含水量较多，炼制时可不加水，且炼制时间较长。

2.为促使糖转化，可加入适量的枸橼酸或酒石酸（一般为糖量的 0.1%～0.3%），至糖转化率达 40%～50% 时取出，冷至 70℃ 时，加碳酸氢钠中和后备用。红糖含杂质较多，转化后一般加糖量 2 倍的水稀释，静置适当时间，除去沉淀备用。

(4) 煎膏剂的制法　一般按煎煮法进行。

① 药料处理　将处方规定的药料洗净，切成适宜的片、段或磨成粗末；若为新鲜果类，则宜洗净后压榨果汁备用。

② 煎煮　取药料置于适宜的煎煮器内，加适量水，润湿一定的时间后，再加水至适宜高度，先以文火加热，逐渐加大火力至沸，水量被蒸发减少时，可适当加水。煎煮时间与次数可根据药料的性质与经验来决定，一般约 2～5h 取出煎液用板框压滤机或适宜滤器过滤，滤液备用，残渣加水继续再煎，至煎液气味淡薄为度，取出煎液备用。残渣压榨，榨出液与全部煎液合并，静置 2h 后（热天要适当缩短），用适宜滤器滤净。

③ 浓缩　取上述滤液，置适宜蒸发锅中，先以武火加热至沸，捞出浮沫，药液变浓时，改用文火，保持微沸，不断搅拌，防止焦化，浓缩至稠膏状时蘸取少许滴于滤纸上检视，以无渗润水迹为度。此时好的稠膏，传统上习称为"清膏"，传统的经验是采用滴于桑皮纸上检验无渗润水迹为度，或用棒挑起呈片状落下为度，现在多采用比重计测定相对密度作为判断浓缩的程度。

④ 收膏　另取与清膏等质量或倍量的中蜜（炼蜜）或炼糖、炒糖加入清膏中，搅拌混匀，微炼，除沫，装无菌瓶中密封即得。

5. 糖浆剂的制备

糖浆剂系指含有药物、药材提取物或芳香物质的口服浓蔗糖水溶液。

糖浆剂根据所含成分和用途的不同，可分为以下几种。

（1）单糖浆　为蔗糖的近饱和水溶液，其浓度为 85%（g/ml）。不含任何药物，除可供制备药用糖浆的原料外，还可作为矫味剂和助悬剂。

（2）药用糖浆　为含药物或药材提取物的浓蔗糖水溶液。具有治疗作用。其含糖量一般为 65% 以上。

（3）芳香糖浆　为含芳香性物质或果汁的浓蔗糖水溶液。主要用作液体药剂矫味剂。

糖浆剂所用的蔗糖和附加剂，均应符合药用要求或卫生法要求。

（1）糖浆剂中的蔗糖　蔗糖属于双糖类。其水溶液较稳定，但在有酸的存在下，加热后易转化水解生成转化糖（葡萄糖与果糖）。此两种单糖在糖浆剂中都随加热时间的长短而或多或少地存在。转化糖具有还原性，可延缓某些易氧化药物的氧化变质。但转化糖过多对糖浆的稳定性也有一定的影响。故有的药典规定转化糖不得超过 0.3%。

（2）糖浆剂中的防腐剂　糖浆剂中的主要附加剂为防腐剂，含糖量低的糖浆剂容易增殖微生物，空气中的酵母菌、霉菌对糖浆剂可致发酵、生霉、酸败及产生混浊现象等，应加入适宜的防腐剂防止。常用于糖浆剂中的防腐剂有羧酸类及尼泊金类。羧酸类中常用 0.1%～0.25% 苯甲酸，0.05%～0.15% 山梨酸，此外也可用丙酸。

糖浆剂的制法主要有热溶法、冷溶法和混合法。

（1）热溶法　按处方称取符合药典的蔗糖，加入适量的沸蒸馏水中，加热搅拌使溶解后，再加入可溶性药物，溶解滤过，从滤器上加适量蒸馏水至规定容量即得。

此法的优点是蔗糖原料中常含少量蛋白质，加热可使其凝固易于滤除，并可杀灭微生物，有利于保存，但应注意避免加热时间过长，否则转化糖增加易致发酵和焦化，色泽加深。因此，最好掌握以沸腾后 5min 为限，并应趁热迅速滤过，遇有难以过滤澄明的糖浆时，可用滤纸纸浆或滑石粉、鸡卵蛋白等助滤剂，吸附杂质，以助于滤清。大量生产时可采用板框压滤机进行滤过。本法适用于单糖浆或含不挥发性成分及受热较稳定的药物的糖浆剂。

（2）冷溶法　按处方称取蔗糖，在常温（20℃左右）搅拌下溶解于蒸馏水或含药物的溶液中，滤过至净，收取即得。

本法的优点是成品色泽浅，含转化糖少。缺点是糖溶解需时较长，因此，制备要严格要求环境卫生和个人卫生，以防染菌。本法也适用于单糖浆与不适于加热的糖浆剂，如含挥发油及挥发药物的糖浆。

（3）混合法　此法系浸出制剂的浓缩液、药物或药物的液体制剂与糖浆直接混合均匀而制成。

水溶性固体药物，可先用少量蒸馏水制成浓溶液后再与计算量单糖浆混匀即得。在水中溶解度较小者，可酌加适宜辅助溶剂使溶解后再与计算量单糖浆混合即得。

液体药物如甘油等，可直接与计算量单糖浆混匀即得。如挥发油时，可先溶于少量乙醇等辅助溶剂或酌加适宜的增溶剂，溶解后再与单糖浆混匀即得。

酊剂及流浸膏剂与单糖浆混合时，可加适量的甘油或其他适宜稳定剂，或加适宜的助滤剂滤净即得。

水浸出制剂，因含蛋白质、黏液质等易致发酵、生霉变质，可先加热至沸后 5min，使之凝固滤去，滤液与单糖浆混匀即得，必要时将浸出液的浓缩物可用浓乙醇处理一次，回收乙醇后的母液加入单糖浆内混匀即得。

如药物为中药干浸膏，应先粉碎成细粉后加入适量甘油或其他适宜稀释剂，在无菌乳钵中研匀后再与单糖浆混匀即得。

6. 冲剂的制备

冲剂系指药材提取物与适宜的辅料或药材细粉制成的颗粒状制剂。按溶解性能分可溶性冲剂、混悬性冲剂和泡腾冲剂。按成品形状可分为颗粒状和块状，颗粒状应用较多。

冲剂用水冲服，既保持了汤剂的特色，又克服了汤剂临时煎煮、容易霉变的缺点，并可掩盖药物的苦味，显效较固体制剂快，具有便于携带、运输、应用等优点，但包装不严易结块。其质量要求参见颗粒剂。

冲剂制备一般可分为提取、浓缩、制粒、干燥、筛选与包装等步骤。配制时冲剂可加入适宜的辅料、矫味剂、芳香剂和着色剂等。除另有规定外，药材应加工成片或段，按具体品种规定方法提取、滤过，滤液浓缩至规定相对密度（一般为80~90℃热测，相对密度为1.30~1.35）的清膏，加定量辅料（糖粉与糊精）或药材细粉，混匀，制成颗粒，干燥。加辅料量一般不超过清膏量的5倍，挥发油应均匀喷入颗粒中，密闭至规定时间。

泡腾冲剂制粒时，应将泡腾剂两种物料分别与浸膏制成颗粒，以免酸碱在服用前已发生反应，经干燥后，再将两种颗粒混合均匀，整粒，分装即可。

例 感冒退热冲剂

【处方】大青叶200g；板蓝根200g；连翘100g；拳参100g。

【制法】取各味药材加水煎煮两次，每次1.5h，合并煎液，过滤，滤液浓缩至相对密度1.08，加等量乙醇使之沉淀，取上清液回收乙醇并浓缩后，加水1.5倍量，搅拌，静置8h，取上清液浓缩至相对密度为1.38~1.40的稠膏。取稠膏药1份，加糖粉2.5份，糊精1.25份及适量乙醇，制颗粒、干燥、整粒，即得。

【功能与主治】清热解毒，用于上呼吸道感染、急性扁桃体炎、咽喉炎。

【用法与用量】用水冲服，一次16~32g，一天3次。

7. 中药口服液的制备

中药口服液是指中药材经过适当方法提取、纯化，加入适宜的添加剂制成的一种口服液体制剂。中药口服液是在中药汤剂、合剂的基础上发展起来的一种新型液体制剂（单剂量灌装的合剂称为"口服液"）。口服液用量小，吸收快，质量稳定，携带、贮存、服用方便安全，适合于大规模生产。

(1) 原料药材预处理 中药口服液的原料药材应按处方要求进行加工炮制，如净制、切制或粉碎、烘干灭菌，以保证药效。

(2) 提取与精制 常采用水提醇沉法或醇提水沉法，也可采用石硫法或萃取法等。

(3) 浓缩与回收溶剂 中药口服液制剂在提取浓缩时，一般不制成浸膏或流浸膏，也不必提出单体再进行配制。常常是浓缩至所需体积，或低于规定体积再加入其他有效成分（或蒸馏所得挥发油及挥发性成分）。

(4) 配液 精制浓缩液加溶剂稀释，调整pH，若有效成分已知者，用溶剂调整至规定浓度；未知者用药材比重法调整至规定要求，必要时加入防腐剂、矫味剂、抗氧剂等附加剂。

(5) 过滤 大量生产采用加压滤过或加压滤过与减压滤过相结合的方式。

(6) 灌装 中药口服液多以10ml单剂量分装。灌装瓶多为棕色指头瓶，主要为避免光线对药物稳定性影响。玻璃瓶先用常水清洗，纯化水清洗，干燥灭菌后备用。口服液灌装应在10 000级环境下操作，注意控制装量准确性与瓶外壁的清洁度，并迅速封口。

(7) 灭菌与检漏 口服液多采用流通蒸汽灭菌法灭菌，采用负压检漏。

(8) 检查、贴签、包装 经过灭菌后的口服液成品，应进行装量、澄明度检查，检查方法与注射剂基本相同，只是澄明度要求略宽些，不得有明显的杂质。玻璃瓶应贴标签，注明产品名称、内装支数、规格、批号、有效期、适用范围、用法与用量等内容。

例 藿香正气口服液

【处方】苍术160g；陈皮160g；厚朴（姜制）160g；白芷240g；茯苓240g；大腹皮240g；生半夏160g；甘草浸膏20g；广藿香油1.6ml；紫苏叶油0.8ml。

【制法】以上十味药，厚朴（姜制）加60％乙醇加热回流1h，取乙醇液备用；苍术、陈皮、白芷加水蒸馏，收集蒸馏液，蒸馏后的水溶液滤过，备用；大腹皮加水煎煮2次，滤过。合并上述各滤液，浓缩至适量，加入甘草浸膏，混匀，加乙醇使沉淀，滤过，滤液与厚朴乙醇提取液合并，回收乙醇，加入广藿香油、紫苏叶油及上述蒸馏液，混匀，加水使全量成2050ml，用氢氧化钠溶液调节pH至5.8～6.2，静置，滤过，灌装，灭菌，即得。

【功能与主治】本品用于外感风寒，内伤湿滞，头痛昏重，脘腹胀痛，呕吐泄泻；胃肠型感冒。

【用法与用量】口服一次5～10ml，一天2次，用时摇匀。

Ⓡ 拓展知识

一、浸出原理

1. 浸出过程

浸出过程系指溶剂进入细胞组织，溶解其有效成分后变成浸出液的全部过程，该过程包括以下几个相互联系着的阶段。

（1）浸润　浸润过程系指药材粉粒与浸出溶剂接触后，浸出溶剂首先附着于粉粒表面使之湿润，然后通过毛细管和细胞间隙进入细胞组织中的过程。不能附着于粉粒表面的溶剂无法浸出药材中有效成分。浸出溶剂能否湿润粉粒表面取决于二者的界面情况。所以，一般非水溶剂不易从含水量多的药材中浸出有效成分，必须先行干燥；而极性溶剂则不易从富含油脂的药材中浸出有效成分，对于这些药材应先用溶剂脱脂，或榨取油脂，再用水、醇浸出。

（2）溶解　溶剂进入细胞后溶解其可溶性成分，形成溶液。药材中各成分被溶出的程度取决于选择的溶剂和被溶出成分的性质。溶剂进入细胞内溶解可溶性成分的速率取决于药材的特性和溶剂的特性。一般疏松药材溶解得快；用乙醇为溶剂比用水溶解的速率快，因前者穿透能力强。

（3）扩散　扩散是浸出过程的重要阶段，进入细胞的溶剂溶解了大量可溶性成分后，便造成了细胞内外的浓度差。此时，细胞内具有较高的渗透压，从而形成扩散点，不断向细胞外扩散其溶解的成分，以平衡其渗透压，而溶剂又不断地进入细胞内，如此反复，直至达到动态平衡。在此过程中的浓度差是浸出的动力。

浸出成分的扩散速率可用Fick's扩散公式［见式(3-1)］来表达：

$$ds/dt = -DF(dc/dx) \tag{3-1}$$

式中，ds/dt为扩散速率；dc/dx为浓度梯度；D为扩散系数；F为扩散面积。

因为扩散是逆着浓度增加方向发生的，即dc/dx是负值，故前面加负号。

扩散系数D与温度和浸出成分的关系见式(3-2)：

$$D = \frac{RT}{N} \times \frac{1}{6\pi r\eta} \tag{3-2}$$

式中，R为气体常数；T为热力学温度；N为Avogadro常数；r为扩散分子半径；η为黏度。

由式(3-1)和式(3-2)可知，扩散速率与药材表面积、浓度梯度、浸出温度成正比，与浸出物的分子半径、浸出液的黏度成反比。

（4）置换　浸出的关键在于保持最大的浓度差，否则 D、F、t 均失去作用。搅拌或不断更换新溶剂，以及利用浸出液的相对密度造成内部对流等都是置换作用，即将粉粒周围的溶液变稀，增加浓度梯度以利于浸出。

2. 影响浸出的因素

影响浸出的主要因素下。

（1）药材结构特性与粉碎度　药材结构疏松利于溶剂浸润，易于浸出，反之则难以浸出。从扩散公式可知，扩散面积大，扩散速率快。药材粉碎后，表面积增大，加快浸出。但是，粉碎过细并不适于浸出。①过细粉末在浸出时虽然浸出效果提高，但吸附作用也增加，从而使扩散速率减小。因此，药材的粉碎度应视药材特性和溶剂而定。若用水作溶剂时，药材易膨胀，药材可粉碎得粗些，如切成薄片或小段；若用乙醇作溶剂时，因乙醇对药材膨胀作用小，可粉碎成粗粉（5～20目）。药材结构特征不同，粉碎度要求也不同。通常叶、花、草等疏松药材，宜用最粗粉甚至不粉碎；坚硬的根、茎、皮宜粉碎成较细粉。②粉碎过细，药材组织中大量细胞破裂，致使大量不溶物及较多树脂、黏液质混入浸出，体系黏度增大，扩散减慢，过滤也困难。③过细粉给操作带来困难，如渗漉时易造成堵塞，煎煮时易发生糊化。

（2）浸出溶剂　溶剂的质量、溶解性能以及理化性质对浸出的影响较大。水是最常用的浸出溶剂之一。一般应用蒸馏水或去离子水，避免用硬水。它对极性物质如生物碱盐、苷类、水溶性有机酸、鞣质、糖类、氨基酸等有较好的溶解性能。

乙醇也是常用溶剂，溶解性能介于极性与非极性之间，不同浓度的乙醇可以溶解不同性质的成分；乙醇浓度在40%以上，能延缓药物的水解，增加制剂的稳定性；乙醇浓度在20%以上时，具有防腐作用。

另外，溶剂的 pH 和溶剂的黏度也影响药材成分的浸出。

（3）温度　温度升高，扩散加快，同时温度升高，使蛋白质凝固，酶破坏，利于浸出和制剂的稳定性。

但浸出温度高能使某些药材中不耐热以及挥发性的成分分解或挥散。因此，在浸出过程中应控制浸出温度。

（4）浓度梯度　浓度梯度是细胞内外的浓度差，是浸出的动力，浓度梯度大，浸出快，效率高。浓度梯度大小主要取决于选择的浸出工艺和设备。如渗漉法较浸渍法浓度梯度大，在浸渍法中采用不断搅拌、强制浸出液循环或分次加入溶剂均可提高浓度梯度，达到提高浸出效果的目的。

（5）压力　提高浸出压力有利于增加浸润过程的速率。同时，有压力下的渗透尚可能将药材组织内某些细胞壁破裂，也有利于浸出成分的扩散过程。当然，药材组织内充满溶剂后，加大压力对扩散速率并没有什么影响，另外，对组织疏松、易浸润的药材浸出影响也不显著。

（6）浸出时间　一般时间越长，浸提量越大。但当浸提过程中扩散达到平衡后，浸出时间即不起作用。此外，长时间的浸出往往会增加大量杂质的溶出，苷类水解。以水为溶剂时还会发霉，影响浸出液质量。

（7）新技术的应用　新技术的应用有利于改善浸出效率。如超声波浸提颠茄叶中生物碱，使原来由渗漉法48h缩短到3h；利用胶体磨浸提曼陀罗以制备酊剂，可在几分钟内浸出完全。其他强化浸出方法如流化提取、在磁场下浸取、脉冲浸取等也有较好的效果。

二、浸出制剂的质量控制

浸出制剂的质量如何，不仅关系到浸出制剂本身的质量，同时，还影响到以浸出制剂为原料制备的片剂、胶囊剂等剂型的质量。但由于中药含有的成分复杂，故控制浸出制剂的质量也是一个复杂问题，主要从以下几个方面进行控制。

1. 药材来源、品种及规格

药材的来源、品种与规格是浸出制剂质量的基础，中国地域辽阔，药材品种繁多，药典中记载的药材加上各地民间药、地方习惯用药，供药用的品种达5000多种。由于地区和习惯的不同，存在药材品种混乱的问题，而品种又直接影响到有效成分的含量。加之产地、土壤与生态环境、采集季节的不同亦造成有效成分含量不同。如大黄虽有很多品种，但只有掌叶大黄、唐古特大黄及药用大黄三种为药典所规定的品种。因此，制备浸出制剂必须控制药材质量，按药典及地方标准收载的品种及规格要求选用药材。

2. 制备工艺

在药材品种确定后，制备方法则对成品的质量起着至关重要的作用，如解表药方剂采用传统的煎煮法提取有效成分时，则易造成有效成分挥发损失，若先用蒸馏法提取挥发性成分，再采用煎煮法则能提高疗效；又如人参精用相同原料，分别用浸渍、渗漉、煎煮、回流等方法制得的制剂，其色泽、有效成分和总皂苷含量均有差别。总之，制备方法和工艺上的改革必然给制剂带来影响。因此，浸出制剂的制备方法须规范化。

3. 成品的质量检查

（1）含量测定

① 药材比重法　指浸出制剂若干容量或质量相当于药材多少质量的测定方法。在药材成分还不明确，且无其他适宜方法测定时，可以作为参考指标。酊剂、流浸膏剂、酒剂等现仍用此法控制质量。

② 化学测定法　本法用于有效成分明确且能通过化学方法加以定量测定的药材。如含生物的颠茄、阿片等浸出制剂都用此法。

③ 生物测定法　本法利用药材成分对动物机体或离体组织所发生的反应，来确定其含量的方法。此法适用于尚无适当化学测定法的毒剧药材的制剂。

（2）含醇量测定　多数浸出制剂是用乙醇制备的，而乙醇含量的高低影响有效成分的溶解度，故此，药典对这类浸出制剂规定含醇量的检查。

（3）鉴别试验　包括制剂的鉴别和检查、澄明度检查、水分检查、不挥发性残渣检查等。

（4）卫生学标准　国际药物学会联合会规定，植物药提取物，在大多数情况下属于第三类药品（口服的）。微生物的污染，必须限制在每克1000～10 000个需氧菌。我国《药品卫生标准》规定，口服药品中不得检出大肠杆菌、活螨及螨卵。

® 达标检测题

一、选择题

（一）单项选择题

1. 用乙醇加热浸提药材时可以用（　　）

A. 浸渍法　　　B. 煎煮法

C. 渗漉法　　　D. 回流法

E. 煎煮法和回流法

2. 植物性药材浸提过程中的主要动力是（　　）

A. 时间　　B. 溶剂种类　　C. 浓度差

D. 浸提温度　　E. 药材粉碎度

3. 下列浸出制剂中，主要作为原料而很少直接用于临床的是（　　）

A. 浸膏剂　　B. 合剂　　C. 酒剂

D. 酊剂　　E. 糖浆剂

4. 除另有规定外，含毒剧药酊剂浓度为（　　）

A. 5%（g/ml）　　B. 10%（g/ml）

C. 15%（g/ml）　　D. 20%（g/ml）

E. 25%（g/ml）

5. 下列不是酒剂、酊剂制法的是（　　）

A. 冷浸法　　B. 热浸法　　C. 煎煮法

D. 渗漉法　　E. 回流法

6. 汤剂制备时，对于人参等贵重药材应（　　）

A. 先煎　B. 后下　C. 包煎　D. 另煎

7. 旋复花在煎煮时应采用的入药方式是（　　）

A. 布包煎　　B. 先煎　　C. 后下

D. 烊化　　　　E. 冲服

（二）多项选择题

1. 影响浸出的因素有（　　）

A. 药材粒度　　　　B. 药材成分

C. 浸提温度、时间　D. 浸提压力

E. 溶剂用量

2. 浸出制剂的特点有（　　）

A. 具有多成分的综合疗效

B. 适用于不明成分的药材制备

C. 服用剂量少　　　　D. 药效缓和持久

E. 不良反应少

3. 制备中药酒剂的常用方法有（　　）

A. 溶解法　　B. 稀释法　　C. 浸渍法

D. 渗漉法　　E. 煎煮法

4. 需要做含醇量测定的是（　　）

A. 流浸膏剂　　B. 煎膏剂　　C. 酒剂

D. 酊剂　　　　E. 合剂

二、填空题

1. 除另有规定外，酊剂浓度为_____（g/ml），含毒剧药酊剂浓度为_____（g/ml）。

2. 除另有规定外，流浸膏剂浓度为_____（g/ml）。

3. 除另有规定外，浸膏剂浓度为_____（g/ml）。

4. 影响浸出的主要因素有_____、_____、_____、_____、_____、_____及_____。

三、简答题

1. 橙皮酊除用渗漉法制备外，还可用哪些方法增加浸出效率？

2. 酒剂与酊剂有何区别？

3. 丹参浸膏可用以制备哪些剂型？制备过程中，加乙醇的目的何在？

4. 流浸膏剂与浸膏剂有何区别？

5. 煎膏剂有何优点？

6. 如何防止煎膏"返砂"？

四、实例分析题

十滴水的处方和制法如下。

【处方】樟脑 25g；大黄 20g；肉桂 10g；桉油 12.5g；干姜 25g；小茴香 10g；辣椒 5g。

【制法】以上七味，除樟脑和桉油外，其余干姜等五味粉碎成粗粉，混匀，照渗漉法用 70% 的乙醇作溶剂，浸渍 24h 以后进行渗漉，收集渗漉液约 750ml，加入樟脑及桉油，搅拌，使之完全溶解，再继续收集漉液使成 1000ml，搅匀，即得。

根据处方回答下列问题：

（1）干姜等五味为何要粉碎成粗粉？

（2）说明渗漉法制备浸出制剂时如何收集和处理渗漉液。

PPT 课件

项目四

液体制剂制备技术

【实践操作实例 4-1】　制备溶液型液体制剂

1. 器材与药品

滤器、烧杯、锥形瓶；碘、碘化钾、薄荷油、滑石粉、樟脑、乙醇等。

2. 操作内容

（1）复方碘溶液（卢戈溶液）

［处方］碘 1g；碘化钾 2g；纯化水；加至 30ml。

［制法］取碘化钾置容器内，加适量纯化水，搅拌使溶解，加入碘，搅拌溶解后加蒸馏水至全量，即得。

（2）薄荷水

［处方］薄荷油 0.1ml；滑石粉 0.75g；纯化水加至 50ml。

［制法］取薄荷油加精制滑石粉 0.75g，在乳钵中研匀加少量纯化水移至有盖的容器中，再加纯化水至 10ml，振摇 10min 后用润湿的滤纸滤过，初滤液如混浊应重滤至滤液澄清，再自滤纸上加适量纯化水使成 50ml，即得。

（3）樟脑醑

［处方］樟脑 5g；乙醇 适量；共制 50ml。

［制法］取樟脑加乙醇约 40ml 溶解后滤过，再自滤器上添加乙醇使成 50ml，即得。

【评析】

溶液型液体药剂是指小分子药物以分子或离子（直径在 1nm 以下）状态分散在溶剂中所形成的液体药剂。常用的溶剂有水、乙醇、甘油、丙二醇、液体石蜡、植物油等。属于溶液型液体药剂有：溶液剂、糖浆剂、甘油剂、芳香水剂和醑剂等。这些剂型是基于溶质和溶剂的差别而命名的。从分散系统来看都属于低分子溶液（真溶液），从制备工艺上来看，这些剂型的制法虽然不完全相同，并各有其特点，但作为溶液的基本制法是溶解法、稀释法和化学反应法。其制备原则和操作步骤如下：

药物的称量→溶解及加入药物→过滤→质量检查→包装及贴标签

【实践操作实例 4-2】　制备胶体型液体制剂

1. 器材与药品

烧杯、锥形瓶；混合甲酚、植物油、氢氧化钠、羧甲基纤维素钠、甘油、羟苯乙酯醇溶液、西黄蓍胶、苯甲酸等。

2. 操作内容

（1）甲酚皂溶液（来苏尔、煤酚皂溶液）

[处方] 混合甲酚 10ml；植物油 3.8g；氢氧化钠 0.6g；蒸馏水加至 20ml。

　　[制法] 取氢氧化钠加水 3ml 溶解后，放冷至室温，不断搅拌下加入植物油中使均匀乳化，放置 30min 后慢慢加热（水浴或蒸汽夹层），当皂体颜色加深呈透明状时再搅拌；直至取溶液 1 滴，加蒸馏水 9 滴后无油滴析出，则认为皂化完成，趁热加混合甲酚搅拌至皂块全溶，放冷，再添加纯化水使成 20ml，即得。

　　(2) 甲基纤维素钠胶浆

　　[处方] 羧甲基纤维素钠 1.0g；甘油 12ml；羟苯乙酯醇溶液（50g/L）0.5ml；蒸馏水加至 40ml。

　　[制法] 取羧甲基纤维素钠撒布于盛有适量蒸馏水的烧杯中，先让其自然溶胀，然后稍加热使其完全溶解，将羟苯乙酯醇溶液、甘油加入到烧杯中，最后补加蒸馏水至全量。

　　(3) 2.5% 西黄蓍胶浆的制备

　　[处方] 西黄蓍胶（七号粉）1.25g；苯甲酸 0.2g；乙醇 2.5ml；蒸馏水 100.0ml。

　　[制法] 取西黄蓍胶与苯甲酸同置干燥锥形瓶中，加乙醇摇匀，然后一次加适量蒸馏水使成 100ml，猛力摇匀，即得。

　　【评析】

　　胶体型液体制剂可分为亲水胶体（高分子溶液剂）和疏水胶体（溶胶剂）。高分子溶液剂是指高分子化合物溶解于溶剂中形成的均匀分散的液体制剂。以水为溶剂时，称为亲水性高分子溶液，又称为亲水胶体溶液或称胶浆，制备高分子溶液时首先要经过溶胀过程，包括有限溶胀和无限溶胀。

　　溶胶剂系指固体药物微细粒子分散在水中形成的非均相状态的液体分散体系，又称疏水胶体溶液。溶胶剂中分散的微细粒子在 1~100nm，胶粒是多分子聚集体，有极大的分散度，属热力学不稳定系统。溶胶剂的制备有分散法（包括机械分散法、胶溶法、超声分散法）和凝聚法（包括物理凝聚法和化学凝聚法）。

【实践操作实例 4-3】 制备混悬剂

1. 器材与药品

　　乳钵；炉甘石、氧化锌、甘油、羧甲基纤维素钠、硫酸锌、沉降硫、樟脑醑等。

2. 操作内容

　　(1) 炉甘石洗剂的制备

　　[处方] 炉甘石 7.5g；氧化锌 2.5g；甘油 2.5ml；羧甲基纤维素钠 0.125g；纯化水适量；共制 50ml。

　　[制法] 取炉甘石、氧化锌研细过筛后，加甘油和适量纯化水共研成糊状，另取羧甲基纤维素钠加纯化水溶解后，分次加入上述糊状液中，随加随搅拌，再加纯化水使成 50ml，搅匀，即得。

　　(2) 复方硫（黄）洗剂的制备

　　[处方] 硫酸锌 1.5g；沉降硫 1.5g；樟脑醑 12.5ml；甘油 5ml；羧甲基纤维素钠 10ml；纯化水 适量；共制 50ml。

　　[制法] 取羧甲基纤维素钠，加适量的纯化水，迅速搅拌，使成胶浆状；另取沉降硫分次加甘油研至细腻后，与前者混合。再取硫酸锌溶于 20ml 纯化水中，滤过，将滤液缓缓加入上述混合液中，然后再缓缓加入樟脑醑，随加随研，最后加纯化水至 50ml，搅匀，即得。

　　【评析】

　　混悬液为不溶性固体药物微粒分散在液体分散介质中形成的非均相体系，可供口服、局部外用和注射。一般制备原则如下。①粉碎药物或加液研磨时，先干研至一定程度，再加液研磨。亲水性药物加入蒸馏水或亲水胶体，疏水性药物可加入亲水性胶体或表面活性剂。加入定量是关键，通常取药物1份加液体0.4～0.6份研磨，同时加入适量润湿剂，能产生很好的分散效果。②改变溶剂或浓度时，溶剂改变的速率愈剧烈，析出的沉淀愈细，所以常以含醇制剂为原料时应用。多将酊剂等含醇制剂以细流状加到水中，并不断搅拌，防止析出大块沉淀。③采用高分子助悬剂作稳定剂，应先将这些高分子物质配制成一定浓度的胶浆使用。④处方中如有盐类，宜先制成稀溶液加入，防止发生脱水作用。

【实践操作实例4-4】 制备乳剂

1.器材与药品

乳钵、具塞锥形瓶、显微镜、具塞量筒；液体石蜡、西黄蓍胶、阿拉伯胶粉、5％尼泊金乙酯醇溶液、1％糖精钠、氢氧化钙溶液、花生油、吐温-80和司盘-80。

2.操作内容

（1）液状石蜡乳

［处方］液体石蜡12ml；西黄蓍胶0.5g；阿拉伯胶粉4g；5％尼泊金乙酯醇溶液0.1ml；1％糖精钠0.003g。

［制法］（干胶法）将阿拉伯胶粉与西黄蓍胶粉置于干燥乳钵中，加入液体石蜡，稍加研磨，使胶粉分散后加水8ml，不断研磨至发生噼啪声，形成浓厚的乳状液，即成初乳。再加水5ml研磨后，加入尼泊金乙酯醇溶液、糖精钠，研匀，即得。

（2）石灰搽剂

［处方］氢氧化钙溶液10ml；花生油10ml。

［制法］（新生皂法）取氢氧化钙溶液与花生油置瓶中，加盖振摇至乳剂生成。

（3）乳剂类型鉴别

① 稀释法。

② 染色镜检法。

（4）液状石蜡乳化所需HLB值的测定

① 组成：见表4-1。

表4-1　液状石蜡乳中乳化剂的不同配比及其HLB值

处方组成	1	2	3	4	5
液体石蜡/ml	10	10	10	10	10
吐温-80/g	0.3	0.7	1.1	1.4	1.8
司盘-80/g	1.7	1.3	0.9	0.6	0.2
蒸馏水加至/ml	30	30	30	30	30

按表4-1所列处方用量配制5种含不同HLB值混合乳化剂的液状石蜡乳（吐温-80和司盘-80的HLB值分别为15和4.3）。

② 按表4-1中各处方用量，分别将液体石蜡、吐温-80和司盘-80加入具塞量筒中，上下振摇20次，加蒸馏水至30ml，振摇30次后，静置，5min、30min后，分别测量其水层高度，记录于表，并判定哪一处方较稳定。

根据观察结果，液状石蜡乳所需HLB值为_____。

【评析】

乳剂（也称乳浊液）是指两种互不相溶的液体混合，其中一种液体以液滴的形式分散在另一种液体中形成的非均相分散体系。分散的液滴称为分散相、内相或不连续相，一般直径在0.1~100μm；包在液滴外面的液相称为分散介质、外相或连续相。

乳剂类型有单乳剂（O/W型，W/O型）和复合乳剂（W/O/W型，O/W/O型）。乳剂类型的鉴别方法有稀释法（水）和染色镜检法（水/油性染料）。

小量制备乳剂时，可采用在乳钵中研磨或瓶中振摇等方法；大量生产乳剂时，采用搅拌机、乳匀机和胶体磨来制得。由于用一种乳化剂时往往难以达到这种要求，故通常将两种以上的乳化剂混合使用。HLB值是指表面活性剂分子中亲水亲油基团对水和油的综合亲和力。每种乳化剂都有其固定的HLB值，一般8~18适合制备O/W型乳剂，3~8适合制备W/O型乳剂。

® 相关知识

液体制剂是指药物分散在适宜的分散介质中制成的液体形态的制剂。通常是将药物以不同的分散方法和不同的分散程度分散在适宜的分散介质中制成的液体分散体系，可供内服或外用。液体制剂的品种多，临床应用广泛，它们的性质、理论和制备工艺在药剂学中占有重要地位。

一、液体制剂的特点

液体制剂有以下优点：①药物以分子或微粒状态分散在介质中，分散度大，吸收快，能较迅速地发挥药效；②给药途径多，可以内服，也可以外用，如用于皮肤、黏膜和人体腔道等；③易于分剂量，服用方便，特别适用于婴幼儿和老年患者；④能减少某些药物的刺激性，如调整液体制剂浓度而减少刺激性，避免溴化物、碘化物等固体药物口服后由于局部浓度过高而引起胃肠道刺激作用；⑤某些固体药物制成液体制剂后，有利于提高药物的生物利用度。

但液体制剂有以下不足：①药物分散度大，又受分散介质的影响，易引起药物的化学降解，使药效降低甚至失效；②液体制剂体积较大，携带、运输、贮存都不方便；③水性液体制剂容易霉变，需加入防腐剂；④非均相液体制剂，药物的分散度大，分散粒子具有很大的比表面积，易产生一系列的物理稳定性问题。

二、液体制剂的质量要求

均相液体制剂应是澄明溶液；非均相液体制剂的药物粒子应分散均匀，液体制剂浓度应准确；口服的液体制剂应外观良好，口感适宜；外用的液体制剂应无刺激性；液体制剂应有一定的防腐能力，保存和使用过程不应发生霉变；包装容器应适宜，方便患者携带和使用。

三、液体制剂的分类

1. 按分散系统分类

（1）均相液体制剂　药物以分子状态均匀分散的澄明溶液是热力学稳定体系，有以下两种。

① 溶液型液体制剂　由低分子药物分散在分散介质中形成的液体制剂，也称溶液剂。

② 高分子溶液剂　由高分子化合物分散在分散介质中形成的液体制剂。

（2）非均相液体制剂　为不稳定的多相分散体系，包括以下几种。

① 溶胶剂　又称疏水胶体溶液。

② 乳剂　由不溶性液体药物分散在分散介质中形成的不均匀分散体系。

③ 混悬剂　由不溶性固体药物以微粒状态分散在分散介质中形成的不均匀分散体系。按分散体系分类，分散微粒大小决定了分散体系的特征，见表4-2。

表 4-2　分散体系中微粒大小与特征

液体类型	微粒大小/nm	特征	稳定性	制备方法
溶液剂	<1	分子或离子分散的澄明溶液	体系稳定	溶解法
溶胶剂	1~100	胶态分散形成多相体系	聚结不稳定性	胶溶法
乳剂	>100	液体微粒分散形成多相体系	聚结和重力不稳定性	分散法
混悬剂	>500	固体微粒分散形成多相体系	聚结和重力不稳定性	分散法和凝聚法

2. 按给药途径分类

（1）内服液体制剂　如合剂、糖浆剂、乳剂、混悬液、滴剂等。

（2）外用液体制剂

① 皮肤用液体制剂，如洗剂、搽剂等。

② 五官科用液体制剂，如洗耳剂、滴耳剂、滴鼻剂、含漱剂、滴牙剂等。

③ 直肠、阴道、尿道用液体制剂，如灌肠剂、灌洗剂等。

四、液体制剂的溶剂与附加剂

1. 液体制剂的溶剂

液体制剂的制备方法、稳定性及所产生的药效等，都与溶剂有密切关系。选择溶剂的条件是：①对药物应具有较好的溶解性和分散性；②化学性质应稳定，不与药物或附加剂发生反应；③不应影响药效的发挥和含量测定；④毒性小、无刺激性、无不适的臭味。

药物的溶解或分散状态与溶剂的极性有密切关系。溶剂按介电常数大小分为极性溶剂、半极性溶剂和非极性溶剂（见模块二相关知识部分内容）。

2. 液体制剂的附加剂

（1）增溶剂（solubilizer）　常用的增溶剂为聚山梨酯类和聚氧乙烯脂肪酸酯类等。

（2）助溶剂（hydrotropy agent）　助溶剂与药物形成配合物，如碘在水中溶解度为 1:2950，如加适量的碘化钾，可明显增加碘在水中的溶解度，能配成含碘 5% 的水溶液。碘化钾为助溶剂，增加碘溶解度的机理是 KI 与碘形成分子间的配合物 KI_3。

（3）潜溶剂（cosolvent）　为了提高难溶性药物的溶解度，常常使用两种或多种混合溶剂。在混合溶剂中各溶剂达到某一比例时，药物的溶解度出现极大值，这种现象称潜溶（cosolvency），这种溶剂称潜溶剂。与水形成潜溶剂的有乙醇、丙二醇、甘油、聚乙二醇等。甲硝唑在水中的溶解度为 10%（w/v），如果使用水-乙醇混合溶剂，则溶解度提高 5 倍。醋酸去氢皮质酮注射液是以水-丙二醇为潜溶剂制备的。

（4）防腐剂（preservative）　《中国药典》（2005 年版）关于药品微生物限度标准，对液体制剂规定了染菌数的限量要求：口服药品 1g 或 1ml 不得检出大肠杆菌，不得检出活螨；化学药品 1g 含细菌数不得超过 1000 个，真菌数不得超过 100 个；液体制剂 1ml 含细菌数不得超过 100 个，霉菌、酵母菌数不超过 100 个；外用药品 1g 或 1ml 不得检出铜绿假单胞菌和金黄色葡萄球菌。常用防腐剂如下。

① 对羟基苯甲酸酯类　对羟基苯甲酸甲酯、对羟基苯甲酸乙酯、对羟基苯甲酸丙酯、对羟基苯甲酸丁酯，亦称尼泊金类。这类的抑菌作用随烷基碳数增加而增加，但溶解度则减小，对羟基苯甲酸丁酯抗菌力最强，溶解度却最小。本类防腐剂混合使用有协同作用。通常是对羟基苯甲酸乙酯和对羟基苯甲酸丙酯（1:1）或对羟基苯甲酸乙酯和对羟基苯甲酸丁酯（4:1）合用，浓度均为 0.01%~0.25%。这是一类很有效的防腐剂，化学性质稳定。在酸性、中性溶液中均有效，但在酸性溶液中作用较强，对大肠杆菌作用最强。在弱碱性溶液中作用减弱，这是由酚羟基

解离所致。

②　苯甲酸及其盐　在水中溶解度为 0.29%，乙醇中为 43%（20℃），通常配成 20% 醇溶液备用。用量一般为 0.03%～0.1%。苯甲酸未解离的分子抑菌作用强，所以在酸性溶液中抑菌效果较好，最适 pH 值是 4。溶液 pH 值增高时解离度增大，防腐效果降低。苯甲酸防霉作用较尼泊金类为弱，而防发酵能力则较尼泊金类强。苯甲酸 0.25% 和尼泊金 0.05%～0.1% 联合应用对防止发霉和发酵最为理想，特别适用于中药液体制剂。

③　山梨酸　本品为白色至黄白色结晶性粉末，熔点 133℃。溶解度：水中为 0.125%（30℃），丙二醇中 5.5%（20℃），无水乙醇或甲醇中 12.9%，甘油中 0.13%。对细菌最低抑菌浓度为 0.02%～0.04%，对酵母、真菌最低抑菌浓度为 0.8%～1.2%。具有防腐作用的是未解离的分子，在 pH 值＝4 的水溶液中效果较好。山梨酸与其他抗菌剂联合使用产生协同作用。苯甲酸钠在酸性溶液中的防腐作用与苯甲酸相当。山梨酸钾、山梨酸钙作用与山梨酸相同，水中溶解度更大，需在酸性溶液中使用。

④　苯扎溴铵　又称新洁尔灭，为阳离子表面活性剂。淡黄色黏稠液体，低温时形成蜡状固体，极易潮解，有特臭，味极苦。无刺激性。溶于水和乙醇，微溶于丙酮和乙醚。本品在酸性和碱性溶液中稳定，耐热压。作防腐剂使用浓度为 0.02%～0.2%。

⑤　醋酸氯己定　又称醋酸洗必泰，微溶于水，溶于乙醇、甘油、丙二醇等溶剂中，为广谱杀菌剂，用量为 0.02%～0.05%。

⑥　其他防腐剂　邻苯基苯酚微溶于水，使用浓度为 0.005%～0.2%；桉叶油为 0.01%～0.05%；桂皮油为 0.01%；薄荷油为 0.05%。

（5）矫味剂

①　甜味剂　包括天然的和合成的两大类。天然的甜味剂蔗糖和单糖浆应用最广泛，具有芳香味的果汁糖浆如橙皮糖浆及桂皮糖浆等不但能矫味，也能矫臭。甘油、山梨醇、甘露醇等也可作甜味剂。天然甜味剂甜菊苷，为微黄白色粉末，无臭，有清凉甜味，甜度比蔗糖大约 300 倍，在水中溶解度（25℃）为 1：10，pH 值 4～10 时加热也不被水解，常用量为 0.025%～0.05%，本品甜味持久且不被吸收，但甜中带苦，故常与蔗糖和糖精钠合用。合成的甜味剂有糖精钠，甜度为蔗糖的 200～700 倍，易溶于水，但水溶液不稳定，长期放置甜度降低，常用量为 0.03%，常与单糖浆、蔗糖和甜菊苷合用，常作咸味的矫味剂。阿司帕坦也称蛋白糖，为二肽类甜味剂，又称天冬甜精，甜度比蔗糖高 150～200 倍，不致龋齿，可以有效降低热量，适用于糖尿病、肥胖症患者。

②　芳香剂　在制剂中有时需要添加少量香料和香精以改善制剂的气味和香味。这些香料与香精称为芳香剂。香料分天然香料和人造香料两大类。天然香料有植物中提取的芳香性挥发油如柠檬、薄荷挥发油等，以及它们的制剂如薄荷水、桂皮水等。人造香料也称调和香料，是由人工香料添加一定量的溶剂调和而成的混合香料，如苹果香精、香蕉香精等。

③　胶浆剂　胶浆剂具有黏稠缓和的性质，可以干扰味蕾的味觉而能矫味，如阿拉伯胶、羧甲基纤维素钠、琼脂、明胶、甲基纤维素等的胶浆。如在胶浆剂中加入适量糖精钠或甜菊苷等甜味剂，则增加其矫味作用。

④　泡腾剂　将有机酸与碳酸氢钠一起，遇水后由于产生大量二氧化碳，二氧化碳能麻痹味蕾起矫味作用。对盐类的苦味、涩味、咸味有所改善。

（6）着色剂　有些药物制剂本身无色，但为了心理治疗上的需要或某些目的有时需加入到制剂中进行调色的物质称着色剂。着色剂能改善制剂的外观颜色，可用来识别制剂的浓度、区分应用方法和减少患者对服药的厌恶感。尤其是选用的颜色与矫味剂能够配合协调，更易为患者所接受。着色剂分为天然色素和合成色素两类，具体如下。

①　天然色素　常用的有植物性色素和矿物性色素，作食品和内服制剂的着色剂。植物性色

素；红色的有苏木、甜菜红、胭脂虫红等；黄色的有姜黄、胡萝卜素等；蓝色的有松叶兰、乌饭树叶；绿色的有叶绿素铜钠盐；棕色的有焦糖等。矿物性色素如氧化铁（棕红色）。

②合成色素　人工合成色素的特点是色泽鲜艳、价格低廉，大多数毒性比较大，用量不宜过多。我国批准的内服合成色素有苋菜红、柠檬黄、胭脂红、胭脂蓝和日落黄，通常配成1％贮备液使用，用量不得超过万分之一。外用色素有伊红、品红、亚甲蓝、苏丹黄 G 等。

（7）其他附加剂　为了增加液体制剂的稳定性，有时需要加入抗氧剂、pH 调节剂、金属离子配位剂等。

Ⓡ 必需知识

一、溶液型液体制剂的制备

这里的溶液型液体制剂主要指低分子溶液剂系指小分子药物分散在溶剂中制成的均匀分散的液体制剂。包括溶液剂、芳香水剂、糖浆剂、酊剂、醑剂、甘油剂、涂剂等。

1. 液体制剂制备原则和操作步骤

（1）药物的称量　固体药物常以克为单位，根据药物量的多少，选用不同的架盘天平称重。液体药物常以毫升为单位，选用不同的量杯或量筒进行量取。用量较少的液体药物，也可采用滴管计滴数量取（标准滴管在 20℃时，1ml 水应为 20 滴），量取液体药物后，应用少许水洗涤量器，洗液并于容器中，以减少药物的损失。

（2）溶解及加入药物　取处方配制量的 1/2～3/4 溶剂，加入药物搅拌溶解。溶解度大的药物可直接加入溶解；有些药物溶解缓慢，药物在溶解过程中应采用粉碎、搅拌使溶，必要时可加热以促进其溶解；但对遇热易分解的药物则不宜加热溶解；易氧化的药物溶解时，宜将溶剂加热放冷后再溶解药物，同时应加适量抗氧剂、金属配位剂等稳定剂，以减少药物氧化损失；对易挥发性药物应在最后加入，以免因制备过程而损失；对不易溶解的药物，应先研细小量药物（如毒药）或附加剂（如助溶剂、抗氧剂等）应先溶解后加入其他药物，难溶性药物亦可采用增溶、助溶或选用混合溶剂等方法使之溶解。浓配易发生变化的可分别稀配后再混合；醇制剂如酊剂加至水溶液中时，加入速度要慢，且应边加边搅拌；液体药物及挥发性药物应最后加入。

（3）过滤　固体药物溶解后，一般都要过滤，可根据需要选用玻璃漏斗、布氏漏斗、垂熔玻璃漏斗等，滤材有脱脂棉、滤纸、纱布、绢布等。

（4）质量检查　成品应进行质量检查。合格后选用洁净容器包装，并贴上标签。（内服药用白底蓝字或白底黑字标签，外用药用白底红字标签）

（5）包装及贴标签　质量检查合格后，定量分装于适当的洁净容器中，加贴符。

2. 溶液剂的制备

溶液剂（solutions）系指药物溶解于溶剂中所形成的澄明液体制剂。根据需要可加入助溶剂、抗氧剂、矫味剂、着色剂等附加剂。

溶液剂的制备有两种方法，即溶解法和稀释法。

（1）溶解法　其制备过程是：药物的称量→溶解→过滤→质量检查→包装。

具体方法：取处方总量 1/2～3/4 量的溶剂，加入称好的药物，搅拌使其溶解，过滤，并通过滤器加溶剂至全量。过滤后的药液应进行质量检查。制得的药物溶液应及时分装、密封、贴标签及进行外包装。

（2）稀释法　先将药物制成高浓度溶液，再用溶剂稀释至所需浓度即得。用稀释法制备溶液剂时应注意浓度换算，挥发性药物浓溶液稀释过程中应注意挥发损失，以免影响浓度的准确性。

·知识链接·

制备时应注意的问题

有些药物虽然易溶，但溶解缓慢，药物在溶解过程中应采用粉碎、搅拌、加热等措施；易氧化的药物溶解时，宜将溶剂加热放冷后再溶解药物，同时应加适量抗氧剂，以减少药物氧化损失；对易挥发性药物应在最后加入，以免因制备过程而损失；处方中如有溶解度较小的药物，应先将其溶解后加入其他药物；难溶性药物可加入适宜的助溶剂或增溶剂使其溶解。

3. 芳香水剂的制备

芳香水剂（aromatic water）系指芳香挥发性药物（多为挥发油）的饱和或近饱和澄明水溶液。芳香水剂应澄明，具有与原药物相同的气味，不得有异臭、沉淀或杂质。芳香水剂一般作矫味、矫臭和分散剂使用，有的也有治疗作用。因挥发油或挥发性物质在水中的溶解度很小（约为0.05%），故芳香水剂浓度低，服用量较大。芳香水剂不稳定，易发生氧化、分解、挥发、霉变，故不宜久贮。

（1）溶解法　纯挥发油和化学药物采用此法。采用溶解法制备芳香水剂时，应使挥发性药物与水的接触面积增大，以促进其溶解。

（2）稀释法　浓芳香水剂加溶剂稀释成规定浓度的芳香水剂。

（3）水蒸气蒸馏法　含挥发性成分的药材常用水蒸气蒸馏法。植物药材置蒸馏器中，通入水蒸气蒸馏，至馏液达到规定量，一般约为药材重的6~10倍。

4. 醑剂的制备

醑剂（spirits）系指挥发性药物的浓乙醇溶液。可供内服或外用。凡用于制备芳香水剂的药物一般都可制成醑剂。醑剂中的药物浓度一般为5%~10%，乙醇浓度一般为60%~90%。醑剂中的挥发油容易氧化、挥发，长期贮存会变色等。醑剂应贮存于密闭容器中，但不宜长期贮存。醑剂可用溶解法和蒸馏法制备。

二、胶体型液体制剂的制备

1. 高分子溶液剂的制备

高分子溶液剂是指高分子化合物溶解于溶剂中形成的均匀分散的液体制剂。以水为溶剂时，称为亲水性高分子溶液，又称为亲水胶体溶液或胶浆，以非水溶剂制成的称为非水性高分子溶液剂。高分子溶液剂属于热力学稳定系统。

·知识链接·

高分子溶液剂性质

（1）高分子的荷电性　溶液中高分子化合物结构的某些基团因解离而带电，有的带正电，有的带负电。某些高分子化合物所带电荷受溶液 pH 值的影响。如蛋白质分子中含有羧基和氨基，当溶液的 pH 值＞等电点时，蛋白质带负电荷，pH 值小于等电点时，蛋白质带正电，在等电点时，蛋白质不带电。

（2）高分子的渗透压　亲水性高分子溶液有较高的渗透压，渗透压的大小与高分子溶液的浓度有关。

（3）高分子溶液的黏度与分子量　高分子溶液是黏稠性流体，其黏度与分子量之间存在一定关系，根据高分子溶液的黏度来测定高分子化合物的分子量。

（4）高分子溶液的稳定性　高分子化合物含有大量亲水基，能与水形成牢固的水化膜，可阻止高分子化合物分子之间的相互凝聚，使高分子溶液处于稳定状态。但水化膜和荷电发生变化时易出现聚结沉淀。举例如下：①向溶液中加入大量的电解质，由于电解质强烈的水化作用，破坏高分子的水化膜，使高分子凝结而沉淀，将这一过程称为盐析；②向溶液中加入脱水剂，如乙醇、丙酮等也能破坏水化膜而发生聚结；③其他原因，如盐类、pH值、絮凝剂、射线等的影响，使高分子化合物凝结沉淀，称为絮凝现象；④带相反电荷的两种高分子溶液混合时，由于电荷中和而产生凝结沉淀。

（5）高分子溶液的胶凝性　一些亲水性高分子溶液，如明胶水溶液、琼脂水溶液，在温热条件下为黏稠性流动液体，当温度降低时，高分子溶液就形成网状结构，分散介质中的水被全部包含在网状结构中，形成了不流动的半固体状物，称为凝胶，如软胶囊的囊壳就是这种凝胶。形成凝胶的过程称为胶凝。凝胶失去网状结构中的水分时，体积缩小，形成干燥固体，称干胶。

制备高分子溶液时首先要经过溶胀过程。溶胀是指水分子渗入到高分子化合物分子间的空隙中，与高分子中的亲水基团发生水化作用而使体积膨胀，结果使高分子空隙间充满了水分子，这一过程称有限溶胀。由于高分子空隙间存在水分子降低了高分子分子间的作用力（范德华力），溶胀过程继续进行，最后高分子化合物完全分散在水中形成高分子溶液，这一过程称为无限溶胀。无限溶胀常需搅拌或加热等过程才能完成。形成高分子溶液的这一过程称为胶溶。胶溶过程的快慢取决于高分子的性质以及工艺条件。制备明胶溶液时，先将明胶碎成小块，放于水中浸泡3～4h，使其吸水膨胀，这是有限溶胀过程，然后加热并搅拌使其形成明胶溶液，这是无限溶胀过程。甲基纤维素则在冷水中完成这一制备过程。淀粉遇水立即膨胀，但无限溶胀过程必须加热至60～70℃才能完成，即形成淀粉浆。胃蛋白酶等高分子药物，其有限溶胀和无限溶胀过程都很快，需将其撒于水面，待其自然溶胀后再搅拌可形成溶液，如果将它们撒于水面后立即搅拌则形成团块，给制备过程带来困难。

2. 溶胶剂的制备

溶胶剂系指固体药物微细粒子分散在水中形成的非均相状态的液体分散体系，又称疏水胶体溶液。溶胶剂中分散的微细粒子在1～100nm，胶粒是多分子聚集体，有极大的分散度，属热力学不稳定系统。将药物分散成溶胶状态，它们的药效会有显著的变化。

● 知识链接 ●

溶胶的双电层结构

溶胶剂中固体微粒由于本身的解离或吸附溶液中某种离子而带有电荷，带电的微粒表面必然吸引带相反电荷的离子，称为反离子。吸附的带电离子和反离子构成了吸附层。少部分反离子扩散到溶液中，形成扩散层。吸附层和扩散层分别是带相反电荷的带电层，称为双电层，也称扩散双电层。双电层之间的电位差称为ζ电位。在电场的作用下胶粒向与其自身电荷相反方向移动。ζ电位的高低决定于反离子在吸附层和溶液中分布量的多少，吸附层中反离子愈多则溶液中的反离子愈少，ζ电位就愈低。相反，进入吸附层的反离子愈少，ζ电位就愈高。由于胶粒电荷之间排斥作用和在胶粒周围形成的水化膜，可防止胶粒碰撞时发生聚结。ζ电位愈高斥力愈大，溶胶也就愈稳定。ζ电位降至25mV以下时，溶胶产生聚结不稳定性。

溶胶的性质

1.光学性质　当强光线通过溶胶剂时从侧面可见到圆锥形光束称为丁达尔效应。这是由于胶粒粒度小于自然光波长引起光散射所产生的。溶胶剂的混浊程度用浊度表示，浊度愈大表明散射光愈强。

2.电学性质　溶胶剂由于双电层结构而荷电，可以荷正电，也可以荷负电。在电场的作用下胶粒或分散介质产生移动，在移动过程中产生电位差，这种现象称为界面动电现象。溶胶的电泳现象就是由界面动电现象所引起的。

3.动力学性质　溶胶剂中的胶粒在分散介质中有不规则的运动，这种运动称为布朗运动。这种运动是由于胶粒受溶剂水分子不规则地撞击产生的。溶胶粒子的扩散速率、沉降速率及分散介质的黏度等都与溶胶的动力学性质有关。

4.稳定性　溶胶剂属热力学不稳定系统，主要表现为有聚结不稳定性和动力不稳定性。但由于胶粒表面电荷产生静电斥力，以及胶粒荷电所形成的水化膜，都增加了溶胶剂的聚结稳定性。由于重力作用胶粒产生沉降，胶粒的布朗运动又使其沉降速率变得极慢，增加了动力稳定性。将带相反电荷的溶胶或电解质加入到溶胶剂中，由于电荷被中和使ζ电位降低，同时又减少了水化层，使溶胶剂产生聚结进而产生沉降。向溶胶剂中加入天然的或合成的亲水性高分子溶液，使溶胶剂具有亲水胶体的性质而增加稳定性，这种胶体称为保护胶体。

(1) 分散法

① 机械分散法　常采用胶体磨进行制备。分散药物、分散介质以及稳定剂从加料口处加入胶体磨中，胶体磨以 10 000r/min 转速将药物粉碎成胶体粒子范围，可以制成质量很好的溶胶剂。

② 胶溶法　亦称解胶法，它不是使脆的粗粒分散成溶液，而是使刚刚聚集起来的分散相又重新分散的方法。

③ 超声分散法　用 20 000Hz 以上超声波所产生的能量使分散粒子分散成溶胶剂的方法。

(2) 凝聚法

① 物理凝聚法　改变分散介质的性质使溶解的药物凝聚成为溶胶。

② 化学凝聚法　借助于氧化、还原、水解、复分解等化学反应制备溶胶的方法。

三、混悬剂的制备

混悬剂系指难溶性固体药物以微粒状态分散于分散介质中形成的非均相的液体制剂。混悬剂中药物微粒一般在 $0.5\sim10\mu m$，小者可为 $0.1\mu m$，大者可达 $50\mu m$ 或更大。混悬剂属于热力学不稳定的粗分散体系，所用分散介质大多数为水，也可用植物油。

混悬剂的质量要求：药物本身的化学性质应稳定，在使用或贮存期间含量应符合要求；混悬剂中微粒大小根据用途不同而有不同要求；粒子的沉降速率应很慢、沉降后不应有结块现象，轻摇后应迅速均匀分散；混悬剂应有一定的黏度要求；外用混悬剂应容易涂布。

大多数混悬剂为液体制剂，但《中国药典》收载有干混悬剂，它是按混悬剂的要求将药物用适宜方法制成粉末状或颗粒状制剂，使用时加水即迅速分散成混悬剂。这有利于解决混悬剂在保存过程中的稳定性问题。在药剂学中合剂、搽剂、洗剂、注射剂、滴眼剂、气雾剂、软膏剂和栓剂等都有混悬型制剂存在。

混悬剂的稳定剂

为提高混悬剂的物理稳定性，在制备时需加入的附加剂称为稳定剂。稳定剂包括如下几种。

1. 助悬剂　助悬剂系指能增加分散介质的黏度以降低微粒的沉降速率或增加微粒亲水性的附加剂。助悬剂包括的种类很多，其中有低分子化合物，高分子化合物，甚至有些表面活性剂也可作助悬剂用。常用的助悬剂如下。

（1）低分子助悬剂　如甘油、糖浆剂山梨醇等，在外用混悬剂中常加入甘油。

（2）高分子助悬剂

① 天然的高分子助悬剂：主要是胶树类，如阿拉伯胶、西黄蓍胶、桃胶等；还有植物多糖类，如海藻酸钠、琼脂、淀粉浆等。

② 合成或半合成高分子助悬剂：纤维素类，如甲基纤维素、羧甲基纤维素钠、羟丙基纤维素；还有卡波普、聚维酮、葡聚糖等。此类助悬剂大多数性质稳定，但应注意某些助悬剂能与药物或其他附加剂有配伍变化。

③ 硅藻土：是天然的含水硅酸铝，为灰黄或乳白色极细粉末，直径为 $1\sim150\mu m$，不溶于水或酸，但在水中膨胀，体积增加约 10 倍，形成高黏度并具触变性和假塑性的凝胶，在 pH 值 > 7 时，膨胀性更大，黏度更高，助悬效果更好。

④ 触变胶：利用触变胶的触变性，即凝胶与溶胶恒温转变的性质，静置时形成凝胶防止微粒沉降，振摇时变为溶胶有利于倒出。使用触变性助悬剂有利于混悬剂的稳定。单硬脂酸铝溶解于植物油中可形成典型的触变胶，一些具有塑性流动和假塑性流动的高分子化合物水溶液常具有触变性，可选择使用。

2. 润湿剂　润湿剂系指能增加疏水性药物微粒被水湿润的附加剂。许多疏水性药物，如硫黄、甾醇类、阿司匹林等不易被水润湿，加之微粒表面吸附有空气，给制备混悬剂带来困难，这时应加入润湿剂。最常用的润湿剂是 HLB 值在 $7\sim11$ 的表面活性剂，如聚山梨酯类、聚氧乙烯蓖麻油类、泊洛沙姆等。

3. 絮凝剂与反絮凝剂　使混悬剂产生絮凝作用的附加剂称为絮凝剂，而产生反絮凝作用的附加剂称为反絮凝剂。制备混悬剂时常需加入絮凝剂，使混悬剂处于絮凝状态，以增加混悬剂的稳定性。

制备混悬剂的条件

1. 凡难溶性药物需制成液体制剂供临床应用时。
2. 药物的剂量超过了溶解度而不能以溶液剂形式应用时。
3. 两种溶液混合时药物的溶解度降低而析出固体药物时。
4. 为了使药物产生缓释作用等条件下，都可以考虑制成混悬剂。但为了安全起见，毒剧药或剂量小的药物不应制成混悬剂使用。

制备混悬剂时，应使混悬微粒有适当的分散度，粒度均匀，以减小微粒的沉降速率，使混悬剂处于稳定状态。混悬剂的制备分为分散法和凝聚法。

1. 分散法

分散法是将粗颗粒的药物粉碎成符合混悬剂微粒要求的分散程度，再分散于分散介质中制备混悬剂的方法。采用分散法制备混悬剂时要注意：①亲水性药物，如氧化锌、炉甘石等，一般应先将药物粉碎到一定细度，再加处方中的液体适量，研磨到适宜的分散度，最后加入处方中的剩余液体至全量；②疏水性药物不易被水润湿，必须先加一定量的润湿剂与药物研匀后再加液体研磨混匀；③小量制备可用乳钵，大量生产可用乳匀机、胶体磨等机械。

粉碎时，采用加液研磨法，可使药物更易粉碎、微粒可达 $0.1\sim0.5\mu m$。

对于质量大、硬度大的药物，可采用中药制剂常用的"水飞法"，即在药物中加适量的水研磨至细，再加入较多量的水，搅拌，稍加静置，倾出上层液体，研细的悬浮微粒随上清液被倾倒出去，余下的粗粒再进行研磨。如此反复直至完全研细，达到要求的分散度为止。"水飞法"可使药物粉碎到极细的程度。

2. 凝聚法

（1）物理凝聚法　物理凝聚法是将分子或离子分散状态分散的药物溶液加入于另一分散介质中凝聚成混悬液的方法。一般将药物制成热饱和溶液，在搅拌下加至另一种不同性质的液体中，使药物快速结晶，可制成 $10\mu m$ 以下（占 80%～90%）微粒，再将微粒分散于适宜介质中制成混悬剂。醋酸可的松滴眼剂就是用物理凝聚法制备的。

（2）化学凝聚法　是用化学反应法使两种药物生成难溶性的药物微粒，再混悬于分散介质中制备混悬剂的方法。为使微粒细小均匀，化学反应在稀溶液中进行并应急速搅拌。胃肠道透视用 $BaSO_4$ 就是用此法制成的。

四、乳剂的制备

乳剂（emulsions）系指互不相溶的两种液体混合，其中一相液体以液滴状态分散于另一相液体中形成的非均相液体分散体系。形成液滴的液体称为分散相、内相或非连续相，另一液体则称为分散介质、外相或连续相。

乳剂中的液滴具有很大的分散度，其总表面积大，表面自由能很高，属热力学不稳定体系。

（1）乳剂的基本组成　乳剂由水相（W）、油相（O）和乳化剂组成，三者缺一不可。根据乳化剂的种类、性质及相体积比（φ）形成水包油（O/W）或油包水（W/O）型。也可制备复乳，如 W/O/W 或 O/W/O 型。水包油（O/W）和油包水型（W/O）型乳剂的主要区别方法见表4-3。

表4-3　O/W 型和 W/O 型乳剂的区别方法

项目	O/W 型乳剂	W/O 型乳剂
外观	通常为乳白色	接近油的颜色
稀释	可用水稀释	可用油稀释
导电性	导电	不导电或几乎不导电
水溶性染料	外相染色	内相染色
脂溶性染料	内相染色	外相染色

（2）乳剂的类型

① 普通乳　普通乳液滴大小一般在 $1\sim100\mu m$，这时乳剂形成乳白色不透明的液体。

② 亚微乳　粒径大小一般在 $0.1\sim0.5\mu m$，亚微乳常作为胃肠外给药的载体。静脉注射乳剂应为亚微乳，粒径可控制在 $0.25\sim0.4\mu m$ 范围内。

③ 纳米乳　当乳滴粒子小于 $0.1\mu m$ 时，乳剂粒子小于可见光波长的 1/4，即小于 120nm 时，乳剂处于胶体分散范围，这时光线通过乳剂时不产生折射而是透过乳剂，肉眼可见乳剂为透明液体，这种乳剂称为纳米乳、微乳或胶团乳，纳米乳粒径在 $0.01\sim0.10\mu m$ 范围。

（3）乳剂的特点　乳剂中液滴的分散度很大，药物吸收和药效的发挥很快，生物利用度高；油性药物制成乳剂能保证剂量准确，而且使用方便；水包油型乳剂可掩盖药物的不良臭味，并可加入矫味剂；外用乳剂能改善对皮肤、黏膜的渗透性，减少刺激性；静脉注射乳剂注射后分布较快、药效高、有靶向性；静脉营养乳剂，是高能营养输液的重要组成部分。

乳化剂的种类

乳化剂在乳剂形成、稳定性以及药效发挥等方面起重要作用，乳化剂应具备：①较强的乳化能力，并能在乳滴周围形成牢固的乳化膜；②有一定的生理适应能力，乳化剂都不应对机体产生近期的和远期的毒副作用，也不应该有局部的刺激性；③受各种因素的影响小；④稳定性好。乳化剂种类如下。

1. 表面活性剂类乳化剂

（1）阴离子型乳化剂　硬脂酸钠、硬脂酸钾、油酸钠、硬脂酸钙、十二烷基硫酸钠、十六烷基硫酸化蓖麻油等。

（2）非离子型乳化剂　单脂肪酸甘油酯、三脂肪酸甘油酯、聚硬脂酸甘油酯、蔗糖单月桂酸酯、脂肪酸山梨坦、聚山梨酯、卖泽、苄泽、泊洛沙姆等。

2. 天然乳化剂

①阿拉伯胶；②西黄蓍胶；③明胶；④杏树胶；⑤卵黄。

3. 固体微粒乳化剂　O/W 型乳化剂有：氢氧化镁、氢氧化铝、二氧化硅、皂土等。W/O 型乳化剂有：氢氧化钙、氢氧化锌等。

4. 辅助乳化剂

（1）增加水相黏度的辅助乳化剂　甲基纤维素、羧甲基纤维素钠、羟丙基纤维素、海藻酸钠、琼脂、西黄蓍胶、阿拉伯胶、黄原胶、果胶、皂土等。

（2）增加油相黏度的辅助乳化剂　鲸蜡醇、蜂蜡、单硬脂酸甘油酯、硬脂酸、硬脂醇等。

混合乳化剂的选择

乳化剂混合使用有许多特点，可改变 HLB 值，以改变乳化剂的亲油亲水性，使其有更大的适应性，如磷脂与胆固醇混合比例为 10：1 时，可形成 O/W 型乳化剂，比例为 6：1 时则形成 W/O 型乳化剂。油酸钠为 O/W 型乳化剂，与鲸蜡醇、胆固醇等亲油性乳化剂混合使用，可形成配合物，增强乳化膜的牢固性，并增加乳化剂的黏度及其稳定性。非离子型乳化剂可以混合使用，如聚山梨酯和脂肪酸山梨坦等。非离子型乳化剂可与离子型乳化剂混合使用。但阴离子型乳化剂和阳离子型乳化剂不能混合使用。乳化剂混合使用，必须符合油相对 HLB 值的要求，乳化油相所需 HLB 值列于表 4-4。若油的 HLB 值未知，可通过实验加以确定。

表 4-4　乳化油相所需 HLB 值

名　称	所需 HLB 值		名　称	所需 HLB 值	
	W/O 型	O/W 型		W/O 型	O/W 型
液体石蜡（轻）	4	10.5	鲸蜡醇	—	15
液体石蜡（重）	4	10～12	硬脂醇	—	14
棉籽油	5	10	硬脂酸	—	15
植物油	—	7～12	精制羊毛脂	8	15
挥发油	—	9～16	蜂蜡	5	10～16

1. 乳剂的制法

(1) 油中乳化剂法　又称干胶法。本法的特点是先将乳化剂（胶）分散于油相中研匀后加水相制备成初乳，然后稀释至全量。在初乳中油、水、胶的比例是：植物油为 4：2：1，挥发油为 2：2：1，液体石蜡为 3：2：1。本法适用于阿拉伯胶或阿拉伯胶与西黄蓍胶的混合胶。

(2) 水中乳化剂法　又称湿胶法。本法先将乳化剂分散于水中研匀，再将油加入，用力搅拌使成初乳，加水将初乳稀释至全量，混匀，即得。初乳中油水胶的比例与上法相同。

(3) 新生皂法　将油水两相混合时，两相界面上生成的新生皂类产生乳化的方法。植物油中含有硬脂酸、油酸等有机酸，加入氢氧化钠、氢氧化钙、三乙醇胺等，在高温下（70℃以上）生成的新生皂为乳化剂，经搅拌即形成乳化剂。生成的一价皂则为 O/W 型乳化剂，生成的二价皂则为 W/O 型乳化剂。本法适用于乳膏剂的制备。

(4) 两相交替加入法　向乳化剂中每次少量交替地加入水或油，边加边搅拌，即可形成乳化剂。天然胶类、固体微粒乳化剂等可用本法制备。当乳化剂用量较多时，本法是一个很好的方法。

(5) 机械法　将油相、水相、乳化剂混合后用乳化机械制备乳剂的方法。机械法制备乳剂时可不用考虑混合顺序，借助于机械提供的强大能量，很容易制成乳剂。

(6) 纳米乳的制备　纳米乳除含有油相、水相和乳化剂外，还含有辅助成分。很多油，如薄荷油、丁香油等，还有维生素 A、维生素 D、维生素 E 等均可制成纳米乳。纳米乳的乳化剂，主要是表面活性剂，其 HLB 值应在 15～18 的范围内，乳化剂和辅助成分应占乳剂的 12%～25%。通常选用聚山梨酯-60 和聚山梨酯-80 等。制备时取 1 份油加 5 份乳化剂混合均匀，然后加于水中，如不能形成澄明乳剂，可增加乳化剂的用量。如能很容易形成澄明乳剂可减少乳化剂的用量。

(7) 复合乳剂的制备　采用二步乳化法制备，先将水、油、乳化剂制成一级乳，再以一级乳为分散相与含有乳化剂的水或油再乳化制成二级乳。如制备 O/W/O 型复合乳剂，先选择亲水性乳化剂制成 O/W 型一级乳剂，再选择亲油性乳化剂分散于油相中，在搅拌下将一级乳加于油相中，充分分散即得 O/W/O 型乳剂。

·知识链接·

乳剂中药物的加入方法

乳剂是药物很好的载体，可加入各种药物使其具有治疗作用。若药物溶解于油相，可先将药物溶于油相再制成乳剂；若药物溶于水相，可先将药物溶于水后再制成乳剂；若药物不溶于油相也不溶于水相时，可用亲和性大的液相研磨药物，再将其制成乳剂；也可将药物先用已制成的少量乳剂研磨至细，再与乳剂混合均匀。

制备符合质量要求的乳剂，要根据制备量的多少、乳剂的类型及给药途径等多方面加以考虑。黏度大的乳剂应提高乳化温度。足够的乳化时间也是保证乳剂质量的重要条件。

---

2. 乳剂的制备设备

(1) 搅拌乳化装置　小量制备可用乳钵，大量制备可用搅拌机，分为低速搅拌乳化装置和高速搅拌乳化装置。组织捣碎机属于高速搅拌乳化装置。

(2) 乳匀机　借助强大推动力将两相液体通过乳匀机的细孔而形成乳剂，制备时可先用其他方法初步乳化，再用乳匀机乳化，效果较好。

(3) 胶体磨　利用高速旋转的转子和定子之间的缝隙产生强大剪切力使液体乳化，对要求不高的乳剂可用本法制备。

（4）超声波乳化装置　利用 10～50kHz 高频振动来制备乳剂，可制备 O/W 和 W/O 型乳剂，但黏度大的乳剂不宜用本法制备。

一、液体制剂的防腐措施

1. 防止污染

防止微生物污染是防腐的重要措施，包括加强生产环境的管理，清除周围环境的污染源，加强操作人员个人卫生管理等有利于防止污染。

2. 液体制剂中添加防腐剂

在液体制剂的制备过程中完全避免微生物污染是很困难的，有少量的微生物污染时可加入防腐剂，抑制其生长繁殖，以达到有效的防腐目的。

> ●知识链接●
>
> **优良防腐剂的条件**
> 1. 在抑菌浓度范围内对人体无害、无刺激性、内服者应无特殊臭味。
> 2. 水中有较大的溶解度，能达到防腐需要的浓度。
> 3. 不影响制剂的理化性质和药理作用。
> 4. 防腐剂也不受制剂中药物的影响。
> 5. 对大多数微生物有较强的抑制作用。
> 6. 防腐剂本身的理化性质和抗微生物性质应稳定，不易受热和 pH 值的影响。
> 7. 长期贮存应稳定，不与包装材料起作用。

二、混悬剂的物理稳定性

混悬剂主要存在物理稳定性问题。混悬剂中药物微粒分散度大，使混悬微粒具有较高的表面自由能而处于不稳定状态。疏水性药物的混悬剂比亲水性药物存在更大的稳定性问题。

1. 混悬粒子的沉降速率

混悬剂中的微粒受重力作用产生沉降时，其沉降速率服从 Stokes 定律：

$$V = \frac{2r^2(\rho_1 - \rho_2)g}{9\eta}$$

式中，V 为沉降速率，cm/s；r 为微粒半径，cm；ρ_1 和 ρ_2 分别为微粒和介质的密度，g/ml；g 为重力加速度，cm/s^2；η 为分散介质的黏度，Pa·s。

由 Stokes 公式可见，微粒沉降速率与微粒半径平方、微粒与分散介质的密度差成正比，与分散介质的黏度成反比。混悬剂微粒沉降速率愈大，动力稳定性就愈小。增加混悬剂的动力稳定性的主要方法是：①尽量减小微粒半径，以减小沉降速率；②增加分散介质的黏度，以减小固体微粒与分散介质间的密度差，这就要向混悬剂中加入高分子助悬剂，在增加介质黏度的同时，也减小了微粒与分散介质之间的密度差，同时微粒吸附助悬剂分子而增加亲水性。混悬剂中的微粒大小是不均匀的，大的微粒总是迅速沉降，细小微粒沉降速率很慢，细小微粒由于布朗运动，可长时间悬浮在介质中，使混悬剂长时间地保持混悬状态。

2. 微粒的荷电与水化

混悬剂中微粒可因本身离解或吸附分散介质中的离子而荷电，具有双电层结构，即有ζ电势。由于微粒表面荷电，水分子可在微粒周围形成水化膜，这种水化作用的强弱随双电层厚度而改变。微粒荷电使微粒间产生排斥作用，加之有水化膜的存在，阻止了微粒间的相互聚结，使混悬剂稳定。向混悬剂中加入少量的电解质，可以改变双电层的结构和厚度，会影响混悬剂的聚结稳定性并产生絮凝。疏水性药物混悬剂的微粒水化作用很弱，对电解质更敏感。亲水性药物混悬剂微粒除荷电外，本身具有水化作用，受电解质的影响较小。

3. 絮凝与反絮凝

混悬剂中的微粒由于分散度大而具有很大的总表面积，因而微粒具有很高的表面自由能，这种高能状态的微粒就有降低表面自由能的趋势，这就意味着微粒间要有一定的聚集。但由于微粒荷电，电荷的排斥力阻碍了微粒产生聚集。因此只有加入适当的电解质，使ζ电位降低，以减小微粒间电荷的排斥力。ζ电势降低一定程度后，混悬剂中的微粒形成疏松的絮状聚集体，使混悬剂处于稳定状态。混悬微粒形成疏松聚集体的过程称为絮凝，加入的电解质称为絮凝剂。为了得到稳定的混悬剂，一般应控制ζ电势在20～25mV范围内，使其恰好能产生絮凝作用。絮凝剂主要是具有不同价数的电解质，其中阴离子絮凝作用大于阳离子。电解质的絮凝效果与离子的价数有关，离子价数增加1倍，絮凝效果增加10倍。常用的絮凝剂有枸橼酸盐、酒石酸盐、磷酸盐及氰化物等。与非絮凝状态比较，絮凝状态具以下特点：沉降速率快，有明显的沉降面，沉降体积大，经振摇后能迅速恢复均匀的混悬状态。

向絮凝状态的混悬剂中加入电解质，使絮凝状态变为非絮凝状态这一过程称为反絮凝。加入的电解质称为反絮凝剂。反絮凝剂所用的电解质与絮凝剂相同。

4. 结晶增长与转型

混悬剂中药物微粒大小不可能完全一致，混悬剂在放置过程中，微粒的大小与数量在不断变化，即小的微粒数目不断减少，大的微粒不断增大，使微粒的沉降速率加快，结果必然影响混悬剂的稳定性。研究结果发现，其溶解度与微粒大小有关。混悬剂溶液在总体上是饱和溶液，但小微粒的溶解度大而在不断地溶解，对于大微粒来说过饱和而不断地增长变大。这时必须加入抑制剂以阻止结晶的溶解和生长，以保持混悬剂的物理稳定性。

5. 分散相的浓度和温度

在同一分散介质中分散相的浓度增加，混悬剂的稳定性降低。温度对混悬剂的影响更大，温度变化不仅改变药物的溶解度和溶解速率，还能改变微粒的沉降速率、絮凝速率、沉降容积，从而改变混悬剂的稳定性。冷冻可破坏混悬剂的网状结构，也使稳定性降低。

三、评定混悬剂质量的方法

1. 微粒大小的测定

混悬剂中微粒的大小不仅关系到混悬剂的质量和稳定性，也会影响混悬剂的药效和生物利用度，所以测定混悬剂中微粒大小及其分布，是评定混悬剂质量的重要指标。显微镜法、库尔特计数法、浊度法、光散射法、漫反射法等很多方法都可测定混悬剂粒子大小。

2. 沉降容积比的测定

沉降容积比（sedimentation rate）是指沉降物的容积与沉降前混悬剂的容积之比。测定方法：将混悬剂放于量筒中，混匀，测定混悬剂的总容积V，静置一定时间后，观察沉降面不再改变时沉降物的容积V_u。其沉降容积比F为：

$$F = \frac{V_u}{V}$$

沉降容积比也可用高度表示：
$$F = \frac{H_u}{H}$$

式中，H 为沉降前混悬剂的高度；H_u 为沉降后沉降面的高度。

F 值愈大混悬剂愈稳定。F 值在 $0\sim1$。混悬微粒开始沉降时，沉降高度 H_u 随时间而减小。所以沉降容积比 H_u/H 是时间的函数，以 H_u/H 为纵坐标，沉降时间 t 为横坐标作图，可得沉降曲线，曲线的起点最高点为1，以后逐渐缓慢降低并与横坐标平行。根据沉降曲线的形状可以判断混悬剂处方设计的优劣。沉降曲线比较平和，缓慢降低，可认为处方设计优良。但较浓的混悬剂不适用于绘制沉降曲线。

3. 絮凝度的测定

絮凝度是比较混悬剂絮凝程度的重要参数，用絮凝度评价絮凝剂的效果、预测混悬剂的稳定性，有重要价值。

4. 重新分散试验

混悬剂经过贮存后再振摇，沉降物应能很快重新分散，这样才能保证服用时的均匀性和分剂量的准确性。试验方法：将混悬剂置于 100ml 量筒内，以 20r/min 的速率转动，经过一定时间的旋转，量筒底部的沉降物应重新均匀分散，说明混悬剂再分散性良好。

5. ζ电位测定

混悬剂中微粒具有双电层，即 ζ 电位。ζ 电位的大小可表明混悬剂存在状态。一般 ζ 电位在 25mV 以下，混悬剂呈絮凝状态；ζ 电位在 $50\sim60$mV 时，混悬剂呈反絮凝状态。

6. 流变学测定

主要是用旋转黏度计测定混悬液的流动曲线，由流动曲线的形状确定混悬液的流动类型，以评价混悬液的流变学性质。若为触变流动、塑性触变流动和假塑性触变流动，能有效地减缓混悬剂微粒的沉降速率。

四、乳剂的形成理论

乳剂是由水相、油相和乳化剂经乳化制成，但要制成符合要求的稳定的乳剂，首先必须提供足够的能量使分散相能够分散成微小的乳滴，其次是提供使乳剂稳定的必要条件。

1. 降低表面张力

当水相与油相混合时，用力搅拌即可形成液滴大小不同的乳剂，但很快会合并分层。这是因为形成乳剂的两种液体之间存在表面张力，两相间的表面张力愈大，表面自由能也愈大，形成乳剂的能力就愈小。两种液体形成乳剂的过程，是两相液体间新界面形成的过程，乳滴愈细，新增加的界面就愈大，如边长为 1cm 的立方体总表面积为 $6cm^2$，若保持总体积不变，边长变为 $1\mu m$ 时，则总表面积变为 $600\,000cm^2$，表面积增 10 倍。乳剂的分散度越大，新界面增加就越多，而乳剂粒子的表面自由能也就越大。这时乳剂就有巨大的降低表面自由能的趋势，促使乳滴合并以降低自由能，所以乳剂属于热力学不稳定分散体系。为保持乳剂的分散状态和稳定性，必须降低表面自由能，一是乳剂粒子自身形成球形，以保持最小表面积；其次是最大限度地降低界面张力或表面自由能。

加入乳化剂的意义在于：①乳化剂被吸附于乳滴的界面，使乳滴在形成过程中有效地降低表面张力或表面自由能，有利于形成和扩大新的界面；②同时在乳剂的制备过程不必消耗更大的能量，以至用简单的振摇或搅拌的方法，就能形成具有一定分散度和稳定的乳剂。所以适宜的乳化剂，是形成稳定乳剂的必要条件。

2. 形成牢固的乳化膜

乳化剂被吸附于乳滴周围，有规律地定向排列成膜，不仅降低油、水间的界面张力和表面自由能，而且可阻止乳滴的合并。在乳滴周围形成的乳化剂膜称为乳化膜。乳化剂在乳滴表面上排列越整齐，乳化膜就越牢固，乳剂也就越稳定。乳化膜有三种类型。

（1）单分子乳化膜　表面活性剂类乳化剂被吸附于乳滴表面，有规律地定向排列成单分子乳化剂层，称为单分子乳化膜，增加了乳剂的稳定性。若乳化剂是离子型表面活性剂，那么形成的单分子乳化膜是离子化的，乳化膜本身带有电荷，由于电荷互相排斥，阻止乳滴的合并，使乳剂更加稳定。

（2）多分子乳化膜　亲水性高分子化合物类乳化剂，在乳剂形成时被吸附于乳滴的表面，形成多分子乳化剂层，称为多分子乳化膜。强亲水性多分子乳化膜不仅阻止乳滴的合并，而且增加分散介质的黏度，使乳剂更稳定。如阿拉伯胶作乳化剂就能形成多分子膜。

（3）固体微粒乳化膜　作为乳化剂使用的固体微粒对水相和油相有不同的亲和力，因而对油、水两相表面张力有不同程度的降低，在乳化过程中固体微粒被吸附于乳滴的表面，在乳滴的表面上排列成固体微粒膜，起阻止乳滴合并的作用，增加了乳剂的稳定性。这样的固体微粒层称为固体微粒乳化膜。如硅藻土和氢氧化镁等都可作为固体微粒乳化剂使用。

3. 乳化剂对乳剂类型的影响

基本的乳剂类型是 O/W 型和 W/O 型。决定乳剂类型的因素很多，最主要的是乳化剂的性质和乳化剂的 HLB 值，其次是形成乳化膜的牢固性、相容积比、温度、制备方法等。

乳化剂分子中含有亲水基和亲油基，形成乳剂时，亲水基伸向水相，亲油基伸向油相，若亲水基大于亲油基，乳化剂伸向水相的部分较大，使水的表面张力降低很大，可形成 O/W 型乳剂。若亲油基大于亲水基，则恰好相反，形成 W/O 型乳剂。天然的或合成的亲水性高分子乳化剂，亲水基特别大，而亲油基很弱，降低水相的表面张力大，形成 O/W 型乳剂。固体微粒乳化剂，若亲水性大则被水相湿润，降低水的表面张力大，形成 O/W 型乳剂。若亲油性大则被油湿润，降低油的表面张力大，形成 W/O 型乳剂。所以乳化剂亲油、亲水性是决定乳剂类型的主要因素。乳化剂亲水性太大，极易溶于水，反而形成的乳剂不稳定。

4. 相比对乳剂的影响

油、水两相的容积比简称相比。从几何学的角度看，具有相同粒径球体，最紧密填充时，球体的最大体积为 74%，如果球体之间再填充不同粒径的小球体，球体所占总体积可达 90%，但实际上制备乳剂时，分散相浓度一般在 10%~50%，分散相的浓度超过 50% 时，乳滴之间的距离很近，乳滴易发生碰撞而合并或引起转相，反而使乳剂不稳定。制备乳剂时应考虑油、水两相的相比，以利于乳剂的形成和稳定。

五、乳剂的稳定性

乳剂属热力学不稳定的非均相分散体系，乳剂常发生下列变化。

1. 分层

乳剂的分层系指乳剂放置后出现分散相粒子上浮或下沉的现象，又称乳析。分层的主要原因是由于分散相和分散介质之间的密度差造成的。O/W 型乳剂一般出现分散相粒子上浮。乳滴上浮或下沉的速率符合 Stokes 公式。乳滴的粒子愈小，上浮或下沉的速率就愈慢。减小分散相和分散介质之间的密度差，增加分散介质的黏度，都可以减小乳剂分层的速率。乳剂分层也与分散相的相容积有关，通常分层速率与相容积成反比，相容积低于 25% 乳剂很快分层，达 50% 时就能明显减小分层速率。分层的乳剂经振摇后仍能恢复成均匀的乳剂。

2. 絮凝

乳剂中分散相的乳滴发生可逆的聚集现象称为絮凝。但由于乳滴荷电以及乳化膜的存在，阻止了絮凝时乳滴的合并。发生絮凝的条件是：乳滴的电荷减少，使 ζ 电位降低，乳滴产生聚集而絮凝。絮凝状态仍保持乳滴及其乳化膜的完整性。乳剂中的电解质和离子型乳化剂的存在是产生絮凝的主要原因，同时絮凝与乳剂的黏度、相容积比以及流变性有密切关系。由于乳剂的絮凝作用，限制了乳滴的移动并产生网状结构，可使乳剂处于高黏度状态，有利于乳剂稳定。絮凝与乳滴的合并是不同的，但絮凝状态进一步变化也会引起乳滴的合并。

3. 转相

由于某些条件的变化而改变乳剂类型的称为转相。由 O/W 型转变为 W/O 型或由 W/O 型转变为 O/W 型。转相主要是由于乳化剂的性质改变而引起的。如油酸钠是 O/W 型乳化剂，遇氯化钙后生成油酸钙，变为 W/O 型乳化剂，乳剂则由 O/W 型变为 W/O 型。向乳剂中加入相反类型的乳化剂也可使乳剂转相，特别是两种乳化剂的量接近相等时，更容易转相。转相时两种乳化剂的量比称为转相临界点。在转相临界点上乳剂不属于任何类型，处于不稳定状态，可随时向某种类型乳剂转变。

4. 合并与破裂

乳剂中的乳滴周围有乳化膜存在，但乳化膜破裂导致乳滴变大，称为合并。合并进一步发展使乳剂分为油、水两相称为破裂。乳剂的稳定性与乳滴的大小有密切关系，乳滴愈小乳剂就愈稳定，乳剂中乳滴大小是不均一的，小乳滴通常填充于大乳滴之间，使乳滴的聚集性增加，容易引起乳滴的合并。所以为了保证乳剂的稳定性，制备乳剂时尽可能地保持乳滴均一性。此外分散介质的黏度增加，可使乳滴合并速率降低。影响乳剂稳定性的各因素中，最重要的是形成乳化膜的乳化剂的理化性质，单一或混合使用的乳化剂形成的乳化膜愈牢固，就愈能防止乳滴的合并和破裂。

5. 酸败

乳剂受外界因素及微生物的影响，使油相或乳化剂等发生变化而引起变质的现象称为酸败，所以乳剂中通常须加入抗氧剂和防腐剂，防止氧化或酸败。

六、乳剂的质量评定

乳剂给药途径不同，其质量要求也各不相同，很难制定统一的质量标准，但对所制备的乳剂的质量必须有最基本的评定。

1. 乳剂粒径大小的测定

乳剂粒径大小是衡量乳剂质量的重要指标。不同用途的乳剂对粒径大小要求不同，如静脉注射乳剂，其粒径应在 $0.5\mu m$ 以下。

（1）显微镜测定法　用光学显微镜测定，可测定粒径范围为 $0.2\sim100\mu m$ 粒子，常用平均粒径，测定粒子数不少于 600 个。

（2）库尔特计数器测定法　库尔特计数器可测定粒径范围为 $0.6\sim150\mu m$ 粒子和粒度分布。方法简便、速度快，可自动记录并绘制分布图。

（3）激光散射光谱（PCS）法　样品制备容易，测定速度快，可测定约 $0.01\sim2\mu m$ 范围的粒子，最适于静脉乳剂的测定。

（4）透射电镜（TEM）法　可测定粒子大小及分布，可观察粒子形态。测定粒子范围 $0.01\sim20\mu m$。

2. 分层现象的观察

乳剂经长时间放置，粒径变大，进而产生分层现象。这一过程的快慢是衡量乳剂稳定性的重要指标。为了在短时间内观察乳剂的分层，用离心法加速其分层，4000r/min 离心 15min，如不分层可认为乳剂质量稳定。此法可用于比较各种乳剂间的分层情况，以估计其稳定性。将乳剂置 10cm 离心管中以 3750r/min 离心 5h，相当于放置 1 年的自然分层的效果。

3. 乳滴合并速率的测定

乳滴合并速率符合一级动力学规律，求出合并速率常数，估计乳滴合并速率，用以评价乳剂稳定性大小。

4. 稳定常数的测定

乳剂离心前后光密度变化百分率称为稳定常数，值愈小乳剂愈稳定。本法是研究乳剂稳定性的定量方法。

Ⓡ 达标检测题

一、选择题

（一）单项选择题

1. 溶液剂的附加剂不包括（　　）
A. 助溶剂　　　B. 增溶剂　　　C. 抗氧剂
D. 润湿剂　　　E. 甜味剂

2. 混悬剂的附加剂不包括（　　）
A. 增溶剂　　　B. 助悬剂　　　C. 润湿剂
D. 絮凝剂　　　E. 防腐剂

3. 对液体药剂的质量要求错误的是（　　）
A. 液体制剂均应澄明
B. 制剂应具有一定的防腐能力
C. 内服制剂的口感应适宜
D. 含量应准确　　　E. 常用的溶剂为蒸馏水

4. O/W 型乳剂在加入某种物质以后变成 W/O 型的乳剂，称为（　　）
A. 絮凝　　　B. 转相　　　C. 破坏
D. 酸败　　　E. 分层

5. 高分子溶液稳定的主要原因是（　　）
A. 高分子化合物含有大量的亲水基与水形成牢固的水化膜
B. 有较高的黏稠性　　　C. 有较高的渗透压
D. 有网状结构　　　E. 有双电层结构

6. 混悬剂中结晶增长的主要原因是（　　）
A. 药物密度较大　　　B. 粒度分布不均匀
C. ζ 电位降低　　　D. 分散介质黏度过大
E. 药物溶解度降低

7. 根据 Stokes 定律，与微粒沉降速率呈正比的是（　　）
A. 微粒的半径　　　B. 微粒的直径
C. 分散介质的黏度　　　D. 微粒半径的平方
E. 分散介质的密度

8. 下列不属于乳剂类型的是（　　）
A. O/W　　　　　　B. W/O
C. W/O/W　　　　　D. W/O/O
E. O/W/O

9. 不属于乳剂的制备方法的是（　　）
A. 湿胶法　　　　　B. 干胶法
C. 溶解法　　　　　D. 新生皂法

10. 碘溶液中含有碘和（　　）
A. 乙醇　　　　　　B. 异丙醇
C. 碘化钾　　　　　D. 碘化钠
E. 氯化钠

11. 延缓混悬微粒沉降速率最有效的措施是（　　）
A. 增加分散介质黏度　　B. 减小分散相密度
C. 增加分散介质密度　　D. 减小分散相粒度
E. 减小分散相与分散介质的密度差

（二）配伍选择题

题 1.～5.
A. 溶液剂　　　B. 溶胶剂　　　C. 胶体溶液
D. 乳剂　　　E. 混悬液

1. 酚甘油是（　　）

2. 表面活性剂浓度达 CMC 以上的水溶液是（　　）

3. 粒径 1～100nm 的微粒混悬在分散介质中，称为（　　）

4. 粒径大于 500nm 的粒子分散在水中，称为（　　）

5. 液滴均匀分散在不相混溶的液体中，称为（　　）

题 6.～10.
A. 分层　　　B. 絮凝　　　C. 转相
D. 酸败　　　E. 合并

6. 乳滴表面的乳化膜破坏导致乳滴变大的现象是（　　）

7. 由于微生物的作用使乳剂变质的现象是（　　）

8. 分散相粒子上浮或下沉的现象是（　　）

9. 分散相的乳滴发生可逆的聚集现象是（　　）

10. 乳剂的类型发生改变的现象是（　　）

题 11.～15.

A. 胃蛋白酶合剂　　B. 复方氢氧化铝混悬液
C. 复方碘溶液　　　D. 枸橼酸哌嗪糖浆
E. 樟脑醑

11. 属于混悬剂的是（　　）

12. 属于溶液剂的是（　　）

13. 属于胶体溶液的是（　　）

14. 属于含醇制剂的是（　　）

15. 属于糖浆剂的是（　　）

（三）多项选择题

1. 属于液体药剂的是（　　）
A. 磷酸可待因糖浆　B. 盐酸麻黄碱滴鼻剂
C. 碘酊　　　　　　D. 复方硼酸钠溶液
E. 表面活性剂

2. 内服液体制剂可选用的防腐剂是（　　）
A. 羟苯酯类　B. 苯甲酸　C. 新洁尔灭
D. 薄荷油　　E. 胡萝卜素

3. 均相的液体药剂是（　　）
A. 溶液剂　B. 乳剂　　C. 混悬剂
D. 单糖浆　E. 溶胶剂

4. 属于高分子溶液的是（　　）
A. 高浓度的吐温-80 水溶液
B. 甲基纤维素水溶液
C. 明胶水溶液
D. 邻苯二甲酸醋酸纤维素（CAP）丙酮溶液
E. 蔗糖的饱和水溶液

5. 根据 Stokes 定律，提高混悬剂稳定性的措施是（　　）
A. 降低药物粒度
B. 增加药物的溶解度
C. 增加分散介质的黏度
D. 增加分散相与分散介质的密度差
E. 增加药物的表面积

6. 对混悬剂质量的评价中正确的是（　　）
A. 混悬剂重新分散所需次数越多，越不稳定
B. 絮凝度越大越不稳定
C. 沉降容积比越大越稳定
D. 沉降速率快不稳定
E. 絮凝度越大，絮凝效果越好

7. 在药剂学中有混悬型的剂型是（　　）
A. 注射剂　　　B. 滴眼剂　　C. 气雾剂
D. 软膏剂　　　E. 栓剂

8. 形成稳定乳剂的条件是（　　）
A. 加入适宜的乳化剂
B. 提供乳化所需要的能量
C. 形成牢固的乳化膜
D. 控制适当的相体积比
E. 提高乳剂的黏度

9. 混悬剂中加入适量的电解质作附加剂，其作用是（　　）
A. 助悬剂　　　B. 润湿剂　　C. 絮凝剂
D. 反絮凝剂　　E. 分散剂

10. 下列属于极性溶剂的是（　　）
A. 甘油　　　　B. 水　　　　C. 丙二醇
D. 花生油　　　E. 二甲基亚砜

11. 下面对乳剂的叙述，正确的是（　　）
A. 也称乳浊液，是两种互不相溶的液相组成的均相分散体
B. W/O 型乳剂如果滴入脂溶性染料，外相可以染上颜色
C. 油呈液滴分散在水中，称为油包水乳剂
D. 水为分散相，油为分散介质，称为油包水乳剂
E. 乳剂不仅可以内服、外用，还能注射

二、填空题

1. 溶液型液体制剂的制法主要有_____和_____。

2. 以水为溶剂的高分子溶液剂，称为_____，又称为_____或_____，以非水溶剂制成的称为_____。高分子溶液剂属于_____稳定系统。

3. 水分子渗入到高分子化合物分子间的空隙中，与高分子中的亲水基团发生水化作用而使体积膨胀，结果使高分子空隙间充满了水分子，这一过程称为_____。溶胀过程继续进行，最后高分子化合物完全分散在水中形成高分子溶液，这一过程称为_____。

4. 混悬剂的稳定剂包括_____、_____、_____与_____。

5. _____系指互不相溶的两种液体混合，其中一相液体以液滴状态分散于另一相液体中形成的非均相液体分散体系，形成液滴的液体称为_____、内相或非连续相，另一液体则称为分散介质、_____或_____。

三、简答题

1. 什么是液体制剂？有何特点？可分为哪几类？

2. 什么是醑剂、芳香水剂？举例说明二者有何异同？

3. 胶体溶液可分为哪几类？亲水胶体制备时应注意什么？如何增加疏水胶体的稳定性？

4. 哪些情况下考虑配制混悬液型药剂？如何增加混悬液的稳定性？

5. 乳剂可分为哪几类？简述干胶法和湿胶法制备乳剂的区别。

四、处方分析题

1. 复方硫（黄）洗剂处方如下：沉降硫 30g；硫酸锌 30g；樟脑醑 250ml；羧甲基纤维素钠 5g；甘油 100ml；蒸馏水 加至 1000ml。

根据处方回答下列问题：

(1) 写出处方中各成分有何作用？

(2) 简述制备注意事项。

2. 鱼肝油乳处方如下：鱼肝油 368ml；吐温-80 12.5g；西黄蓍胶 9g；甘油 19g；苯甲酸 1.5g；糖精 0.3g；杏仁油香精 2.8g；香蕉油香精 0.9g；纯化水 适量；共制 1000ml。

根据处方回答下列问题：

(1) 写出处方中各成分有何作用？

(2) 简述制备注意事项。

PPT 课件

项目五

无菌液体制剂制备技术

Ⓡ 实例与评析

【实践操作实例 5-1】 制备小容量注射剂

1. 器材与药品

竖式灌注器、熔封器、安瓿瓶、微孔滤膜；维生素 C、碳酸氢钠、EDTA 二钠、焦亚硫酸钠、丹参、乙醇、亚硫酸氢钠等。

2. 操作内容

（1）维生素 C 注射剂的制备

[处方] 维生素 C 5.2g；碳酸氢钠 2.42g；EDTA 二钠 0.05g；焦亚硫酸钠 0.2g；注射用水 加至 100ml。

[制法] 取维生素 C 加注射用水约 80ml，溶解后分次缓缓加入碳酸氢钠，搅拌使完全溶解，另将焦亚硫酸钠和 EDTA 二钠溶于适量注射用水中；将两液合并，搅匀，调 pH 值 6.0～6.2，加注射用水到 100ml。用膜滤器过滤澄明，灌注于 10ml 安瓿中，熔封，100℃，30min 灭菌，检漏，灯检。

（2）丹参注射液

[处方] 丹参 50g；亚硫酸氢钠 0.1g；乙醇 适量；20% NaOH 适量；0.2% 活性炭 适量；注射用水 加至 100ml。

[制法] 取丹参饮片 50g，加水浸泡 30min，煎煮两次，第一次加 8 倍量水煎煮 40min，第二次加 5 倍量水煎煮 30min，用双层纱布分别滤过，合并滤液，浓缩至 20～25ml。于浓缩液中加乙醇使含醇量达 75%，静置冷藏 24h 以上，双层滤纸抽滤，滤液回收乙醇，并浓缩至约 20ml，再加乙醇使含醇量达 85%，静置冷藏 24h 以上，同法滤过，滤液回收乙醇，浓缩至约 15ml。再取上述浓缩液加 10 倍量蒸馏水，搅匀，静置冷藏 24h，双层滤纸抽滤，滤液浓缩至约 100ml，放冷，再用同法滤过 1 次，用 20% NaOH 调 pH 6.8～7.0。再于上液中加入 0.2% 活性炭，煮沸 20min，稍冷后抽滤。取上述滤液，加入亚硫酸氢钠 0.1g，溶解后，加注射用水至 100ml，经粗滤，再用膜滤器过滤澄明，灌封，100℃，30min 灭菌，检漏，灯检。

【评析】

注射剂是指药物与适宜的溶剂或分散介质制成的供注入体内的溶液、乳浊液或混悬液，及供临用前配制或稀释成溶液或混悬液的粉末或浓溶液的无菌制剂。注射剂是一类供皮下、肌内、静脉、脊髓等注射的灭菌溶液，具有奏效迅速等优点。注射剂的要求比其他制剂更为严格，以保证用药安全、有效。

制备工艺：原辅料的准备→配液→滤过→灌注→熔封→灭菌→质量检查→印字包装→成品

制备时应尽量在避菌、避尘的条件下进行，原料药品及溶剂应严格要求，灭菌操作应确实掌握温度、时间，以达到完全灭菌要求。

[制备要点]（1）维生素 C 分子中有烯二醇结构，易氧化。其水溶液与空气接触，自动氧化

成脱氢抗坏血酸，后者再经水解生成 2,3-二酮-L-古洛糖失去疗效，此化合物再被氧化成草酸及 L-丁糖酸。成品分解后呈黄色。影响本品稳定性的因素主要是空气中的氧，溶液的 pH 值和金属离子，因此生产上采取通惰性气体、调节药液 pH 值、加抗氧剂和金属离子螯合剂等措施。

（2）维生素 C 注射剂稳定性与温度有关。100℃灭菌 30min，含量减少 3%，而 100℃灭菌 15min 只减少 2%，故以 100℃灭菌 15min 为好。

（3）维生素 C 酸性强，注射时刺激性大，故加入碳酸氢钠使之中和成盐，以减少注射疼痛。同时碳酸氢钠起调节 pH 值的作用。

【实践操作实例 5-2】 制备大容量注射剂

1. 器材与药品

液体消泡灌注压盖联动机、输液瓶、微孔滤膜、铝盖；注射用葡萄糖、盐酸、活性炭等。

2. 操作内容

10%葡萄糖注射液的制备。

[处方] 注射用葡萄糖 100g；1%盐酸 适量；注射用水 加至 1000ml。

[制法] 取处方量葡萄糖加到煮沸的注射用水中，使成 50%～60%的浓溶液，加盐酸调 pH 值为 3.8～4.0，同时加浓溶液量 0.1%（g/ml）的活性炭，混匀，加热煮沸 15～20min，趁热过滤脱炭。滤液加注射用水至全量，测定 pH 值及含量，合格后反复滤过至澄明，灌装封口，115℃、30min 灭菌即得。

【评析】

5%、10%葡萄糖注射液，具补充体液、营养、利尿、强心、解毒作用，用于大量失水、血糖过低、高热、中毒等症；25%、50%葡萄糖注射液，因其渗透压高，能降低组织内压，常用于降低眼压及因颅压升高引起的各种病症。

制备工艺：原辅料的准备→配液→滤过→灌装→放膜→上塞→轧铝盖→灭菌→质量检查→印字包装→成品

[制备要点]（1）由于原料不纯或滤过时漏炭等原因，葡萄糖注射液有时出现云雾状沉淀，造成可见异物不合格。故一般采用浓配法，微孔滤膜滤过，并加入适量盐酸，中和胶粒上的电荷，加热使糊精水解、蛋白质凝聚，用活性炭吸附滤除。

（2）原料较纯净时活性炭用量为 0.1%～0.8%，若杂质较多，则需提高用量至 1%～2%。

（3）葡萄糖注射液可能出现颜色变黄、pH 值下降，一般认为是葡萄糖在酸性溶液中产生有色物质和酸性物质。溶液的 pH 值、灭菌温度和时间是影响本品稳定性的主要因素，故制备过程中应调节 pH 值在 3.8～4.0，并严格控制灭菌温度和时间。

【实践操作实例 5-3】 检查可见异物

1. 器材与药品

澄明度检测仪；市售和自制注射剂。

2. 操作内容

将检漏合格的安瓿或输液瓶冲洗干净后用干布擦净，放在澄明度检查灯下，目视检查，不得有易见到的玻屑、纤维、白点等。将检查结果记录于表 5-1 中。

表 5-1 可见异物检查结果记录

总检支数	废品支数							合格成品支数	成品率
	漏气	玻屑	纤维	白点	白块	焦头	其他		

【评析】

溶液型注射液、注射用浓溶液均不得检出可见异物；混悬型注射液不得检出色块、纤维等可见异物。溶液型静脉用注射液、注射用浓溶液可见异物检查符合规定后，还需进行不溶性微粒检查。

注射剂、滴眼剂可见异物检查方法：将安瓿外壁擦干净，1~2ml 安瓿每次拿取 6 支，于伞栅边处，手持安瓿颈部使药液轻轻翻转，用目检视，每次检查 18s。50ml 或 50ml 以上的注射液按直立、倒立、平视三步法旋转检视。按规定方法检查，除特殊规定品种外，未发现有异物或仅带微量白点者作合格论。

Ⓡ **相关知识**

药物制剂中的规定无菌制剂包括：注射用制剂，如注射剂、输液、注射粉针等；眼用制剂，如滴眼剂、眼用洗剂、眼用注射剂、眼用膜剂、软膏剂和凝胶剂等；植入型制剂，如植入片等；创面用制剂，如溃疡、烧伤及外伤用溶液、软膏剂和气雾剂等；手术用制剂，如止血海绵剂等。这里主要介绍注射用制剂（包括注射剂、输液、注射粉针）和眼用液体制剂（以滴眼剂为主）。

一、注射剂概述

1. 注射剂的含义与分类

注射剂是指药物与适宜的溶剂或分散介质制成的供注入体内的溶液、乳浊液或混悬液，及供临用前配制或稀释成溶液或混悬液的粉末或浓溶液的无菌制剂。注射剂俗称针剂，是临床应用最广泛的剂型之一。注射给药是一种不可替代的临床给药途径，对抢救用药尤为重要。

近年来，注射制剂技术的研究取得了较大的突破，脂质体、微球、微囊等新型注射给药系统已实现商品化，无针注射剂亦即将面市。注射剂分为如下三类。

（1）注射液　是指药物制成的供注入体内的无菌溶液型注射液、乳状液型注射液或混悬液型注射液。溶液型包括水溶液和油溶液，如安乃近注射液、二巯丙醇注射液等；混悬型包括水或油的混悬液，如醋酸可的松注射液、鱼精蛋白胰岛素注射液、喜树碱静脉注射液等；乳状液型由水相、油相和乳化剂组成，如静脉营养脂肪乳注射液等。

（2）注射用无菌粉末　是指采用无菌操作法或冻干技术制成的注射用无菌粉末或块状制剂，如青霉素、阿奇霉素、蛋白酶类粉针剂等。

（3）注射用浓溶液　是指药物制成的供临用前稀释供静脉滴注用的无菌浓溶液。

知识链接

注射剂的给药途径

1. **皮内注射** [intradermal（ID）route]　注射于表皮与真皮之间，一次剂量在 0.2ml 以下，常用于过敏性试验或疾病诊断，如青霉素皮试液、白喉诊断毒素等。

2. **皮下注射** [subcutaneous（SC）route]　皮下注射剂主要是水溶液，药物吸收速率稍慢。注射于真皮与肌肉之间的松软组织内，一般用量为 1~2ml。由于人体皮下感觉比肌肉敏感，故具有刺激性的药物混悬液，一般不宜作皮下注射。

3. **肌内注射** [intramuscular（IM）route]　注射油溶液、混悬液及乳浊液具有一定的延效作用，且乳浊液有一定的淋巴靶向性。注射于肌肉组织中，一次剂量为 1~5ml。

4. 静脉注射 [intravenous（I.V）route] 油溶液和混悬液或乳浊液易引起毛细血管栓塞，一般不宜静脉注射，但平均直径小于 $1\mu m$ 的乳浊液，可作静脉注射。注入静脉内，一次剂量自几毫升至几千毫升，且多为水溶液。凡能导致红细胞溶解或使蛋白质沉淀的药液，均不宜静脉给药。

5. 脊椎腔注射 [vertebra caval route] 由于神经组织比较敏感，且脊椎液缓冲容量小、循环慢，故脊椎腔注射剂必须等渗，pH 值在 $5.0\sim8.0$，注入时应缓慢。注入脊椎四周蛛网膜下腔内，一次剂量一般不得超过 10ml。

6. 动脉内注射 [intra-arterial route] 注入靶区动脉末端，如诊断用动脉造影剂、肝动脉栓塞剂等。

7. 其他 包括心内注射、关节内注射、滑膜腔内注射、穴位注射以及鞘内注射等。

2. 注射剂的特点

（1）药效迅速、作用可靠 注射剂在临床应用时均以液体状态直接注射入人体组织、血管或器官内，因此吸收快或无吸收过程，作用迅速。特别是静脉注射，药液可直接进入血液循环，更适于抢救危重病症之用。且因注射剂不经胃肠道，不受消化系统及食物的影响，因此剂量准确，作用可靠。

（2）适用于不宜口服给药的患者 在临床上常遇到昏迷、抽搐、惊厥等状态的患者，或消化系统障碍的患者均不能口服给药，通过注射给药，提供营养或治疗，可达到治疗和维持患者生命的作用。因此，注射给药成为这些患者有效的给药途径。

（3）适用于不宜口服的药物 某些药物由于本身的性质不易被胃肠道吸收，或具有刺激性，或易被消化液破坏，制成注射剂可解决。如链霉素口服不易吸收，青霉素、酶及蛋白质类等药物可被消化液破坏，常制成注射剂。

（4）局部定位作用 如局部麻醉药、注射封闭疗法、穴位注射药物均可产生局部特殊疗效。有些注射剂具有延长药效的作用，还有些可用于疾病诊断等。

注射剂亦存在一些缺点：①使用不便且产生较强的疼痛感；②生产环境净化级别、原辅料质量要求高，制造过程复杂，生产费用较大，价格较高；③质量要求比其他剂型更严格，使用不当更易发生危险，不如其他剂型安全；④所以使用注射剂时，应根据医嘱由技术熟练的人注射，以保证安全。

3. 注射剂的质量要求

（1）无菌 注射剂成品中不得含有任何活的微生物。

（2）无热原 无热原是注射剂的重要质量指标，特别是供静脉及脊椎注射的制剂，均需进行热原检查，合格后方能使用。

（3）可见异物检查 检查存在于注射剂和滴眼剂中，在规定条件下目视可以观察到的不溶性物质，这些物质粒径或长度通常大于 $50\mu m$。

（4）安全性 注射剂不能引起对组织的刺激性或发生毒性反应，特别是一些非水溶剂及一些附加剂，必须经过必要的动物实验，以确保安全。

（5）渗透压 其渗透压要求与血浆的渗透压相等或接近。供静脉注射的大剂量注射剂还要求具有等张性。

（6）pH 注射剂的 pH 要求尽量与血液 pH（约 7.4）相等或接近，但一般情况下根据药物性质可以控制在 $4\sim9$ 的范围。

（7）稳定性 注射剂多系水溶液，稳定性问题比较突出，故要求注射剂具有必要的物理稳定性和化学稳定性，以确保产品在贮存期内安全、有效。

（8）其他 注射剂中降压物质、有效成分含量、最低装量及装量差异等，均应符合药品标准要求。

在注射剂的生产过程中常常遇到的问题是可见异物、化学稳定性、无菌及无热原等问题，在生产过程中应注意产生上述问题的原因及解决办法。

4.注射剂处方组分

（1）注射用原料 注射剂必须采用注射用原料，且必须符合药典或国家药品标准。获得注射用原料后，为防止批号间的质量差异，生产前需做小样试制，各项检验合格后方可使用。

（2）注射用溶剂

① 注射用水 《药品生产质量管理规范》确定的工艺用水，包括饮用水、纯化水、注射用水及灭菌注射用水。《中国药典》规定：a.注射用水为纯化水经蒸馏所得的蒸馏水；b.灭菌注射用水为经灭菌后的注射用水；c.纯化水为原水经蒸馏法、离子交换法、反渗透法或其他适宜的方法制得的供药用的水。

只有注射用水才可配制注射剂，注射用水可作为配制注射剂的溶剂或稀释剂及直接接触药品的设备、容器具的最后清洗，也可作为配制滴眼剂的溶剂，还用于无菌原料药的精制。灭菌注射用水主要用作注射用无菌粉末的溶剂或注射液的稀释剂。纯化水不得用于注射剂的配制，可作为配制普通药剂的溶剂或试验用水。

② 注射用油 注射用油有麻油、大豆油、茶油等植物油，主要使用的是供注射用的大豆油。《中国药典》规定注射用油的质量要求为：无异臭，无酸败味；色泽不得深于黄色 6 号标准比色液；在 10℃时应保持澄明；碘值为 79～128g/100g；皂化值为 185～200mg KOH/g；酸值不得大于 0.56mg KOH/g。碘值、皂化值、酸值是评价注射用油质量的重要指标。矿物油和碳水化合物因不能被机体代谢吸收，故不能供注射用。油性注射剂只能供肌内注射。

③ 其他注射用非水溶剂 丙二醇、聚乙二醇、二甲基乙酰胺、乙醇、甘油、苯甲醇等，由于能与水混溶，一般可与水混合使用，以增加药物的溶解度或稳定性。

（3）注射剂的主要附加剂 为确保注射剂的安全、有效和稳定，除主药和溶剂外还可加入其他物质，这些物质统称为"附加剂"。附加剂在注射剂中的主要作用是：①增加药物的理化稳定性；②增加主药的溶解度；③抑制微生物生长，尤其对多剂量注射剂更要注意；④减轻疼痛或对组织的刺激性等。注射剂常用附加剂主要有：缓冲剂、增溶剂、抑菌剂、等渗调节剂、局麻剂、抗氧剂等。常用的附加剂见表 5-2。

表 5-2 注射剂常用附加剂

附加剂	附加剂	附加剂	附加剂
缓冲剂	等渗调节剂	螯合剂	填充剂
醋酸,醋酸钠	氯化钠	EDTA-2Na	乳糖
枸橼酸,枸橼酸钠	葡萄糖	增溶剂、润湿剂、乳化剂	甘氨酸
乳酸	甘油	聚氧乙烯蓖麻油	甘露醇
酒石酸,酒石酸钠	局麻剂	聚山梨酯-20	稳定剂
磷酸氢二钠,磷酸二氢钠	利多卡因	聚山梨酯-40	肌酐
碳酸氢钠,碳酸钠	盐酸普鲁卡因	聚山梨酯-80	甘氨酸
抑菌剂	苯甲醇	聚维酮	烟酰胺
苯甲醇	三氯叔丁醇	聚乙二醇 40 蓖麻油	辛酸钠
羟丙甲酯	抗氧剂	卵磷脂	保护剂
羟丙丁酯	亚硫酸钠	助悬剂	乳糖
苯酚	亚硫酸氢钠	明胶,果胶	蔗糖
三氯叔丁醇	焦亚硫酸钠	甲基纤维素	麦芽糖
硫柳汞	硫代硫酸钠	羧甲基纤维素	人血白蛋白

输液概述

大容量注射剂通常称为大输液（简称输液），是由静脉滴注输入体内的大剂量注射液。通常包装于玻璃或塑料的输液瓶或袋中，不含防腐剂或抑菌剂。使用时通过输液器调整滴速，持续而稳定地进入静脉，用以补充体液、电解质或提供营养物质。

1.输液的分类

（1）电解质输液　主要用以补充体内水分、电解质，纠正体内酸碱平衡。如氯化钠注射液、乳酸钠注射液等。

（2）营养输液　主要用于不能口服吸收营养的患者。分为糖类输液、氨基酸输液、脂肪乳输液等，糖类输液中最常见的是葡萄糖注射液。

（3）胶体输液　主要用于调节体内渗透压。胶体输液有多糖类、明胶类、高分子聚合物类等，如右旋糖酐、淀粉衍生物、明胶、聚乙烯吡咯烷酮（PVP）等输液。

（4）含药输液　含有药物的输液，可用于临床治疗，如替硝唑、苦参碱等输液。

2.输液的质量要求　输液的质量要求与注射剂基本一致，但由于注射剂量较大，特别强调的是：①对无菌、无热原及可见异物检查，应更加注意；②含量、色泽、pH也应符合要求，pH应在保证疗效和制品稳定的基础上，力求接近人体血液的pH，过高或过低都会引起酸碱中毒；③渗透压应调为等渗或偏高渗，不能引起血象的任何异常变化；④不得含有引起过敏反应的异性蛋白及降压物质，输入人体后不会引起血象的异常变化，不损害肝、肾等；⑤不得添加任何抑菌剂，在贮存过程中质量稳定。

注射用无菌粉末概述

注射用无菌粉末又称粉针，临用前用灭菌注射用水溶解后注射，是一种较常用的注射剂型。适用于在水中不稳定的药物，特别是对湿热敏感的抗生素及生物制品。

1.注射用无菌粉末的分类　依据生产工艺不同，可分为注射用无菌分装产品和注射用冷冻干燥制品。注射用无菌分装产品是将已经用灭菌溶剂法或喷雾干燥法精制而得的无菌药物粉末在无菌操作条件下直接分装于洁净灭菌的小瓶或安瓿中密封而成，常见于抗生素药品，如青霉素；注射用冷冻干燥制品是将灌装了药液的安瓿进行冷冻干燥后封口而得，常见于生物制品，如辅酶类。

2.注射用无菌粉末的质量要求　除应符合《中国药典》对注射用原料药物的各项规定外，还应符合下列要求：①粉末无异物，配成溶液或混悬液后可见异物检查合格；②粉末细度或结晶度应适宜，便于分装；③无菌、无热原。

二、眼用液体制剂概述

1.眼用液体制剂的含义与分类

眼用液体制剂是指用以治疗或诊断眼部疾病的液体药剂，以水溶液为主，少数为混悬液或油溶液。眼用液体药剂按用法不同可分为滴眼剂、洗眼剂和眼用注射剂三类。

（1）滴眼剂　滴眼剂系指将药物制成供滴眼用的水性、油性澄明溶液和水性混悬液。滴眼剂起局部的杀菌、消炎、散瞳、麻醉等作用，也可起润滑作用，还可代替泪液。滴眼剂主要发挥局部治疗作用，有的也可发挥全身治疗作用。如氯霉素滴眼液、醋酸氢化可的松滴眼液等。

（2）洗眼剂　指供冲洗眼部异物或分泌液、中和外来化学物质的眼用灭菌液体制剂。如2％硼酸溶液、生理氯化钠溶液等。

（3）眼用注射剂　指供眼周围组织或眼内注射用的无菌液体制剂。可用于球结膜下、筋膜下、球后、前房、玻璃体内注射等局部给药，以提高眼内的药物浓度，增加疗效。

眼用液体制剂的吸收途径

作用于眼的药物多采用局部给药，药物溶液滴入结膜囊内后主要经过角膜和结膜两条途径吸收。药物尚可通过眼以外的部位给药后分布到眼球，如有些药物能透过血管与眼球间的血-水屏障，作用于眼。

一般认为，常用的滴入方法，使大部分药物在结膜的下穹隆中，借助毛细血管、扩散或眨眼等进入角膜前的薄膜层，渗入角膜。当滴入给药吸收太慢时，可将其注射入结膜下或眼角后的眼球囊（特农囊），药物可通过巩膜进入眼内，对睫状体、脉络膜和视网膜起作用。若将药物注射于球后，则药物进入眼后段，对球后神经及其他结构起作用。

2. 滴眼剂的质量要求

滴眼剂虽是外用制剂，但质量要求类似于注射剂。《中国药典》规定，滴眼剂应符合下列要求。

（1）无菌　供角膜创伤或手术用的滴眼剂，必须无菌，以无菌操作法制成单剂量制剂，且不得加抑菌剂；其他用的滴眼剂，为多剂量滴眼剂必须加抑菌剂，不得检出铜绿假单胞菌和金黄色葡萄球菌。

（2）可见异物　滴眼剂应为澄明的溶液，要求比注射剂稍低；肉眼观察应无玻璃屑、较大纤维和其他不溶性异物。混悬液型滴眼剂不得有超过 $50\mu m$ 直径的粒子，$15\mu m$ 以下的颗粒不得少于90％。

（3）pH　pH不当可引起刺激性，增加泪液的分泌，导致药物流失，甚至损伤角膜，应控制在5.0～9.0。

（4）渗透压　应尽量与泪液相近，但一般能适应相当于浓度为 0.5％～1.6％的氯化钠溶液。

（5）稳定性　应具有一定的稳定性，可加入适宜的稳定剂以保证在使用期限内的稳定。

（6）黏度　以 4.0～5.0cPa 为宜，适当大的黏度使滴眼液在眼内停留时间延长，并减少刺激性。

3. 滴眼剂的原辅料

滴眼剂的原辅料包括原料、溶剂和附加剂。

（1）滴眼剂的原料　无杂质、纯度高，最好用注射用原料，或在使用前进行精制，使所用原料应符合注射用标准。

（2）滴眼剂的溶剂　注射用水必须符合《中国药典》对注射用水的质量要求；注射用非水溶剂必须符合注射用标准，一般用花生油、芝麻油、橄榄油、蓖麻油等。

（3）滴眼剂的附加剂　设计滴眼剂处方时，在考虑发挥滴眼剂的最佳疗效时，也要考虑减少滴眼剂的刺激性，因此必要时可添加附加剂，但选用的附加剂的品种与用量应符合《中国药典》规定，常用的附加剂见表5-3，根据需要，滴眼剂还可以添加抗氧剂、增溶剂、助溶剂等附加剂。

表 5-3　常用滴眼剂的附加剂

附加剂	附加剂
pH 调整剂	渗透压调整剂
巴氏硼酸盐缓冲液	氯化钠
硼酸缓冲液	葡萄糖
沙氏磷酸盐缓冲液	硼酸
抑菌剂	助悬剂与增稠剂
硝酸苯汞、硫柳汞	甲基纤维素
苯扎氯铵、苯扎溴铵、氯己定(洗必泰)	羟丙基甲基纤维素(HPMC)
对羟基苯甲酸甲酯、对羟基苯甲酸乙酯、对羟基苯甲酸丙酯	羧甲基纤维素
山梨酸	聚乙烯醇(PVA)
三氯叔丁醇	

Ⓡ 必需知识

一、注射用水的制备

注射用水的质量要求

注射用水的质量必须符合《中国药典》规定，应为无色的澄明溶液，除氯化物、硫酸盐、钙盐、硝酸盐、亚硝酸盐、二氧化碳、易氧化物、不挥发物与重金属及微生物限度检查均应符合规定外，还规定 pH 应为 5.0～7.0，氨含量不超过 0.000 02%，热原检查应符合规定，并规定应于制备后 12h 内使用。

1. 原水处理（纯化水的制备）

（1）离子交换法　我国医药生产中，常用的树脂有两种，一种是 762 型苯乙烯强酸性阳离子交换树脂，另一种是 717 型苯乙烯强碱性阴离子交换树脂。

阳离子、阴离子交换树脂在水中是解离的，当原水通过阳离子交换树脂时，水中阳离子被树脂所吸附，树脂上的阳离子（H^+）被置换到水中，并和水中的阴离子组成相应的无机酸；含无机酸的水再通过阴离子交换树脂时，水中阴离子被树脂所吸附，树脂上的阴离子 OH^- 被置换到水中，并和水中的 H^+ 结合成水。如此原水不断地通过阳离子、阴离子交换树脂进行交换，得到纯化水。离子交换法制备纯化水的工艺流程如图 5-1 所示。

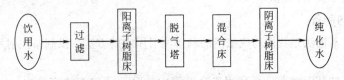

图 5-1　离子交换法制备纯化水的工艺流程

（2）反渗透法　用一个半透膜将 U 形管内的纯水与盐水隔开，则纯水就透过半透膜扩散到盐溶液一侧，这就是渗透过程。两侧液柱产生的高度差，即表示此盐溶液所具有的渗透压。但若在渗透开始时就在盐溶液一侧施加一个大于此盐溶液渗透压的力，则盐溶液中的水将向纯水一侧渗透，结果水就从盐溶液中分离出来，这一过程就称作反渗透。实践证明，一级反渗透装置除去氯离子的能力达不到药典的要求，只有二级反渗透装置才能较彻底地除去氯离子。相对分子质量大于 300 的有机物几乎全部除去。热原的分子量在 1000 以上，故可除去。

反渗透法制备注射用水的流程如图 5-2 所示，进入渗透器的原水可用离子交换、过滤等方法处理。只要原水质量较好，此种装置可较长期地使用，必要时可定期消毒。

图 5-2　反渗透法制备注射用水的工艺流程

反渗透法是在 20 世纪 60 年代发展起来的新技术，国内目前主要用于原水处理，但若装置合理，也能达到注射用水的质量要求，所以，《美国药典》已收载该法为制备注射用水法定方法之一。

(3) 电渗析法　当原水含盐量高达 3000mg/L 时，离子交换法不宜制纯化水，但可采用电渗析法处理。电渗析器工作原理如图 5-3 所示，阳离子交换膜装在阴极端，显示负电场；阴离子交换膜装在阳极端，显示正电场。在电场作用下，负离子向阳极迁移，正离子向阴极迁移，从而去除水中的电解质而得纯化水。

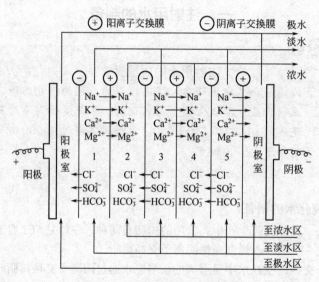

图 5-3　电渗析器工作原理示意

离子交换法制得的去离子水可能存在热原、乳光等问题，主要供蒸馏法制备注射用水使用，也可用于洗瓶，但不得用来配制注射液。电渗析法与反渗透法广泛用于原水预处理，供离子交换法使用，以减轻离子交换树脂的负担。

2.注射用水的制备

(1) 蒸馏法　蒸馏法是我国药典法定的制备注射用水的方法，供制备注射用水的原水必须是纯化水。

制备注射用水的蒸馏水器，是利用热交换管中的高压蒸汽在热交换中，作为蒸发进料原水的能源，而本身同时冷凝成为一次蒸馏水，将此一次蒸馏水导入蒸发锅中作为进料原水，然后又被热交换管中的高压蒸汽加热汽化再冷凝成二次蒸馏水。因此，实际所出之水已是二次蒸馏水。生产上制备注射用水的设备主要包括塔式蒸馏水器、多效蒸馏水器、气压式蒸馏水器。塔式蒸馏水器因耗能多、效率低、出水质量不稳定，已停止生产。气压式蒸馏水器利用离心泵将蒸汽加压，以提高蒸汽的利用率，且无需冷却水，但耗能大，现已较少用。目前多采用多效蒸馏水器。

多效蒸馏水器是最近发展起来制备注射用水的主要设备，其特点是耗能低、产量高、质量优。多效蒸馏水器可视为将多个单效蒸馏水器（由圆柱形蒸馏塔、冷凝器及一些控制元件组成蒸发锅与冷凝器）相互串联，目的是提高生产能力，充分利用热能。多效蒸馏水器的性能取决于加热蒸汽的压力和级数，压力越大，则产量越高，效数越多，热利用率越高。以三效蒸馏水器（见图5-4）为例，去离子水先进入冷凝器预热后再进入各效塔内，一效塔内去离子水经高压蒸汽加热（130℃）而蒸发，蒸汽经隔沫装置进入二效塔内的加热室作为热源加热塔内蒸馏水，塔内的蒸馏水经过加热产生的蒸汽再进入三效塔作为三效塔的加热蒸汽加热塔内蒸馏水产生水。二效塔、三效塔的加热蒸汽冷凝和三效塔内的蒸汽冷凝后汇集于蒸馏水收集器而成为蒸馏水。效数更多的蒸馏水器的原理相同。

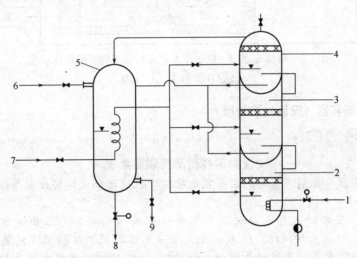

图 5-4 三效蒸馏水器生产示意

1—蒸汽；2—第一节蒸发器；3—第二节蒸发器；4—第三节蒸发器；5—冷凝器；
6—冷却水进口；7—预滤无盐水；8—蒸馏水出口；9—冷却水出口

（2）反渗透法 《美国药典》已收载本法为制备注射用水的法定方法，但《中国药典》仍没收载。

二、注射剂的制备

（一）小容量注射剂的制备

注射剂为无菌制剂，不仅要按照生产工艺流程进行生产，还要严格按照GMP进行生产管理，以保证注射剂的质量和用药安全。液体安瓿剂一般生产工艺流程及环境区域划分示意见图5-5。

1. 原辅料的准备

供注射剂生产所用原料必须符合《中国药典》及国家有关对注射剂原料质量标准的要求。辅料也应符合《中国药典》或国家其他有关质量标准，若有注射用规格，应选用注射用规格。对医疗上确实需要，但专供注射用的原料有时不易获得，而必须用化学试剂时，应严格控制质量，加强检验，特别是水溶性有毒物质，还应进行安全试验，证明无害并经有关部门批准后方可使用。某些品种，可另行制定内控标准。在大生产前，均应做小样试制，检验合格后方能使用。

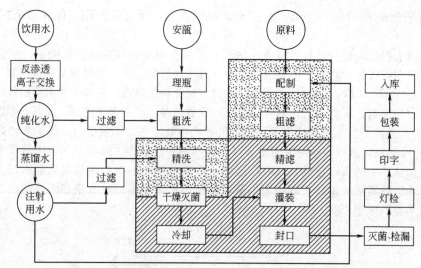

图 5-5　液体安瓿剂一般生产工艺流程及环境区域划分示意

 B级区；C级区

2. 常用注射剂容器（安瓿）的处理

• 知识链接 •

注射剂容器及其质量要求

1. 注射剂容器　注射剂容器一般是指由硬质中性玻璃制成的安瓿或西林小瓶，亦有塑料容器。

（1）安瓿　安瓿的式样包括曲颈安瓿和粉末安瓿两种，其容积通常为 1ml、2ml、5ml、10ml、20ml 等几种规格。粉末安瓿用于分装注射用固体粉末或结晶性药物，现已基本淘汰。原国家食品药品监督管理局（SFDA）已强行推行使用曲颈易折安瓿。新国标 GB 2637—1995 规定水针剂使用的也一律为曲颈易折安瓿。该种安瓿目前多为无色，有利于检查药液的可见异物。对需要遮光的药物，可采用琥珀色玻璃安瓿。曲颈易折安瓿有点刻痕易折安瓿和色环易折安瓿两种。

（2）西林小瓶　包括管制瓶与模制瓶二种。管制瓶的瓶壁较薄，厚薄比较均匀，而模制瓶正好相反，西林小瓶常见容积为 10ml 和 20ml，应用时都需配有橡胶塞，外面有铝盖压紧，有时铝盖上再外加一个塑料盖，这种小瓶主要用于分装注射用无菌粉末，如青霉素等抗生素类粉针剂多采用此容器包装。

2. 注射剂玻璃容器的质量要求　注射剂玻璃容器应达到以下质量要求：①应无色透明，以利于检查药液的澄明度、杂质以及变质情况；②应具有低的膨胀系数、优良的耐热性，使之不易冷爆破裂；③熔点低，易于熔封；④不得有气泡、麻点及砂粒；⑤应有足够的物理强度，能耐受热压灭菌时产生的较高压力差，并避免在生产、装运和保存过程中所造成的破损；⑥应具有高度的化学稳定性，不与注射液发生物质交换。

（1）安瓿的洗涤　安瓿属于二类药包材，除去外包装后经洗涤后使用，粗洗用水应是纯化水，精洗用水应是新鲜注射用水。安瓿一般使用离子交换水灌瓶蒸煮，质量较差的安瓿须用 0.5％ 的醋酸水溶液，灌瓶蒸煮（100℃、30min）热处理。一方面是为了洗涤干净，同时也是一种化学处理，让玻璃表面的硅酸盐水解，微量的游离碱和金属盐溶解，提高安瓿的化学稳定性。目前国内使用的安瓿洗涤方法常用的有：喷淋式洗涤法、气水喷射式洗涤法和超声波洗涤法。采用超声波洗涤与气水喷射式洗涤相结合的方法，具清洗洁净度高、速度快等特点。目前国内药厂使用的安瓿洗涤设备有三种。

① 喷淋式安瓿洗涤机组　这种机组由喷淋机、甩水机、蒸煮箱、水过滤器及水泵等机件组成。喷淋机主要由传送带、淋水板及水循环系统组成。生产效率高，设备简单，曾被广泛采用。但这种方式存在占地面积大、耗水量多，而且洗涤效果欠佳等缺点。

② 气水喷射式安瓿洗涤机组　这种机组适用于大规格安瓿和曲颈安瓿的洗涤，是目前水针剂生产上常用的洗涤方法。气水喷射式洗涤机组主要由供水系统、压缩空气及其过滤系统、洗瓶机等三大部分组成。洗涤时，利用洁净的洗涤水及经过过滤的压缩空气，通过喷嘴交替喷射安瓿内外部，将安瓿洗净。整个机组的关键设备是洗瓶机，而关键技术是洗涤水和空气的过滤。

③ 超声波安瓿洗涤机组　利用超声波技术清洗安瓿是国外制药工业近年来新发展起来的一项新技术。在液体中传播的超声波能对物体表面的污物进行清洗。它具有清洗洁净度高、清洗速度快等特点。特别是对盲孔和各种几何状物体，洗净效果独特。目前国内已有引进和仿制的超声波洗瓶机。但有报道认为，超声波在水浴槽中易造成对边缘安瓿的污染或损坏玻璃内表面而造成脱片，应值得注意。

（2）安瓿的干燥和灭菌　一般安瓿洗净后要在烘箱内120～140℃下进行干燥，以避免存放时滋长微生物。若用于无菌操作或低温灭菌的安瓿还需180℃干热灭菌1.5h。安瓿的干燥与灭菌常用的设备有两大类：一类是间歇式干热灭菌设备，即烘箱；另一类是连续式干热灭菌设备，即隧道式烘箱。大生产中多采用后者。隧道式烘箱整个输送隧道在密封系统内，可避免空气中微粒的污染，设有A级层流净化空气以保持空气的洁净。它们前端可与洗瓶机相连，后端可设在B级洁净区与灌封机相连，组成联动生产线。隧道式烘箱有电热层流干热灭菌烘箱和远红外线加热灭菌烘箱两种，干燥和灭菌后的安瓿存放时间不应超过24h。

（3）安瓿的检查　为了保证注射剂的质量，安瓿必须按药典要求进行检查，包括物理、化学检查和装药试验检查。物理检查内容主要包括有安瓿外观、尺寸、应力、清洁度、热稳定性检查等；化学检查内容主要有容器的耐酸、碱性和中性检查等。装药试验检查主要是检查安瓿与药液的相容性，无影响方能使用。

3.注射液的配制与过滤

（1）注射液的配制

① 配制用具的选择与处理　大量生产时常用不锈钢夹层配液罐，既可通蒸汽加热，又可通冷水冷却。配液用具和容器的材料宜采用玻璃、不锈钢、搪瓷、耐酸耐碱陶瓷和无毒聚氯乙烯、聚乙烯塑料等，不宜采用铝、铁、铜质器具。配制浓的盐溶液不宜选用不锈钢容器；需加热的药液不宜选用塑料容器。配液的所有用具和容器在使用前均应用重铬酸钾-硫酸清洗液或其他适宜洗涤剂清洗，然后用纯化水反复冲洗，最后用新鲜的注射用水荡洗或灭菌后使用。操作完毕后立即刷洗干净所有用具。

配制油性注射液时，器具必须干燥，注射用油在应用前需经150～160℃1～2h灭菌，冷却后使用。

② 配制方法　分为浓配法和稀配法两种。将全部药物加入部分溶剂中配成浓溶液，加热或冷藏后过滤，然后稀释至所需浓度，此谓浓配法，此法可使溶解度小的杂质滤除去。将全部药物加入所需溶剂中，一次配成所需浓度，再进行过滤，此谓稀配法，可用于优质原料。配制的药液，需经过pH、含量等项检查，合格后进入下一工序。

• 知 识 链 接 •

注射剂配制注意事项

1.配制注射液时应在洁净的环境中进行，不要求无菌，但所用器具及原料、附加剂尽可能无菌，以减少污染。

2.配制剧毒药品注射液时，应严格称量与校核，谨防交叉污染。

3.对不稳定的药物更应注意调配的顺序（先加稳定剂或通惰性气体等），有时要控制温度与避光操作。

4. 对于不易滤清的药液可加 $0.1\%\sim0.3\%$ 活性炭处理，活性炭常选用一级针用炭或"767"型针用炭，以确保注射液质量。使用活性炭时应注意其对药物（如生物碱盐等）的吸附，应通过加炭前后药物含量的变化，确定能否使用。活性炭最好在酸性条件下使用，因活性炭在酸性溶液中吸附作用较强，在碱性溶液中有时出现"胶溶"或脱吸附，反而使溶液中杂质增加。

（2）注射液的过滤 注射剂生产中常用的滤器如下。

① 垂熔玻璃滤器 有垂熔玻璃滤球、垂熔玻璃滤棒和垂熔玻璃漏斗三种滤器。在注射剂生产中主要用于精滤或膜滤前的预滤。垂熔玻璃滤器不同厂家规格、型号不同，3 号和 G_2 号多用于常压过滤，4 号和 G_3 号多用于减压或加压过滤，6 号以及 G_5、G_6 号作无菌过滤用。

垂熔玻璃滤器的优点是化学性质稳定，吸附性低，一般不影响药液的 pH，不易出现裂漏、碎屑脱落等现象，且易洗净。缺点是价格高，脆而易破。这种滤器，操作压力不得超过 $98.06kPa$（$1kgf/cm^2$），可热压灭菌。垂熔玻璃漏斗使用后要用纯化水抽洗，并以 $1\%\sim2\%$ 硝酸钠-硫酸液浸泡 $12\sim24h$。

② 微孔滤膜过滤器 微孔滤膜是用高分子材料制成的薄膜过滤介质，常用的有圆盘形和圆筒形两种，其孔径为 $0.025\sim14\mu m$，常用于注射液的精滤和过滤除菌（$0.22\mu m$）。常用的微孔滤膜材质有硝酸纤维膜、醋酸纤维膜、醋酸纤维和硝酸纤维混合酯膜、聚四氟乙烯膜、聚酰胺膜、聚砜膜和聚氯乙烯膜等。使用前应进行膜与药物溶液的配伍试验，证实无相互影响才能选用。

微孔滤膜孔径小，孔隙率高，截留能力强，滤速快，不滞留药液，不影响药液的 pH 值，有利于提高注射液的澄清度。其缺点是易于堵塞。

目前使用微孔滤膜生产的品种有葡萄糖大输液、右旋糖酐注射液、维生素（维生素 C、维生素 B、维生素 K 等）、肾上腺素、硫（盐）酸阿托品、盐酸异丙嗪等。对不耐热的产品，可用 $0.3\mu m$ 或 $0.22\mu m$ 的滤膜作无菌过滤，如胰岛素。

③ 板框式压滤机 由多个滤框和滤板交替排列在支架上组成，是一种在加压下间歇操作的过滤设备。此种滤器的过滤面积大，截留固体多，适于大生产，常用于滤过黏性大、滤饼可压缩的各种物料的过滤，也可用于注射液的粗滤。

④ 砂滤棒 国产的主要有两种，一种是硅藻土滤棒，另一种是多孔素瓷滤棒。砂滤棒价廉易得，滤速快，适用于大生产中粗滤。但砂滤棒易于脱砂，对药液吸附性强，难清洗，且有改变药液 pH 现象，砂滤棒用后要进行处理。

⑤ 其他 另外还有超滤装置、钛滤器、多孔聚乙烯烧结管过滤器等。

在注射剂生产中，一般采用二级过滤，即先将药液用常规的滤器，如砂滤棒、垂熔玻璃漏斗、板框压滤器或加预滤膜等办法进行粗滤后才能使用滤膜过滤，即可将膜滤器串联在常规滤器后作精滤之用。但还不能达到除菌的目的，过滤后还需灭菌。

• 知识链接 •

影响过滤速率的因素和增加滤速的方法

1. 影响过滤速率的因素有：①操作压力越大，滤速越快；②孔隙越窄，阻力越大，滤速越慢；③过滤速率与滤器的表面积成正比（这是在过滤初期）；④黏度愈大，滤速愈慢；⑤滤速与毛细管长度成反比，因此沉积的滤饼量愈多，滤速愈慢。

2. 增加滤速的方法有：①加压或减压以提高压力差；②升高滤液温度以降低黏度；③先进行预滤，以减少滤饼厚度；④设法使颗粒变粗以减少滤饼阻力等。

• 知识链接 •

过滤介质与助滤剂

1.过滤介质　过滤介质亦称滤材，为滤渣的支持物。过滤介质应由惰性材料制成，耐酸、耐碱、耐热，适用于过滤各种溶液；过滤阻力小、滤速快、反复应用易清洗；应具有足够的机械强度；价廉、易得。常用的过滤介质有：①滤纸；②脱脂棉；③织物介质；④烧结金属过滤介质；⑤多孔塑料过滤介质；⑥垂熔玻璃过滤介质；⑦多孔陶瓷；⑧微孔滤膜。

2.常用的助滤剂

①硅藻土；②活性炭；③石粉；④纸浆。

4.注射液的灌封

滤液经检查合格后进行灌封，即灌装和封口。封口有拉封与顶封两种，拉封对药液的影响偏小。故目前都主张拉封。粉针用安瓿或具有广口的其他容器均采用拉封。

灌封操作分为手工灌封和机械灌封两种。手工灌封主要用于小试，生产上多采用全自动灌封机。我国已有洗、灌、封联动机，以及割、洗、灌、封联动机，生产效率有很大提高。但灭菌包装还没有联动化。安瓿自动灌封机因封口方式不同而异，但它们灌注药液均按下列动作协调进行：安瓿传送至轨道，灌注针头上升、药液灌装并充气，封口，然后由轨道送出产品。灌液部分装有自动止灌装置，当灌注针头降下而无安瓿时，药液不再输出，以避免污染机器和浪费。

• 知识链接 •

灌装注射液注意事项

1.灌装时为保证注射用量不少于标示量，可按《中国药典》要求适当增加药液量。根据药液的黏稠程度不同，在灌装前，应用精确的小量筒校正注射器的吸液量，试装若干支，经检查合格后再行灌装。

2.为防止灌注器针头"挂水"，活塞中心有毛细孔，可使针头挂的水滴缩回并调节灌装速率，以避免速率过快时药液易溅至瓶壁而沾瓶。

3.通惰性气体时一般采用空安瓿先充惰性气体，灌装药液后再充一次，这样既可以避免药液溅至瓶颈，又使安瓿空间空气除尽。可在通气管路上装有报警器以检查充气效果，也可用CY-2型测氧仪检测残余氧气。

4.在安瓿灌封过程中出现焦头，主要因安瓿颈部沾有药液，熔封时炭化而致，产生原因有：①灌药室给药太急，溅起药液在安瓿瓶壁上；②针头往安瓿里灌药时不能立即回缩或针头安装不正；③压药与打药行程不配合等。应逐一分析原因，然后予以解决。

5.充CO_2时应调整好充气量和充气速率，避免发生瘪头、爆头。

5.注射液的灭菌与检漏

（1）灭菌　注射液的灭菌是杀灭微生物，以保证用药安全；避免药物的降解，以防影响药效。除采用无菌操作生产的注射剂外，一般注射液在灌封后必须在规定时间内进行灭菌，以保证产品的无菌。选择适宜的灭菌法对保证产品质量非常重要。在避菌条件较好的情况下生产一般采用流通蒸汽灭菌，1～5ml安瓿常用流通蒸汽100℃、30min灭菌；10～20ml安瓿常用100℃、45min灭菌。

（2）检漏 若安瓿未严密熔合，有毛细孔或微小裂缝存在，为避免药液被微生物与污物污染或药物泄漏，污损包装，应予以剔除。灭菌后的安瓿应立即进行漏气检查。一种方法是在灭菌后，趁热立即放色水于灭菌锅内，安瓿遇冷内部压力收缩，色水即从漏气的毛细孔进入而被检出。另一种方法是采用灭菌和检漏两用灭菌器，灭菌后稍开锅门，同时放进冷水淋洗安瓿使温度降低，再关紧锅门并抽气，漏气安瓿内气体亦被抽出，当真空度为 $640 \sim 680 mmHg$（85 326～90 657Pa）时，停止抽气，开色水阀，至有色溶液（0.05％曙红或亚甲蓝）盖没安瓿时止，开放气阀，再将色液抽回贮器中，开启锅门，用热水淋洗安瓿后，剔除带色的漏气安瓿。深色注射液的检漏，可将安瓿倒置后再进行热压灭菌，灭菌时安瓿内气体膨胀，将药液从漏气的细孔挤出，从而使药液减少或成空安瓿而被剔除。除上述方法外还可用仪器检查安瓿隙裂。

· 知 识 链 接 ·

注射剂的质量检查

1. 可见异物检查 可见异物检查（即灯检），不仅可保证用药安全，而且可以发现生产中的问题。如白点可能由原料或安瓿产生；纤维主要因环境污染所致；玻璃屑往往是由圆口、灌封不当所致。我国药典对可见异物检查规定，所用装置、人员条件、检查数量、检查方法、时限与判断标准等均有详细规定。目前仍为目力检查。国内外正在研究全自动检查机。

2. 不溶性微粒检查 除另有规定外，每1ml中含 $10\mu m$ 以上的微粒不得超过2粒，含 $25\mu m$ 以上的微粒不得超过20粒。检查方法主要有：①将药物溶液用微孔滤膜过滤，然后在显微镜下测定微粒的大小和数目（具体方法参看药典）；②采用库尔特计数器检查；③采用 ZWY-4 型注射液微粒分析仪检查；④采用 DWJ-1 型大输液微粒计数器检查。

3. 热原检查 目前各国药典法定的方法仍为家兔法。《中国药典》对家兔的要求、试验前的准备、检查法、结果判断均有明确规定。鲎试验法原理是用鲎的变形细胞溶解物与内毒素之间的胶凝反应。市场上有现成的鲎热原试剂。鲎试验法灵敏度高，操作简单，实验费用少，可迅速获得结果，鲎试验法适用于某些不能用家兔进行的热原检测的品种，如放射性制剂、肿瘤抑制剂等。近几年来又发展了定量测定热原的显色基质法。

4. 无菌检查 注射剂在灭菌后，均应抽取一定数量的样品进行无菌检查。

5. 其他检查 除以上检查外，尚需进行装量检查；有的尚需进行有关物质、降压物质检查，异常毒性检查，pH测定，刺激性，过敏试验及抽针试验等。

（二）大容量注射剂的制备

因其用量大且直接进入血液，故质量要求高，生产工艺等也与小剂量注射剂有一定差异。大容量注射剂虽有玻璃容器与塑料容器两种包装，但其制备工艺流程大致相同（见图5-6）。

1. 输液容器及其他包装材料的处理

（1）输液瓶处理 输液瓶洗涤工艺的设计应与容器的洁净程度有关。一般有直接水洗、酸洗、碱洗等方法。一般洗瓶是水洗与碱洗法相结合，碱洗法是用2％氢氧化钠溶液（50～60℃）冲洗，也可用1％～3％的碳酸钠溶液，碱洗法操作方便，易组织流水线生产，也能消除细菌与热原。目前，采用滚动式洗瓶机和箱式洗瓶机，提高了洗涤效率和洗涤质量。在药液灌装前，必须用微孔滤膜滤过的注射用水倒置冲洗。如果生产输液瓶的车间达到规定净化级别要求，瓶子出炉后，立即密封，使用时只要用滤过注射用水冲洗即可。塑料袋采用无菌材料直接压制，不必洗涤。

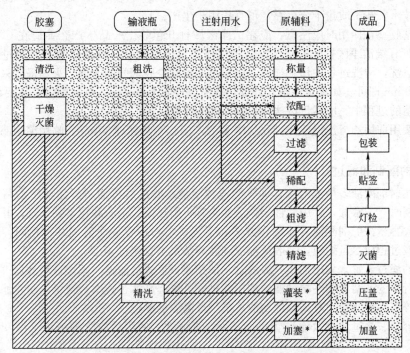

图 5-6 大容量注射剂生产流程及洁净区域划分示意

▨ C级洁净区；▦ B级洁净区；＊ A级洁净区

·知识链接·

输液容器、包装材料及其质量要求

1.容器、包装材料 输液瓶一般为玻璃瓶和塑料瓶。玻璃瓶由无色透明的硬质中性玻璃制成，需配有胶塞（含隔离膜者）、铝盖或外层塑料盖，其耐热、耐腐蚀，物理化学性质稳定，阻隔性好；塑料瓶由聚丙烯制成，其质轻、无毒、耐热、耐腐蚀、化学稳定性高、机械强度高，并且可热压灭菌，抗碎性更是玻璃瓶无法比拟的，但其透明度及阻隔性较玻璃瓶差。最近，用于软包装输液剂包装采用的无毒聚氯乙烯（PVC）塑料软袋和非PVC复合膜软袋，特别是非PVC复合膜软袋，现已广泛取代玻璃瓶和塑料瓶。

胶塞（及含隔离膜者）主要用于粉针剂、输液剂等制剂瓶包装封口，胶塞可分为天然橡胶塞和合成橡胶塞。合成的丁基胶塞以其优良的气密性和化学稳定性被广泛使用。为避免与药液接触后，影响药物制剂质量，故有生产企业在胶塞与药液间仍衬垫隔离膜。目前国内使用的隔离膜主要是涤纶膜，某些碱性药液，可使用聚丙烯薄膜。

玻璃输液瓶铝盖有多种型式，现常用铝塑组合盖，系在铝盖之上再加一塑料盖。

2.质量要求 玻璃输液瓶，物理化学性质稳定，其质量要求应符合国家标准，在贮存期间应避免污染长菌。输液瓶口内径必须符合要求，光滑圆整，大小合适，否则将影响密封程度。注射剂用丁基胶塞的各项指标要求均应符合国家颁布的相关标准规定。涤纶隔离膜，应理化性质稳定，耐酸、耐热性好，有一定机械强度。

（2）胶塞、隔离膜处理 输液剂使用的丁基胶塞，采用全自动胶塞清洗机，将原来胶塞的洗涤、硅化、烘干等人工独立操作的多道工序，改在全封闭清洗箱中，从进料到出料，分工序连续一机操作完成。同时整个操作过程由可编程序控制，全自动操作，也可用手动操作。胶塞的洗涤、灭菌及出料，由于在一机内连续完成，无中间转序环节，避免了交叉污染，洗涤时又采用了先进的超声技术，清洗质量十分可靠，可直接用于生产。

药用丁基胶塞在使用时应注意：应在洁净区域打开包装。药品生产企业应在C级洁净区打开外包装，在B级洁净区打开内包装。采用注射用水进行清洗，清洗次数不宜超过两遍，最好采用超声波清洗，清洗过程中切忌搅拌，应尽可能地减少胶塞间的摩擦。灭菌最好采用湿热灭菌法，121℃ 30min即可。如果条件不允许湿热灭菌，只能干热灭菌，则时间最好不要超过2h。在胶塞干燥灭菌的过程中，应尽量设法减少胶塞间的摩擦。

涤纶膜使用前用乙醇浸泡或于纯化水中于112～115℃热处理30min，临用前用滤清的注射用水动态漂洗。

2. 输液的配制和滤过

大容量注射剂配液多用浓配法，即先配成浓溶液，滤过后再加新鲜注射用水稀释至所需浓度。输液配制时，通常加入针用活性炭，活性炭有吸附热原、杂质和色素的作用，并在过滤时作为助滤剂。大容量注射剂配液具体操作方法和工艺要求与小容量注射剂基本相同。以确保无热原。输液配液过程应尽量缩短，一般从配液到灌装结束不宜超过4h。

输液剂的滤过装置常采用加压三级滤过，即按照板框式过滤器、垂熔玻璃滤器、微孔滤膜滤器的顺序进行粗滤、精滤和终端过滤。加压滤过既可以提高滤过速率，又可以防止滤过过程中产生的杂质或碎屑污染滤液，对高黏度药液可采用较高温度滤过。

配制用容器、滤过装置及输送管道，必须认真清洗。使用后应立即清洗干净，并定时进行灭菌。

3. 输液的灌封和灭菌

输液灌封灌注设备有多种形式，常用的有量杯式负压灌装机、计量泵注射式灌装机、恒压式灌装机等。玻璃瓶输液的灌封包括灌注、塞胶塞、轧铝盖等操作。灌封要按照操作规程连续完成，即药液灌装至符合装量要求后，立即塞入丁基胶塞，轧紧铝盖。灌封要求装量准确，铝盖封紧。滤过和灌装均应在持续保温（50℃）条件下进行，防止细菌粉尘的污染。目前多采用自动灌封、放塞、落盖轧口联动机组机械化生产。灌封完成后，应进行检查，剔出轧口不严的输液剂，以免灭菌时冒塞或贮存时变质。

灭菌要及时，输液从配制到灭菌的时间，一般不超过4h。输液灭菌开始应逐渐升温，一般预热20～30min，否则温度骤升易引起输液瓶爆炸，待达到灭菌温度115℃、68.64kPa（0.7kgf/cm²），维持30min，然后停止升温，待柜内压力降到零，放出柜内蒸汽，至柜内压力与大气相等后，温度降至80℃以下才可缓慢打开灭菌柜门，严禁带压操作，以避免造成严重的人身安全事故，对于塑料袋装输液，灭菌条件为109℃热压灭菌45min。

● **知识链接** ●

输液剂生产中存在的问题及可见异物与微粒的问题解决办法

1.输液剂生产中存在的问题

（1）染菌 由于输液生产过程中严重污染、灭菌不彻底、瓶塞松动、漏气等原因，致使输液剂出现染菌现象。

（2）热原反应 关于热原的污染途径和防止办法见本项目拓展知识部分。使用过程中的污染引起的热原反应，所占比例不容忽视，因此尽量使用全套或一次性输液器，包括插管、导管、调速、加药装置、末端滤过、排除气泡及针头等，并在输液器出厂前进行灭菌，为使用过程中避免热原污染创造有利条件。

2.可见异物与微粒的问题解决办法

① 按照输液用的原辅料质量标准，严格控制原辅料的质量。

② 提高丁基胶塞及输液容器质量。

③ 尽量减少制备生产过程中的污染，严格灭菌条件，严密包装。

④ 合理安排工序，加强工艺过程管理，采取多种措施，及时除去制备过程中产生的污染微粒。

⑤ 在输液器中安置终端过滤器（0.8μm孔径的薄膜），可解决使用过程中微粒污染。

输液的质量检查

按照《中国药典》规定需进行以下项目检查。

1. 可见异物及不溶性微粒检查　按《中国药典》规定进行检查，应符合规定。

2. 热原及无菌检查　按《中国药典》规定进行检查，应符合规定。

3. 最低装量　标示装量为50ml以上的注射液及注射用浓溶液，按《中国药典》中最低装量检查法检查，应符合规定。

4. 其他　如pH、含量测定及其他特定的检查项目，应按各品种项下规定进行检查。

（三）注射用无菌粉末的制备

由于多数情况下，制成粉针的药物稳定性较差，因此，粉针的制备一般没有灭菌的过程，因而对无菌操作有较严格的要求，特别是在灌封等关键工序，最好采用层流洁净措施，以保证操作环境的洁净度。

1. 注射用无菌分装产品的制备

无菌分装粉针剂的生产工艺常采用直接分装法，系将精制的无菌粉末在无菌条件下直接进行分装，目前多采用容量分装法。生产工艺流程见图5-7。

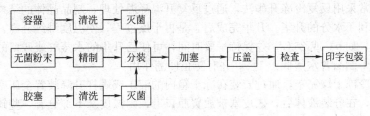

图 5-7　注射用无菌分装产品生产工艺流程

（精制和分装为 A 级或局部 A 级）

（1）药物的准备　为制定合理的生产工艺，需要掌握药物的物理化学性质，主要测定：①物料的热稳定性，以确定产品最后能否进行灭菌处理；②物料的临界相对湿度，用以设计生产中分装室的相对湿度；③物料的粉末晶型与松密度，从而选择适宜的分装容器和分装机械。

无菌原料可用灭菌结晶法或喷雾干燥法制备，必要时需进行粉碎、过筛等操作，在无菌条件下制得符合注射用的无菌粉末。安瓿或玻璃瓶及胶塞的处理按注射剂的要求进行，但均需进行灭菌处理。

（2）分装　药物的分装及安瓿的封口必须在高度洁净的无菌室中按无菌操作法进行。分装后小瓶应立即加塞并用铝盖密封。分装的机械设备有插管分装机、螺旋自动分装机、真空吸粉分装机等。此外，青霉素与其他抗生素不得轮换进行分装，以防交叉污染。

（3）灭菌及异物检查　对于不耐热品种，必须严格无菌操作。对于耐热的品种，如青霉素，为确保安全，一般可按照前述条件进行补充灭菌。异物检查一般在传送带上用目检视。应从流水线上将不合格品剔除。

（4）贴签与包装　同固体制剂包装。

知识链接

无菌分装工艺中存在的问题及解决办法

1.装量差异　主要原因是物料流动性差，应根据具体情况分别采取措施。

2.可见异物问题　应严格控制原料质量和生产环境，防止污染。

3.无菌度问题　为解决此问题，一般都采用层流净化装置。

4.吸潮变质问题　进行胶塞密封性能的测定，选择性能好的胶塞，且压紧铝盖后瓶口要烫蜡，以防水汽透入。

2.注射用冻干制品的制备

制备冻干无菌粉末冷冻干燥前药液的配制基本与水性注射剂相同，根据冷冻干燥过程最终产品的成型方式不同，可将冻干粉针剂的工艺分为托盘冻结干燥和西林瓶冻结干燥两种。托盘冻结干燥工艺是将药物经溶解、无菌过滤后注入广口托盘内冷冻干燥，干燥品按无菌分装粉针剂的生产工艺制备。注射用冻干无菌粉末制品西林瓶冻结干燥的工艺流程如图 5-8 所示。

冻干粉末的制备（以西林瓶冻结干燥工艺为例）分为药液配制、过滤、灌装、预冻、减压、升华、干燥、封口、压盖等处理过程。

（1）配液、过滤和灌装　将主药和辅料溶解在适当的溶剂中，先按用不同孔径的滤器对药液分级过滤，最后通过 0.22μm 级微孔膜滤器进行除菌过滤。将已经除菌的药液灌注到容器中，并用无菌胶塞半压塞。

（2）冷冻干燥　在无菌环境中把半压塞容器转移至冻干箱内进行预冻。预冻是恒压降温过程，首先运行冻干机，药液随温度的下降冻结成固体。然后是在抽气条件下，恒压升温，使固态水升华逸去。通常采用反复冷冻升华法，通过反复升温降温处理，制品晶体的结构被改变，由致密变为疏松，有利于水分的升华。升华完成后，是再干燥过程，使温度继续升高，具体温度根据制品的性质确定，如 0℃或 25℃，并保持一段时间，可使已升华的水蒸气或残留的水分被进一步抽尽。可保证冻干制品含水量低于 1%，并有防止回潮作用。

（3）封口　冷冻干燥完毕，通过安装在冻干箱内的液压或螺杆升降装置全压塞。为此还有专门设计的橡皮塞，在分装液体后，橡皮塞被放置瓶口上，因橡皮塞下部分有一些缺口，可使水分升华逸出。

（4）压盖　将已全压塞的制品容器移出冻干箱，用铝盖轧口密封。

知识链接

冷冻干燥中存在的问题及处理方法

1.含水量偏高　容器内装入药液过厚，升华干燥过程中供热不足，冷凝器温度偏高或者真空度不够，都可能导致含水量偏高。可采用旋转冷冻机进行冷冻干燥，或针对以上影响因素采取相对应的方法解决。

2.喷瓶　若供热太快，受热不均或预冻不完全，则易在升华过程中使制品部分液化，在真空减压条件下产生喷瓶。为防止喷瓶，必须控制预冻温度在共熔点以下 10～20℃以确保冷冻完全，同时加热升华，注意温度不宜超过共熔点。

3. 产品外形不饱满或萎缩 一些黏稠的药液由于结构过于致密，在冻干过程中内部水蒸气逸出不完全，冻干结束后，制品会因潮解而萎缩，遇这种情况通常可在处方中加入适量甘露醇、氯化钠等填充剂，并采取反复预冻法，以改善制品的通气性，产品外观即可得到改善。

4. 出现可见异物 注射用冷冻干燥制品生产在无菌室内进行，应加强人流、物流与工艺的管理。严格控制环境污染，有的产品重新溶解时出现可见异物，主要是原料的质量及冻干前处理工作上有问题。采取粉末温度不超过产品共熔点等措施解决。

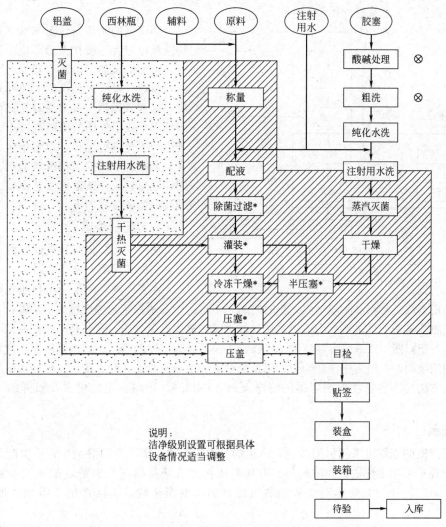

图 5-8 注射用冻干无菌粉末制品西林瓶冻结干燥工艺流程

▱ C级区；▨ B级区；* 局部A级；⊗ 适用于天然胶塞

例1 注射用苯巴比妥钠（注射用无菌分装制品）

【处方】苯巴比妥 1000g；氢氧化钠 172g；80％乙醇 26 000ml。

【制法】①开口工段：向反应釜中加入处方量的80％乙醇，在不断搅拌下加入氢氧化钠使全溶；反应釜夹层通冷却水保持温度45～50℃，继续分次加入苯巴比妥使全溶，加活性炭恒温搅拌20min，粗滤脱炭、精滤，滤液输入无菌室备用。②无菌工段：精滤液输至洁净反应釜中，加热回流（78℃）1~2h，析出结晶，冷却至室温，出料甩滤，结晶用无水乙醇洗涤，母液回收乙醇，结晶经干燥后过筛，即可供分装用。

例2　注射用辅酶A（注射用冷冻干燥制品）

【处方】注射用辅酶A 56.1U；水解明胶 5mg；甘露醇 10mg；葡萄糖酸钙 1mg；半胱氨酸 0.5mg。

【制法】将上述各成分用适量注射水溶解后，无菌过滤，分装于安瓿中，每支 0.5ml，冷冻干燥后封口，漏气检查即得。

三、眼用液体制剂的制备

滴眼剂生产工艺流程如图 5-9 所示。

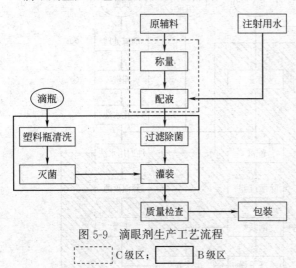

图 5-9　滴眼剂生产工艺流程

⌐ ̄ ̄ ̄¬ C级区；▇▇▇ B级区

滴眼剂的制备与注射剂基本相同。药物性质稳定者一般在无菌环境中配制、分装，可加抑菌剂。包装容器为可直接滴药的塑料瓶，最终产品根据主药的热耐受性决定是否采用热压灭菌法补充灭菌；用于眼部手术或眼外伤的滴眼剂按小容量注射剂生产工艺进行操作，单剂量包装，保证完全无菌，不加抑菌剂或缓冲剂。洗眼液用输液瓶包装，按输液工艺制备。滴眼剂的具体制备过程如下。

1. 容器的处理

滴眼剂有塑料瓶和玻璃瓶两种包装形式，洗涤和灭菌方法亦不同。

大多数滴眼剂采用塑料瓶包装。塑料滴眼瓶是用聚烯烃塑料经吹塑制成，当时封口，不易污染。塑料瓶的洗涤可按下法进行：切开封口，按安瓿洗涤法处理，然后用环氧乙烷气体灭菌，避菌保存备用。有些药厂在同一洁净度环境中自己生产塑料瓶，以减轻容器清洗、干燥、灭菌等处理工序的负担。玻璃滴眼瓶一般用于易氧化药物的滴眼剂，一般为中性玻璃瓶，以橡胶帽塞、铝盖密封，并配有滴管。玻璃滴眼瓶、塞的洗涤灭菌方法与小容量注射剂容器的洗涤灭菌方法相同，用前再用纯化水及新鲜的注射用水洗净。

2. 配制

眼用溶液的配制可采用稀配法，即将药物与附加剂加入所需要的溶剂中，一次配成所需要的浓度。现多采用浓配法，即将药物、附加剂依次加入适量溶剂中溶解，配成浓溶液，必要时可加 0.05%~0.3% 药用活性炭加热过滤，加溶剂至全量，此法适用于需加热助溶的滴眼剂。

眼用混悬液的配制，可先将药物微粉化处理后灭菌，另取表面活性剂、助悬剂与适量注射用水配成黏稠液，再与主药用乳匀机搅匀，添加注射用水至全量。配制完成后，要进行半成品检验，包括 pH 值、含量等，合格后才能过滤、灭菌、分装。

3. 过滤

滴眼剂的过滤与注射剂过滤操作几乎相同，经滤棒、垂熔玻璃滤球与膜滤器三级过滤至澄明。如需除菌过滤，滤膜宜选用 0.22~0.45μm 孔径，如工艺仅要求单纯除去异物时，滤膜可选用 0.8μm 孔径。

4. 无菌灌装

滴眼剂生产中药液的灌装方法大多采用减压灌装。将已洗净灭菌的滴眼空瓶，瓶口向下，排列在一平底盘中，将盘放入真空箱内，由管道将药液从储液瓶定量地放入盘中（稍多于实际灌装量），密闭箱门，抽气并调节真空度，即可调节灌装量，瓶中空气从液面下的小口逸出，然后通入洁净空气，恢复常压，药液即灌入滴眼瓶中，取出盘子，立刻封口即可。一般滴眼剂，每一容器的装量，除另有规定外应为5~8ml，不应超过10ml。

5. 质量检查

检查可见异物、粒度、沉降体积比、无菌、微生物限度等。

6. 滴眼剂举例

例 醋酸可的松滴眼液（混悬液）

【处方】醋酸可的松（微晶） 5.0g；聚山梨酯-80 0.8g；硝酸苯汞 0.02g；硼酸 20.0g；羧甲基纤维素钠 2.0g；注射用水 加至1000ml。

【制法】取硝酸苯汞溶于处方量50%的注射用水中，加热至40~50℃，加入硼酸、吐温-80使溶解，用3号垂熔玻璃滤器滤过备用；另将羧甲基纤维素钠溶于处方量30%的注射用水中，用垫有200目尼龙布的布氏漏斗滤过，加热至80~90℃，加醋酸可的松微晶搅匀，保温30min，冷至40~50℃，再与硝酸苯汞溶液合并，加注射用水至全量，200目尼龙筛滤过两次，在搅拌下分装，封口，100℃流通蒸汽灭菌30min即得。

【用途】本品用于治疗急性和亚急性虹膜炎、交感性眼炎、小泡性角膜炎、角膜炎等。

【附注】①醋酸可的松微晶的粒径应在5~20μm，过粗易产生刺激性，降低疗效，损伤角膜。②羧甲基纤维素钠为助悬剂，配液前需精制；硝酸苯汞为抑菌剂；硼酸为等渗调节剂，因氯化钠能使羧甲基纤维素钠黏度显著下降，促使结块沉降，故不能使用。使用2%的硼酸既能克服降低黏度的缺点，又能减轻药液对眼黏膜的刺激性。③灭菌过程中应振摇，以防止结块，或采用旋转灭菌设备，灭菌前后均应检查有无结块。

Ⓡ 拓展知识

一、注射剂的等渗与等张调节

1. 等渗与等张溶液含义

（1）等渗溶液 属于物理化学概念，临床上等渗溶液系指与血浆、泪液等体液渗透压相等的溶液。

（2）等张溶液 属于生物学概念，临床上等张溶液系指渗透压与红细胞膜张力相等的溶液。

2. 渗透压的测定与调节

两种不同浓度的溶液被一理想的半透膜隔开，由于溶剂分子可通过半透膜，而溶质分子不能通过半透膜，溶剂从低浓度一侧向高浓度一侧转移，此动力即为渗透压，溶液中质点数相等者为等渗。0.9%的氯化钠溶液、5%的葡萄糖溶液与血浆具有相同的渗透压，为等渗溶液。除甘露醇等临床特殊要求具有较高渗透压的输液外，一般输液都要求具有等渗性。

人体可耐受的渗透压，肌内注射为0.45%~2.7%氯化钠溶液的渗透压，相当于0.5~3倍等渗浓度的溶液。静脉滴注的大输液，若大量输入低渗溶液，水分子可迅速进入红细胞内，使红细胞破裂而溶血。若输入大量高渗溶液，红细胞可皱缩而形成血栓。若输入缓慢且量不大时，机体可自行调节，不致产生不良反应。按我国相关规定，对静脉输液、营养液、电解质或渗透利尿药（如甘露醇注射液），应在标签上注明溶液的渗透压物质的量浓度，以供临床医生参考。一些药物水溶液的冰点降低值与氯化钠等渗当量见表 5-4。等渗调节计算方法如下。

(1) 冰点下降数据法　人的血浆与泪液的冰点均为 -0.52℃，根据物理化学原理，任何溶液的冰点降至 -0.52℃，即与血浆等渗，计算公式见式(5-1)。

$$w = \frac{0.52 - a}{b} \tag{5-1}$$

式中，w 为配制 100ml 等渗溶液需加等渗调节剂的量（g），g/100ml 或％（g/ml）；a 为未调节药物溶液的冰点下降度数，若溶液中含有两种或两种以上物质时，则 a 为各物质冰点降低值的总和℃；b 为 1％（g/ml）等渗调节剂的冰点降低度数，℃。

例 1　1％氯化钠的冰点下降度数为 0.58℃，血浆的冰点下降度数为 0.52℃，求等渗氯化钠溶液的浓度。

已知 $b=0.58$，纯水 $a=0$，按式(5-1) 计算得 $w=0.9\%$，即 0.9％氯化钠为等渗溶液，配制 100ml 氯化钠溶液需用 0.9g 氯化钠。

例 2　配制 2％盐酸普鲁卡因溶液 100ml，用氯化钠调节等渗，求所需氯化钠的加入量。

由表 5-4 可知，2％盐酸普鲁卡因溶液的冰点下降度数（a）为 $0.12×2=0.24$（℃），1％氯化钠溶液的冰点下降度数（b）为 0.58℃，代入式(5-1) 得：

$$w=(0.52-0.24)/0.58=0.48\%$$

即配制 2％盐酸普鲁卡因溶液 100ml 需加入氯化钠 0.48g。

表 5-4　一些药物水溶液的冰点降低值与氯化钠等渗当量

名称	1％水溶液(kg/L)冰点降低值/℃	1g 药物氯化钠等渗当量(E)	等渗浓度溶液的溶血情况		
			浓度/%	溶血/%	pH
硼酸	0.28	0.47	1.9	100	4.6
盐酸乙基吗啡	0.19	0.15	6.18	38	4.7
硫酸阿托品	0.08	0.1	8.85	0	5.0
盐酸可卡因	0.09	0.14	6.33	47	4.4
氯霉素	0.06				
EDTA 钙钠	0.12	0.21	4.50	0	6.1
盐酸麻黄碱	0.16	0.28	3.2	96	5.9
无水葡萄糖	0.10	0.18	5.05	0	6.0
葡萄糖(含 H_2O)	0.091	0.16	5.51	0	5.9
氢溴酸后马托品	0.097	0.17	5.67	92	5.0
盐酸吗啡	0.086	0.15			
碳酸氢钠	0.381	0.65	1.39	0	8.3
氯化钠	0.58		0.9	0	6.7
青霉素 G 钾		0.16	5.48	0	6.2
硝酸毛果芸香碱	0.133	0.22			
吐温-80	0.01	0.02			
盐酸普鲁卡因	0.12	0.18	5.05	91	5.6
盐酸丁卡因	0.109	0.18			

(2) 氯化钠等渗当量法　与 1g 药物呈等渗效应的氯化钠量称为氯化钠等渗当量，用 E 表示，可按式(5-2) 计算。

$$X = 0.009V - Ew \qquad (5\text{-}2)$$

式中，X 为配成 $V(ml)$ 的等渗溶液需加的氯化钠量，g；V 为欲配制溶液的体积，ml；E 为药物的氯化钠等渗当量（可查表或测定）；w 为配液用药物的质量，g。

例 1 配制 1000ml 葡萄糖等渗溶液，需加无水葡萄糖多少克（w）。

查表 5-4 可知，1g 无水葡萄糖的氯化钠等渗当量为 0.18，根据 0.9% 氯化钠为等渗溶液，因此：

$$w = 0.9/0.18 \times 1000/100 = 50(g)$$

即 5% 无水葡萄糖溶液为等渗溶液。

例 2 配制 2% 盐酸麻黄碱溶液 200ml，欲使其等渗，需加入多少克氯化钠或无水葡萄糖。

由表 5-4 可知，1g 盐酸麻黄碱的氯化钠等渗当量为 0.28，无水葡萄糖的氯化钠等渗当量为 0.18。

设所需加入的氯化钠和葡萄糖量分别为 X 和 Y。

$$X = (0.9 - 0.28 \times 2) \times 200/100 = 0.68(g)$$

$$Y = 0.68/0.18 = 3.78(g) \quad \text{或} \quad Y = (5\%/0.9\%) \times 0.68 = 3.78(g)$$

3. 等张调节

有一些药物如盐酸普鲁卡因、甘油、丙二醇等，即使根据等渗浓度计算出来而配制的等渗溶液注入体内，还会发生不同程度的溶血现象。因为等渗概念是从物理化学的依数性出发考虑的，即半透膜两边的粒子数相等，则渗透压相等，但对生物体的细胞膜来说，尚应考虑生物因素。红细胞对它们来说并不是一理想的半透膜，它们能迅速自由地通过细胞膜，同时促使膜外的水分进入细胞，从而使得红细胞胀大破裂而溶血。这类溶液虽是等渗溶液但不是等张溶液。一般需加入氯化钠、葡萄糖等等渗调节剂，常可得到等张溶液。如 2.6% 的甘油与 0.9% 的氯化钠具有相同渗透压，但它 100% 溶血，如果制成 10% 甘油、4.6% 木糖醇、0.9% 氯化钠的复方甘油注射液，实验表明不产生溶血现象，红细胞也不胀大变形。

由于等渗和等张溶液定义不同，等渗溶液不一定等张，等张溶液亦不一定等渗。因此在新产品的试制中，即使所配制的溶液为等渗溶液，为安全用药，亦应进行溶血试验，必要时加入葡萄糖、氯化钠等等渗调节剂调成等张溶液。

二、热 原

1. 热原的含义与性质

热原（pyrogen）是注射后能引起人体特殊致热反应的物质。大多数细菌都能产生热原、霉菌甚至病毒也能产生热原，致热能力最强的是革兰阴性杆菌。含热原的注射液注入体内后，半小时左右就能产生发冷、寒战、体温升高、恶心、呕吐等不良反应，严重者出现昏迷、虚脱，甚至有生命危险。

┌───┐
知识链接

热原的组成

热原是微生物的一种内毒素（endotoxin），是磷脂、脂多糖和蛋白质的复合物，存在于细菌的细胞膜和固体膜之间。脂多糖是内毒素的主要成分，因而大致可认为热原＝内毒素＝脂多糖。脂多糖组成因菌种不同而不同，热原的分子量一般为 1×10^6 左右。
└───┘

热原主要有下列性质。

(1) 耐热性 热原在 60℃ 加热 1h 不受影响，100℃ 加热也不降解，但在 250℃ 30～45min，200℃ 60min 或 180℃ 3～4h 可使热原彻底破坏。一般热压灭菌法不易破坏注射剂的热原。

(2) 过滤性 热原体积小，为 1～5nm，一般的滤器均可通过，微孔滤膜也不能截留，但能被活性炭吸附。

(3) 水溶性 因磷脂结构上连接有多糖，所以热原能溶于水。

(4) 不挥发性 热原本身不挥发，但蒸馏时可随水蒸气中的雾滴带入蒸馏水，故应设法防止。

(5) 其他 热原能被强酸、强碱破坏，也能被强氧化剂（如高锰酸钾或过氧化氢等）破坏，超声波及某些表面活性剂（如去氧胆酸钠）也能使之失活。

● 知识链接 ●

热原的主要污染途径

1. 生产过程中的污染
(1) 从溶剂中带入。
(2) 从原辅料中带入。
(3) 从容器、用具、管道与设备等带入。
(4) 制备过程中的污染。
2. 使用过程中的污染 临床使用的输液器具（输液瓶、乳胶管、针头与针筒等）污染会带入热原，而引起热原反应。配药室或临床科室配药过程中，由于环境、操作、用品、混入的其他药品等的污染也可能带入热原。

---

2. 热原的去除方法

(1) 高温法 能经受高温加热处理的容器与用具，如针头、针筒或其他玻璃器皿，在洗净后，一般于 250℃ 加热 30min 以上，可破坏热原。

(2) 酸碱法 玻璃容器、用具（如配液用玻璃、搪瓷器皿等），可用重铬酸钾-硫酸清洗液或稀氢氧化钠液处理，可将热原破坏，热原亦能被强氧化剂破坏。

(3) 吸附法 活性炭性质稳定、吸附性强兼具助滤和脱色作用，活性炭可以吸附部分热原，故广泛用于注射剂生产过程，常用量为 0.1%～0.5%，将 0.2% 活性炭与 0.2% 硅藻土合用于处理 20% 甘露醇注射液，除热原效果较好。应注意吸附可能造成的主药的损失。

(4) 离子交换法 国内有用 #301 弱碱性阴离子交换树脂 10% 与 #122 弱酸性阳离子交换树脂 8%，成功地除去丙种胎盘球蛋白注射液中的热原。临床使用的一次性注射器、输液器都普遍使用该方法，效果可靠、产品具有较长的有效期。

(5) 凝胶过滤法 热原分子量为 $1×10^6$ 左右，采用二乙氨基乙基葡聚糖凝胶（分子筛）可除去部分热原，从而制备无热原去离子水。

(6) 反渗透法 用反渗透法通过醋酸纤维膜除去热原，这是近几年发展起来的有使用价值的新方法。

(7) 超滤法 一般用 3.0～15nm 孔径的超滤膜除去部分热原。如超滤膜过滤 10%～15% 的葡萄糖注射液可除去热原。Sullivan 等采用超滤法除去 β-内酰胺类抗生素中内毒素等。

(8) 其他方法 如采用离子交换法、反渗透法、微波法等也可破坏热原，也可通过吸附或滤过作用除去部分热原。

一、选择题

(一) 单项选择题

1. 下列有关注射剂的叙述错误的是 ( )
A. 注射剂均为澄明液体，必须热压灭菌
B. 适用于不宜口服的药物
C. 适用于不能口服药物的患者
D. 疗效确切可靠，起效迅速

2. 下列关于注射用水的叙述错误的是 ( )
A. 应为无色的澄明溶液，不含热原
B. 经过灭菌处理的纯化水
C. 本品应采用带有无菌滤过装置的密闭系统收集，制备后12h内使用
D. 采用80℃以上保温、65℃保温循环或4℃以下无菌状态下存放

3. 将青霉素钾制为粉针剂的目的是 ( )
A. 免除微生物污染　　B. 防止水解
C. 防止氧化分解　　　D. 易于保存

4. 热原的主要成分是 ( )
A. 蛋白质　　　　　B. 胆固醇
C. 脂多糖　　　　　D. 磷脂

5. 垂熔玻璃滤器使用后用水抽洗，然后用 ( ) 浸泡为好
A. 重铬酸钾-硫酸液　　B. 硝酸钠-硫酸液
C. 硝酸钾-硫酸液　　　D. 浓硫酸液

6. 以下关于输液剂的叙述错误的是 ( )
A. 输液从配制到灭菌以不超过12h为宜
B. 输液灭菌时一般应预热20~30min
C. 输液可见异物合格后应检查不溶性微粒
D. 输液灭菌时间应在达到灭菌温度后计算

7. 对热原性质的叙述正确的是 ( )
A. 溶于水，不耐热　　B. 溶于水，有挥发性
C. 耐热、不挥发　　　D. 可耐受强酸、强碱

8. 不属于注射剂附加剂的是 ( )
A. 矫味剂　　　　　B. 乳化剂
C. 助悬剂　　　　　D. 抑菌剂

9. 注射液中加入焦亚硫酸钠的作用是 ( )
A. 抑菌剂　　　　　B. 抗氧剂
C. 止痛剂　　　　　D. 乳化剂

10. 某含钙注射剂中为防止氧化通入的气体应该是 ( )
A. O_2　　B. H_2　　C. CO_2　　D. N_2

11. 滴眼剂允许的 pH 范围为 ( )
A. 6~8　　　　B. 5~9

C. 4~9　　　　D. 5~10

12. 一般注射剂的 pH 值应为 ( )
A. 3~8　B. 3~10　C. 4~9　　D. 5~9

13. 活性炭吸附力最强时，所需 pH 值为 ( )
A. 4~6　B. 3~5　C. 5~5.5　D. 5~6

14. 注射剂灭菌后应立即检查 ( )
A. 热原　　　　　B. 漏气
C. 可见异物　　　D. pH 值

15. 灭菌后的安瓿存放柜应有净化空气保护，安瓿存放时间不应超过 ( )
A. 4h　B. 8h　C. 12h　D. 24h　E. 16h

(二) 配伍选择题

题 1.~5.
A. 皮下注射剂　　　　B. 皮内注射剂
C. 肌内注射剂　　　　D. 静脉注射剂
E. 脊椎腔注射剂

1. 注射于真皮和肌肉之间的软组织内，剂量为1~2ml的是 ( )

2. 多为水溶液，剂量可达几百毫升的是 ( )

3. 主要用于皮试，剂量在 0.2ml 以下的是 ( )

4. 可为水溶液、油溶液、混悬液，剂量为1~5ml的是 ( )

5. 等渗水溶液，不得加抑菌剂，注射量不得超过10ml的是 ( )

题 6.~10.
某一注射剂的处方如下：
A. 维生素C　104g　　　B. $NaHCO_3$　49g
C. $NaHSO_3$　3g　　　　D. EDTA-2Na　0.05g
E. 注射用水加至 1000ml

6. 注射剂的溶剂是 ( )

7. pH 调节剂为 ( )

8. 抗氧剂为 ( )

9. 主药为 ( )

10. 金属螯合剂为 ( )

(三) 多项选择题

1. 注射剂的玻璃容器的质量要求是 ( )
A. 无色、透明、洁净，不得有气泡、麻点及砂粒等
B. 优良的耐热性
C. 足够的物理强度

D. 高度的化学稳定性

E. 熔点较低，易于熔封

2. 关于滴眼剂的叙述，正确的是（　　）

A. 滴眼剂是指药物制成供滴眼用的澄明溶液、混悬液或乳剂

B. 滴眼剂一般应在无菌环境下配制

C. 滴眼剂如为混悬液，混悬的颗粒应易于摇匀，其最大颗粒不得超过 $100\mu m$

D. 供角膜创伤或外科手术用的滴眼剂应以无菌制剂操作配制，分装于单剂量灭菌容器内严封

E. 每一容器的装量，一般不超过 10ml

3. 可用作静脉脂肪乳剂的乳化剂是（　　）

A. 卵磷脂　　　　B. 聚山梨酯-80

C. 普朗尼克 F68

D. 聚乙烯吡咯烷酮（PVP）

E. 聚乙二醇（PEG）

4. 适用于除去药液中热原的方法是（　　）

A. 高温法　B. 酸碱法　C. 活性炭吸附法

D. 微孔薄膜滤过法　　　E. 蒸馏法

5. 下列有关冷冻干燥制品的叙述正确的是（　　）

A. 适合对热不稳定的药物

B. 适合在水溶液中不稳定的药物

C. 杂质微粒少

D. 产品质地疏松，溶解性好

E. 利用水在低温低压下具有的升华性制备而成

6. 下列药品既能作抑菌剂又能作止痛剂的是（　　）

A. 苯甲醇　　　B. 苯乙醇　　　C. 苯氧乙醇

D. 三氯叔丁醇　E. 乙醇

7. 关于滴眼剂的叙述正确的是（　　）

A. 滴眼剂系指药物与辅料制成的无菌水性或油性的澄明溶液

B. 滴眼剂都必须做无菌检查，并符合药典规定

C. 混悬型滴眼剂应检查沉降体积比和粒度，不得检出大于 $90\mu m$ 的粒子

D. 供手术、伤口、角膜创伤的滴眼剂不得加抑菌剂、抗氧剂，且应包装于无菌容器内，供一次性使用

E. 除另有规定外，滴眼剂每个容器的装量应不超过 10ml

二、填空题

1. 注射剂的质量要求有_____、_____、_____、_____、_____、_____。

2. 热原是由_____、_____、_____组成的复合物。

3. 营养输液剂包括_____、_____、_____。

三、简答题

1. 注射剂的质量要求有哪些？

2. 在注射剂生产过程中应如何避免污染热原？简述除去热原的方法。

3. 写出小容量（安瓿）注射剂的生产工艺流程。

4. 注射液配液与过滤过程中应如何控制其质量？

四、实例分析题

1. 维生素 C 处方如下：维生素 C　104g；$NaHCO_3$ 49g；$NaHSO_3$ 3g；EDTA 二钠　0.05g；注射用水加至 1000ml。

根据处方回答下列问题：

（1）写出处方中各成分有何作用？

（2）简述制备注意事项。

2. 安钠咖注射液处方如下：苯甲酸钠 1300g；咖啡因 1301g；EDTA 二钠 2g；注射用水加至 10 000ml。

根据处方回答下列问题：

（1）写出处方中各成分有何作用？

（2）简述制备注意事项。

PPT 课件

模块三
固体类制剂制备技术

1. 教学目标

（1）基本目标　能初步设计各类固体制剂的工艺流程；能进行散剂、颗粒剂、胶囊剂、滴丸剂、丸剂等固体制剂典型实例的小试制备；能采用湿法制粒工艺进行片剂典型实例的小试制备，并能进行硬度、崩解时限等质量检查。

（2）促成目标　在此基础上，学生通过顶岗实习锻炼，能进行散剂、颗粒剂、胶囊剂、滴丸剂、丸剂、片剂的生产制备操作，并能根据各类固体制剂的特点合理指导用药。

2. 工作任务

项目六　散剂、颗粒剂、胶囊剂制备技术
（1）具体的实践操作实例 6-1　制备散剂。
（2）具体的实践操作实例 6-2　制备颗粒剂。
（3）具体的实践操作实例 6-3　制备胶囊剂。

项目七　滴丸剂及丸剂的制备技术
（1）具体的实践操作实例 7-1　制备滴丸剂。
（2）具体的实践操作实例 7-2　制备中药丸剂。

项目八　片剂的制备技术
（1）具体的实践操作实例 8-1　制备西药片剂。
（2）具体的实践操作实例 8-2　制备中药片剂。

3. 相关理论知识

（1）掌握散剂、颗粒剂、胶囊剂、滴丸剂、丸剂、片剂的概念、类型、特点、制备方法。

（2）熟悉片剂的常用辅料及压片和包衣过程中可能出现的问题和解决方法。

（3）了解其他各类固体制剂的常用辅料，质量评定方法。

4. 教学条件要求

利用教学课件、生产视频、各剂型实例和网络等先进的多媒体教学手段，并结合实训操作训练（或案例），灵活应用多种教学方法，采用融"教、学、做"一体化模式组织教学。

项目六

散剂、颗粒剂、胶囊剂制备技术

® 实例与评析

【实践操作实例6-1】 制备散剂

1. 器材与药品

研钵、五号筛、六号筛、七号筛；冰片、硼砂（炒）、朱砂、玄明粉、薄荷脑、樟脑、硼酸、氧化锌、滑石粉。

2. 操作内容

（1）冰硼散的制备

［处方］冰片 1.25g；硼砂（炒） 12.5g；朱砂 1.5g；玄明粉 12.5g。

［制法］以上四味，朱砂水飞或粉碎成极细粉，硼砂粉碎成细粉，将冰片研细，与上述粉末及玄明粉配研，过筛，混合，即得。

（2）痱子粉的制备

［处方］薄荷脑 0.2g；樟脑 0.2g；硼酸 5.0g；氧化锌 0.4g；滑石粉 加至30g。

［制法］第一步，取樟脑、薄荷脑研磨至全部液化；第二步，另将硼酸、氧化锌、滑石粉研磨混合均匀，过七号筛；第三步，将第一步共熔混合物与第二步混合的细粉用等量递加法混合过七号筛即得。

【评析】

散剂系指药剂或与适宜辅料经粉碎均匀混合而制成的干燥粉末状剂型，供内服或外用。按药物性质分为一般散剂、含毒性成分散剂、含液体成分散剂、含共熔成分散剂。其外观应干燥、疏松、混合均匀、色泽一致，且装量差异限度、水分及微生物限度应符合规定。

散剂制备工艺流程：处方拟定→物料准备→粉碎→混合→分剂量→质检→包装

混合操作是制备散剂的关键。目前常用的混合方法有研磨混合法、搅拌混合法和过筛混合法。若药物比例相差悬殊，应采用等量递增法混合；若各组分的密度相差悬殊，应将密度小的组分先加入研磨器中，再加入密度大的组分进行混合；若组分的色泽相差悬殊，一般先将色深的组分先加入研磨器内，再加入色浅的组分进行混合；若含低共熔成分，一般先使之产生共熔，再用其他成分吸收混合制剂。

［制剂评注及操作要点］（1）朱砂主含硫化汞，为粒状或块状集体，色鲜红或暗红，具光泽，质重而脆，水飞法可获极细粉。玄明粉系芒硝经风化干燥而得，含硫酸钠不少于99%。

（2）本品朱砂有色，易于观察混合的均匀性。本品用乙醚提取，重量法测定，冰片含量不得少于3.5%。

（3）处方中薄荷脑、樟脑为共熔组分，研磨混合时形成共熔混合物并产生液化现象。共熔成分在全部液化后，再用混合粉末或滑石粉吸收，并通过筛2～3次，检查均匀度。局部用散剂应为极细粉，一般以能通过八号至九号筛为宜。敷于创面及黏膜的散剂应经灭菌处理。

【实践操作实例 6-2】 制备颗粒剂

1. 器材与药品

电炉、烧杯、蒸发皿、温度计、14目筛、整粒机；板蓝根、蔗糖粉、糊精。

2. 操作内容

板蓝根颗粒剂。

[处方] 板蓝根50g；蔗糖粉适量；糊精适量。

[制法] 取板蓝根50g，加水煎煮两次，第一次1h（老师提前煎煮），第二次半小时，合并煎液，滤过，滤液浓缩至适量（约30ml），加乙醇使含醇量为60%，边加边搅，静置使沉淀，取上清液回收乙醇，浓缩至相对密度为1.30~1.33（80℃）的清膏（约1∶3，即1份清膏相当于3份药材），加入适量蔗糖粉与糊精的混合物（蔗糖∶糊精＝3∶1，）及适量70%的乙醇，拌和成软材，挤压过筛（12~14目）制颗粒，60℃干燥，整粒，按每袋相当于板蓝根10g分装于塑料袋中，密封，即得。

【评析】

颗粒剂系指药物或药材提取物与适宜的辅料或药材细粉制成的干燥颗粒状制剂。

颗粒剂制备工艺：原辅料的处理→制颗粒→干燥→整粒→质量检查→包装

制备颗粒剂的关键是控制软材的质量，一般要求手握成团，轻压则散，此种软材压过筛网后，可制成均匀的湿粒，无长条、块状物及细粉。软材的质量要通过调节辅料的用量及合理的搅拌与过筛条件来控制。

[制剂评注及操作要点]（1）药材的提取物为药材用水提醇沉法制成的提取液或药材的水煎液浓缩而成的稠膏，也可以提取药材的有效部位供制软材用。

（2）制备颗粒剂的关键是控制软材的质量，如果稠膏黏性太强，可加入适量70%~80%的乙醇来降低软材的黏性。挥发油应均匀喷入干燥颗粒中，混匀，并密闭一定时间。冲剂应干燥，颗粒均匀，色泽一致，无吸潮、软化现象。冲剂应密闭贮藏。

【实践操作实例 6-3】 制备胶囊剂

1. 器材与药品

0号胶囊模板、0号胶囊；材料（【实践操作实例6-1】所制的散剂）。

2. 操作内容

填充胶囊。

[处方] 选上述【实践操作实例6-1】所制得的散剂。

[制法] 用胶囊模板进行手工填充（每组20粒）。

（1）空胶囊的规格与选择

空胶囊有8种规格，其编号、质量、容积见表6-1。由于药物填充多用容积控制，而各种药物的密度、晶型、细度以及剂量不同，所占的体积也不同，故必须选用适宜大小的空胶囊。一般凭经验或试装来决定。

表 6-1 空心胶囊的编号、质量和容积

编号	000	00	0	1	2	3	4	5
质量/mg	162	142	92	73	53.3	50	40	23.3
容积/ml	1.37	0.95	0.68	0.50	0.37	0.30	0.21	0.13

（2）手工填充药物

① 蘸取　先将固体药物的粉末置于纸或玻璃板上，厚度约为下节胶囊高度的1/4～1/3，然后手持下节胶囊，口向下插入粉末，使粉末嵌入胶囊内，如此压装数次至胶囊被填满，使之达到规定质量，将上节胶囊套上。在填装过程中所施压力应均匀，并应随时称重，使每一胶囊装量准确。

② 充填板充填药物　先将囊体摆在胶囊充填板上，调节充填板高度使囊体上口与板面相平，将内容物撒在充填板上使之均匀填满囊体，调低充填板以露出囊体，盖上囊帽并压紧，使囊体与囊帽完全封合，取下胶囊。填充好的胶囊可用洁净的纱布包起，轻轻搓滚，以拭去胶囊外面黏附的药粉。

【评析】

胶囊剂系指药物加适宜基质的辅料盛装于硬质空胶囊或具有弹性的软质胶囊中制成的固体制剂。胶囊剂可分为硬胶囊剂、软胶囊剂和肠溶胶囊剂。其特点是外观整洁、美观、容易吞服；可掩盖药物的不良气味和减少药物的刺激性；与片剂、丸剂相比，生物利用度高；可提高药物的稳定性；可延缓药物释放。

硬胶囊剂制备工艺流程：空胶囊的制备→药物的处理→药物的填充→胶囊的封口→除粉和磨光→质检→包装

硬胶囊中的药物可以使用纯药物，也可根据药物的性质及制备工艺要求加入适当的辅料，以改善药物的稳定性、溶出速率、引湿性、流动性等性质。

［制剂评注及操作要点］（1）一般通过试装掌握装量差异程度，使之接近药典规定的范围内。

（2）制备过程中必须保持清洁，玻璃板、药匙、指套等用前须用酒精消毒。

（3）为了上下节封严黏密，可在囊口蘸少许40％乙醇套上封口。

Ⓡ 相关知识

常用的固体剂型有散剂、颗粒剂、片剂、胶囊剂、滴丸剂、片剂、膜剂等，在药物制剂中约占70％。固体制剂的共同特点是：①与液体制剂相比，物理、化学稳定性好，生产制造成本较低，服用与携带方便；②制备过程的前处理经历相同的单元操作，以保证药物的均匀混合与准确剂量，而且剂型之间有着密切的联系；③药物在体内首先溶解后才能透过生理膜，被吸收入血液循环中。

● 知 识 链 接 ●

口服固体制剂的吸收

固体制剂共同的吸收路径是将固体制剂口服给药后，须经过药物的溶解过程，才能经胃肠道上皮细胞膜吸收进入血液循环中而发挥其治疗作用。特别是对一些难溶性药物来说，药物的溶出过程将成为药物吸收的限速过程。若溶出速率小，吸收慢，则血药浓度就难以达到治疗的有效浓度。各种固体剂型在口服后的吸收路径比较见表6-2：

表6-2　各种固体剂型在口服后的吸收路径比较

剂型	崩解	分散或溶解过程	吸收
片剂	○	○	○
胶囊剂	○	○	○
颗粒剂	×	○	○
散剂	×	○	○
混悬剂	×	○	○
溶液剂	×	×	○

注：○表示需要此过程；×表示不需要此过程。

如片剂和胶囊剂口服后首先崩解成细颗粒状，然后药物分子从颗粒中溶出，药物通过胃肠黏膜吸收进入血液循环中。颗粒剂或散剂口服后没有崩解过程，迅速分散后具有较大的比表面积，因此药物的溶出、吸收和奏效较快。混悬剂的颗粒较小，因此药物的溶解与吸收过程更快，而溶液剂口服后没有崩解与溶解过程，药物可直接被吸收入血液循环当中，从而使药物的起效时间更短。口服制剂吸收的快慢顺序一般是：溶液剂＞混悬剂＞散剂＞颗粒剂＞胶囊剂＞片剂＞丸剂。固体制剂在体内首先分散成细颗粒是提高溶解速率，加快吸收速率的有效措施之一。

一、散剂概述

1. 散剂的定义及分类

散剂系指一种或数种药物均匀混合而制成的粉末状制剂。根据散剂的用途不同，其粒径要求有所不同，一般的散剂能通过六号筛（100 目，125μm）的细粉含量不少于95%；难溶性药物、收敛剂、吸附剂、儿科或外用散剂能通过七号筛（120 目，150μm）的细粉含量不少于95%；眼用散剂应全部通过 9 号筛（200 目，75μm）等。散剂通常按以下三种方法分类。

（1）按用途分类　可分为内服散剂和外用散剂。内服散剂可直接吞服，亦可用水或其他液体冲服或调服；外用散剂可直接撒布患处，亦可吹入耳、鼻、喉等腔道，亦可用酒等调敷于患处。

（2）按组成分类　可分为单散剂和复方散剂。单散剂系由一种药物组成；复方散剂系由两种或两种以上药物组成。

（3）按剂量分类　可分为分剂量散剂和不分剂量散剂。分剂量散剂系按一次剂量包装，由患者按包服用，此类散剂内服者较多；不分剂量散剂系以多次使用的总剂量包装，由患者按医嘱自取，此类散剂外用者较多。

2. 散剂的特点

散剂具有以下特点：①散剂粉状颗粒的粒径小，比表面积大、容易分散、起效快；②外用散的覆盖面积大，可同时发挥保护和收敛等作用；③贮存、运输、携带比较方便；④制备工艺简单，剂量易于控制，便于婴幼儿服用。但也要注意由于分散度大而造成的吸湿性、化学活性、气味、刺激性等方面的影响。古人曰"散者散也，去急病用之"，指出了散剂容易分散和奏效快的特点。散剂是古老而传统的固体剂型，广泛应用于临床。在中药制剂中的应用比西药更为广泛。

◆ 知 识 链 接 ◆

传统散剂——云南白药

云南白药为专门用于伤科治疗的中成药散剂，至今已有一百多年历史，其处方现今仍然是中国政府经济知识产权领域的最高机密。1902 年，云南郎中曲焕章成功研制云南白药的前身"百宝丹"，这种白色的药末具有很强的消炎止血、活血化瘀功能。人们根据它的外观把它叫作白药。

3. 散剂的质量要求

《中国药典》规定，散剂在生产和贮藏期间均应符合下列有关规定。

① 供制散剂的成分均应粉碎。除另有规定外，内服散剂应为细粉，儿科用及外用散剂应为最细粉。

② 散剂应干燥、疏松、混合均匀、色泽一致。制备含毒性药、贵重药或药物剂量小的散剂

时，应采用配研法混合并过筛。

③ 用于烧伤或严重创伤的外用散剂应无菌，须在清洁避菌环境下配制。

④ 散剂可单剂量包装，也可多剂量包装，多剂量包装散剂应附分剂量的用具。含有毒性药的内服散剂应单剂量包装。

⑤ 散剂中可含有或不含辅料，根据需要可加入矫味剂、芳香剂和着色剂等。

⑥ 散剂应密闭贮存，含挥发性药物或吸潮药物的散剂应密封贮存。

二、颗粒剂概述

1. 颗粒剂的定义及分类

颗粒剂是将药物与适宜的辅料混合而制成的颗粒状制剂。《中国药典》规定的粒度范围是不能通过 1 号筛（2000μm）的粗粒和通过 5 号筛（250μm）的细粒的总和不能超过 15％。《日本药局方》还收载细粒剂，其粒度范围是 105～500μm。

颗粒剂是在汤剂、散剂、糖浆剂等基础上发展起来的一种剂型。

颗粒剂既可直接吞服，又可冲入水中饮服。根据颗粒剂在水中的溶解情况可分为可溶颗粒剂、混悬颗粒剂、泡腾颗粒剂、肠溶颗粒剂、缓释颗粒剂和控释颗粒剂等。

（1）可溶颗粒剂　绝大多数为水溶性颗粒剂，用水冲服，如头孢氨苄颗粒、板蓝根颗粒等；另外还有酒溶性颗粒剂，加一定量的饮用酒溶解后服用，如木瓜颗粒等。

（2）混悬颗粒剂　系指难溶性固体药物与适宜辅料或药材提取物及药材细粉制成的颗粒剂。临用前加水或其他适宜的液体振摇即可分散成混悬液，如头孢拉定颗粒、小儿感冒颗粒等。

（3）泡腾颗粒剂　系指含有碳酸氢钠和有机酸，遇水可放出大量气体而呈泡腾状的颗粒剂。泡腾颗粒中的药物应是易溶性的，加水产生气泡后应能溶解。有机酸一般用枸橼酸、酒石酸等。泡腾颗粒应溶解于水中后服用，如维生素 C 泡腾颗粒。

（4）肠溶颗粒剂　系采用肠溶材料包裹颗粒或其他适宜方法制成的颗粒剂。肠溶颗粒耐胃酸，而在肠液中释放活性成分，可防止药物在胃内分解失效，避免药物对胃的刺激或控制药物在肠道内定位释放。

（5）缓释颗粒剂　系指在水或规定的释放介质中缓慢地非恒速释放药物的颗粒剂。

（6）控释颗粒剂　系指在水或规定的介质中缓慢地恒速或接近于恒速释放药物的颗粒剂。

2. 颗粒剂的特点

颗粒剂与散剂相比具有以下特点：①飞散性、附着性、团聚性、吸湿性等均较少；②服用方便，根据需要可制成色、香、味俱全的颗粒剂；③必要时对颗粒进行包衣，根据包衣材料的性质可使颗粒具有防潮性、缓释性或肠溶性等，但包衣时需注意颗粒大小的均匀性以及表面光洁度，以保证包衣的均匀性；④注意多种颗粒的混合物，如各种颗粒的大小或粒密度差异较大时易产生离析现象，从而导致剂量不准确。

3. 颗粒剂的质量要求

颗粒剂在生产与贮藏期间应符合下列有关规定。

① 药物与辅料应均匀混合，凡属挥发性药物或遇热不稳定的药物制备时应注意控制适宜的温度条件，凡遇光不稳定的药物应遮光操作。挥发油应均匀喷入干颗粒中，密闭一定时间或用β-环糊精包合后加入。

② 颗粒剂应干燥、颗粒均匀；色泽一致，无吸潮、结块、潮解等现象。

③ 根据需要可加入适宜的矫味剂、芳香剂、着色剂、分散剂和防腐剂等添加剂。

④ 颗粒剂的溶出度、释放度、含量均匀度、微生物限度等应符合要求。必要时，包衣颗粒剂应检查残留溶剂。

⑤ 单剂量包装的化学药品颗粒剂，在标签上要标明每袋（瓶）中活性成分的名称及含量。多剂量包装的除应有确切的分剂量方法外，在标签上要标明颗粒中活性成分的名称和质量。

⑥ 中药颗粒剂，除另有规定外，药材应按该品种项下规定的方法进行提取、纯化、浓缩成规定相对密度的清膏，采用适宜的方法干燥，并制成细粉，加适量辅料或药材细粉，混匀并制成颗粒；也可将清膏加适宜辅料或药材细粉，混匀并制成颗粒。应注意控制辅料用量，一般前者不超过干膏量的 2 倍，后者不超过清膏量的 5 倍。

⑦ 除另有规定外，颗粒剂应密封，置干燥处贮存，防止受潮。

三、胶囊剂的概述

1. 胶囊剂的定义及分类

胶囊剂是指将药物或加有辅料充填于空心硬质胶囊或弹性软质囊材中而制成的制剂。一般供口服，也有用于其他部位的，如直肠、阴道、植入等。上述硬质或软质胶囊壳多以明胶为原料制成，现也用甲基纤维素、海藻酸钙（或钠盐）、聚乙烯醇、变性明胶及其他高分子材料，以改变胶囊剂的溶解性能。通常将胶囊剂分为硬胶囊和软胶囊（胶丸）两大类。

（1）硬胶囊剂　是将一定量的药物及适当的辅料（也可不加）制成均匀的粉末或颗粒，填装于空心硬胶囊中而制成。

（2）软胶囊剂　是将一定量的药物（或药材提取物）溶于适当液体辅料中，再用压制法（或滴制法）使之密封于球形或椭圆形的软胶囊中。其他还有根据特殊用途命名的肠溶胶囊剂和结肠靶向胶囊剂。这些胶囊剂是将内容物用 pH 依赖性（肠溶或结肠溶）高分子处理后装入普通胶囊壳中，使内容物在适宜的 pH 条件肠液中溶解释放药物，或将胶囊壳用适当高分子处理，使胶囊剂整体进入适当肠部位后溶化并释放药物，以达到一种靶向给药的效果。

2. 胶囊剂的特点

胶囊剂已成为使用广泛的口服制剂之一，许多国家胶囊剂的产量、产值仅次于片剂和注射剂而居第三位。胶囊剂具有以下主要特点。

（1）能掩盖药物的不良臭味、提高药物的稳定性　因药物装在胶囊壳中与外界隔离，避开了水分、空气、光线的影响，对具有不良臭味、不稳定的药物有一定程度的遮蔽、保护与稳定作用。

（2）药物在体内的起效快　胶囊剂中的药物是以粉末或颗粒状态直接填装于囊壳中，不受压力等因素的影响，所以在胃肠道中迅速分散、溶出和吸收，一般情况下其起效将高于丸剂、片剂等剂型。

（3）液态药物的固体剂型化　含油量高的药物或液态药物难以制成丸剂、片剂等，但可制成软胶囊，将液态药物以个数计量，服药方便。

（4）可延缓药物的释放和定位释药　可将药物按需要制成缓释颗粒装入胶囊中，以达到缓释延效作用，康泰克胶囊即属此类；制成肠溶胶囊剂，即可将药物定位释放于小肠；亦可制成直肠给药或阴道给药的胶囊剂，定位在这些腔道释药；对在结肠段吸收较好的蛋白质、多肽类药物，可制成结肠靶向胶囊剂。

胶囊剂虽有较多优点，但下列情况不适宜制成胶囊剂：

① 能使胶囊壁溶解的液体药剂，如药物的水溶液或乙醇溶液；

② 易溶性及小剂量的刺激性药物，因其在胃中溶解后局部浓度过高会刺激胃黏膜；

③ 容易风化的药物，可使胶囊壁变软；

④ 吸湿性强的药物，可使胶囊壁变脆；

⑤ 小儿及昏迷患者用药不宜制成胶囊剂。

3. 胶囊剂的质量要求

胶囊剂在生产与贮藏期间均应符合下列有关规定。

① 胶囊剂内容物，不论其活性成分或辅料，均不应造成胶囊壳的变质。

② 小剂量药物，应先用适宜的稀释剂稀释，并混合均匀。

③ 胶囊剂应整洁，不得有黏结、变形、渗漏或囊壳破裂现象，并应无异臭。

④ 胶囊剂的溶出度、释放度、含量均匀度、微生物限度等应符合要求。必要时，内容物包衣的胶囊剂应检查残留溶剂。

⑤ 除另有规定外，胶囊剂应密封贮藏，其存放环境温度不高于30℃，湿度应适宜，防止受潮、发霉、变质。

Ⓡ 必需知识

在固体剂型的制备过程中，首先将药物进行粉碎与过筛后才能加工成各种剂型。如与其他组分均匀混合后直接分装，可获得散剂；如将混合均匀的物料进行造粒、干燥后分装，即可得到颗粒剂；如将制备的颗粒压缩成片，可制备成片剂；如将混合的粉末或颗粒分装入胶囊中，可制备成胶囊剂等。对于固体制剂来说物料的混合度、流动性、充填性显得非常重要，如粉碎、过筛、混合是保证药物的含量均匀度的主要单元操作，几乎所有的固体制剂都要经历。固体物料的良好流动性、充填性可以保证产品的准确剂量，制粒或助流剂的加入是改善流动性、充填性的主要措施之一。

一、散剂的制备

散剂的制备工艺流程见图 6-1。

图 6-1 散剂的制备工艺流程

一般情况下将固体物料进行粉碎前对物料进行前处理，所谓物料的前处理是指将物料加工成符合粉碎所要求的粒度和干燥程度等。制备散剂的粉碎、过筛、混合等单元操作适合其他固体制剂的制备过程，现介绍如下。

(一) 粉碎

粉碎主要是指借机械力将大块固体药物破碎成适宜程度的粉末的操作过程。但现代粉碎技术也可借助其他方法，如超声波、超声气流等将固体药物破碎成微粉。粉碎操作对制剂过程有一系列的意义：①增加药物的表面积，促进药物的溶解与吸收，提高药物的生物利用度；②便于制备多种剂型，如散剂、颗粒剂、丸剂、片剂、浸出制剂等；③加速药材中有效成分的溶解；④便于各成分混合均匀和服用。

通常把粉碎前药物的平均直径（ϕ）与粉碎后药物的平均直径（ϕ_1）的比值称为粉碎度（n），见式(6-1)。

$$n = \frac{\phi}{\phi_1} \tag{6-1}$$

由此可知，粉碎度与粉碎后的药物颗粒平均直径成反比，即粉碎度越大，颗粒越小。粉碎度的大小，取决于药物本身的性质、制备的剂型及临床上的使用要求。

知识链接

粉碎度选择

内服散剂中不溶或难溶性药物用于治疗胃溃疡时，必须将药物制成细粉，以利于分散，充分发挥药物的保护和治疗作用；而易溶于胃肠液的药物则不必粉碎成细粉。

浸出中药材时过细的粉末易于形成糊状物而达不到浸出目的。

用于眼黏膜的外用散剂需要极细粉，以减轻刺激性。所以，固体药物的粉碎应随需要而选用适当的粉碎度。

知识链接

粉碎机理

粉碎过程主要是依靠外加机械力的作用破坏物质分子间的内聚力来实现的。被粉碎的物料受到外力的作用后在局部产生很大的应力，当应力超过物料本身的分子间力即可产生裂隙并发展为裂缝，最后则破碎或开裂。粉碎过程常用的外力有：剪切力、冲击力、研磨力、挤压力等。被粉碎物料的性质、粉碎程度不同，所需施加的外力也不同。冲击、研磨作用对脆性物料有效；纤维状物料用剪切力更有效；粗碎以冲击力和挤压力为主，细碎以剪切力和研磨力为主；要求粉碎产物能自由流动时，用研磨法较好。实际上多数粉碎过程是上述几种力综合作用的结果。

1. 粉碎的方法

根据物料的性质和产品粒度的要求，结合实际的设备条件，可采用下列不同的粉碎方法，其选用原则以能达到粉碎效果及便于操作为目的。

（1）混合粉碎　混合粉碎是指两种或两种以上药物放在一起同时粉碎的操作方法。药物经过粉碎后，表面积增加，引起了表面能的增加，故体系不稳定。因表面能有趋于减小的倾向，故已粉碎的粉末有重新聚结的趋势，随着粒度的增加，重新聚结的趋势变为现实时，粉碎与聚结同时进行，粉碎便停止在一定阶段，表观上不再往下进行，使粉碎过程达到一种动态平衡。若用混合粉碎的方法，在其粉碎过程中加入一种内聚力小的药物，这种药物的粉末吸附于前者药物粉末的表面，使其表面能显著降低，并且在其表面形成了机械隔离层，从而阻止了聚结，使粉碎能继续进行。因此若处方中某些药物的性质及硬度相似，可将它们掺和在一起进行粉碎，混合粉碎可避免一些黏性药物单独粉碎的困难，又可将粉碎与混合操作结合进行。但处方中如含有大量油性、黏性较大的药物或含有新鲜动物药，应进行特殊处理。特殊处理的主要方法如下。

① 串油法　处方中含有大量油脂性的药物，如桃仁、枣仁、柏子仁等，粉碎时先将处方中易粉碎的药物粉碎成细粉，再将油脂性药物研成糊状，然后与已粉碎的药物掺研粉碎，让药粉充分吸收油脂，以便于粉碎和过筛。

② 串料法　处方中含有大量黏液质、糖分等黏性药物，如熟地、黄精、玉竹、天冬、麦冬等，粉碎时先将处方中黏性小的药物混合粉碎成粗末，然后陆续掺入黏性大的药物，粉碎成不规则的粉块或颗粒，60℃以下充分干燥后再粉碎。

③ 蒸罐法　处方中含有新鲜动物药，如乌鸡、鹿肉等，粉碎时将药物加入黄酒及其他药汁等液体辅料蒸煮后，与其他药物掺和，干燥，再粉碎。

混合粉碎后的药物粉末，由于各种药物组成比例被确定，所以在使用方面会受到一定程度的限制。

（2）单独粉碎　单独粉碎是指将一种药物单独进行粉碎的操作方法。此法既可按欲粉碎物料的性质选取较为合适的粉碎设备，又可避免粉碎时因不同物料损耗不同而引起含量不准确的现象出现。宜单独粉碎的药物为：

① 氧化性药物与还原性药物　混合粉碎可引起爆炸，如氯酸钾、高锰酸钾、碘等氧化性物质，忌与硫、淀粉、甘油等还原性物质混合粉碎。

② 贵重细料药物　为减少损耗，宜单独粉碎，如羚羊角、麝香、牛黄等。

③ 毒性药物、刺激性大的药物　为便于劳动保护，防止中毒和交叉污染，宜单独粉碎，如雄黄、蟾蜍、马钱子等。

（3）干法粉碎　干法粉碎是指物料处于干燥状态下进行粉碎的操作方法。在药物制剂生产中大多数物料采用干法粉碎。

（4）湿法粉碎　湿法粉碎是指在药物中加入适量液体（水或有机溶剂）进行研磨粉碎的方法。由于加入的液体可以渗入药物颗粒的裂隙中，降低了分子间的内聚力而有利于粉碎。加入液体的选用以药物遇湿不膨胀，两者不起变化，不影响药效为原则。根据粉碎时加入液体种类和体积的不同，湿法粉碎可分为加液研磨法和水飞法。

① 加液研磨法　是指药物中加入少量液体进行研磨粉碎的方法。液体用量以能湿润药物成糊状为宜。此法粉碎度高，避免粉尘飞扬，减轻毒性或刺激性药物对人体的危害，减少贵重药物的损耗，如樟脑、冰片、薄荷脑、牛黄等加入少量挥发性液体（乙醇等）研磨粉碎。

② 水飞法　是指药物与水共置乳钵或球磨机中研磨，使细粉飘浮于液面或混悬于水中，倾出此混悬液，余下的药物再加水反复研磨，至全部药物研磨完毕，将所得混悬液合并，静置沉降，倾去上清液，将湿粉干燥即得极细粉。此法适用于矿物药、动物贝壳的粉碎，如朱砂、炉甘石、滑石、雄黄等。

（5）低温粉碎　低温粉碎是指将药物或粉碎机进行冷却的粉碎方法。由于药物在低温时脆性增加，韧性与延展性降低，故可提高粉碎效果。此法适用于弹性大的药物或高温时不稳定的药物的粉碎，如动物药（甲鱼、蛇）、树脂、树胶、干浸膏、含挥发性成分的物料及抗生素类药物等。

低温粉碎一般有下列四种方法：①物料先行冷却，迅速通过高速冲击式粉碎机粉碎，物料在机内停留的时间短暂；②粉碎机壳通入低温冷却水，在循环冷却下进行粉碎；③将干冰或液化氮气与物料混合后进行粉碎；④组合应用上述3种方法进行粉碎。

2. 粉碎设备

为了达到良好的粉碎效果，应根据药物的性质和所要求的粉碎度选择适宜的粉碎设备，常用的粉碎设备简述如下。

（1）万能粉碎机　万能粉碎机系一种应用较广的冲击式粉碎机，如图6-2所示，在高速旋转的转盘上固定有若干圈钢齿（冲击柱），另一与转盘相对应的固定盖上也固定有若干圈钢齿。药物由加料斗进入粉碎室，由于惯性离心作用，药物从中心部位被抛向外壁，在此过程中受到钢齿的冲击而被粉碎。细粉通过环状筛板，自粉碎机底部的出粉口收集，粗粉继续在机内粉碎。

万能粉碎机适用范围广，宜用于粉碎各种干燥的非组织性的药物及中药的根、茎、皮等，故有"万能"之称。但由于在粉碎过程中发热，故不宜用于含有大量挥发性成分和软化点低且具有黏性的药物。

由于在粉碎过程中，能产生大量粉尘，故现在的粉碎机要求配置吸尘辅助设备，解决药物在粉碎过程中的粉尘飞扬。由于粉碎过程中发热，故现在有很多粉碎机附带水冷却系统，一般在粉碎室的夹层带水冷，可避免药材因粉碎时间加长导致温度升高使药材中的有效成分挥发，保持生药原有的特殊药性。

（2）柴田式粉碎机　是目前中药厂普遍应用的冲击式粉碎机。如图6-3所示，在粉碎机的水平轴上装有打板、挡板、风叶三部分，由电动机带动旋转。药物由加料口进入粉碎室，在转轴高

图 6-2　万能粉碎机

图 6-3　柴田式（冲击式）粉碎机

速旋转时，药物受到打板的打击、剪切和挡板的撞击作用而粉碎，经风叶将细粉吹至出口排出。

（3）风选式粉碎机　风选法在粉碎过程中已广泛应用，此法是利用空气流将已粉碎的粗细不等的混合粉进行分离的一种方法。如图 6-4 所示，高效风选粉碎机一般由柴田式粉碎机、筛粉机、分离器、闭风器、自动回料管道、电控柜所组成。利用高速的气流将粉末吹出而分离，粗粉可收回粉碎机中继续粉碎，如此反复进行可得到极细的粉末。在空气中，粗细不同的粉末的下沉速率不同，因此通过适当调整风选器高度和风量可获得不同粒度的药粉。此法在中草药的粉碎加工中已经广泛应用。

图 6-4　风选式粉碎机

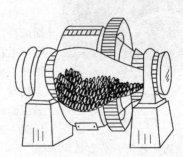

图 6-5　球磨机

（4）球磨机　是兼有冲击力和研磨力的粉碎设备。由不锈钢或瓷制的圆筒和内装有一定数量和大小的圆形钢球或瓷球构成，如图 6-5 所示。粉碎时将药物装入圆筒密盖后，开动机器，圆筒转动，使筒内圆球在一定速度下滚动，药物借筒内圆球起落的冲击作用和圆球与筒壁及球与球之间的研磨作用而被粉碎。

球磨机结构简单、密闭操作、粉尘少，适用于毒性药物、贵重药物以及刺激性药物的粉碎，还可在通入惰性气体的条件下，密闭粉碎易氧化药物或爆炸性药物。球磨机除广泛用于干法粉碎外，还可用于湿法粉碎。

（5）乳钵　是以研磨力为主的粉碎设备，主要用于少量药物的粉碎。乳钵以瓷制和玻璃制常用。瓷制乳钵内壁较粗糙，适用于结晶性及脆性药物的粉碎，但吸附作用大，不宜用于粉碎少量药物。对于毒性药物或贵重药物的粉碎宜采用玻璃乳钵。

用乳钵进行粉碎时，每次所加药量一般不超过乳钵容积的 1/4，以防研磨时溅出或影响粉碎效能。研磨时，杵棒由乳钵中心按螺旋方式逐渐向外旋转，到达最外层后再逆向旋转至中心，如此反复，能提高研磨效率。

3.粉碎操作注意事项

各种粉碎设备的性能不同，作用力不同，可以根据被粉碎药物的性质和粒度要求选择适宜的粉碎设备。在使用和保养粉碎设备时应注意以下几点。

（1）通常高速旋转的粉碎机开动后，待其转速稳定时再加料。否则因药物先进入粉碎室后，机器难以启动，引起发热，会损坏电机或因过热而停机。

（2）药物中不应夹杂硬物，以免卡塞转子而引起电动机发热或烧坏。粉碎前应对物料进行精选以除去夹杂的硬物（如铁钉等）。应在粉碎机的加料斗上附有电磁除铁装置，当物料通过电磁区时，所含铁块即被吸除。

（3）各种粉碎机在每次使用后，应检查机件是否完整，且清洗内外各部，添加润滑油后罩好。

（4）操作时注意安全，要严格遵守操作规程，严禁开机的情况下向机器中伸手，以免发生安全事故。

（5）粉碎毒性药物、刺激性较强药物时，应特别注意劳动保护，以免中毒，同时也要做好防止药物交叉污染的预防工作。

（二）过筛

过筛是指粉碎后的物料通过一种网孔工具以使粗粉与细粉分离的操作。这种网孔工具称为药筛。药物粉碎后所得粉末的粒度是不均匀的，过筛的目的主要是将粉碎后的物料按粒度大小加以分等，以获得较均匀的粉末，适应医疗和制备制剂的需要。此外，多种物料过筛还兼有混合作用，以保证组分的均一性。

图 6-6　编织筛

1. 药筛及粉末的分等

（1）药筛的分等　药筛按制作方法不同分为冲制筛和编织筛两种。药筛的性能、标准主要决定于筛网。冲制筛又称模压筛，系在金属板上冲压出圆形的筛孔而制成。此筛坚固耐用，筛孔不易变形，多用作粉碎机上的筛板。编织筛（图 6-6）是以金属丝（不锈钢丝、铜丝等）或非金属丝（尼龙丝、绢丝等）编织而成。用尼龙丝制成的筛网具有一定的弹性，比较耐用，且对一般药物较稳定，在制剂生产中应用较多，但使用时筛线易移位致筛孔变形，分离效率下降。

药筛的分等有两种方法，一种是以筛孔内径大小（μm）为依据，共规定了九种筛号，一号筛的筛孔内径最大，依次减小，九号筛的筛孔内径最小。另一种是以 1in（2.54cm）长度上所含筛孔的数目来表示，即用"目"表示，例如 1in 有 100 个孔的筛称为 100 目筛，筛目数越大，筛孔内径越小（见表 6-3）。

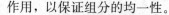

表 6-3　《中国药典》药筛的分等

筛号	筛孔内径(平均值)	目号
一号筛	$2000\mu m \pm 70\mu m$	10 目
二号筛	$850\mu m \pm 29\mu m$	24 目
三号筛	$355\mu m \pm 13\mu m$	50 目
四号筛	$250\mu m \pm 9.9\mu m$	65 目
五号筛	$180\mu m \pm 7.6\mu m$	80 目
六号筛	$150\mu m \pm 6.6\mu m$	100 目
七号筛	$125\mu m \pm 5.8\mu m$	120 目
八号筛	$90\mu m \pm 4.6\mu m$	150 目
九号筛	$75\mu m \pm 4.1\mu m$	200 目

（2）粉末的分等　药物粉末的分等是按通过相应规格的药筛而定的。《中国药典》规定了六种粉末等级，见表 6-4。

表 6-4　《中国药典》粉末等级标准

等级	分等标准
最粗粉	指能全部通过一号筛,但混有能通过三号筛不超过 20％的粉末
粗粉	指能全部通过二号筛,但混有能通过四号筛不超过 40％的粉末
中粉	指能全部通过四号筛,但混有能通过五号筛不超过 60％的粉末
细粉	指能全部通过五号筛,并含能通过六号筛不少于 95％的粉末
最细粉	指能全部通过六号筛,并含能通过七号筛不少于 95％的粉末
极细粉	指能全部通过八号筛,并含能通过九号筛不少于 95％的粉末

2. 过筛设备

过筛设备种类很多,应根据对粉末粗细的要求、粉末的性质和数量适当选用。在药厂大量生产中,多用粉碎、筛分、风选、集尘联动装置,对提高粉碎与过筛效率,保证产品质量尤为重要,亦可单用筛分设备进行过筛。生产上常用漩涡式振荡筛,实验室中用手摇筛。

（1）漩涡式振荡筛　漩涡式振荡筛是现在生产上常用的筛分粗细不等粉状、颗粒物料的设备。如图 6-7 所示,漩涡式振荡筛由料斗、振荡室、联轴器、电机组成。可调节的偏心重锤经电机驱动传递到主轴中心线,在不平衡状态下,产生离心力,使物料在筛内形成轨道漩涡,从而达到需要的筛分效果。重锤调节器的振幅大小可根据不同物料和筛网进行调节。可设几层筛网,实现两级、三级甚至四

图 6-7　漩涡式振荡筛

级分离。适用于筛分无黏性的植物药、化学药物、毒性、刺激性及易风化或潮解的药物粉末。

（2）手摇筛　手摇筛系由筛网固定在圆形的金属圈上制成的,并按筛号大小依次叠成套,最底层为接收器,最上为筛盖。使用时取所需号数的药筛套在接受器上,细号在下、粗号在上,上面用筛盖盖好,用手摇动过筛。手摇筛适用于少量、毒性、刺激性或质轻药粉的筛分,亦常用于粉末粒度分析。

3. 过筛操作注意事项

影响过筛的因素有很多,为了提高过筛效率,过筛操作应注意以下几点。

（1）加强振动　在静止情况下,由于药粉相互摩擦及表面能的影响,药粉易形成粉堆而不易通过筛孔。当外加力振动迫使药粉移动时,各种力的平衡受到破坏,小于筛孔的粉末才能通过筛孔,故过筛时需要不断振动。振动时药粉在筛网上运动的方式有滑动和跳动两种,跳动能有效地增加粉末间距,且粉末的运动方向几乎与筛网成直角,筛孔得到充分暴露而使过筛操作能够顺利进行。滑动虽不能增大粉末间距,但粉末运动方向几乎与筛网平行,能增加粉末与筛孔接触的机会。所以,当滑动与跳动同时存在时有利于过筛进行。粉末运动速率不宜过快,这样可使更多的粉末有落于筛孔的机会;但运动速率过慢会降低过筛效率。

（2）粉末应干燥　粉末的湿度越大,越易黏结成团而堵塞筛孔,故含水量大的物料应事先适当干燥后再过筛。易吸潮的物料应及时过筛或在干燥环境中过筛。黏性、油性较强的药粉应掺入其他药粉一同过筛。

（3）粉层厚度要适中　药筛内的药粉不宜堆积过厚,让粉末有足够的余地在较大范围内移动,有利于过筛。但粉层太薄又影响过筛效率。

（三）混合

混合是将两种或两种以上组分的物料均匀混合的操作。混合的目的是使制剂中各组分分布均匀、含量均一,以保证用药剂量准确、安全有效。

1. 混合方法

（1）搅拌混合 系将各药粉置适当大小容器中搅匀的操作。此法简便但不易混匀，多做初步混合之用。

（2）研磨混合 系将各药粉置乳钵中，边研磨边混合的操作。此法适用于少量尤其是结晶性药物的混合。

（3）过筛混合 系将各药粉先搅拌做初步混合，再通过适宜孔径的筛网使之混匀的操作。由于较细、较重的粉末先通过筛网，故在过筛后仍须加以适当的搅拌，才能混合均匀。

大生产中，多采用搅拌或容器旋转方式使物料产生整体或局部移动的对流运动的混合方式而达混合目的。

2. 混合设备

大生产中，混合过程一般在混合筒中完成。混合筒的形状及运动轨迹直接影响到药粉的混合均匀度，混合筒的形状从最初的滚筒型发展到目前常用的 V 字型、双锥型，运动轨迹从简单的单向旋转发展到空间立体旋转，使混合设备得到了较大的发展，出现了一批混合均匀度高、效率高、能耗小的新型混合机。

（1）槽型混合机 亦称捏合机，如图 6-8 所示，其主要部分为混合槽、搅拌桨、水平轴。搅拌桨呈 "S" 形装于槽内轴上，开机使搅拌桨转动以混合物料。此机除适合于混合各种粉料外，还常用于片剂、丸剂的制软材。

（2）双锥混合机 如图 6-9 所示，由于物料自上向下在锥体内不断翻滚，不同进料容积能够得到基本一致的混合效果。这类混合机进出料口一般分别固定在锥体的上方和底部。操作时锥体密闭，有利于生产流程安排和改善劳动环境。

（3）三维混合机 如图 6-10 所示，该机由筒体和机身两部分组成。装料的筒体在主动轴的带动下做平行移动及摇滚等复合运动，促使物料沿着筒体做环向、径向和轴向的三向复合运动，从而实现多种物料的相互流动扩散、掺杂，以达到高速均匀混合的目的。该机特点是筒体各处为圆弧过渡，经过精密抛光处理，物料装料率大（最高可达 80%，普通混合机仅为 40%），效率高，混合时间短，物料无离心力作用，无密度偏析及分层、积聚现象，各组分可有悬殊的密度差，混合率达 99.9% 以上，是目前各种混合机中的一种较理想产品。

图 6-8 槽型混合机

图 6-9 双锥混合机

图 6-10 三维混合机

知识链接

影响混合均匀性的因素

药粉混合均匀性与各组分的比例量、密度、粒度、形状和混合时间等均有关。

1. 各组分的比例量 各组分比例量相差过大时，不易混合均匀，此时应采用等量递加混合法（又称配研法）进行混合，即量小药物研细后，加入等体积其他药物细粉混匀，如此倍量增加混合，直至全部混合均匀，再过筛混合即成。此法尤其适用于含毒性药物、贵重药物和小剂量药物的混合。

2.各组分的粒度与密度　各组分粒度相差较大时，先加粒径大的物料，后加粒径小的物料则易混合均匀。各组分密度相差较大时，在混合过程中存在自然分离的趋势，一般宜将质轻的组分先放入混合容器中，再加入质重者混合，这样可避免轻质组分浮于上部或飞扬，而重质组分沉于底部则不易混匀。

3.含低共熔组分　当两种或两种以上药物按一定比例混合后，产生熔点降低而出现润湿和液化的现象称为共熔现象（简称共熔）。常见产生共熔的药物有樟脑与苯酚、麝香草酚、薄荷脑，乙酰水杨酸与对乙酰氨基酚和咖啡因等。共熔现象在研磨混合时通常出现较快，其他方式的混合有时需若干时间后才能出现。

含共熔组分的制剂是否需混合使其共熔，应根据共熔后对药理作用的影响而采用不同的措施，一般原则如下。

（1）若药物共熔后，药理作用增强，则宜采用共熔混合，例如氯霉素与尿素，灰黄霉素与聚乙二醇6000等，形成共熔混合物比其单独成分吸收快、疗效高。

（2）若药物共熔后，药理作用减弱，应设法避免共熔混合，如阿司匹林、对乙酰氨基酚和咖啡因三种药物混合制粒及干燥时，易产生共熔现象，应采取分别制粒的方法。

（3）若药物共熔后，药理作用几无变化，可将共熔组分先共熔，再用处方中其他组分或加入适量的赋形剂吸收混合，使分散均匀。

（4）含小剂量药物的散剂：毒性药品、麻醉药品、精神药品等一般用药剂量小，称取、使用不方便，且易损耗。因此常在特殊药品中添加一定比例量的稀释剂制成稀释散（或称倍散、贮备散），以便于临时配制和服用。

（5）中药散剂：中药散剂的组成比较复杂，配制的方法与散剂的一般制法基本相同。需要注意的是：处方中如含有贵重药或挥发性药物，如牛黄、麝香等，应将其单独粉碎以减少损耗；如含有色泽不一的药物混合时，一般应先加入色泽深的药物，后加入色泽浅的药物。

4.混合时间　混合时间并非越长混合的均匀性越好，要通过试验确定合适的混合时间。

5.其他　含液体成分时，可采用处方中其他固体成分吸收；若液体量较大时，可另加赋形剂吸收；若液体为无效成分且量过大时，可采取先蒸发后再加赋形剂吸收的方法。

• 知识链接 •

倍　散

常用的稀释散有五倍散、十倍散、百倍散和千倍散等。十倍散由1份药物加9份稀释剂均匀混合制成。倍散的比例可按药物的剂量而定，如剂量在0.01～0.1g者，可配成十倍散，如剂量在0.01g以下者，则可配成百倍散或千倍散。配制倍散时，应采用配研法将药物和稀释剂混合。为了保证倍散的均匀性，常加入一定量的着色剂，如胭脂红、亚甲蓝等着色，十倍散着色应深一些，百倍散稍浅些，这样可以根据倍散颜色的深浅判别倍散的浓度。

倍散常用的稀释剂有乳糖、淀粉、糊精、蔗糖、葡萄糖及一些无机物，如沉降碳酸钙、沉降磷酸钙、碳酸镁、白陶土等，其中以乳糖较为常用。

取用倍散时，应按倍散的倍数与处方所需的药物总量，经折算后再称取。

（四）分剂量

分剂量是将混合均匀的药粉按需要的剂量分成等重份数的过程。分剂量后装入合适的内包装材料中。常用的分剂量方法如下。

（1）滴定法　系用固定容量的容器进行分剂量的方法。此法效率较高，但准确性不如重量法，在操作过程中，要注意保持操作条件的一致性，以减少误差。目前大量生产散剂使用的散剂定量分包机和医院制剂室大量配制散剂所用的散剂分量器都是采用滴定法分剂量的。

（2）目测法（估分法）　系将一定质量的散剂用目测分成若干等份的方法。此法操作简便，但准确性差。医院药房临时调配少量一般药物散剂和中药调配可用此法。

（3）重量法　系用衡器逐份称重的方法。此法分剂量准确，但操作比较麻烦，效率低，难以机械化。主要用于含毒性药物、贵重药物散剂的分剂量。

（五）包装

由于散剂的表面积较大，故容易吸湿、风化及挥发，若由于包装不当而吸湿，则常发生潮解、结块、变色、分解、霉变等一系列变化，严重影响散剂的质量及用药的安全性。所以，散剂在包装与贮存中主要应解决好防潮的问题。包装时应选择适宜的包装材料和包装方法。

（1）包装材料　主要有塑料薄膜袋、铝塑复合膜袋、塑料瓶（管）、玻璃瓶（管）等。

① 塑料薄膜袋　质软透明，有透气、透湿性，应用受到一定限制。

② 铝塑复合膜袋　防气、防湿性能较好，硬度较大，密封性、避光性好，目前应用广泛。

③ 玻璃瓶（管）　性质稳定，阻隔性好，特别适用于含芳香挥发性成分、毒性药物以及吸湿性成分的散剂。

（2）包装方法　分剂量散剂一般用袋包装，包装后需热封严密。不分剂量散剂多用瓶（管）包装，应将药物填满压紧，避免在运输过程中因组分密度不同而分层，以致破坏了散剂的均匀性。

•知•识•链•接•

散剂的质量控制

《中国药典》收载的散剂的质量检查项目如下。

1. 均匀度　取供试品适量置光滑纸上平铺约 $5cm^2$，将其表面压平，在亮处观察，应呈现均匀色泽，无花纹、色斑。

2. 水分　取供试品按水分测定法测定，除另有规定外，不得超过 9.0%。

3. 装量差异　单剂量、一日剂量包装的散剂，装量差异限度应符合表6-5规定。

表6-5　散剂装量差异限度要求

标示装量/g	装量差异限度/%	标示装量/g	装量差异限度/%
0.1 或 0.1 以下	±15	1.5 以上至 6	±5
0.1 以上至 0.3	±10	6 以上	±3
0.3 以上至 1.5	±7.5		

此外，还应按《中国药典》中的"微生物限度检查法"做卫生学检查。

4. 吸湿性　散剂包装与贮存的重点在于防潮，因为散剂的比表面积较大，其吸湿性与风化性都比较显著，若由于包装与贮存不当而吸湿，则极易出现潮解、结块、变色、分解、霉变等一系列不稳定现象，严重影响散剂的质量以及用药的安全性。因此，散剂的吸湿特性及防止吸湿措施成为控制散剂质量的重要内容。

二、颗粒剂的制备

颗粒剂的生产制备工艺流程见图 6-11。

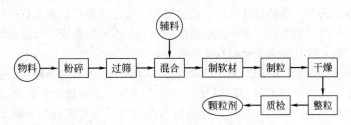

图 6-11　颗粒剂的生产制备工艺流程

药物的粉碎、过筛、混合操作完全与散剂的制备过程相同。

1. 制软材

向混合物中加入适量的稀释剂（如淀粉、蔗糖或乳糖等）、崩解剂（如淀粉、纤维素衍生物等）充分混匀，加入适量的水或其他黏合剂预混合后用搅拌机充分搅拌，使成"握之成团，触之即散"硬度适中的软材。小量生产时也可用手工搓混制备软材，但要做到使各种成分搓混得均匀和适度。制软材是传统湿法制粒的关键技术，黏合剂的加入量可根据经验以"手握成团，轻压即散"为准。由于淀粉和纤维素衍生物兼具黏合和崩解两种作用，所以常用作颗粒剂的黏合剂。

2. 制湿粒

将软材通过适宜的筛网即能得到需要的颗粒（挤出制粒）。通过筛网挤出的湿粒应以无长条状、无块状、无粉末，而成均匀的颗粒为佳。如软材黏附在筛网中很多，或挤出的不成粒状而是条状物，表明黏合剂或润湿剂的选择不当或用量过多。如通过筛网后呈疏松的粉粒或细粉多，则表示黏合剂或润湿剂用量不足。制湿粒的方法与机械如下。

（1）手工制粒　小量制备，可用手工压过筛网制粒。筛网（图 6-12）可选用镀锌或镀镍铁丝网、不锈钢丝网或尼龙丝网等。铁丝筛网易脱落金属屑于颗粒中，可用磁铁吸除。尼龙筛网特别适用于与金属接触易变质的药物制粒，但因筛孔易被堵塞，不适于黏性强的软材。

（2）摇摆式制粒机（图 6-13）制粒　这是大生产多用的方法。该机构造为一加料斗下面设有中空六角形棱柱的滚筒。筛网固定于滚筒的下部，制粒时滚筒借机械力左右摆动而将软材自筛网孔压出成为颗粒，落于接受盘中。滚筒转动的速率为 45r/min。调节筛网与滚筒的松紧度和加入料斗中的量，可制得适宜的颗粒。如加料斗中的软材存量多而筛网装得比较松，滚筒往复摆动搅拌时可增加软材的黏性，制得的颗粒粗而紧；反之，制得的颗粒细而松。也可调整黏合剂的浓度和用量，或增加通过筛网的次数制粒。黏性强的软材采用多次制粒较好。一般过筛次数越多则

图 6-12　筛网

图 6-13　摇摆式制粒机

所制得的湿粒越紧而坚硬。一次制粒的筛网，一般比多次制粒用的筛网较细。

（3）旋转式制粒机制粒　适用于含黏性药物较少的软材制粒，因其生产效率较小，故只作刮碎较粗的干颗粒之用。

（4）复合制粒机制粒　是将搅拌制粒、转动制粒、流化床制粒法结合在一起进行制粒，使混合、捏合、制粒、干燥、包衣、冷却等多项操作同在一个机器内完成。该设备现有搅拌流化制粒机、转动流化制粒机和搅拌转动流化制粒机等几种。

（5）熔融高速搅拌混合机制粒　是在高速搅拌混合机中，使药物与辅料（包括黏合剂）在高速混合桨的搅拌下，药料在强力混合时相互摩擦产生热量，进而使物料温度达到黏合剂的熔点熔化而与药物黏合成团块，而后在机内高速剪切力的作用下剪切成颗粒。所制出为固体分散颗粒，不需经干燥工序即可压片，使片剂崩解与溶出加快，有利提高生物利用度。但不耐热的药物不宜使用此法。

3. 湿粒的干燥

制得的湿粒必须迅速进行干燥，以免发生变形和结块。

（1）箱式干燥器（烘箱）和干燥室干燥　都是将湿粒铺在烘盘中（盘底铺一层纸或布），厚度以不超过 2.5cm 为宜，容易变质的药物宜更薄些。干燥温度一般为 50～60℃；中药湿粒为 60～80℃；芳香性、挥发性以及含苷成分的中药，应控制在 60℃以下，以免有效成分散失；不受高热影响的药物，可提高到 80～100℃，以缩短干燥时间。干燥时以逐渐升高温度为宜，以免湿粒中的淀粉或糖类因温度骤升而糊化或熔化，或颗粒表面先干而结成膜，内部水分不易挥散，造成"外干内湿"的现象。待湿粒基本干燥时要定时进行翻动，使颗粒烘干均匀，但不要过早翻动，以免破坏湿粒结构，使细粉增加。小量干燥可在烘箱中进行；大量干燥则利用烘房或沸腾干燥床，但不宜置于室外用阳光曝晒，以避免颗粒被污染或使药物质量受损。烘房是用鼓风机使热空气循环加热并排出湿气的烘干装置，上下受热均匀，可自行设计安装。沸腾干燥床有散热排管、沸腾室、细粉捕集器和鼓风机等构件，当开动鼓风机后，吸入的热空气流使颗粒翻滚如"沸腾状"，由热空气带走水分，而达到干燥的效果；它干燥温度低，颗粒干燥均匀，但不易清洗，只适于一般湿粒的干燥和连续性生产同一品种；有些片剂要求干燥颗粒坚实完整，则此法不宜用；尤其不适用于有色片剂。

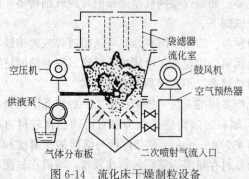

图 6-14　流化床干燥制粒设备

（2）流化床干燥法　是使用强烈的热空气流将湿颗粒带入热气流，在流化状态下进行热交换干燥的方法。如图 6-14 所示。

将待干燥的湿颗粒置于流化床底部的筛网上后，当干燥的热空气以较快的速率流经筛网而进入流化床时，颗粒便随气流上下浮动而处于流化状态（沸腾状态），与此同时进行热交换和干燥。进入的热空气最后经旋风分离器排出或供循环使用。在整个干燥过程中颗粒和粉粒没有紧密接触，所以可溶性成分发生颗粒间迁移的机会较少，故有利于保持均匀状态。此设备与制粒机连接后可用于连续生产。

（3）其他干燥方法　有微波加热干燥、远红外线加热干燥、离心式喷雾干燥等。

（4）沸腾制粒干燥法（制粒与干燥一体化装置）　这是将喷雾干燥和流化床制粒技术结合为一体的制粒设备，主要由雾化器、流化床制粒室、料斗、捕集器、输液小车、引风机、空气压缩机、热源系统、电控柜等部件组成。此机具有快速干燥湿粉颗粒状态的物料、快速沸腾制粒、密封负压状态下工作、温度等自动控制的特点。

干燥颗粒的质量

对片剂成品的质量有十分重要的关系，具体要求如下。

1. **主药含量均匀**　经测定应符合要求。

2. **含水量适当**　一般为$1\%\sim3\%$，但个别品种除外，例如四环素干燥粒的含水量达$10\%\sim12\%$。一般含水过多易黏冲，久贮易变质；含水过少则压片时易裂片或影响崩解度。不少生产单位常以一定的温度、一定的干燥时间及干燥颗粒的得量来控制水分；也可用水分快速测定仪来测定颗粒的含水量；或利用红外线灯加热使颗粒中的水分蒸发，经精密称重而得干粒水分含量。

3. **松紧（软硬）度**　干粒的松紧度与压片时片重差异和片剂物理外观均有关，其黏紧度以手指用力一捻能粉碎成细粒者为宜。硬粒在压片时易产生麻面，松粒则易碎成细粉，压片时易产生顶裂现象。从片剂大小来说，片大的可稍硬些，片小的应稍松一些，有色片应松软些，否则产生花斑。

4. **粗细度**　干颗粒应由各种粗细不同者相组成，一般干粒中以含有24～30目者占$20\%\sim40\%$为宜，若粗粒过多，压成片剂质量差异大，片剂厚薄不均，表面粗糙，色泽不匀，硬度也不合要求。若细粒过多或细粉过多，则易产生裂片、松片、边角毛缺及黏冲等现象。据实践认为，能通过65目的中粉料的含量不宜超过$30\%\sim40\%$，也可按药物性质及片重大小来决定，一般0.3g以上的片剂，中粉量控制在约20%，0.1～0.3g的片剂，细粉量控制在约40%为宜。

4. 整粒与分级

颗粒在干燥过程中，由于选压的关系，部分颗粒互相黏结成块，干燥后需经过筛整粒。未能通过筛网的块或粗粒，可加以研碎，使成适宜的颗粒并过筛整粒和分级。整粒器械小量的可用筛网，大量的用制粒机，由于湿粒干燥后体积缩小，所以筛目孔径一般比制湿粒要小，但同时也要根据片剂的大小和颗粒的松紧情况来选用。

5. 质量检查与分剂量

将制得的颗粒进行含量检查与粒度测定等，按剂量装入适宜袋中。颗粒剂的贮存基本与散剂相同，但应注意均匀性，防止多组分颗粒的分层，防止吸潮。

颗粒剂的质量控制

颗粒剂的质量检查，除主要含量外，《中国药典》还规定了外观、粒度、干燥失重、溶化性以及装量差异等检查项目。

1. **外观**　颗粒应干燥、均匀、色泽一致，无吸潮、软化、结块、潮解等现象。

2. **粒度**　除另有规定外，一般取单剂量包装颗粒剂5包或多剂量包装颗粒剂1包，称重，置药筛内轻轻筛动3min，不能通过1号筛和能通过5号筛的粉末总和不得超过15%。

3. **干燥失重**　取供试品照药典干燥失重测定法测定，除另有规定外，减失质量不得超过2.0%。

4. **溶化性**　取供试颗粒10g，加热水200ml，搅拌5min，可溶性颗粒应全部溶化或可允许有轻微混浊，但不得有焦屑等异物。混悬型颗粒剂应能混悬均匀，泡腾性颗粒剂遇水时应立即产生二氧化碳气体，并呈泡腾状。

5.装量差异　单剂量包装的颗粒剂，其装量差异限度应符合下表的规定。检查方法参考药典有关规定。颗粒剂的装量差异限度要求见表6-6。

表6-6　颗粒剂的装量差异限度要求

标示装量/g	装量差异限度/%	标示装量/g	装量差异限度/%
1.0或1.0以下	±10.0	1.5~6	±7.0
1.0~1.5	±8.0	6以上	±5.0

6.卫生学检查　符合要求。

三、胶囊剂的制备

(一) 硬胶囊剂的制备

工艺流程见图6-15。

图6-15　硬胶囊剂的制备工艺流程

1. 硬胶囊剂的空胶囊制备

空胶囊成囊材料

　　明胶是空胶囊的主要成囊材料。明胶是由骨、皮或腱加工成胶原，经水解后浸出的一种复杂蛋白质（由酸水解制得的明胶称为 A 型明胶，由碱水解制得的明胶称为 B 型明胶，二者等电点不同）。以骨骼为原料制得的骨明胶，质地坚硬，性脆且透明度差；以猪皮为原料制得的猪皮明胶，富有可塑性，透明度好。为兼顾囊壳的强度和塑性，采用骨、皮混合胶较为理想。

　　明胶在冷水中不溶解，久浸后吸收膨胀软化，其质量增加5~20倍；在温水（40℃）中溶解成溶液，呈交替状态而具有较大黏度，该溶液冷却后即凝成胶冻。

　　明胶的性质并不完全符合要求，既易吸湿又易脱水，故一般需向制备空胶囊的胶液中加入下列一些物质：为增加韧性和可塑性，一般加入增塑剂，如甘油、山梨醇、CMC-Na、HPC、油酸酰胺磺酸钠等；为减小流动性、增加胶冻力，可加入增稠剂琼脂等；对光敏感的药物，可加遮光剂二氧化钛（2%~3%）；为美观和便于识别，加食用色素等着色剂；为防止霉变，可加防腐剂尼泊金等。以上组分并不是任一空胶囊都必备，而应根据具体情况加以选择。

　　空胶囊系由囊体和囊帽组成，其生产工艺包括溶胶、蘸胶（制坯）、干燥、拔壳、切割、整理几个过程，一般由自动化生产线完成，生产环境洁净度应达 B 级，温度 10~25℃，相对湿度35%~45%。为便于识别，空胶囊壳上还可用食用油墨印字。

空胶囊的规格与选用

空胶囊的质量与规格均有明确规定，空胶囊共有 8 种规格，即：000，00，0，1，2，3，4，5 号，但常用的为 0～3 号，随着号数由小到大，容积由大到小。由于药物填充多用容积控制剂量，而各种药物的相对密度、晶型、粒度以及剂量不同，所占的容积也不同，故必须选用适宜大小的空胶囊。一般凭经验或试装后选用适当号数的空胶囊。空心胶囊的编号、质量和容积，见表 6-1。

应根据药物的填充量选择空胶囊的规格，首先按药物的规定剂量所占容积来选择最小空胶囊，可根据经验试装后决定，但常用的方法是先测定待填充物料的堆密度，然后根据应装剂量计算该物料的容积，以决定应选胶囊的号数。将药物填充于囊体后，即可套合胶囊帽。目前多使用锁口式胶囊，密闭性良好，不必封口；使用非锁口式胶囊（平口套合）时需封口，封口材料常用不同浓度的明胶液，如明胶 20%、水 40%、乙醇 40% 的混合液等。

2. 填充物料的制备、填充与封口

（1）填充物料的制备　若纯药物粉碎至适宜粒度就能满足硬胶囊剂的填充要求，即可直接填充，但多数药物由于流动性差等方面的原因，需加入一定的稀释剂、润滑剂等辅料才能满足填充（或临床用药）的要求。一般可加入蔗糖、乳糖、微晶纤维素、改性淀粉、二氧化硅、硬脂酸镁、滑石粉、HPC 等改善流动性或避免分层。也可加入辅料制成颗粒后进行填充。

（2）硬胶囊剂填充

① 手工填充药物　小量试制可用胶囊充填板充填药物。具体操作如下：先将囊体摆在胶囊充填板上，调节充填板高度使囊体上口与板面相平，将内容物撒在充填板上使之均匀填满囊体，调低充填板以露出囊体，盖上囊帽并压紧，使囊体与囊帽完全封合，取下胶囊。填充好的胶囊可用洁净的纱布包起，轻轻搓滚，以拭去胶囊外面黏附的药粉。如在纱布上喷少量液体石蜡，滚搓后可使胶囊光亮。此充填法重量差异大，且效率低。

② 设备填充药物　全自动胶囊充填机充填药物时，可根据内容物的状态和流动性能选择充填方式和机型，充填机的式样虽很多，但充填过程一般都包括以下五步：a. 空胶囊的定向排列；b. 囊帽和囊体分离；c. 充填；d. 囊帽和囊体套合；e. 排出成品。图 6-16 为 NJP3200 全自动胶囊充填机。

填充好的胶囊可使用胶囊抛光机（图 6-17）清除黏附在胶囊外壁上的细粉，使胶囊光洁。充填完毕，取样进行含量测定、崩解时限、装量差异等项目的检查，合格后包装。

图 6-16　NJP3200 全自动胶囊充填机

图 6-17　胶囊抛光机

（二）软胶囊剂的制备

1. 软胶囊剂的制备

常用方法为滴制法和压制法两种。

（1）滴制法　由具双层滴头的滴丸机完成。明胶液与油状药液分别盛装于贮液槽中，两液通过同心管状的双层喷头以不同速率喷出，使一定量的胶液将一定量的药液包裹后，滴入另一种不相互溶的冷却液（常用液体石蜡）中，胶液接触冷却液后因表面张力作用变为球形，并逐渐凝固而成软胶囊（图 6-18）。此法制备软胶囊时，胶液、药液的温度、滴头的大小、滴制速度、冷却液的温度等因素均会影响软胶囊的质量，应通过试验考查筛选适宜的工艺条件。

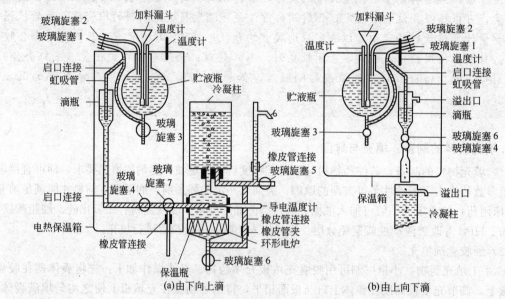

图 6-18　软胶囊（胶丸）滴制法生产过程示意

（2）压制法　压制法是将胶液制成厚薄均匀的胶片，再将药液置于两个胶片之间，用钢板模或旋转模压制软胶囊的一种方法。目前生产上主要采用旋转模压法，其轧囊机及模压过程参见图 6-19（模具的形状可为椭圆形、球形或其他形状）。

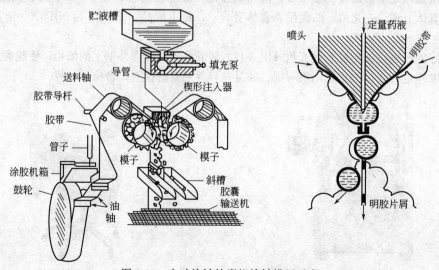

图 6-19　自动旋转轧囊机旋转模压示意

2.肠溶胶囊剂的制备

肠溶胶囊的制备有两种方法，一种是明胶与甲醛作用生成甲醛明胶，使明胶无游离氨基存在，失去与酸结合能力，只能在肠液中溶解。但此种处理法受甲醛浓度、处理时间、成品贮存时间等因素的影响较大，使其肠溶性极不稳定。另一类方法是在明胶表面包被肠溶衣料，如用PVP作底衣层，然后用蜂蜡等作外层包衣，也可用丙烯酸Ⅱ号、CAP等包衣，其肠溶性较为稳定。

·知识链接·

胶囊剂的质量检查与贮存

1.胶囊剂的质量检查　除另有规定外，胶囊剂应进行以下相应检查。

（1）装量差异　除另有规定外，取供试品20粒，分别精密称定质量后，倾出内容物（不得损失囊壳），硬胶囊用小刷或其他适宜的用具拭净，软胶囊用乙醚等易挥发性溶剂洗净，置通风处使溶剂自然挥尽；再分别精密称定囊壳质量，求出每粒内容物的装量与平均装量。每粒的装量与平均装量相比较，超出装量差异限度的不得多于2粒，并不得有1粒超出限度1倍，胶囊剂装量差异限度见表6-7。

表6-7　胶囊剂装量差异限度

平均装量	装量差异限度
0.3g以下	±10%
0.3g及0.3g以上	±7.5%

凡规定检查含量均匀度的胶囊剂可不进行装量差异检查。

中药胶囊剂，除另有规定外，取供试品10粒进行检查，每粒装量与标示装量相比较（无标示装量的胶囊剂与平均装量比较），装量差异限度应在标示装量（或平均装量）的±10%以内，超出装量差异限度的不得多于2粒，并不得有1粒超出限度的1倍。

（2）崩解时限　按《中国药典》规定的方法检查，取胶囊6粒，分别置崩解仪吊篮的玻璃管中（如胶囊漂浮于液面，可加挡板），启动崩解仪进行检查，硬胶囊应在30min内全部崩解，软胶囊应在1h内全部崩解。软胶囊可改在人工胃液中进行检查。如有1粒不能完全崩解，应另取6粒复试，均应符合规定。肠溶胶囊检查，除另有规定外，取供试品6粒，用上述装置与方法，先在盐酸溶液（9→1000）中检查2h，每粒的囊壳均不得有裂缝或崩解现象；继将吊篮取出，用少量水洗涤后，每管加入挡板，再按上述方法，改在人工肠液中进行检查，1h内应全部崩解。如有1粒不能完全崩解，应另取6粒复试，均应符合规定。凡规定检查溶出度或释放度的胶囊剂，可不进行崩解时限检查。

（3）水分或干燥失重　中药硬胶囊剂应做水分检查，取供试品内容物，照《中国药典》水分测定法测定，除另有规定外，不得超过9.0%。

（4）微生物限度　中药硬胶囊剂按《中国药典》"微生物限度检查法"检查，应符合规定。

2.胶囊剂的贮存　胶囊剂应注意防潮、防热，一般胶囊剂应密封，贮存于干燥阴凉处。但也不宜过分干燥，以免胶囊中的水分过少，脆性增加而发生脆裂漏粉。凡主药对光线敏感的胶囊剂，如维生素AD胶丸、辅酶Q_{10}胶囊等，遇光有效成分易被氧化，故应避光保存。

一、SF-130B 型中药粉碎机操作规程

（1）开机前检查机件，特别是转动的部分是否有松动及其他障碍物。检查机器的转动是否按箭头方向。

（2）检查要粉碎的物料内是否有杂质，机器出粉口应扎紧密封，停机时应堵住出粉口，防止回风、回粉，待布袋内风压消失后再松手另行卸粉。

（3）开机运转机器，切勿加料，待观察无异常现象后，再徐徐加大药物进量，并随时观察，应随时注意进出料的平衡，进放过大会引起机壳温升损坏。

（4）应随时注意，严防铁物流入机器内，以防事故，损坏机器。

（5）停机前应先停下料，待机内余料再粉碎 10～15min 后，可轻轻敲布袋，卸下布袋。

（6）刷净机器的各部位的残留物，清洗机器内的剩余粉子，为下次使用做好准备。

（7）认真填好使用记录，并签字验收。

（8）实物参见图 6-20。

图 6-20　中药粉碎机

图 6-21　小型混合机

二、CH-10 型小型混合机操作规程

1. 操作要点

（1）检查机器个部件的紧固程度、减速机的润滑油量和电机设备的完整性，通电空转机器检查是否正常运转，不得有异物、异响。

（2）将物料浸在浆轴位置，扭紧制动螺丝将料槽锁死，盖好料槽盖，开机搅拌。

（3）在使用的过程中如有异常情况，如过载，应立即停车，待排除故障后，方可开机使用。

（4）在使用的过程中如需加料，必须停机，严禁开机加料。

（5）搅拌完成后停机，揭开料槽盖，松开制动螺丝，扳动倒料手柄，完成倒料。刷净机器各部位的残留物，清洗和刷清斗内的剩余粉子，为下次使用做好准备。

（6）认真填好使用记录，并签字验收。

（7）实物参见图 6-21。

2. 保养要点

（1）经常使用，减速机必须每隔 3 个月更换机油一次，更换前应将减速机清洗干净。

（2）机件每月定期检查，保证各部件运转正常。如发现异常情况应及时处理。

（3）每班结束后应刷净机器各部位的残留物料。如停用时间过长，必须将机器全部擦拭干净。

三、YK-60型小型颗粒机操作规程

（1）工作前，设备空载运转1～2min，观察设备运转是否正常，擦干净前轴承座与齿条，装好筛网夹管及工艺要求的筛网。

（2）开动机器，将混合好的物料加入斗内，不宜过多过满，以免受压力过大而损坏设备。

（3）斗内的混合料如果停止不下，不能用手去刮，也不可用金属的工具刮，必要时用竹片刮或者停车后刮，以免挤伤手或者损坏设备。

（4）操作时如果发现设备故障应立即停机，待维修人员检查。

（5）机器使用完毕后，应取出旋转滚筒进行清洗和刷清斗内的剩余粉子，然后装妥，为下次使用做好准备。

（6）定期检查机件，每月进行一次，检查蜗轮、蜗杆、轴承等活动部分是否灵活和磨损情况，发现缺陷应及时修复。

（7）实物参见图6-22。

图6-22　小型颗粒机　　　　　　　　　　图6-23　烘箱

四、CT-C-IA型热风循环烘箱操作规程

（1）在开机前必须对电源电压是否与本设备使用相符，管道是否漏器，风机转动是否灵活，热继电器是否使用适当等情况进行细致调整、检查。

（2）把控制电源开关SA拨在"开"的位置上，注意指示灯HL1是否指示。

（3）按下风机按钮SB2，并检查风机转向是否正确。

（4）将加热的"手""自"动切换开关放在"自动"位置，转动XMT-122设施旋钮，检查电磁阀动作是否灵活；然后设定好温度控制点和极限报警点。具体的设定方法：将仪表拨动开关放在下限位置，同时旋转相对应的电位器（加热温度），用同样的方法设定上限温度（报警点），当上、下限温度设好后，把仪表拨动开关放在测量位置，此时的温度就是当时的实际温度。

（5）将电动执行器的限位开关拨在"开启"位置。

（6）在使用蒸汽电加热两用烘箱时，应首先检查电热管的连线是否牢固，各螺帽是否拧紧，有无松脱现象，电源进线按电功率选配。

（7）使用完毕认真填好使用记录，并签字验收。

（8）实物参见图6-23。

五、SC69-02C型水分快速测定仪操作规程

1. 操作要点

（1）要用的秤盘全部放进仪器前部的加热室内，开启红外灯约5min，然后关灯冷却至常温。

（2）用 10g 砝码校正仪器零位，常温下在仪器上称取试样。

（3）在砝盘内加 10g 砝码，秤盘内不放试样，开启天平和红外灯约 20min，投影仪上的刻线不再移动，校正天平的零位。

（4）取下 10g 砝码，把预先称好的试样均匀地倒在秤盘内，然后开启天平和红外灯，对试样进行加热，当刻度移动静止时读出数据并记录。

（5）计算含水率。

（6）实物参见图 6-24。

2. 保养要点

图 6-24　水分快速测定仪

（1）称量完毕将被测物或砝码取下，不可留在盘中。

（2）仪器的主件，横梁上各个零件除平衡陀外，不可任意移动。

六、KZL-140 型快速整粒机操作规程

（1）接通电源检查变频器是否正常，电动机是否平稳转动、电动机旋转方向是否正确，电动机有无不正常的振动或者噪声，加速、减速是否平稳，如有异常，应立即断开电源。

（2）设定频率和电机转速。

（3）检查要粉碎的物料内是否有杂质。

（4）机器出粒子口应扎紧密封，以免粉尘太大。

（5）开机运转机器，切勿加料，待观察无异常现象后，再徐徐加大药物进量，并随时观察，应随时注意进出料的平衡，进放过大会引起机壳温升损坏。

（6）随时注意，严防铁物流入机器内，以防事故，损坏机器。

（7）关机前应先停下料，待机内余料再运转 10～15min 后，可轻轻敲布袋，卸下布袋。

（8）刷净机器各部位的残留物，清洗机器上的剩余粉子，为下次使用做好准备。

（9）认真填好使用记录，并签字验收。

（10）实物参见图 6-25。

图 6-25　快速整粒机

图 6-26　振动筛分机

七、KZL 型振动筛分机操作规程

（1）使用前，应仔细检查电源、马达、筛网等设备，合格后方可启动。

（2）操作人员应随时坚守工作岗位，随时注意机器运转情况，发现异常，应立即停机检查。随时注意筛出的粒度大小，掌握颗粒的制剂要求。

（3）加料过筛时，应注意筛出情况而缓慢均匀加料。

（4）使用完毕后，必须进行清场处理。将筛网、安全罩洗净、晾干备用。填写仪器使用

记录。

（5）实物参见图 6-26。

八、DCK2000 型颗粒自动包装机操作规程

（1）开机前先检查所装容杯与制袋器的规格是否与要求相符，确认机器无异常情况后方可通电开机。

（2）在机器下将包装材料装在两挡纸轮间，保证供纸正常。

（3）接通总电源开关，压下离合器手柄，使计量机构与主传动分离，接通启动开关，机器空运行。

（4）如果输送皮带顺时针转动，应立即停机，此时为主电机反转，将电机倒相后使皮带逆时针转动。

（5）设定温度，根据所用包装材料，在电控箱的温控仪上设定热封温度。

（6）设定温度时，一般横封的设定温度应高出纵封 10℃左右。在包装材料不变形的情况下，设定温度越高越好，封合压力越低越好，以延长机器的使用寿命。

（7）袋长调整，将包装材料按有关规定穿好插入制袋器，夹于两滚轮间，转动滚轮，把包装材料拉到切刀以下，待达到设定温度 2min 后，接通启动开关，松开袋长调节螺杆的锁紧螺母，调节袋长控制器手钮，顺时针转动为袋长缩短，反之加长，达到所需袋长后，拧紧螺母。

图 6-27　颗粒自动包装机

（8）确定切刀位置，调整热封压力、调整袋长、落料时机、计量、堆料、包装速率。

（9）充料运行无异常后，机器就可以正常工作，接通计数器开关，即可完成计数工作，最后装上防护罩。

（10）使用完毕，必须进行清场处理。填写仪器使用记录。

（11）实物参见图 6-27。

九、JCT 型胶囊填充机操作规程

1. 操作前安全检查

（1）紧固检查　检查机器上所有紧固螺钉是否全部拧紧，检查活动齿轮、固定螺母是否松动，皮带是否松动。

（2）电路检查　打开电源开关，检查指示灯，判断电路运行是否正常。

（3）间距检查　检查上、下板是否水平，之间是否有异物，根据胶囊型号调节上、下压板的间距。

（4）实物参见图 6-28。

2. 开机操作

（1）按下"电源开关"中的绿色按钮，电源接通。

（2）缓慢调节"振动强弱调节旋钮"，顺时针方向旋转，此时与"振动支架"联为一体的整理盘开始振动，用手摸整理盘凭感觉调整到一定振荡强度。

（3）将装粉胶囊壳放入"装粉胶囊壳整理盘"内，每次约放 300 粒。将胶囊帽盖放入"胶囊帽盖整理盘"内，每次约 300 粒。整理盘用有机玻璃板制作。上面钻有许多上大下小漏斗型的圆孔，圆孔直径与胶囊号码直径相适应。

（4）约 30s，装粉胶囊和胶囊帽盖即掉入圆孔中，开口朝上。如遇个别开口朝下时，可用胶

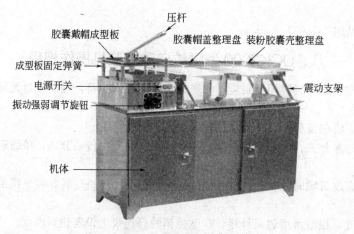

图 6-28　胶囊填充机

囊帽盖向下轻轻压套，即可轻松套合。

（5）水平手持装粉胶囊壳接板，在整理盘下部往里轻轻一推，整理盘中的装粉胶囊壳就会往下掉入接板圆孔中，取出接板，同样的方法，用胶囊帽盖接板取出胶囊帽盖。

（6）可预先准备一个底面积为 500mm×500mm、四边高约 10mm 的药粉方盘，内装药粉，将装粉胶囊壳接板平放在药粉方盘中。将随机配的有机玻璃框罩在装粉胶囊接板上，用小撮斗铲药粉放入框内，用框边一刮即可装满药粉，并把多余药粉刮掉。

（7）用随机配的胶囊帽盖套装板，放在胶囊帽盖接板上，有对位孔，很容易放置。翻转胶囊帽盖接板，使胶囊开口朝下，套在已装好药粉的装粉胶囊壳接板上，也有对位孔，很容易套合。

（8）将已套合的胶囊板放入"胶囊戴帽成型板"下面的空腔中，用手向下扳动"压杆"并到位，无须当心用力过大，因为有定位机构控制下压高度。取出套合胶囊板，倒出胶囊即可。

（9）机器使用完后，必须及时擦拭干净，并做清场记录。

（10）认真填好使用记录，并签字验收。

Ⓡ 达标检测题

一、选择题

（一）单项选择题

1.以下关于粉碎方法的叙述中，错误的是（　　）

A.性质及硬度相近的药物可掺和在一起粉碎

B.氧化性及还原性药物必须单独粉碎

C.贵重药物应单独粉碎

D.含共熔成分时，不能混合粉碎

E.毒性药物应单独粉碎

2.不必单独粉碎的药物是（　　）

A.氧化性药物　　　B.性质相同的药物

C.贵重药物　　　　D.还原性药物

E.毒性药物

3.关于散剂的说法正确的是（　　）

A.药味多的药物不宜制成散剂

B.含液体组分的处方不能制成散剂

C.吸湿性的药物不能制成散剂

D.毒剧药物不能制成散剂

E.散剂可供内服，也可外用

4.关于散剂的特点不正确的是（　　）

A.比表面积大，易分散、起效快

B.可容纳多种药物

C.制备简单

D.稳定性较好

E.便于小儿服用

5.散剂的质量检查不包括（　　）

A.均匀度　　B.粒度　　　C.水分

D.卫生学　　E.崩解度

6.不适于对湿热不稳定的药物制粒技术是

（　　）

　　A.过筛制粒　　　　B.重压法制粒

　　C.喷雾干燥制粒　　D.滚压法制粒

　　E.干法制粒

　　7.颗粒剂的粒度检查结果要求不能通过一号筛与能通过五号筛总和不得超过供试量的（　　）

　　A.15%　　　B.5%　　　C.7%

　　D.8%　　　E.10%

　　8.关于颗粒剂的叙述错误的是（　　）

　　A.专供内服的颗粒状制剂

　　B.颗粒剂又称细粉剂

　　C.只能用水冲服，不可以直接吞服

　　D.溶出和吸收速率较快

　　E.制备工艺与片剂类似

　　9.关于硬胶囊剂的特点错误的是（　　）

　　A.能掩盖药物的不良臭味

　　B.适合油性液体药物

　　C.可提高药物的稳定性

　　D.可延缓药物的释放

　　E.可口服也可直肠给药

　　10.硬胶囊剂制备错误的是（　　）

　　A.若纯药物粉碎至适宜粒度能满足填充要求，可直接填充

　　B.药物的流动性较差，可加入硬脂酸镁、滑石粉改善

　　C.药物可制成颗粒后进行填充

　　D.可用滴制法与压制法制备

　　E.应根据规定剂量所占的容积选择最小的空胶囊

　　11.下列不属于胶囊剂的质量要求的是（　　）

　　A.外观　　　　　B.水分含量

　　C.装量差异　　　D.崩解度和溶出度

　　E.均匀度

　　12.倍散的稀释倍数由剂量决定，通常十倍散是指（　　）

　　A.10份稀释剂与1份药物均匀混合的散剂

　　B.100份稀释剂与10份药物均匀混合的散剂

　　C.9份稀释剂与1份药物均匀混合的散剂

　　D.90份稀释剂与10份药物均匀混合的散剂

　　（二）配伍选择题

　　题1.～5.

　　A.质轻者先加入混合容器中，质重者后加入

　　B.采用等量递加法混合

　　C.先形成低共熔混合物，再与其他固体组分混匀

　　D.添加一定量的填充剂制成倍散

　　E.用固体组分或辅料吸收至不显湿润，充分混匀

　　1.比例相差悬殊的组分应（　　）

　　2.密度差异大的组分应（　　）

　　3.处方中含有薄荷油时应（　　）

　　4.处方中含有薄荷和樟脑时应（　　）

　　5.处方中药物是硫酸阿托品时应（　　）

　　题6.～10.

　　关于空胶囊的组成

　　A.明胶　　　　B.十二烷基硫酸钠　　C.琼脂

　　D.二氧化钛　　E.尼泊金

　　6.囊材是（　　）

　　7.增塑剂是（　　）

　　8.增加光泽是依靠（　　）

　　9.遮光剂是（　　）

　　10.防腐剂是（　　）

　　题11.～13.

　　A.肠溶胶囊剂　　B.硬胶囊剂　　C.软胶囊剂

　　D.微丸　　　　　E.滴丸剂

　　11.将药物细粉或颗粒填装于空心硬质胶囊中的是（　　）

　　12.将油性液体药物密封于球形或椭圆形的软质胶囊中的是（　　）

　　13.将囊材用甲醛处理后再填充药物制成的制剂是（　　）

　　（三）多项选择题

　　1.粉碎的方法有（　　）

　　A.湿法粉碎　　B.混合粉碎　　C.干法粉碎

　　D.低温粉碎　　E.水飞法

　　2.影响混合均匀性的主要因素有（　　）

　　A.各组分的比例量　　B.各组分的粒度与密度

　　C.含低共熔组分　　　D.混合速度

　　E.混合时间

　　3.复方散剂混合不均匀的原因可能是（　　）

　　A.药物的比例量相差悬殊

　　B.粉末的粒径差别大

　　C.药物的密度相差大

　　D.混合的时间不充分

　　E.混合的方法不当

　　4.关于过筛操作的叙述正确的是（　　）

　　A.含水量大的物料应事先适当干燥后再过筛

　　B.物料在筛网上堆积厚度要适宜

　　C.物料在筛网上运动速率愈快，过筛效率愈好

　　D.黏性、油性较强的药粉应掺入其他药粉一同过筛

　　E.过筛时需要不断振动

5. 下列关于口服固体剂型吸收快慢的顺序正确的是（　　　）

A. 颗粒剂＞散剂＞胶囊剂

B. 散剂＞颗粒剂＞胶囊剂

C. 胶囊剂＞片剂＞丸剂

D. 片剂＞胶囊剂＞丸剂

E. 散剂＞颗粒剂＞片剂

6. 不适合填充硬胶囊的物料是（　　　）

A. 油类液体药物　　B. 药物的油溶液

C. 药物的水溶液　　D. 药物的乙醇溶液

E. 药物的 PEG400 混悬液

7. 下列关于硬胶囊壳的叙述错误的是（　　　）

A. 胶囊壳主要由明胶组成

B. 制囊壳时加入山梨醇作抑菌剂

C. 加入二氧化钛使囊壳易于识别

D. 必要时可以加入矫味剂

E. 囊壳编号数值越大，其容量越大

8. 下列关于胶囊剂的叙述正确的是（　　　）

A. 可以掩盖药物不适的苦味及臭味

B. 生物利用度较丸剂、片剂高

C. 提高药物的稳定性

D. 弥补其他固体剂型的不足

E. 药物不能制成缓释、控释制剂

9. 易风化药物可使胶囊壳（　　　）

A. 变脆破裂　　B. 溶化　　C. 变软

D. 相互粘连　　E. 变色

二、简答题

1. 简述混合方法及适用情况。

2. 写出湿法制粒技术的工艺流程。

3. 为了改善明胶的性能，通常向制备空胶囊的胶液中加入哪些物质，各有什么作用？

4. 请用 Noyes-Whitney 方程说明影响固体药物溶出速率的因素及增加溶出速率的方法。

三、实例分析题

1. 硫酸阿托品处方如下：硫酸阿托品 10.0g；1‰胭脂红乳糖 10g；乳糖 加至 1000g。

根据处方回答下列问题：

（1）说明该倍散为几倍散？

（2）简述制备方法与过程。

2. 阿司匹林颗粒处方如下：乙酰水杨酸 60.0g；淀粉 600.0g；酒石酸 0.75g；10‰淀粉浆适量。

根据处方回答下列问题：

（1）写出处方中各成分有何作用？

（2）写出其制备工艺流程。

PPT 课件

项目七

滴丸剂及丸剂的制备技术

® 实例与评析

【实践操作实例 7-1】 制备滴丸剂

1. 器材与试剂

量筒、烧杯、滴管、滤纸；冰块、芸香油、硬脂酸钠、虫蜡、液体石蜡、冰片、聚乙二醇 6000。

2. 操作内容

（1）制备芸香油滴丸

［处方］芸香油 8.35g；硬脂酸钠 1g；虫蜡 0.25g；纯化水 1ml。

［制法］将芸香油、硬脂酸钠、虫蜡放入烧瓶中，摇匀，加水后再摇匀，水浴加热回流，时时振摇，使溶化成均匀的溶液，移入贮液罐内。药液保持 65℃ 由滴管滴出（滴头内径 4.9mm，外径 8.04mm，滴速约 120 丸/min），滴入含 1‰ 硫酸的冷却水溶液中，滴丸形成后取出，用冷水洗除吸附的酸液，用滤纸吸干水迹后即得。

（2）制备冰片滴丸

［处方］冰片 2.0g；聚乙二醇 6000 7.0g。

［制法］①安装仪器：冷却柱中加液体石蜡，外壁通凉水加碎冰块冷却。②药物分散：将聚乙二醇 6000 置蒸发皿中，水浴上加热至全部熔融，加入冰片搅拌至熔化。③滴制成丸：将上述药液于 80～85℃ 保温，调节滴管出口与冷却剂间的距离，控制滴速为每分钟 30～35 滴，每粒重50mg。待滴丸完全冷却后，取出滴丸，摊于滤纸上，擦取表面附着的液体石蜡，装于瓶中，即得。

【评析】

滴丸剂是指固体或液体药物与基质加热熔融后溶解、乳化或混悬于基质中，再滴入不相混溶、互不作用的冷凝液中，由于表面张力的作用使液滴收缩成球状而制成的制剂。主要供口服，也可外用（如眼、耳、鼻、直肠、阴道用滴丸）。这种滴法制丸的过程，实际上是将固体分散体制成滴丸的形式。

一般的工艺流程为：药物＋基质→均匀分散→滴制→冷却→洗丸→干燥→选丸→质量检查→包装

［制备要点］（1）由于芸香油的相对密度小，故本品采用上浮式滴制设备和方法制备。

（2）冷凝液中硫酸与滴丸表面硬脂酸钠反应生成硬脂酸，形成掺有虫蜡的薄壳，在肠中溶解度较胃中大，避免了芸香油对胃的刺激性，减少了恶心、呕吐等副作用。

【实践操作实例 7-2】 制备中药丸剂

1. 器材与试剂

中药制丸机、研钵、40 目筛、80 目筛、电炉、烧杯、天平；熟地黄、山茱萸（制）、牡丹皮、山药、茯苓、泽泻。

2. 操作内容

制备六味地黄丸。

[处方] 熟地黄 8g；山茱萸（制）4g；牡丹皮 3g；山药 4g；茯苓 3g；泽泻 3g。

[制法]（1）以上六味除熟地黄、山茱萸外，其余四味共研成粗粉，取其中一部分与熟地黄、山茱萸共研成不规则的块状，放入烘箱内于 60℃ 以下烘干，再与其他粗粉混合研成细粉，过 80 目筛混匀备用。

（2）炼蜜　取适量生蜂蜜置于适宜容器中，加入适量清水，加热至沸后，用 40～60 目筛过滤，除去死蜂、蜡、泡沫及其他杂质。然后，继续加热炼制，至蜜表面起黄色气泡，手拭之有一定黏性，但两手指离开时无长丝出现（此时蜜温约为 116℃）即可。

（3）制丸块　将药粉置于搪瓷盘中，每 100g 药粉加入炼蜜（70～80℃）90g 左右，混合揉搓制成均匀滋润的丸块。

（4）搓条、制丸　根据搓丸板的规格将以上制成的丸块用手掌或搓条板做前后滚动搓捏，搓成适宜长短粗细的丸条，再置于搓丸板的沟槽底板上（需预先涂少量润滑剂）手持上板使两板对合，然后由轻至重前后搓动数次，直至丸条被切断且搓圆成丸。每丸重 9g。

【评析】

中药丸剂俗称丸药，系指药材细粉或药材提取物加适宜的黏合剂或其他辅料制成的球形或类球形制剂。

一般蜜丸的制备工艺流程为：物料的准备→炼蜜→制丸块→搓条、制丸→选丸→质量检查→包装。

[制备要点]（1）蜂蜜炼制时应不断搅拌，以免溢锅。炼蜜程度应掌握恰当；药粉与炼蜜应充分混合均匀，以保证搓条、制丸的顺利进行；为避免丸块、丸条黏着搓条、搓丸工具及双手，操作前可在手掌和工具上涂擦少量润滑油，润滑剂可用麻油 1000g 加蜂蜡 120～180g 熔融制成。

（2）由于本方既含有熟地黄等滋润性成分，又含有茯苓、山药等粉性较强的成分，所以宜用中蜜，下蜜温度为 70～80℃。

（3）本实训是采用搓丸法制备大蜜丸，亦可采用泛丸法（即将每 100g 药粉用炼蜜 35～50g 和适量的水，泛丸）制成小蜜丸。

Ⓡ 相关知识

丸剂系指药物与适宜的辅料均匀混合，以适当方法制成的球状或类球状的制剂，一般供口服用。丸剂的种类较多，主要有中药丸剂、滴丸剂与微丸三类。一般丸剂就指中药丸剂。

一、滴丸剂概述

1. 滴丸剂的含义

滴丸剂系指固体或液体药物与适宜的基质加热熔融后溶解、乳化或混悬在基质中，再滴入互不混溶、互不作用的冷凝液中，由于表面张力的作用使液滴收缩成球状而制成的制剂。主要供口服，亦可供外用（眼、耳、鼻、直肠、阴道等局部使用）。

滴丸剂的发展

1. 1933年丹麦首次制成维生素甲丁滴丸后相继报道的有维生素A、维生素AD、维生素ADB_1、维生素ADB_1C苯巴比妥及酒石酸锑钾等滴丸。但无法保证产品质量。

2. 20世纪60年代末我国药学工作者做了大量的研究工作后，使滴丸剂具备了工业化生产的条件。

3. 1977年我国药典开始收载滴丸剂型，采用滴制法制备苏冰滴丸，而复方丹参滴丸已投入国际市场。

2. 滴丸剂的特点

(1) 生物利用度高、疗效迅速　因药物以分子、胶体或微粉状态高度分散在基质中，提高了药物的溶出速率和吸收速率。如灰黄霉素滴丸的剂量是微粉片的1/2。

(2) 增加药物的稳定性　因药物与基质融合后，与空气接触的面积变小，从而减少了药物的氧化和挥发，若基质为非水性，还可避免水解。工艺条件易于控制，受热时间短。

(3) 液体药物可制成固体滴丸，便于携带和服用，如芸香油滴丸、牡荆油滴丸等。

(4) 可根据药物性质与临床需要，选用不同的基质及辅料，制成不同给药途径的滴丸或具有缓释、控释性能的滴丸。如用于耳腔内治疗的氯霉素控释滴丸可起长效作用。

(5) 设备简单、操作容易；质量稳定、剂量准确；工艺周期短、生产效率高；车间无粉尘，利于劳动保护。

(6) 目前可供选择的基质较少，且载药量有限，难以制成大丸（一般丸重多在100mg以下），因而只能应用于剂量小的药物。

3. 滴丸剂的基质与冷凝液

滴丸剂中除药物以外的赋形剂一般称为基质，用于冷却滴出的液滴，使之收缩冷凝成为滴丸的液体称为冷凝液。基质与冷凝液对滴丸的形成，以及溶出速率、稳定性等密切相关。

(1) 理想基质的条件　与药物不发生化学反应，不影响药物的疗效与检测；熔点较低，在60～100℃条件下能熔化成液体，遇骤冷又能冷凝为固体，与药物混合后仍能保持以上物理形状；对人体无害。

(2) 常用基质　滴丸剂基质分为水溶性与非水溶性基质两大类：水溶性基质常用的有聚乙二醇类（PEG）、泊洛沙姆、硬脂酸聚烃氧（40）酯、硬脂酸钠以及甘油明胶等；脂肪性基质常用的有硬脂酸、单硬脂酸甘油酯、氢化植物油、虫蜡等。选择基质时应根据"相似者相溶"的原则，尽可能选用与药物极性或溶解度相近的基质。但在实际应用中，亦有采用水溶性与非水溶性基质的混合物作为滴丸的基质，如国内常用PEG 6000与适量硬脂酸混合，可得到较好的滴丸。

(3) 冷凝液　冷凝液不是滴丸剂的组成部分，但参与滴丸剂制备的工艺过程，如果处理不彻底，仍可能产生毒性，因此冷凝液应具备下列条件：①安全无害，或虽有毒性，但易于除去；②与药物和基质不相混溶，不起化学反应；③有适宜的相对密度，一般应略高于或略低于滴丸的相对密度，使滴丸（液滴）缓缓上浮或下沉，便于充分凝固，丸形圆整。

常用的冷凝液有两种：①水溶性基质可用液体石蜡、植物油、甲基硅油等；②非水溶性基质可用水、不同浓度的乙醇、酸性或碱性水溶液等。

二、丸剂概述

（一）丸剂的含义、分类

1. 丸剂的含义

中药丸剂，俗称丸药，系指药材细粉或药材提取物加适宜的黏合剂或其他辅料制成的球形或类球形制剂。主要供内服。丸剂是我国传统剂型之一，我国早期医籍《黄帝内经》中就有丸剂的记载。

2. 丸剂的分类

（1）根据赋形剂分类　可分为蜜丸、水蜜丸、水丸、糊丸、浓缩丸、蜡丸、滴丸等。

① 蜜丸　为药物细粉用蜂蜜作黏合剂制成的丸剂。根据药丸的大小和制法的不同，又可分为大蜜丸（即每丸在 0.5g 以上的丸）、小蜜丸（即每丸在 0.5g 以下的丸），如"安宫牛黄丸""琥珀抱龙丸""八珍益母丸""人参养荣丸"等。

② 水蜜丸　是指药物细粉以蜂蜜和水为黏合剂制成的丸剂。

③ 水丸　水丸也叫水泛丸，是指将药物细粉用冷开水、药汁或其他液体（黄酒、醋或糖液）为黏合剂制成的小球形干燥丸剂。因其黏合剂为水溶性的，服用后易崩解吸收，显效较快。如"木香顺气丸""加味保和丸"等。

④ 浓缩丸　又称"膏药丸"，是指将部分药物的提取液浓缩成膏与某些药物的细粉，以水、蜂蜜或蜂蜜和水为黏合剂制成的丸剂。如"安神补心丸""舒肝止痛丸"等。

⑤ 糊丸　是指药物细粉以米粉、米糊或面糊等为黏合剂制成的丸剂。

⑥ 蜡丸　是指药物细粉以蜂蜡为黏合剂制成的丸剂。

⑦ 滴丸　药材提取物与基质混匀加热熔化后，滴入不相混溶的冷却剂中，收缩冷凝成丸的丸剂。

（2）根据制法分类　可分为泛制丸、塑制丸和滴制丸。

（二）丸剂的特点

（1）传统的丸剂作用迟缓，多用于慢性病的治疗，如蜜丸、水蜜丸等。

（2）可缓和某些药物的毒副作用，如糊丸、蜡丸等。

（3）可减缓某些药物成分的挥散，如水丸、糊丸等。

（4）丸剂的缺点：服用剂量大，小儿服用困难，尤其是水丸溶散时限难以控制，原料多以原粉入药，微生物易超标。

（三）中药丸剂的辅料

中药丸剂常用的辅料主要有黏合剂、润湿剂、吸收剂或稀释剂。

1. 黏合剂

一些含纤维、油脂较多的药材细粉，需加适当的黏合剂才能成型。常用的黏合剂有蜂蜜、米糊或面糊、药材清（浸）膏、糖浆等。

（1）蜂蜜　为《中国药典》收载的药材。蜂蜜有滋补、润肺止咳、润肠通便、解毒调味的功效。同时，蜂蜜中的还原糖可防止药物氧化。但生蜂蜜中含有杂质、酶及较多的水分，黏性不足，成丸易虫蛀和生霉变质，服用后又会产生泻下等副作用。故生蜂蜜在使用之前必须加热炼制，以除去过多的水分，增加黏性，杀死微生物及破坏酶，制成炼蜜以保证其稳定性及纯化的目的。

（2）米糊或面糊　系以黄米、糯米、小麦及神曲等的细粉制成的糊，用量为药材细粉的40%左右，可用调糊法、煮糊法、冲糊法制备。所制得的丸剂一般较坚硬，胃内崩解较慢，常用于含毒剧药和刺激性药物的制丸。

（3）药材清（浸）膏　植物性药材用浸出方法制备得到的清（浸）膏，大多具有较强的黏性。因此，可以同时兼作黏合剂使用，与处方中其他药材细粉混合后制丸。

（4）糖浆　常用蔗糖糖浆或液状葡萄糖，既具黏性，又具有还原作用，适用于黏性弱、易氧化药物的制丸。

2. 润湿剂

（1）水　系指纯化水。能润湿药粉中的黏液质、糖及胶类，诱发药粉的黏性。

（2）酒　常用白酒与黄酒两种。酒能溶解药材中的树脂、油脂而增加药材细粉的黏性，但其黏性比经水润湿后的黏性程度低，若用水作润湿剂黏性太强、制丸有困难时，可以酒代之。此外，酒兼有一定的药理作用，具有舒筋活血功效的丸剂常用酒作润湿剂。

（3）醋　常用米醋（含醋酸量为 3%～5%）。具有散瘀止痛功效的丸剂常用醋作润湿剂。醋还有助于药材中碱性成分的溶解，提高药效。

（4）水蜜　一般以炼蜜 1 份加水 3 份稀释而成，兼具润湿与黏合作用。

（5）药汁　处方中某些药材不易制粉，可将其煎汁或榨汁作为其他药粉成丸的辅料，既有利于保存药性、提高药效，又节省了其他辅料的用量。

3. 吸收剂

中药丸剂中，外加其他稀释剂或吸收剂的情况较少，一般是将处方中出粉量高的药材制成细粉，作为浸出物、挥发油的吸收剂，这样可避免或减少其他辅料的用量。亦可用惰性无机物如氢氧化铝、碳酸钙、甘油磷酸钙、氧化镁或碳酸镁等作吸收剂。

Ⓡ 必需知识

一、滴丸剂的制备

1. 滴丸剂的制备方法及设备

滴丸剂采用滴制法进行制备，其生产工艺流程如图 7-1 所示。

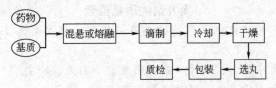

图 7-1　滴制法滴丸剂制备工艺流程

滴丸剂的制备设备常用滴丸机，基质的熔化可在滴丸机中或熔料锅中进行，冷凝方式有静态冷凝与动态冷凝两种，滴出方式有下沉和上浮两种，见图 7-2。

2. 制备滴丸时需要注意的因素

（1）影响滴丸丸重的因素

① 滴管口径　在一定范围内管径大则滴制的丸也大，反之则小。

② 温度　温度上升表面张力下降，丸重减小；反之亦然。因此，操作中要保持恒温。

③ 滴管口与冷却剂液面的距离　两者之间距离过大时，液滴会因重力作用被滴散而产生细粒，因此两者距离不宜超过 5cm。

注：为了加大丸的质量，可采用滴出口浸在冷却液中滴制，滴液在冷却液中滴下必须克服因产生浮力的同体积的冷却液的质量，故丸重增大。

（2）影响滴丸圆整度的因素

① 液滴在冷却液中移动速率　液滴与冷却液的密度相差大、冷却液的黏滞度小都能增加移

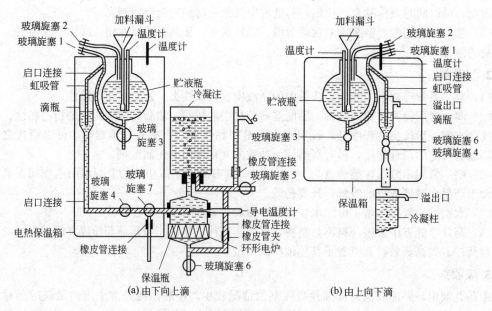

图 7-2 滴制法制备滴丸设备示意

动速率。移动速率愈快，受的力愈大，其形愈扁。

② 液滴的大小　液滴小，液滴收缩成球体的力大，因而小丸的圆整度比大丸好。

③ 冷凝剂性质　适当增加冷凝剂和液滴亲和力，使液滴中空气尽早排出，保护凝固时丸的圆整度。

④ 冷凝剂温度　最好是梯度冷却，有利于滴丸充分成型冷却，但使用甲基硅油作冷却剂不必分步冷却，只需控制滴丸出口温度（40℃左右），如苏冰滴丸。

知识链接

滴丸剂的质量检查

　　按照《中国药典》对滴丸剂的质量检查有关规定，滴丸剂需要进行如下方面的质量检查。

1. 外观　滴丸应大小均匀、色泽一致，表面的冷凝液应除去。

2. 重量差异　滴丸剂重量差异限度应符合表 7-1 中规定。

表 7-1　滴丸剂的重量差异限度

平均重量	重量差异限度
0.03g 以下或 0.03g	±15%
0.03～0.3g	±10%
0.3g 以上	±7.5%

　　检查法：取供试品 20 丸，精密称定总质量，求得平均丸重后，再分别精密称定每丸的质量。每丸重量与平均丸重相比较，超出限度的不得多于 2 丸，并不得有 1 丸超出限度 1 倍。

　　包糖衣的滴丸应在包衣前检查丸心的重量差异，符合表中规定后方可包衣，包衣后不再检查重量差异。

3. 溶散时限　按崩解时限检查法进行检查，除另有规定外，应符合规定。

4. 微生物限度　按微生物限度检查法进行检查，应符合规定。

二、中药丸剂的制备

常用的丸剂制备方法包括塑制法和泛制法，中药滴丸则采用滴制法。

1. 塑制法

塑制法是将药材粉末与适宜的辅料（主要是润湿剂或黏合剂）混合制成软硬适宜的具可塑性的丸块，再经搓条、分割及搓圆制成丸剂的方法。塑制法生产丸剂的一般工艺流程如图7-3所示。

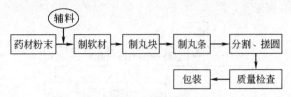

图7-3　塑制法生产丸剂工艺流程

（1）配料　按处方将已炮制合格的药材称好、配齐。通过粉碎、过筛（除另有规定外，供制丸剂用的药粉应为细粉或最细粉）、混合均匀后备用。

（2）合药　将已混合均匀的药粉加入适量炼蜜，充分混匀，使成软硬适宜、可塑性好的丸块的操作过程称为合药。

丸块的软硬程度及黏稠程度直接影响丸粒成型和在贮存中是否变形。优良的丸块应以软硬适宜、里外一致、无可见性粉末、不粘手、不黏附器壁为宜。

> ●知识链接●
>
> **影响丸块质量的因素**
>
> 1. 炼蜜的程度　应根据处方中药材的性质、粉末粗细、含水量高低、当时的气温及湿度、所需黏合剂的黏性强度，炼制蜂蜜。蜜过嫩则粉末黏合不好，丸粒表面不光滑；过老则丸块发硬，难以搓圆。
>
> 2. 下蜜温度　应根据处方中药物性质而定。除另有规定外，炼蜜应趁热加入药粉中；处方中含有树脂类、胶类及挥发性成分药物时，炼蜜应在60℃左右加入。
>
> 3. 用蜜量　药粉与炼蜜的比例是影响丸块质量的重要因素。一般比例是（1:1）～（1:1.5），但也有偏高或偏低的，主要取决于下列因素。①药粉的性质：黏性强的药粉用蜜量宜少；含纤维较多，黏性极差的药粉，用蜜量宜多。②季节：夏季用蜜量应少，冬季用蜜量宜多。③合药方法：手工合药用蜜量较多，机械合药用蜜量较少。

（3）搓丸条　丸块软材制成后必须放置一定时间，使炼蜜渗透到药粉内，诱发丸块的黏性和可塑性，有利于搓条和成丸。丸条一般要求粗细均匀，表面光滑，无裂缝，内面充实而无空隙，以便分粒和搓圆。

（4）成丸　小量生产时，可将丸条等量截切后用搓丸板做圆周运动使丸粒搓圆；或用带沟槽的切丸板分割、搓圆。

大量生产用的滚筒式轧丸机由两个或三个表面有半圆形切丸槽的铜制滚筒所组成，滚筒的转速快慢不一，丸条在两滚筒之间切断并搓圆，必要时干燥即得。

目前，大生产多采用可以直接将丸块制成丸剂的机器制丸，整个过程全封闭操作，减少药物的染菌概率，并且性能稳定，操作简单，一次成丸无须筛选，无须二次整形。中药自动制丸机（如图7-4所示）主要由加料斗、推进器、自控轮、导轮、

图7-4　中药自动制丸机

制丸刀轮等组成。操作时，将混合均匀药料投入到具有密封装置的药斗内以不溢出加料斗又不低于加料斗高度的 1/3 为宜，通过进药腔的压药翻板，在螺旋推进器的挤压下，推出多条相同直径的药条，在导轮控制下，丸条同步进入相对方向转动的制丸刀轮中，由于制丸刀轮的径向和轴向运动，将丸条切割并搓圆，连续制成大小均匀的药丸。

2. 泛制法

泛制法是将药物粉末与润湿剂或黏合剂交替加入适宜的设备内，使药丸逐层增大的方法。泛制法工艺流程如图 7-5 所示。

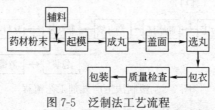

图 7-5　泛制法工艺流程

（1）原料处理　按要求将处方中药材粉碎成细粉，过五号筛或六号筛，混合均匀。需制成药汁的药材应按规定处理。

（2）起模　系将部分药粉制成大小适宜丸模的操作过程，是制备水丸的关键环节。起模法是将少许药粉置泛丸匾或转动的包衣锅内，喷刷少量水或其他润湿剂，使药粉黏结形成小粒，再喷水、撒粉，配合揉、撞、翻等的泛丸动作，反复多次，使体积逐渐增大形成直径 0.5～1mm 的圆球形小颗粒，经过筛分等即得丸模。也有使用软材过筛制粒的方法起模。

（3）成型　系将丸模逐渐加大至接近成品的操作。操作时将丸模置包衣锅内，开动包衣锅，反复喷水润湿和加药粉，使丸粒的体积逐渐增大，直至形成外观圆整光滑、坚实致密、大小适合的丸剂。

（4）盖面　将成型后的丸剂经过筛选，剔除过大或过小的丸粒，置于包衣锅内转动，加入留出的药粉（最细粉）或清水或浆头（即将药粉或废丸加水混合制成的稠厚液体），继续滚动至丸面光洁、色泽一致、外形圆整。

（5）干燥　除另有规定外，水蜜丸、水丸、浓缩水蜜丸和浓缩水丸均应在 80℃ 以下进行干燥；含挥发性成分或淀粉较多的丸剂（包括糊丸）应在 60℃ 以下进行干燥；不宜加热干燥的应采用其他适宜的方法进行干燥。

（6）筛选　泛制法制备的水丸，大小常有差异，干燥后须经筛选，以保证丸粒圆整、大小均匀、剂量准确。

（7）包衣与打光　需要进行包衣、打光的丸剂在转动的包衣锅内，不断滚动，经交替喷水或喷入适宜黏合剂、撒入包衣物料（如朱砂、滑石、雄黄、青黛、甘草、黄柏、百草霜以及礞石粉等），包衣物料可均匀黏附在丸面上。包衣完成后，撒入川蜡，继续转动 30min，即完成包衣和打光工序。

除水丸外，蜜丸、水蜜丸、糊丸和浓缩丸等都可根据需要进行包衣。衣层尚可选用糖衣、薄膜衣和肠溶衣，包衣方法与片剂相同。

> ●知识链接●
>
> ### 丸剂的质量控制
>
> 　　丸剂外观应圆整均匀、色泽一致，大蜜丸和小蜜丸应细腻滋润、软硬适中。除另有规定外，供制丸剂用的药粉，应通过六号筛或五号筛；蜜丸所用蜂蜜须经炼制后使用。
>
> 　　1.水分　除另有规定外，大蜜丸、小蜜丸、浓缩蜜丸不得超过 15%，水蜜丸、浓缩水蜜丸不得超过 12%，水丸、糊丸、浓缩水丸不得超过 9.0%。

2. **重量差异** 按丸服的丸剂，按重量服用的丸剂、滴丸分别按药典法检查重量差异。包衣丸剂包衣前检查丸心的重量差异，合格后方可包衣。包衣后不再检查重量差异。

3. **溶散时限** 除大蜜丸不检查溶散时限外，小蜜丸、水蜜丸、水丸应在 1h 内全部溶散；浓缩丸、糊丸应在 2h 内全部溶散；滴丸在 30min，包衣滴丸在 1h 内溶散。

4. **微生物限度** 按《中国药典》检查，应符合规定。

此外还要进行方药的定性定量检测。

® 拓展知识

一、DWJSY-Ⅲ型实验滴丸机操作规程

该机体积小（图7-6），手动操作，数字显示，温度自动控制，参数设置自如，操作方便，工作直观，独立制冷机组，功率大，制冷效果好，可制作 10～50mg 滴丸，适合制药专业院校教学演示和新药研究机构制备工艺研究。

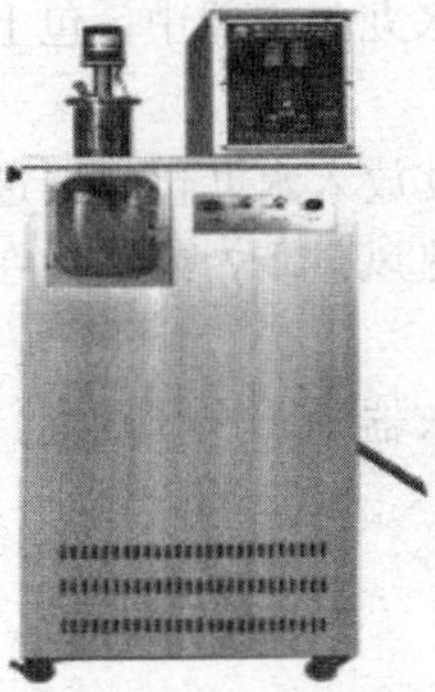

(1) 关闭滴头开关，油箱内加入医药级 D201～100 甲级硅油，接入压缩空气管道。

(2) 打开"电源"开关，接通电源；滴罐及冷却柱处照明灯点亮。

(3) 将"制冷温度""油浴温度""药液温度"和"底盘温度"显示仪的温度，调节到所要求的温度值。

(4) 按下"制冷"开关，启动制冷系统。

(5) 按下"油泵"开关，启动磁力泵，并调节柜体左侧面下部的液位调节旋钮，使冷却剂液位平衡。

图7-6 实验滴丸机

(6) 按下"滴罐加热"开关，启动加热器为滴罐内的导热油加热。

(7) 按下"滴盘加热"开关，启动加热盘为滴盘进行加热保温。

(8) 启动已准备好的空气压缩机，让其达到 0.7MPa 的压力（观察设备上的空滤器压力表指示）

(9) 药液温度靠油浴温度影响，当药液温度达到所需温度时，将滴头用开水加热浸泡 5min，戴手套拧入滴罐下的滴头螺纹上。

(10) 将加热熔化好的滴制滴液从滴罐上部加料口处加入；在加料时，可调节面板上"真空"旋钮，让滴罐内形成真空，滴液能迅速地进入滴罐。

(11) 加料完成后，要将加料口的盖上好（保证滴缸内不漏气）。

(12) 按动"搅拌"开关，调节"调速"按钮，使搅拌器在要求的转速下进行工作。

(13) 本设备设计有冷却柱上下升降装置，可根据滴制工艺的不同要求，上下调节滴头下部与液面的距离。

(14) 一切工作准备完毕后（即制冷温度、药液温度和底盘温度显示为要求值时），方可进行滴丸滴制工作。

(15) 缓慢扭动滴缸上的滴头开关，打开滴头开关，需要时调节面板上的"气压"或"真空"旋钮，使滴头下滴的滴液符合滴制工艺要求，药液稠时调"气压"旋钮，药液稀时调"真空"旋钮；注意一旦调好不要随便旋动，以保证丸重均匀。

(16) 当药液滴制完毕时，首先关闭滴头开关，将"气压"和"真空"旋钮调整到最小位置后，再按（12）～（17）项进行下一循环操作。

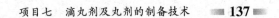

（17）当该批滴液全部滴制完成后，关闭面板上的"制冷""油泵"开关，按加料方法将准备好的热水（≥80℃）加入滴罐内，对滴头进行清洗工作。清洗时，打开"搅拌"开关，对滴罐内的热水进行搅拌，提高搅拌器的速率，使残留的滴液溶于热水中；在滴头上插入放水胶管，然后，打开滴头开关，将热水从滴头排出。

（18）清洗完成后，关闭"电源开关"，拔下电源插头，清理设备表面和工作现场。

二、DZ-20 小型中药制丸机操作规程

（1）本机使用前，取下上盖壳、齿轮箱盖，必须在各油眼处滴加数滴无水分食用油，再用医用酒精擦洗四根滚轴及与药丸相接触的部位，做消毒处理。

（2）将上盖壳、齿轮箱盖重新安装复位，接通电源，打开开关，空机转动 1~2min。

（3）取适量调配均匀的团状药料，投入挤压槽口中，进行压饼，然后将饼状药料投入出条槽中成条，再将以做成的药条逐根横放在制丸槽中直接搓制成丸。

（4）水丸：将药面（0.1kg）放入包衣器中，逐步放入米汤，形成粒状后，间隔不断喷淋饮用水，可逐步滚制成丸。

（5）包衣：待药丸制成后，可放在水丸包衣器中，包上白色、红色等外衣。

（6）烘干方法：药丸制成后，将药丸放入水丸包衣器进行电加热即可进行烘干。亦可用电吹风的热风烘干，或直接在阳光下晒干。

（7）抛光方法：将药丸放在水丸包衣器中，连续翻滚，滚动时间越长，表面越光滑。

图 7-7　中药制丸机

（8）实物参见图 7-7。

Ⓡ 达标检测题

一、选择题

（一）单项选择题

1.滴丸与软胶囊的主要共同点是（　　）
A.均为滴制法制备　　B.均为药丸
C.均为球形　　D.均要用 PEG 类
E.均要用明胶

2.滴丸常用的水溶性基质有（　　）
A.硬脂酸钠　　B.硬脂酸
C.单硬脂酸甘油酯　　D.虫蜡
E.氢化植物油

3.滴丸剂的制备工艺流程一般为（　　）
A.药物＋基质→混悬或熔融→滴制→洗丸→冷却→干燥→选丸→质检→分装
B.药物＋基质→混悬或熔融→滴制→冷却→干燥→洗丸→选丸→质检→分装
C.药物＋基质→混悬或熔融→滴制→冷却→洗丸→选丸→干燥→质检→分装
D.药物＋基质→混悬或熔融→滴制→洗丸→

选丸→冷却→干燥→质检→分装
E.药物＋基质→混悬或熔融→滴制→冷却→洗丸→干燥→选丸→质检→分装

4.含有毒性及刺激性强的药物宜制成（　　）
A.水丸　　B.蜜丸　　C.水蜜丸
D.浓缩丸　　E.蜡丸

5.制备水溶性滴丸时用的冷凝液是（　　）
A.PEG 6000　　B.水　　C.液体石蜡
D.硬脂酸　　E.石油醚

6.丸剂的优点是（　　）
A.每丸的含药量较小　　B.生物利用度高
C.起效快　　D.服用量大
E.作用缓和、持久

7.含有大量纤维素和矿物性黏性差的药粉制备丸剂时应该选用的黏合剂是（　　）
A.原蜜　　B.中蜜　　C.嫩蜜
D.水蜜　　E.老蜜

8.关于蜜丸的叙述错误的是（　　　）

A.是以炼蜜为黏合剂制成的丸剂

B.大蜜丸是指质量在6g以上者

C.一般用于慢性病的治疗

D.一般用塑制法制备

E.易长菌

9.关于滴丸丸重的叙述错误的是（　　　）

A.滴丸滴速越快，丸重越大

B.温度高，丸重小

C.温度高，丸重大

D.滴管口与冷却剂之间的距离应大于5cm

E.滴管口径大，丸重也大，但不宜太大

10.关于老蜜的判断错误的是（　　　）

A.炼制老蜜会出现"牛眼泡"

B.有"滴水成珠"现象

C.出现"打白丝"

D.含水量较低，一般在14%～16%

E.相对密度为1.40

11.蜂蜜炼制目的叙述错误的是（　　　）

A.除去蜡质　　　B.杀死微生物

C.破坏淀粉酶　　D.增加黏性

E.促进蔗糖酶解为还原糖

12.可以采用塑制法制备的丸剂是（　　　）

A.水丸　　　　　B.蜜丸　　　C.浓缩丸

D.蜜丸＋浓缩丸　E.水丸＋浓缩丸

13.可以采用泛制法制备的丸剂是（　　　）

A.水丸　　　　　B.蜜丸　　　C.浓缩丸

D.蜜丸＋浓缩丸　E.水丸＋浓缩丸

14.含淀粉较多的药物制备蜜丸需要采用的辅料是（　　　）

A.嫩蜜　　　　　B.中蜜　　　C.老蜜

D.中蜜或老蜜　　E.上述均可以

15.《中国药典》规定，水蜜丸的溶散时限为（　　　）

A.15min内溶散　　B.30min内溶散

C.45min内溶散　　D.60min内溶散

E.120min内溶散

（二）多项选择题

1.滴丸剂的特点是（　　　）

A.液体药物可制成固体滴丸剂

B.含药量大，服用量小

C.生物利用度高

D.生产设备简单，操作简便

E.可增强药物稳定性

2.滴丸剂具有的优点是（　　　）

A.起效迅速

B.可掩盖药物的不良气味

C.每丸的含药量较大

D.可增加药物稳定性

3.滴丸剂基质的要求有（　　　）

A.熔点较低　　　　B.不与主药发生反应

C.对人体无害　　　D.流动性较高

E.不影响主药的疗效与检测

4.制备滴丸剂时的影响因素有（　　　）

A.滴制温度　　　　B.滴制速度

C.滴头口径　　　　D.滴距

E.冷凝柱的高度

5.滴丸基质应具备的条件是（　　　）

A.不与主药发生作用

B.不影响主药的疗效

C.对人体无害

D.熔点较低，一般为60～100℃

E.加热下能熔化成液体，而遇骤冷又能凝固成固体

6.选用脂溶性好的基质制备滴丸时，可以选用的冷凝剂是（　　　）

A.水　　　　　　　　　　　B.植物油

C.液体石蜡与植物油的混合物　D.液体石蜡

E.酒精

7.固体药物在滴丸的基质中分散的状态可以是（　　　）

A.形成固体溶液　　B.形成固态凝胶

C.形成微细结晶　　D.形成无定形状态

E.形成固态乳剂

8.为改善滴丸的圆整度，可采取的措施是（　　　）

A.液滴不宜过大

B.液滴与冷却液的密度差应相近

C.液滴与冷却剂间的亲和力要小

D.液滴与冷却剂间的亲和力要大

E.冷却剂要保持恒温，温度要低

9.丸剂制备炼蜜的目的有（　　　）

A.杀死微生物　　　B.增加甜味

C.除去杂质　　　　D.破坏酶

E.增加黏性

10.下列关于水丸的叙述中，错误的是（　　　）

A.黏质糖多的处方多用酒作润湿剂

B.活血通络的处方多用酒作润湿剂

C.疏肝理气止痛的处方多用醋作润湿剂

D.水丸"起模"应选用黏性强的极细粉

E.泛丸时酒作为润湿剂产生的黏性比水弱

11.关于浓缩丸的叙述正确的是（　　）

A.又称为"药膏丸"

B.又称为"浸膏丸"

C.是采用泛制法制备的

D.是采用塑制法制备的

E.与蜜丸相比减少了体积和服用量

12.蜂蜜炼制不到程度，"蜜嫩水多"可导致蜜
丸（　　）

A.表面粗糙　　　B.蜜丸变硬　　　C.皱皮

D.返砂　　　　　E.空心

13.可以用作制备丸剂的辅料的是（　　）

A.水　　　　B.酒　　　C.蜂蜜

D.药汁　　　E.面糊

14.关于塑制法制备蜜丸叙述正确的是（　　）

A.含有糖、黏液质较多宜热蜜和药

B.所用炼蜜与药粉的比例应为（1∶1）～（1∶1.5）

C.一般含糖类较多的药材用蜜量可以多些

D.夏季用蜜量宜少

E.手工用蜜量宜多

15.制丸块是塑制蜜丸关键工序，那么优良的
丸块应为（　　）

A.可塑性非常好，可以随意塑形

B.表面润泽，不开裂

C.丸块被手搓捏较为黏手

D.较软者为佳

E.握之成团、按之即散

16.影响丸块质量的因素有（　　）

A.炼蜜的程度　　　B.下蜜温度

C.用蜜量　　　　　D.药粉的性质

E.合药方法

二、简答题

1.滴丸剂有何特点？写出滴丸剂生产的工艺流程。

2.滴丸剂的基质与冷凝剂的选择有何要求？

3.中药丸剂有何作用特点？制备方法有哪些？

4.中药丸剂在制备时，针对不同性质的药材如何对炼蜜进行选择？

三、实例分析题

1.冰片滴丸的处方如下：冰片 2.0g；聚乙二醇 6000 7.0g。

根据处方回答下列问题：

（1）冰片滴丸基质为何种类型，如何选择冷凝剂？

（2）制备滴丸时应注意些什么？

2.六味地黄丸处方如下：熟地黄 160g；山茱萸（制）80g；牡丹皮 60g；山药 80g；茯苓 60g；泽
泻 60g。

【制法】以上六味除熟地黄、山茱萸外，其余四味共研成粗粉，取其中一部分与熟地黄、山茱萸共研
成不规则的块状，放入烘箱内于 60℃以下烘干，再与其他粗粉混合研成细粉，过 80 目筛混匀备用。每
100g 粉末加炼蜜 80～110g 制成小蜜丸或大蜜丸。或加炼蜜 35～50g 与适量的水，泛丸，干燥，制成水
蜜丸，即得。

根据处方和制法回答下列问题：

（1）六味地黄丸选择何种程度的炼蜜，合药时温度范围为多少？

（2）写出丸剂的制备工艺流程。

PPT 课件

项目八
片剂的制备技术

® 实例与评析

【实践操作实例 8-1】 制备西药片剂

1. 器材与试剂

80 目筛，14 目筛，研钵等；碳酸氢钠、薄荷油、干淀粉、4%糊精、硬脂酸镁。

2. 操作内容

碳酸氢钠片的制备。

［处方］碳酸氢钠 30g；薄荷油 0.2ml；干淀粉 1.5g；4%糊精 4.5ml；硬脂酸镁 0.15g；共制 100 片。

［制法］取碳酸氢钠通过 80 目筛，加入 4%糊精拌和制成软材通过 14 目筛制粒，湿粒于 50℃以下烘干，温度可逐渐增至 65℃，使之快速干燥，用快速水分测定仪测水分，之后干粒通过 14 目筛，再用 80 目筛筛出部分细粉，将此细粉与薄荷油拌匀，加入干淀粉与硬脂酸镁混合，用 80 目筛筛过后，在密闭容器中放置 4h，使颗粒将薄荷油吸收后压片。

【评析】

片剂（tablet）是指药物与适宜辅料均匀混合后经制粒或不经制粒压制而成的圆形片状或异形片状制剂。常见的异形片有三角形、菱形、椭圆形等。片剂由药物和辅料两部分组成。

片剂的辅料亦称赋形剂，为非治疗性物质。加入辅料的目的是使药物在制备过程中具有良好的流动性和可压性；有一定的黏结性；遇体液能迅速崩解、溶解、吸收而产生疗效。辅料应为"惰性物质"，性质稳定，不与主药发生反应，无生理活性，不影响主药的含量测定，对药物的溶出和吸收无不良影响。但是，实际上完全惰性的辅料很少，辅料对片剂的性质甚至药效有时可产生很大的影响，因此，要重视辅料的选择。片剂中常用的辅料包括填充剂、润湿剂、黏合剂、崩解剂及润滑剂等。

片剂的制法分为直接压片、干法制粒压片和湿法制粒压片。除对湿、热不稳定的药物之外，多数药物采用湿法制粒压片。湿法制粒压片适用于对湿热稳定的药物。其一般工艺流程如下：

粉碎、过筛 → 混合 $\xrightarrow{\text{润湿剂、黏合剂、崩解剂}}$ 制软材 → 制湿颗粒 → 湿粒干燥 → 整粒 $\xrightarrow[\text{挥发性成分}]{\text{润滑剂、崩解剂}}$ 混合 → 压片 → 包衣 → 质量检查 → 包装

［制备要点］（1）本品用 4%糊精作黏合剂，也可用 12%淀粉浆。淀粉浆制法如下。①煮浆法：取淀粉徐徐加入全量的水，不断搅匀，避免结块，加热并不断搅拌至沸，放冷即得。②冲浆法：取淀粉加少量冷水，搅匀，然后冲入一定量的沸水，不断搅拌，至成半透明糊状。此法适宜小量制备。

（2）湿粒干燥温度不宜过高，因其在潮湿情况下受高温易分解，生成碳酸钠，使颗粒表面带黄色（$2NaHCO_3 \longrightarrow Na_2CO_3 + H_2O + CO_2$）。为了使颗粒快速干燥，故调制软材时，黏合剂用

量不宜过多，调制不宜太湿，烘箱要有良好的通风设备，开始时在 50℃ 以下将大部分水分逐出后，再逐渐升高至 65℃ 左右，使之完全干燥。

（3）本品干粒中须加薄荷油，压片时常易造成裂片现象，故湿粒应制得均匀，干粒中通过 60 目筛的细粉不得超过 1/3。

（4）薄荷油也可用少量稀醇稀释后，用喷雾器喷于颗粒上，混合均匀，在密闭容器中放置 24～48h，然后进行压片，否则压出的片剂呈现油的斑点。

（5）黏合剂用量要适当，使软材达到以手握之可成团块、手指轻压时又能散裂而不成粉状为度。再将软材挤压过筛，制成所需大小的颗粒，颗粒应以无长条、块状和过多的细粉为宜。

（6）本品为白色片，用于缓解胃酸过多引起的胃痛、胃灼热感（烧心）、反酸。

【实践操作实例 8-2】 制备中药片剂

1. 器材与试剂

中药提取罐、80 目筛、14 目筛等；穿心莲、淀粉、60%乙醇、硬脂酸镁。

2. 操作内容

穿心莲片的制备。

［处方］穿心莲 100g；淀粉 适量；60%乙醇 适量；硬脂酸镁 1g；共制 100 片。

［制法］取穿心莲（除根）切碎，加水及碳酸钠适量，加水煎煮 3 次。第一次煎煮 1h，后两次煎煮 30min，合并煎液，过滤，滤液加盐酸至呈中性。将滤液先直火蒸发，后水浴蒸发，直至浓缩成稠膏状即可。然后将稠膏加入适量淀粉搅匀，切成小块，置烘箱内干燥至易粉碎即可。再取上述干浸膏研细，过 80 目筛，所得细粉加淀粉稀释至 25g，将上述细粉用 60%乙醇按喷雾法润湿，制成适宜的软材后，过 14 目筛 1～2 次得湿粒，湿粒在 60℃ 烘干。干粒过 14 目筛整粒，加入硬脂酸镁混匀。压片，称重，计算片重，压片（片重约 0.25g），包衣。

【评析】

中药片剂系指药物细粉或提取物与适宜的赋形剂混合，经加工压制而成圆形或其他形式的片状分剂量的剂型，供内服和外用。

［制备要点］（1）穿心莲有效成分为二萜内酯部分，其中包括穿心莲内酯、新穿心莲内酯及脱氧穿心莲内酯。此外穿心莲尚含有几种黄酮类、生物碱、有机酸及香豆精等。

（2）淀粉在处方中起稀释剂及崩解剂的作用。

（3）注意制粒和压片过程中，易吸湿而黏附器具。

（4）本品也可留 10%～15% 的穿心莲细粉，以代替部分淀粉颗粒。

 ® 相关知识

一、片剂的分类及特点

· 知识链接 ·

片剂的发展

片剂是在丸剂使用基础上发展起来的，创用于 19 世纪 40 年代，到 19 世纪末随着压片机械的出现和不断改进，片剂的生产和应用得到了迅速的发展。近十几年来，片剂生产技术与机械设备方面也有较大的发展，如沸腾制粒、全粉末直接压片、半薄膜包衣、新辅料、新工艺以及生产联动化等。中药片剂的研究和生产仅在 20 世纪 50 年代才开始，随着

中药化学、药理、制剂与临床几方面的综合研究，中药片剂的品种、数量不断增加，工艺技术日益改进，片剂的质量逐渐提高。

中药片剂在类型上除一般的压制片、糖衣片外，还有微囊片、口含片、外用片及泡腾片等。在片剂生产工艺方面逐渐摸索出一套适用于中药片剂生产的工艺条件，如对含脂肪油及挥发油片剂的制备，如何提高中药片剂的硬度、改善崩解度、片剂包衣等逐渐积累经验，使质量不断提高。总之目前片剂已成为品种多、产量大、用途广，使用和贮运方便，质量稳定的剂型之一，片剂在中国以及其他许多国家的药典所收载的制剂中，均占 1/3 以上，可见应用之广。

1. 片剂的分类

片剂的分类按给药途径，结合制备与作用分类如下。

(1) 内服片　是应用最广泛的一种，在胃肠道内崩解吸收而发挥疗效。

① 压制片（素片）　指药物与赋形剂混合后，经加工压制而成的片剂，一般不包衣的片剂多属此类，应用最广。如安胃片、参茸片等。

② 包衣片　指压制片（常称为片心）外面包有衣膜的片剂，按照包衣物料或作用的不同，可分为糖衣片、薄膜衣片、肠溶衣片等。如牛黄解毒片、银黄片、盐酸小檗碱片、呋喃妥因片等。

③ 长效片　指含有延缓崩解物料的药片，能使药物缓慢释放而延长作用。如长效氨茶碱片等。

④ 嚼用片　指在口内嚼碎后下咽的压制片，多用于治疗胃部疾患。如氢氧化铝凝胶片、酵母片等。

(2) 口含片　指含于口腔内缓缓溶解的压制片，能对口腔及咽喉等局部产生较久的药效，用于局部的消炎、消毒等。如四季青喉片、喉炎片、保喉片、麝香酮含片等。口含片比一般内服片大而硬，味道适口。

(3) 舌下片　指置于舌下使用的压制片，能在舌下唾液中溶解后被黏膜吸收，起速效作用。如硝酸甘油片、异丙肾上腺素片等。此外，还有一种唇颊片，将药片放在上唇与门齿牙龈一侧之间的高处，通过颊黏膜被吸收，既有速效作用又有长效作用，如硝酸甘油唇颊片。

(4) 外用片　指阴道片和专供配制外用溶液用的压制片。前者直接用于阴道，如鱼腥草素外用片治疗慢性子宫颈炎。外用溶液片将片剂加一定量的缓冲液或水溶解后，成一定浓度的溶液，如供滴眼用的白内停片、供漱口用的复方硼砂漱口片、供消毒用的升汞片等。外用溶液片的组成成分必须均为可溶物。

(5) 其他片（特殊片）

① 微囊片　指固体或液体药物利用微囊化工艺制成干燥的粉粒，经压制而成的片剂，如牡荆油微囊片。

② 泡腾片　指含有泡腾崩解物料的片剂。可供口服或外用，如滴净泡腾片。

③ 多层片　指片剂各层含有不同赋形剂组成的颗粒或不同的药物，可以避免复方药物的配伍变化，使药片在体内呈现不同的疗效或兼有速效与长效的作用，如用速效、长效两种颗粒压成的双层复方氨茶碱片。

中药片剂的分类

中药片剂按其原料特征可分为以下四种类型。

1. 提纯片　系指将处方中药材经过提取，得到单体或有效部位，以提纯物作为原料，加适宜的赋形剂制成的片剂，如北豆根片。

2. 全粉末片　系指将处方中全部药材粉碎成细粉作为原料，加适宜的赋形剂制成的片剂。如参茸片。

3. 全浸膏片　系指将处方中全部药材用适宜的溶剂和方法提取制得浸膏，加适宜的赋形剂制成的片剂，如穿心莲片。

4. 半浸膏片　系指将处方中部分药材经提取制得浸膏，与剩余药材细粉加适宜的赋形剂制成的片剂，如银翘解毒片。

2. 片剂的特点

（1）片剂的优点

① 化学药品、抗生素等这些原料制备的片剂剂量准确，成分含量均匀，而且一些药片还压上凹纹，便于再次分剂量。

② 制剂稳定性较好，因其产品致密，受外界空气、光线、水分等因素的影响较小，必要时可通过包衣加以保护从而增强片剂的稳定性。

③ 因其体积小，有一定的机械强度，故方便携带、运输和服用。

④ 片剂生产的机械化、自动化程度较高，故便于大量生产。

⑤ 药片上可以压上产品名称、含量、厂标等标记，也可以将片剂着上不同颜色，便于识别。

⑥ 可制成不同类型的片剂，如分散片、控释片、肠溶片、咀嚼片及含片等，可以制成含有两种或两种以上药物的复方片剂，提高制剂处方的合理性，从而满足临床医疗或预防的不同需要。

（2）片剂的缺点

① 幼儿及不能正常进食的患者由于吞咽功能问题不易使用。

② 生产工艺处方和生产过程不当会影响药物的溶出和生物利用度。

③ 除个别品种外，片剂普遍不具有应急性。

④ 一些药物不宜制成片剂，如在胃肠道不吸收或吸收达不到治疗剂量的药品，要求发挥局部作用和要求含有一定量液体成分的药品等。

● 知识链接 ●

片剂的质量要求

对于片剂的质量要求，一般是硬度适中、色泽均匀、光洁美观、含量准确、重量差异小、崩解或溶出度符合药典要求，同时，对于某些小剂量的功效成分，还应当符合含量均匀度检查的要求。《中国药典》制剂通则规定片剂在生产和贮存期间应符合下列有关规定。

1. 原料药与辅料应混合均匀，含量小或含有毒剧药物的片剂，可根据药物的性质用适宜方法使其分散均匀。

2. 凡属挥发性或遇热分解的药物，应采取适宜措施，在生产中应避免受热损失。制片的颗粒应控制水分，以适应压片工艺的需要。

3. 凡具有不适的臭和味、刺激性、易潮解或遇光易变质的药物，制成片剂后，可包糖衣或薄膜衣。对一些遇胃液易破坏或需要在肠内释放的药物，制成片剂后，应包肠溶衣。为减少某些药物的毒副作用或为延缓某些药物的作用或使某些药物能定位释放，可采用适宜的制剂技术制成控制药物溶出的片剂。

4.片剂的重量差异，崩解时限及某些药物的片剂含量均匀度、溶出度应符合有关规定。

5.片剂外观应完整光洁，色泽均匀，应有适宜的硬度，以免在包装贮运过程中发生碎片。

6.除另有规定外，片剂宜密封贮存，防止受潮、发霉、变质失效，应符合有关卫生学的要求。

二、片剂的辅料

片剂常用的辅料一般包括稀释剂和吸收剂、润湿剂与黏合剂、崩解剂及润滑剂等。

1.稀释剂和吸收剂

稀释剂和吸收剂统称为填充剂。前者适用于主药剂量小于 0.1g，或含浸膏量多，或浸膏黏性太大而制片困难者。后者适用于原料药中含有较多挥发油、脂肪油或其他液体，而需制片者。常用有以下品种，有些兼有黏合和崩解作用。

(1)淀粉及可压性淀粉　淀粉价廉易得，是片剂最常用的稀释剂、吸收剂和崩解剂。可压性淀粉又称预胶化淀粉，有良好的可压性、流动性和自身润滑性，制成的片剂硬度、崩解性均较好，尤适于粉末直接压片。

(2)糊精　常与淀粉配合用作填充剂，兼有黏合作用。糊精黏性较大，用量较多时宜选用乙醇为润湿剂，以免颗粒过硬。应注意糊精对某些药物的含量测定有干扰，也不宜用作速溶片的填充剂。

(3)糖粉　易溶于水，易吸潮结块。为片剂优良的稀释剂，兼有矫味和黏合作用。多用于口含片、咀嚼片及纤维性中药或质地疏松的药物制片。糖粉常与淀粉、糊精配合使用。糖粉具引湿性，用量过多会使制粒、压片困难，久贮使片剂硬度增加；酸性或强碱性药物能促使蔗糖转化，增加其引湿性，故不宜配伍使用。

(4)乳糖　易溶于水，无引湿性；具良好的流动性、可压性；性质稳定，可与大多数药物配伍。乳糖是优良的填充剂，制成的片剂光洁、美观，硬度适宜，释放药物较快，较少影响主药的含量测定，久贮不延长片剂的崩解时限，尤其适用于引湿性药物。

(5)甘露醇　为白色结晶性粉末，清凉味甜，易溶于水；无引湿性，是咀嚼片、口含片的主要稀释剂和矫味剂。山梨醇可压性好，亦可作为咀嚼片的填充剂和黏合剂。

(6)硫酸钙二水物　为白色或微黄色粉末，不溶于水，无引湿性，性质稳定，可与大多数药物配伍。对油类有较强的吸收能力，并能降低药物的引湿性，常作为稀释剂和挥发油的吸收剂。硫酸钙半水物遇水易固化硬结，不宜选用。使用二水物以湿颗粒法制片时，湿粒干燥温度应控制在 70℃以下，以免温度过高失去 1 个分子以上的结晶水后，遇水硬结。据报道，本品可干扰槲皮素的吸收。

(7)磷酸氢钙　为白色细微粉末或晶体，呈微酸性，具良好的稳定性和流动性。磷酸钙与其性状相似，两者均为中药浸出物、油类及含油浸膏的良好吸收剂，并有减轻药物引湿性的作用。

(8)其他　氧化镁、碳酸钙、碳酸镁均可作为吸收剂，尤适于含挥发油和脂肪油较多的中药制片。其用量应视药料中含油量而定，一般为 10%左右。应注意酸性药物不适用，因它们碱性较强。

2.润湿剂和黏合剂

润湿剂和黏合剂在制片中具有使固体粉末黏结成型的作用。本身无黏性，但能润湿并诱发药粉黏性的液体，称为润湿剂。适用于具有一定黏性的药料制粒压片。本身具有黏性，能增加药粉间的黏合作用，以利于制粒和压片的辅料，称为黏合剂。适用于没有黏性或黏性不足的药料制粒压片。

黏合剂有固体型和液体型两类，一般液体型的黏合作用较大，固体型（也称"干燥黏合剂"）往往兼有稀释剂的作用。润湿剂和黏合剂的合理选用及其用量的恰当控制关系到片剂的成型，影响到有效成分的溶出及片剂的生物利用度。常用的润湿剂与黏合剂如下。

（1）水 一般多用蒸馏水或去离子水。易溶于水或易水解的药物则不适用。

（2）乙醇 凡药物具有黏性，但遇水后黏性过强而不易制粒；或遇水受热易变质；或药物易溶于水难以制料；或干燥后颗粒过硬，影响片剂质量者，均宜采用不同浓度的乙醇作为润湿剂。中药浸膏粉、半浸膏粉等制粒常采用乙醇作润湿剂，用大量淀粉、糊精或糖粉作赋形剂者亦常用乙醇作润湿剂。

（3）粉浆（糊） 常用的黏合剂。使用浓度一般为8%～15%，以10%最为常用。淀粉浆的制法有煮浆法和冲浆法两种。

（4）糊精 主要作为干燥黏合剂，亦有配成10%糊精浆与10%淀粉浆合用。糊精浆黏性介于淀粉浆与糖浆之间，主要使粉粒表面黏合，不太适用于纤维性大及弹性强的中药制片。

（5）糖浆 为蔗糖的水溶液，其黏合力强，适用于纤维性强、弹性大以及质地疏松的药物。使用浓度多为50%～70%，常与淀粉浆或胶浆混合使用。不宜用于酸、碱性较强的药物，以免产生转化糖而增加引湿性，不利制片。液状葡萄糖、饴糖、炼蜜都具有较强的黏性，适用的药物范围与糖浆类似，但均具一定引湿性，应控制用量。

（6）胶浆类 具有强黏合性，多用于可压性差的松散性药物或作为硬度要求大的口含片的黏合剂。使用时应注意浓度和用量，若浓度过高、用量过大会影响片剂的崩解和药物的溶出。此类中的阿拉伯胶浆和明胶浆主要用于口含片及轻质或易失去结晶水的药物。另一多功能黏合剂聚乙烯吡咯烷酮（PVP）胶浆，其水溶液适用于咀嚼片，其干粉为直接压片的干燥黏合剂，能增加疏水性药物的亲水性，有利于片剂崩解；其无水乙醇溶液可用于泡腾片的制粒；而5%～10% PVP水溶液是喷雾干燥制粒时的良好黏合剂。

（7）微晶纤维素 可作黏合剂、崩解剂、助流剂和稀释剂。因具吸湿性，故不适用于包衣片及某些对水敏感的药物。

（8）纤维素衍生物 羧甲基纤维素钠、羟丙基甲基纤维素和低取代羟丙基纤维素均可作黏合剂。都兼有崩解作用。

3. 崩解剂

除口含片、舌下片、长效片外，一般片剂均需加崩解剂。

片剂的崩解机制

片剂的崩解机制与所用崩解剂及所含药物的性质有关，主要有以下几点。

1. 毛细管作用 片剂具有许多毛细管和孔隙，与水接触后水即从这些亲水性通道进入片剂内部，强烈的吸水性使片剂润湿而崩解。淀粉及其衍生物和纤维素类衍生物的崩解作用多与此相关。

2. 膨胀作用 崩解剂吸水后充分膨胀，自身体积显著增大，使片剂的黏结力瓦解而崩散。羧甲基淀粉及其钠盐的崩解作用主要在于其强大的膨胀作用。

3. 产气作用 泡腾崩解剂遇水产生气体，借气体的膨胀而使片剂崩解。

4. 其他机制 尚有可溶性原、辅料遇水溶解使片剂崩解或蚀解；表面活性剂因能改善颗粒的润湿性，而促进崩解；辅料中加入了相应的酶，因酶解作用而有利于崩解等。

片剂常用崩解剂如下。

（1）干燥淀粉　用前 100℃ 干燥 1h。本品对易溶性药物的片剂作用较差，适用于不溶性或微溶性药物的片剂。因淀粉的可压性较差，遇湿受热易糊化，故用量不宜过多，湿粒干燥温度亦不宜过高，否则将影响成品的硬度和崩解度。

（2）羧甲基淀粉钠（CMS-Na）　具良好的流动性和可压性；遇水后，体积可膨胀 200～300 倍；亦可作为直接压片的干燥黏合剂和崩解剂。适用于可溶性和不溶性药物；用量为 4%～8%，一般采用外加法。

（3）低取代羟丙基纤维素（L-HPC）　膨胀度较淀粉大，崩解作用好。

（4）泡腾崩解剂　最常用的由碳酸氢钠和枸橼酸或酒石酸组成，遇水产生二氧化碳气体，使片剂迅速崩解。泡腾崩解剂可用于溶液片等，局部作用的避孕药也常制成泡腾片。

（5）表面活性剂　为崩解辅助剂。能增加药物的润湿性，促进水分透入，使片剂容易崩解。常用的表面活性剂，如吐温-80、溴化十六烷基三甲铵、十二烷基硫酸钠、硬脂醇磺酸钠等。用量一般为 0.2%。

片剂崩解剂的加入方法

1. 内加法　与处方粉料混合在一起制成颗粒。崩解作用起自颗粒的内部，使颗粒全部崩解。但由于崩解剂包于颗粒内，与水接触较迟缓，且淀粉等在制粒过程中已接触湿和热，因此，崩解作用较弱。

2. 外加法　与已干燥的颗粒混合后压片。此法虽然片剂的崩解速率较快，但其崩解作用主要发生在颗粒与颗粒之间，崩解后往往呈颗粒状态而不呈细粉状。

3. 内外加法　一部分与处方粉料混合在一起制成颗粒，另一部分加在已干燥的颗粒中，混匀压片。此种方法可以克服上述两种方法的缺点，是较为理想的方法。

4. 特殊加入法

（1）泡腾崩解剂酸、碱组分一般应分别与处方药料或其他赋形剂制成干燥颗粒后，再行混合。压片颗粒或成品均应妥善贮藏、包装，避免与潮气接触。

（2）表面活性剂的加入，一般制成醇溶液喷在干颗粒上，或溶解于黏合剂内，或与崩解剂混合后加于干颗粒中。

4. 润滑剂

压片前必须加入的能增加颗粒（或粉）流动性，减少颗粒（或粉）与冲模内摩擦力，具有润滑作用的物料称为润滑剂。

片剂润滑剂的作用

1. 助流性　用以降低颗粒间摩擦力，增加颗粒的流动性，保证片重恒定。

2. 抗黏着性　防止压片物料黏着于冲模表面，使片剂光洁。

3. 润滑性　降低颗粒或片剂与冲模间摩擦力，易于出片，减少冲模磨损。

常用润滑剂如下。

（1）硬脂酸盐　硬脂酸、硬脂酸锌和硬脂酸钙也可用作润滑剂，其中硬脂酸锌多用于粉末直接压片。

（2）滑石粉　为白色至灰白色结晶性粉末，不溶于水；助流性、抗黏着性良好，润滑性附着性较差；用量一般为干颗粒重的 3%～6%。

（3）PEG 4000 或 PEG 6000　为水溶性润滑剂，适用于溶液片或泡腾片，用量为 1%～4%。

（4）月桂醇硫酸镁　为水溶性润滑剂，可改善片剂的崩解和药物的溶出；润滑作用优于十二烷基硫酸钠和聚乙二醇。用量为 1%～3%。

（5）微粉硅胶（白炭黑）　为轻质白色无定形粉末，不溶于水，具强亲水性；有良好的流动性、可压性、附着性。为粉末直接压片优良的助流剂、润滑剂、抗黏附剂、吸收剂，用量为 0.15%～3%。

> **·知识链接·**
>
> **片剂的其他辅料**
>
> 　1.着色剂　片剂中常加入着色剂以改善外观和便于识别。着色剂以轻淡优美的颜色为最好，因为色深易出现色斑。使用的色素包括天然色素和合成染料，均应无毒、稳定。合成色素应限于我国卫生部门允许使用者，可溶性色素虽能形成均衡的色泽，但在干燥过程中，某些染料有向颗粒表面迁移的倾向，致使片剂带有色斑，以使用不溶性色素较好。
>
> 　2.芳香剂和甜味剂　主要用于口含片及咀嚼片。常用的芳香剂有芳香油等，可将其醇溶液喷入颗粒中或先与滑石粉等混匀后再加入。甜味剂一般不需另加，可在稀释剂选择时一并考虑，必要时可加入甜菊苷或阿司帕坦等。

® 必需知识

一、片剂的制备

要制得符合质量要求的片剂，用于压片的颗粒或粉末必须具备三个条件，即具有良好的流动性、可压性和润滑性。流动性良好的物料可顺利地流入压片机的模孔，保持较小的片重差异；可压性良好的颗粒或粉末容易被压缩成具有一定形状；良好的润滑性可保证片剂不黏冲，使压成的片剂被顺利推出。片剂的制备方法按制备工艺分为两大类，即为制粒压片法和直接压片法，其中制粒压片法分为湿法制粒压片法和干法制粒压片法，直接压片法分为粉末直接压片法和结晶药物直接压片法。

片剂生产中应用最为广泛的是制粒压片法，制颗粒的目的在于：①增加物料的流动性，改善可压性；②增大药物松密度，使空气逸出，减少片剂松裂；③减少各成分分层，使片剂中物料含量准确；④避免粉尘飞扬及粉末黏附于冲头表面造成黏冲、挂模现象。本节重点介绍湿法制粒压片法。

（一）湿法制粒压片法

湿法制粒压片法系将药物和辅料粉末混合后加入黏合剂或润湿剂制备颗粒，经干燥后压制成片的工艺方法。本法可以较好地解决粉末流动性差、可压性差的问题，对湿热稳定的药物常采用此法。工艺流程见图 8-1。

1. 粉碎、过筛、混合

见散剂的制备部分。

2. 制作软材、湿粒制备、湿粒的干燥、整粒

见颗粒剂的制备部分。

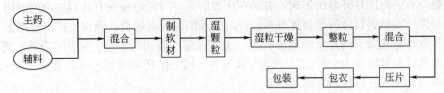

图 8-1　湿法制粒压片的工艺流程

3. 压片前加入挥发性药物与辅料

润滑剂通常是在整粒后用细筛（100 目）筛入干颗粒中混匀便可。需加崩解剂时，先将其干燥过筛（100 目），然后徐徐加入干粒中，搅匀，移入容器内密闭，防止吸潮，备压片用。某些处方中有挥发油（如薄荷油）的片剂，最好加入润滑剂与颗粒混合后筛出的部分细粉混匀，再与全部干粒混合，以避免混合不匀产生花斑。亦可用 80 目筛从干粒中筛出细粉适量，用以吸收挥发油，再加入干燥颗粒中混匀。若需加入的挥发性药物为固体（如薄荷脑），可先用乙醇溶解或与其他成分混合研磨使共熔后，再喷射在颗粒上混匀。

4. 计算片重

片重的计算方法有以下两种。

（1）按主药含量计算片重　药物制成干颗粒需经过一系列操作，主辅料必将有一损失，故压片前应对干颗粒中主药的实际含量进行测定，然后按式(8-1)计算片重。

$$片重 = \frac{每片主药含量}{测得颗粒中主药的百分含量} \tag{8-1}$$

（2）按干颗粒总重计算片重　在大生产时，根据生产中主辅料的损耗，适当增加了投量，片重按式(8-2)计算。

$$片重 = \frac{干颗粒重 + 压片前加入的辅料量}{预定的应压片数} \tag{8-2}$$

对于成分复杂，没有含量测定方法的中草药片剂也按此式计算。

5. 压片

•知识链接•

压片机类型

压片机可分为单冲压片机和多冲旋转式压片机。

单冲压片机通过凸轮（或偏心轮）连杆机构（类似于冲床的工作原理），使上、下冲产生相对运动而压制药片。单冲式并不一定只有一副冲模工作，也可以有两副或更多，但多副冲模同时冲压，由此引起机构的稳定性及可靠性要求严格，结构复杂，不多采用。单冲压片机是间歇式生产，间歇加料，间歇出片，生产效率较低，适用于实验室和大尺寸片剂生产。

多冲旋转式压片机主要工作部件有工作转盘、加料机构、填充调节机构、上下冲的导轨装置和压力调节机构，是将多副冲模呈圆周状装置在工作转盘上，各上、下冲的尾部由固定不动的升降导轨控制。当上、下冲随工作转盘同步旋转时，又受导轨控制做轴向的升降运动，从而完成压片过程。这时压片机的工艺过程是连续的，连续加料、连续出片。就整机来看，受力较为均匀平稳，在正式生产中被广泛使用。多冲旋转式压片机多按冲模数目来编制机器型号，如 19 冲、33 冲压片机等。

在压片机压片过程中，会遇到一些问题。如片重差异超限、硬度不足、顶裂、崩解时间延长等上述问题。有的在压片开始时出现，有的在压片的某一时段出现既有物料方面的原因，又有设备方面的原因，要做到具体问题具体分析，及时发现问题及时解决，确保生产出合格的产品。

（1）片重差异超限　药片重量差异较大，无法保证患者用药剂量。《中国药典》规定0.30g以下药片的重量差异限度为±7.5％，0.30g或0.30g以上的药片重量差异限度为±5％，引起重量差异的原因有物料和机械两方面的因素。

① 压片机压片过程中由于待压混合物流动性较差或待压混合物粒径相差悬殊，会产生较大的重量差异。这是高速压片中存在的问题之一。

待压混合物流动性不好，在压片机压片时流速不一，使待压混合物填充模圈时多时少，引起重量差异；流动性更差时，由于产生"架桥现象"和"鼠洞现象"，会导致颗粒填充模圈时完全中断，为了保证待压混合物具有最佳的流动性，可通过下方法达到目的。

a. 在一步制粒机制粒过程中，摸索出适宜的工艺参数，可获得一定粒径范围的颗粒和最佳的粒度分布。压片机中冲模的容积是一定的，大颗粒和小颗粒的比例可改变每一个冲模中的填充量，当存在较多大颗粒时将干扰颗粒填充冲模空间。所以从一步制粒机中出来的颗粒必须经过一定筛目的整粒机进行整粒。

b. 待压混合物在干燥状态时，其流动性一般较好。在相对湿度较高的环境中吸收一定量的水分后，由于颗粒表面吸附了一层水膜，因为表面张力以及毛细管力等的作用，使粒子间的引力增强，使待压混合物的流动性变差。在压片过程中应控制压片环境的相对湿度。

c. 在外相中加入适宜的助流剂，可提高待压混合物的流动性。

② 如果采取以上措施仍无效，则要寻找机械方面的原因。

a. 检查下冲上下是否灵活，下冲能否下降到最低位置。高速压片机的下冲经过某位置，安装有压力感受器，通过一定的反馈系统来自动控制下冲的下降位置，从而控制冲模的填充深度，最终达到自动调节片重的目的。

b. 加料斗内颗粒过多过少，会影响颗粒的流速，所以在料内加装螺旋搅拌器，防止产生前面所述的"架桥"和"鼠洞"。在更换待压混合物料桶时会引起重量差异波动现象，生产中注意观察，避免在料斗内物料快完时才更换待压混合物料桶，注意使料位开关处于"自动"挡。

c. 在压片机上安装强迫加料器，可确保待压混合物均匀地供料并填充冲模。

d. 建立健全压片机模具管理程序，定期检查模具的精度，否则会导致片剂重量差异。

（2）硬度不足　颗粒硬度不足，将导致药片硬度不足，造成松片现象，在包装运输过程中出现破损或磨损现象。在压片机压片时需适当提高压片压力，获得可以接受的药片硬度。颗粒硬度不足的主要原因如下。

① 黏合液选择不当或黏合液浓度过低：选择黏性较好的黏合液或适当增加黏合液的浓度，但同时要考虑是否会影响片剂的崩解时限或主药的溶出。

② 水分含量不足：待压混合物的颗粒中应含有适宜的水分。如果水分不足，在压片时会导致黏合液效果减弱，引起药片硬度不足。待压混合物颗粒中的水分是片剂粉末成型不可缺少的因素，它使药物粒子增加可塑性，减少弹性。同时压片过程中挤压出的水分能在颗粒外面形成薄膜层，便于粒子互相接触，产生足够的内聚力。如果在辅料中含有水溶性成分，则成型后的药片因干燥失水使可溶性成分重结晶，在粒子间形成固体桥，药片硬度得以增强。

（3）顶裂　顶裂表现为药片由顶部或底部的一层裂开并完全脱落，这一现象可能出现在压片时开始，但是也可能于压片几天后出现。所以在压片开始后应立即进行脆碎度检查。出现顶裂的原因如下。

① 在压片机压片期间，由于压片机速度快，含有大量细粉的颗粒中的空气来不及排出，在压力解除后，由于弹性回复出现顶裂现象，应采取的措施如下：

a. 换用黏性较强的黏合剂，增加黏合液浓度，减少大量细粉产生；

b. 在压片机上安装预压凸轮，采用二次压缩预压凸轮进行预压时，能排除细粉中含有的大量空气，当冲模运行至终压轮下面时压缩成型；

c. 适当地降低压片机压片压力，减少弹性内应力，减低其弹性回复率；

d. 检查模具是否受损变形。

② 如果颗粒过于干燥，也易造成顶裂：颗粒中含有一定比例的水分，是片剂压片成型的基本条件。如果水分含量太低，在压片期间降低物料间黏性，形成的颗粒强度不足，则加压后易产生顶裂。

（4）崩解时间延长　若口服片剂崩解时间延长，则药物从压片混合物中溶出的速率缓慢，在适宜的时间内无法达到有效血药浓度，该药片的生物利用度就降低。

在处方设计期间，崩解时间延长的问题，可通过在处方中加入崩解剂、改变黏合液的种类或减少黏合液的浓度加以解决。

在压片期间，当润滑剂与其他颗粒混合时间延长，会减弱颗粒间的结合力，导致药片硬度降低。为了保证药片硬度，需加大压片压力。而增加压片压力又使药片的孔隙率和孔径变小，不利于药片崩解，造成药片崩解时间延长。

在制粒期间，由于喷液时造成过度湿润产生硬颗粒形成硬片，崩解时间也随之延长。

（5）黏冲模　指所压药片表面不光洁，有凹陷，或药片边缘粗糙，停机检查时可看到冲头和模圈表面黏着药物。原因和措施如下。

① 由于润湿不足而产生，增加润湿剂的数量，但要考虑是否造成片剂硬度增加和崩解时间延长。

② 待压混合物水分含量过大造成粘冲模，将待压混合物进一步干燥，获得最佳含水量。

③ 检查冲模表面是否光滑，控制生产操作间的相对湿度。

> **知识链接**
>
> **压片过程中可能出现的其他问题及防止措施**
>
> 1. 变色和色斑　系指片剂表面的颜色变化或出现色泽不一的斑点，导致外观不符合要求。产生的原因有颗粒过硬、混料不匀、接触金属离子、污染压片机的油污等，需针对原因逐个处理解决。
>
> 2. 叠片　系指两个片剂叠压在一起的现象。其原因有出片调节器调节不当、上冲粘片等，如不及时处理，则易因压力过大损坏机器，故应立即停机检修，针对原因分别处理。
>
> 3. 卷边　系指冲头与模圈碰撞，使冲头卷边，造成片剂表面出现半圆形的刻痕，需立即停车，更换冲头和重新调节机器。
>
> 4. 麻点　指片剂表面产生许多小点，可能是润滑剂和黏合剂用量不当、颗粒受潮、颗粒大小不匀、冲头表面粗糙或刻字太深、有棱角及机器异常发热等引起的，可针对原因处理解决。

（二）干法制粒压片

本法适用于药物对湿、热不稳定，有吸湿性和物料流动性差，不能直接压片的药物。将药物及辅料等混匀，采用滚压法或重压法使之成块状或大片状，然后再将其粉碎成所需大小颗粒，依法计算片重等后，压制成片。工艺流程如下：

药物＋辅料→粉碎→过筛→混合→压块→粉碎→整粒→混合→压片

（三）粉末直接压片

粉末直接压片是将药物的细粉与适宜的辅料混匀后，不制粒而直接压制成片的方法。本法的基本条件是必须有性能优良的辅料，此辅料应有良好的流动性和压缩成型性。当片剂中药物的剂量不大，药物在片剂中占的比例较小时，混合物的流动性和压缩成型性主要决定于直接压片用辅料的性能。为改善流动性和压缩成型性等，必要时选用优质助流剂（如微粉硅胶）和添加适宜的可改善压缩成型性的辅料（如硅酸铝镁等）。

直接压片法可简化工艺，节约能源，尤其是因片剂一步崩解成细粉，所以药物溶出度高。研究人员将可压性淀粉为辅料试用于多种药物，证明直接压片法制成的片剂中药物的溶出度均比市售片（湿法制粒压片）高。

直接压片虽有优点，在国外应用较多，但在国内难以推广，其原因是：①缺乏优质辅料，现有的几种辅料如微晶纤维素、可压性淀粉等均为细粉末，生产中粉尘多，亟待研究和开发优质直接压片用辅料，如复合辅料；②现有辅料直接压成的片剂外观不光洁；③压片机的精度不理想，有漏粉现象等。

二、片剂的包衣

包衣是指片剂（称片心或素片）表面上包裹上适宜的材料衣层的操作。包衣技术在制药工业中占有非常重要的地位。

包衣的目的是：①掩盖药物的不良气味，增加患者的顺应性；②避光、防潮，以提高药物的稳定性；③改变药物释放的位置及速率，如胃溶、肠溶、缓释、控释等；④保护药物免受胃酸或胃酶破坏；⑤隔离配伍禁忌成分；⑥可提高美观度，增加药物的识别能力，提高用药的安全性等。

包衣有糖包衣、薄膜包衣、压制包衣等方式。

1. 常用的包衣方法

（1）滚转包衣法　亦称锅包衣法，是经典且广泛使用的包衣方法，可用于糖包衣、薄膜包衣以及肠溶包衣等，包括普通滚转包衣法和埋管包衣法。滚转包衣常用的设备一般由紫铜或不锈钢等稳定且导热性良好的材料制成，常为荸荠形。

（2）流化包衣法　流化包衣制粒原理与流化制粒原理基本相似，将片心置于流化床中，通入气流，借急速上升的空气流的动力使片心悬浮于包衣室内，上下翻动处于流化（沸腾）状态，然后将包衣材料的溶液或混悬液以雾化状态喷入流化床，使片心表面均匀分布一层包衣材料，并通入热空气使之干燥，如此反复包衣，直至达到规定要求。

（3）压制包衣法　一般采用两台压片机联合起来实施压制包衣，将两台旋转式压片机用单传动轴连接配套使用。包衣时，先用一台压片机将物料压成片心后，由传递装置将片心传递到另一台压片机的模孔中，在传递过程中由吸气泵将片外的细粉除去，在片心到达第二台压片机之前，模孔中已填入了部分包衣物料作为底层，然后片心置于其上，再加入包衣物料填满模孔，第二次压制成包衣片。

此法可以避免水分、高温对药物的不良影响，生产流程短、自动化程度高、劳动条件好，但对压片机械的精度要求较高。

·知识链接·

其他包衣装置

1. 高效水平包衣锅　特点：①粒子运动不依赖空气流的运动，因此适合于片剂和较大颗粒的包衣；②在运行过程中可随意停止送入空气；③粒子的运动比较稳定，适合易磨损的脆弱粒子的包衣；④装置可密闭、卫生、安全、可靠。缺点是干燥能力相对较低，小粒子的包衣易粘连。

2.转动包衣装置 特点：①粒子的运动主要靠圆盘的机械运动，不需用强气流，防止粉尘飞扬；②由于粒子的运动激烈，小粒子包衣时可减少颗粒间粘连；③在操作过程中可开启装置的上盖，因此可以直接观察颗粒的运动与包衣情况。缺点是由于粒子运动激烈，易磨损颗粒，不适合脆弱粒子的包衣；干燥能力相对较低，包衣时间较长。

2. 包糖衣的方法

糖衣是指用蔗糖为主要包衣材料的包衣，是历史最悠久的包衣方法。可掩盖药物的不良气味、改善片剂外观和口感；有一定防潮、隔绝空气作用。包衣过程的影响因素较多，操作人员之间的差异，批与批之间的差异经常发生。目前随着包衣装置的不断改善和发展，包衣操作由人工控制发展到自动化控制，使包衣过程更可靠、重现性更好。

（1）包糖衣的生产工艺 包糖衣的生产工艺如图8-2所示。包衣各个步骤所用材料和操作的目的各不相同，主要步骤如下。

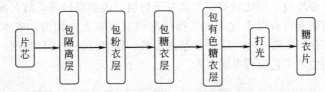

图8-2 包糖衣的生产工艺流程

① 隔离层 隔离层就是将不透水的材料包在素片上，以防止在后面的包衣过程中水分浸入片心。常用的隔离层材料有10％的玉米蛋白乙醇溶液、15％～20％的虫胶乙醇溶液、10％的邻苯二甲酸醋酸纤维素（CAP）乙醇溶液以及10％～15％的明胶浆。此类胶浆特点具有黏性和可塑性，能提高衣层的固着和防潮能力。隔离层一般包3～5层。

② 粉衣层 粉衣层包在隔离层的外面，为了消除片剂的棱角一般较厚。包粉衣层时，使片剂在包衣锅中不断滚动，加入润湿黏合剂使片剂表面均匀润湿后，再加入适量撒粉，使之黏着于片剂表面，不断滚动并吹风干燥。操作时洒一次浆、撒一次粉，然后热风干燥20～30min（40～55℃），重复以上操作，直到片剂的棱角消失，一般包15～18层。

常用润湿黏合剂有糖浆、明胶浆、阿拉伯胶浆或糖浆与其他胶浆的混合浆。常用撒粉是滑石粉、蔗糖粉、白陶土、糊精、淀粉等。常用的糖浆浓度为65％（g/g）或85％（g/ml），滑石粉为过100目筛的粉。

③ 糖衣层 指粉衣层用糖浆润湿并干燥，使片剂外包一层蔗糖结晶形成的衣层。药片的粉衣层表面比较粗糙、疏松，再包糖衣层使其表面光滑细腻、坚实美观。操作与包粉衣层相似，一般包10～15层。

④ 有色糖衣层 糖衣片多着色，使药片更美观，又便于识别或起遮光作用。与上述包糖衣层的工艺完全相同，只是糖浆中添加了食用色素，一般约需包制8～15层。

⑤ 打光 打光一般用四川产的川蜡，将片剂与适量蜡粉共置于打光机中旋转滚动，充分混匀，使糖衣外涂上极薄的一层蜡，使药片更光滑、美观，兼有防潮作用。

（2）包糖衣过程中可能出现的问题和解决办法

① 糖浆不粘锅 若锅壁上蜡未除尽，可出现粉浆不粘锅，应洗净锅壁或再涂一层热糖浆，撒一层滑石粉。

② 粘锅 可能由于加糖浆过多，黏性大，搅拌不匀。解决办法是保持糖浆含量恒定，一次用量不宜过多，锅温不宜过低。

③ 片面不平 由于撒粉太多、温度过高、衣层未干又包第二层。应改进操作方法，做到低

温干燥，勤加料，多搅拌。

④ 色泽不匀　片面粗糙、有色糖浆用量过少且未搅匀、温度过高、干燥太快、糖浆在片面上析出过快，衣层未干就加蜡打光。解决办法是采用浅色糖浆，增加所包层数，"勤加少上"控制温度，情况严重时洗去衣层，重新包衣。

⑤ 龟裂与爆裂　可能由于糖浆与滑石粉用量不当、芯片太松、温度太高、干燥太快、析出粗糖晶体，使片面留有裂缝。进行包衣操作时应控制糖浆和滑石粉用量，注意干燥温度和速度，更换片心。

⑥ 露边与麻面　原因是衣料用量不当，温度过高或吹风过早。解决办法是注意糖浆和粉料的用量，糖浆以均匀润湿片心为度，粉料以能在片面均匀黏附一层为宜，片面不见水分和产生光亮时再吹风。

⑦ 膨胀磨片或剥落　片心层与糖衣层未充分干燥，崩解剂用量过多，包衣时注意干燥，控制胶浆或糖浆的用量。

3. 包薄膜衣方法

薄膜衣是指在片心外包一层比较稳定的高分子材料，因膜层较薄，故名薄膜衣。

与糖衣相比，薄膜衣具有以下优点：①操作简单、节省人力物力，成本低；②片重仅增加2%～4%，包装、贮存、运输方便；③利于制成胃溶、肠溶或长效缓释制剂；④便于生产工艺的自动化。包薄膜衣的生产工艺流程见图8-3。

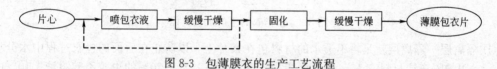

图8-3　包薄膜衣的生产工艺流程

一般薄膜衣包衣设备和操作过程与包糖衣基本相同，可用滚转包衣法（锅包衣法）。但包衣锅应有可靠的排气装置，将薄膜材料中有毒、易燃的挥发性有机溶剂及时排走；为了使薄膜材料在片剂上均匀分布，可在其包衣锅内装入适当形状的挡板。包衣时溶液以细流或喷雾加入，在片心表面均匀地分布，通过热风使溶剂蒸发，反复若干次即得。也可用空气悬浮包衣法，用热空气流直接通入包衣室后，把片心向上吹起呈悬浮状态，然后用雾化系统将包衣液喷洒于片心表面进行包衣。

（1）包衣过程中常用的材料

① 常用的一般薄膜衣料　羟丙基甲基纤维素（HPMC）、羟丙基纤维素（HPC）、丙烯酸树脂、聚乙烯吡咯烷酮（PVP）。

② 增塑剂　指用来改变高分子薄膜的物理机械性质，使其更具柔顺性，增加可塑性的物质。常用水溶性的丙二醇、甘油、聚乙二醇；非水溶性的甘油三醋酸酯、乙酰化甘油酸酯、邻苯二甲酸酯、硅油等。

③ 溶剂　指能溶解成膜材料和增塑剂并将其均匀分散到片剂表面的物质。常用的溶剂有乙醇、甲醇、异丙醇、丙酮、三氯甲烷等。包薄膜衣时，溶剂的蒸发和干燥速率对包衣膜的质量有很大影响：速率太快，成膜材料不均匀分布致使片面粗糙；太慢又能使包上的衣层被溶解而脱落。

④ 着色剂与避光剂　应用着色剂的目的是易于识别不同类型的片剂，改善片剂外观，并可遮盖有色斑的片心或不同批号片心间色调的差异。常用的有水溶性、水不溶性和色淀三类。

色淀的应用主要是为了便于鉴别、防止假冒，并且满足产品美观的要求，也有遮光作用，但色淀的加入有时存在降低薄膜的拉伸强度，增加弹性模量和减弱薄膜柔性的作用。避光剂可提高片心内药物对光的稳定性，一般选用散射率、折射率较大的无机染料，应用最多的是二氧化钛。

⑤ 释放速率调节剂　在薄膜衣材料中加有蔗糖、氯化钠、表面活性剂、PEG等水溶性物质

时，一旦遇到水，水溶性材料迅速溶解，留下一个多孔膜作为扩散屏障，这些水溶性物质就是释放速率调节剂，又称释放速率促进剂或致孔剂。薄膜衣的材料不同，调节剂的选择也不同，如吐温、司盘、HPMC作为乙基纤维素薄膜衣的致孔剂；黄原胶作为甲基丙烯酸酯薄膜衣的致孔剂。

（2）包薄膜衣过程中可能出现的问题和解决办法

① 起泡　因固化条件不当，干燥速率过快，应控制成膜条件，降低干燥温度和速率。

② 皱皮　因选择衣料不当，干燥条件不当。应更换衣料，改变成膜温度。

③ 剥落　因选择衣料不当，两次包衣间隔时间太短。应更换衣料，延长包衣间隔时间，调节干燥温度和适当降低包衣溶液的浓度。

④ 花斑　因增塑剂、色素等选择不当，干燥时溶剂将可溶性成分带到衣膜表面。操作时应改变包衣处方，调节空气温度和流量，减慢干燥速率。

4. 包肠溶衣

肠溶衣是指使片剂在胃中保持完整而在肠道内崩解或溶解的包衣层。肠溶衣设备和包衣操作过程与一般薄膜衣基本相同。

（1）包肠溶衣主要材料　邻苯二甲酸醋酸纤维素（CAP）、邻苯二甲酸羟丙基甲基纤维素（HPMCP）、邻苯二甲酸聚乙烯醇酯（PVAP）、苯乙烯-马来酸共聚物（StyMA）、丙烯酸树脂、虫胶等。

（2）包肠溶衣过程中可能出现的问题和解决办法

① 不能安全通过胃部：可能由于衣料选择不当，衣层太薄，衣层机械强度不够。应注意选择适宜衣料，重新调整包衣处方。

② 肠溶衣片肠内不溶解（排片）：如选择衣料不当，衣层太厚，贮存变质。应查找原因，合理解决。

③ 片面不平，色泽不匀，龟裂和衣层剥落等产生原因及解决办法与糖衣片相同。

5. 包半薄膜衣

指先在片心上包裹几层粉衣层和糖衣层（减少糖衣的层数），再包上2～3层薄膜衣层，是糖衣片与薄膜衣片两种工艺的结合的包衣形式。

既能克服薄膜衣片不易掩盖片心原有颜色和不易包没片剂棱角的缺点，又不过多增大片剂体积。具有衣层牢固，保护性能好，不易引湿发霉和操作简便等优点。

三、片剂的质量检查

按照《中国药典》对片剂质量检查有关规定，片剂需要进行如下方面的质量检查。

1. 外观性状

片剂表面应色泽均匀，光洁，无杂斑，无异物，并在规定的有效期内保持不变，良好的外观可增强患者对药物的信任，故应严格控制。

2. 片重差异

片剂应符合现行药典对片重差异限度的要求（见表8-1），片重差异过大，意味着每片中主药含量不一，对治疗可能产生不利影响。具体的检查方法如下：取20片，精密称定每片的片重并求得平均片重，然后以每片片重与平均片重比较，超出表8-1中差异限度的药片不得多于2片，并不得有1片超出限度1倍。

糖衣片、薄膜衣片（包括肠溶衣片）应在包衣前检查片芯的重量差异，符合上表规定后方可包衣；包衣后不再检查片重差异。另外，凡已规定检查含量均匀度的片剂，不必进行片重差异检查。

3. 硬度和脆碎度

反映药物的压缩成型性，对片剂的生产、运输和贮存带来直接影响，而且对片剂的崩解，主

表 8-1　片剂片重差异限度要求

平均片重或标示片重	片重差异限度
0.3g 以下	±7.5%
0.3～1.0g	±5.0%
1.0g 或 1.0g 以上	±2.0%

药的溶出度都有直接影响，在生产中检查硬度常用的方法是：将片剂置于中指与食指之间，以拇指轻压，根据片剂的抗压能力判断它的硬度。用适当的仪器测定片剂的硬度可得到定量的结果，一般能承受 30～40N 的压力即认为合格。常用的仪器有：片剂硬度测定仪、片剂四用测定仪、罗许（Roche）脆碎仪等，具体测定方法详见《中国药典》。

4. 崩解度

除药典规定进行"溶出度"或"释放度"检查的片剂以及某些特殊的片剂（如缓释及控释片、口含片、咀嚼片等）以外，一般的口服片剂需做崩解度检查，检查方法详见《中国药典》。

5. 溶出度或释放度

对于难溶性药物而言，虽然崩解度合格却不一定能保证药物快速而完全溶解出来。因此，《中国药典》对许多药物规定必须进行溶出度检查或释放度检查（溶出度检查用于一般的片剂，而释放度检查用于缓释、控释制剂）。

崩解度检查并不能完全正确地反映主药的溶出度和溶出程度以及体内的吸收情况，而考查其生物利用度，又耗时长，费用大，比较复杂，实际上也不可能直接作为片剂质量控制的常规检查方法，所以采用溶出度或释放度试验代替体内试验。但溶出度或释放度的检查结果只有在体内吸收与体外溶出存在着相关的或平行的关系时，才能真实地反映体内的吸收情况，并达到控制片剂质量的目的。目前溶出度试验的品种和数量不断增加，大有取代崩解度检查的趋势，其具体检查方法详见《中国药典》通则。

6. 含量均匀度

含量均匀度是指小剂量药物在每个片剂中的含量是否偏离标示量以及偏离的程度，必须有检查的结果才能得出正确的结论。一般片剂的含量测定是将 10～20 个药片研碎混匀后取样测定，所以得到的只是平均含量，易掩盖小剂量药物由于混合不匀而造成的每片含量差异。为此，中外药典都规定了含量均匀度的检查方法及其判断标准，详见《中国药典》。

Ⓡ 拓展知识

一、多冲旋转压片机操作规程

1. 开机前的准备

① 检查电器电路连接处是否正确。

② 检查传动部分是否正常，有无润滑油，开机前应全部加油一次。

③ 检查冲模装置是否拧紧、正确、平稳，有无缺边、裂缝变形和松动。

④ 检查防尘板、料斗、加料器、半圆罩等部件安装是否正确。

⑤ 开机前，必须用手转动试车手轮，同时分别调节各边的充填和压力，逐步达到片剂的重量和软硬程度达到成品要求。

⑥ 检查压片颗粒干湿度是否达到成品要求。

⑦ 实物参见图 8-4。

2. 开机前根据人机界面的提示逐步操作

① 用手转动各边手轮，调节充填和压力，以达到压片要求。

② 启动电动机开关，待运转正常后开动离合器。

③ 定时抽检片剂质量，如不符合质量要求，必须进行调整。

④ 注意机器响声是否正常，遇到尖叫或怪声，立即停车进行检查。

⑤ 压片结束前应把料斗中剩余颗粒压试完毕，停止加料。

⑥ 关闭主电机，压片结束。

3. 停机

① 停机前停止加料，待料斗中充填料全部压完，才能停机。

② 按下主电机按键，主机驱动信号灯熄灭，主机停止运转。

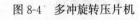

图 8-4　多冲旋转压片机

③ 停机后，把机器外表的粉尘、污迹擦拭干净，把滤粉袋和储粉盘内的颗粒开门排去，并做好设备运转记录。

4. 各机构调整

① 上压轮安全装置的调整　压片机上盖为整体铸体，左右槽内装有压轮，它套在曲轴上，轴外端有杠杆连接圆柱弹簧。当压轮面上受压过大时，因曲轴的偏心力矩增大而压缩弹簧，增大上下压轮间距离，减小压力，借以保护机件冲模的安全作用。压力调节用扳手旋转长螺杆，改变弹簧的长度，使弹簧的压力恰至片剂所需的压力。

② 上轨道装置的调整　轨道盘为一圆盘形，周围嵌有经过热处理的轨道片，用螺丝紧固，上冲尾部的凹槽沿着轨道的凸边运动，而做有规则升降。

③ 冲转台装置的调整　转台为一整体铸体周围制有 33 个垂直均匀排列的模孔，孔内装置副冲模，整体套在固定的立轴上，工作时由蜗杆传动，整体的转台包着全部冲模做顺时针方向旋转。

④ 转盘外围罩壳装置的调整　转台外围罩壳以四件合并成一圆环，将转台包在中间，底部的蜗轮和蜗杆全部封闭在罩壳内，前后面装有半圆透明防尘外板，在工作时可观察运转情况和防止外界灰尘、杂物等侵入，保证片剂质量而达到清洁卫生要求。

⑤ 加料装置的调整　料斗为一圆桶锥底形和月形回流式的加料器两套，前加料器为供给左压片，后加料器为供给右压片。加料器的装置须注意其平面应校准至将碰而未碰转台面，一般空隙 0.05～0.1mm。粉料调整方法：在料斗架的顶部有一滚花螺钉，为调节料斗高度，控制粉子流量，其高度须根据颗粒的大小和充填量。可观察栅式加料器内粉子的积贮量勿外溢，并有少量回路为合格，调整后应将侧面的滚花螺钉旋紧。

⑥ 主体及下轨道装置的调整　主体为一方箱形，左右槽内装下压轮，其平面的圆边外壳内有对称两副经过热处理的轨道，用螺钉紧固着，当下冲在运行时，它的尾部嵌在轨道槽内，随着槽内坡度而做升降运动。前轨道的末端有一个圆孔用圆片盖着，在装置下冲之间。

⑦ 下压轮调整装置的调整　下压轮装在主体的两侧槽内，它套在曲轴上，曲轴的外端装有斜齿轮和蜗杆联结，旋转蜗杆，通过斜齿轮的减速而做微量的转动。当曲轴的偏心向上时，压轮上升，压力增加片薄，下则片厚，借以控制片剂的厚度和软硬。表牌标记从 0～10 表示片剂厚度的增减。由于斜齿轮有自锁作用，允许在运转中进行调节。但调整后，应将中间的星形手把扳紧。

⑧ 充填调节装置的调整　充填调节机构装置在主体内部，在主体的平面可观察到月形的充填轨，它由螺旋作用而上升或下降来控制充填量，前轨控制左压轮的压片重量，后轨控制右压轮

的压片重量，圆盘上的表牌刻度从 0～45 等于充填量每格为 0.01mm。转动圆盘进行调节时，向右转充填量增加，向左转减少。

⑨ 转动轴附离合器装置的调整　传动轴水平装置在轴承托架内，中间有蜗杆，前端有试车手轮，后端为锥形圆盘离合器，当开关手柄位置垂直时开关倾向左面时停车，离合器的接触靠圆柱弹簧的压力传递，若机器的负荷超过弹簧的压力时就发生打滑，这样勿使机器遭受严重的损坏。

⑩ 吸粉器装置的调整　吸粉箱在机座的右侧面，其鼓风机用三角皮带传动，下为储粉室，上左面为滤粉室，内有圆形滤粉袋，当鼓风机工作时产生产吸力，使冲模上产生的飞粉和中模下坠的粉末通过吸粉管坠入储粉室中，气体即转弯进入滤粉袋过滤，气中尚有的微粒而留在滤袋内。因此使用一定时间后，将滤粉袋和储粉盘内的粉粒排去（注意：门和粉管等装置，其结合部不可漏气，否则会影响吸粉的效能）。

5. 注意事项

① 颗粒中的粉末含量不超过 10%，如果不合格不要硬压，否则会影响机器的正常运转及使用寿命和原料的损耗。

② 不干燥的原料不要使用，它会使粉末粘在冲头上面。

③ 转动中如有跳片或停滞不下，切不可用手去取，以免造成伤手事故。

④ 生产结束，要将机器粉尘擦拭干净，并做好设备记录。

二、BTY-400 型糖衣机操作规程

实物参见图 8-5。

1. 作包裹糖衣用

可将片剂或丸剂放入锅内，开动机器，片剂或丸剂便在锅内翻滚，然后加糖浆，用手搅和，这样连续数次，使糖衣的厚度符合成品要求即可。

2. 作滚丸剂

可先开动机器，将原料倒入锅内。经过反复滚动即成丸状，取出筛子筛选要求的大小，不符合要求的碾碎再滚。

3. 作滚炒食品用

可先开动机器，将锅加热至适当温度放入食品经过反复滚动成熟后取出。

使用注意：

① 机器应放在干燥清洁的室内使用，不得在含有酸类以及其他对机件有腐蚀气体流通的场所使用。

图 8-5　糖衣机

② 机器一次用完后或停用时，应将锅内外清理干净，如停用时间较长，必须将机器各部擦拭清洁干净，机件表面涂上防锈油。

三、78X-2 型片剂四用测定仪操作规程

实物参见图 8-6。

1. 崩解时限测定

在水箱内加入低于 37℃的水，将倒顺开关置于"倒"的位置，接好水箱九脚插头与热敏电阻插头，开启电源开关待水箱内水温达到 38℃＋1℃，烧杯内水温达到 37℃＋1℃时，电热保温指示灯闪跳，表示已达到保温状态，此时可将崩解支杆接在崩解升降杆上，安装上崩解支杆臂和吊篮，将样品放入吊篮中，加上挡板，此时准备工作完毕。再将倒顺开关拨至"顺"的位置上，电机转动，拨选择开关崩解挡就可以进行崩解测定，测试完毕，拨回空挡，关掉电源和电热

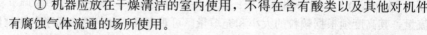

开关。

2.药物释放速率测定方法

如同做崩解测定一样，待杯内温度达 37℃＋0.5℃ 将释放支杆向上翻过，选定转速，皮带置于上挡为 150r/min、中挡为 100r/min、下挡为 50r/min，调节螺杆为调节皮带的平行，准备工作完毕后，把药片放入转篮，倒顺开关至顺挡电机转动，放下转篮，拨选择开关至释放，便可进行释放测定。测试完毕，拨回空挡，关闭电源和电热开关，冲洗转篮和烧杯。

图 8-6　片型四用测定仪

3.脆碎测定

打开脆碎盒上盖，取出脆碎盒，放入 5 片药片盖好，将选择开关拨至脆碎位置，便进行脆碎测试。测定完毕拨回空挡。关闭电源。

4.硬度测定

检查指针是否处于零位。将硬度盒盖打开，旋转微调，夹住被测药片。开启电源开关，将倒顺开关置于"顺"的位置，拨选择开关至硬度挡，加压指针左移，压力渐渐增加，药片破碎自动停机，此时的刻度值即为硬度值。随后将倒顺开关拨至"倒"的位置，指针退到零位后自动停止，如不再测试将选择开关拨回空挡，关闭电源。

使用注意：

① 电机在转动的情况下切勿随意拨动倒顺开关，以免烧毁电机。开机前选择开关置于空挡，倒顺开关应置于"倒"挡。

② 水箱加热前必须把烧杯和水箱内的水加到规定刻度（加入水温应略低于 37℃），切勿在水箱无水的情况下开加热开关，以免烧坏水箱。

③ 选择开关拨动应在电机运转情况下进行。

④ 本仪器同时可进行两种测定，测定完毕后务必将选择开关拨回空挡，再关闭总电源，硬度测定完毕指针应回到零位，以免定力弹簧疲劳损伤造成误差。

⑤ 每次测定完后应做好清洁工作，定期给传动部位加油。

四、RCE-8A 型药物溶出仪器操作规程

（1）把电源线甩出端的圆形插头接在有地线的 AC220V 电源插座中。

（2）开机　按下仪器面板左端的电源开关，水泵启动，数码显示计算机初始的预置转速（100r/min）、常规取样预置时间（1h）、水箱实际水温。

（3）温度控制　按下"选择"键，"控温"和"预置"指示灯亮，仪器进入了自动控温状态，同时也进入温度预置状态，按动增温键"＋"和减温键"－"调整预置温度。再次按"选择"键，数码显示当前水浴的实际温度，等达到恒温后，便可开始实验。如果达到恒温后发现杯内的温度不符合要求，可第三次按动"选择"键，进行温度的重新预置。

（4）时钟控制　开机后仪器便处于常规取样时间的预置状态，若常规取样的时间不是 1h，可按增时键"＋"和减时键"－"，调整常规取样预置时间。如需周期取样按下"选择"键仪器便进入周期取样时间预置状态，如需调整周期取样时间，只要按增减键。设定的常规取样时间或周期取样时间到后，蜂鸣器续响 30s，这时应该在规定时间内完成取样。

（5）转速控制　开机后转速器进入 100r/min 的预置状态，若要重新预置只要按增速键或者减速键，数码显示可在 25～200r/min 范围内循环变化。

（6）当需要更换水浴箱的水时，可在出水嘴上更换附件的箱中的放水管，便可放水。

图 8-7　药物溶出仪

（7）实物参见图 8-7。

使用注意：

① 按动面板的"复位"键将使计算机复位，即温度窗恢复等待状态，只显示当前的水浴实际温度。

② 时钟窗恢复常规取样时间的预置状态，但显示的是刚才显示的数值。

③ 转速窗恢复到转速预置状态，显示的也是刚才显示的数值，运行停止，因此在进行溶出实验以后，请勿随意按动"复位"键！也不要随意按动转速窗上的"选择"键！否则转轴将停止转动。

仪器使用完毕后，应随附件清洗干净，保持清洁。

五、ZB-1D 型智能崩解仪操作规程

实物参见图 8-8。

（1）打开电源开关，温度显示窗显示当前温度修正值约 5s 后，恢复显示实测水温值，左右时间显示窗显示"0:00"，气泵开始工作，水浴槽内砂块冒出气泡，仪器处于待机状态。

（2）温度预置与控温　仪器自动设定预置温度为 37℃。按一下温控的"＋"或"－"键，可显示 4s 的预置温度值以供观察，然后重新显示实测水温。如需改变预置温度可重新设置。若设置的温度确认无误，按一下温控的"启/停"键，加热指示灯亮，仪器便进入加热控温状态，水浴温度逐渐升至预置温度并保持恒温。这时开始进行崩解实验。

图 8-8　ZB-1D 型智能崩解仪

（3）温度修正　若仪器显示的实际水温与用标准温度计测温的读数有差别，可进行温度修正。

（4）时间预置与控制　通过与两组吊篮相对的左右两个时间显示窗通过时间控制"＋"或"－"键，"启/停"键进行时间的预置和实验的各种操作。仪器自动预制时间为 15s，如需改变预制时间，可通过"＋"或"－"键重新设定。

（5）在待机状态，按时间控制的"启/停"键，吊篮开始升降运动，仪器进入计时工作状态，时间显示窗显示为已进行的实验时间。当预制时间一到，吊篮自动停在最高位置，计时器停止计时显示的实验时间即为预制时间。同时蜂鸣器发出 30s 的断续鸣响。

使用注意：

① 仪器应放置在坚固的无振动共鸣的操作台上，环境干燥通风。

② 供电电源应有接地线且接地良好。

③ 水槽中无水时，严禁启动加热。

④ 主机箱后面水槽上方引出的气管同尼龙单向阀连接，防止槽中的水虹吸倒流，不可接反。

⑤ 崩解实验完毕，关闭电源开关。

®　**达标检测题**

一、选择题

（一）单项选择题

1. 制颗粒的目的不包括（　　）

A. 增加物料的流动性

B. 避免粉尘飞扬

C. 减少物料与模孔间的摩擦力

D. 防止药物的分层

E. 增加物料的可压性

2. 一步制粒法指的是（　　）

A. 喷雾干燥制粒　　B. 流化沸腾制粒

C. 高速搅拌制粒　　D. 压大片法制粒

3. 一步制粒机完成的工序是（　　）

A. 制粒→混合→干燥

B. 过筛→混合→制粒→干燥

C. 混合→制粒→干燥

D. 粉碎→混合→干燥→制粒

E. 过筛→制粒→干燥

4. 对湿热不稳定的药物不适宜选用的制粒方法是（　　）

A. 过筛制粒　　　　B. 流化喷雾制粒

C. 喷雾干燥制粒　　D. 压大片法制粒

E. 滚压式制粒

5. 过筛制粒压片的工艺流程是（　　）

A. 混合→粉碎→制软材→制粒→整粒→压片

B. 粉碎→制软材→干燥→整粒→混合→压片

C. 混合→过筛→制软材→制粒→整粒→压片

D. 粉碎→过筛→混合→制软材→制粒→干燥→整粒→压片

E. 制软材→制粒→粉碎→过筛→整粒→混合→压片

6. 最能间接反映片剂中药物在体内吸收情况的指标是（　　）

A. 含量均匀度　　B. 崩解度

C. 片重差异　　　D. 硬度

E. 溶出度

7. 可作为肠溶衣的高分子材料是（　　）

A. 羟丙基甲基纤维素（HPMC）

B. 丙烯酸树脂Ⅱ号

C. Eudragit E

D. 羟丙基纤维素（HPC）

E. 丙烯酸树脂Ⅳ号

8. 片剂辅料中既可作填充剂又可作黏合剂与崩解剂的物质是（　　）

A. 糊精　　　　　　B. 微晶纤维素

C. 羧甲基纤维素钠　D. 微粉硅胶

E. 甘露醇

9. 按崩解时限检查法检查，普通片剂应在（　　）内崩解

A. 15min　　B. 30min　　C. 60min

D. 20min　　E. 10min

10. 片剂辅料中的崩解剂是（　　）

A. 乙基纤维素　　B. 羟丙基甲基纤维素

C. 滑石粉　　　　D. 羧甲基淀粉钠

E. 糊精

11. 制备片剂时，颗粒应有适宜的含水量，一般控制在（　　）

A. 0.5%　　B. 1%　　C. 2%

D. 3%　　E. 5%

12. 干法制粒压片包括（　　）

A. 滚压法，重压法，流化喷雾制粒法

B. 粉末直接压片，结晶直接压法

C. 重压法，滚压法

D. 一步制粒法，喷雾制粒法

E. 重压法，粉末直接压片法

13. 下列包糖衣顺序正确的是（　　）

A. 隔离层→糖衣层→粉衣层→色衣层→打光

B. 粉衣层→糖衣层→隔离层→色衣层→打光

C. 粉衣层→隔离层→糖衣层→色衣层→打光

D. 粉衣层→隔离层→色衣层→糖衣层→打光

E. 隔离层→粉衣层→糖衣层→色衣层→打光

（二）配伍选择题

题1.～5.

A. 分散片　　B. 舌下片　　C. 口含片

D. 缓释片　　E. 控释片

1. 含在口腔内缓缓溶解而发挥治疗作用的片剂是（　　）

2. 置于舌下或颊腔，药物通过口腔黏膜吸收的片剂是（　　）

3. 遇水迅速崩解并分散均匀的片剂是（　　）

4. 能够延长药物作用时间的片剂是（　　）

5. 能够控制药物释放速率的片剂是（　　）

题6.～10.

A. 硫酸钙　B. 羧甲基淀粉钠　C. 苯甲酸钠

D. 滑石粉　E. 淀粉浆

6. 填充剂是（　　）

7. 黏合剂是（　　）

8. 崩解剂是（　　）

9. 润滑剂是（　　）

10. 助流剂是（　　）

题11.～15.

A. 裂片　　　B. 松片　　C. 黏冲

D. 崩解迟缓　E. 片重差异大

11. 疏水性润滑剂用量过大则（　　）

12. 压力不够则（　　）

13. 颗粒流动性不好会（　　）

14. 压力分布不均匀会（　　）

15. 冲头表面锈蚀会（　　）

题 16.～20.

A. 3min 完全崩解   B. 15min 以内

C. 30min 以内   D. 60min 以内

E. 人工胃液中 2h 不得有变化，人工肠液中 1h 完全崩解

16. 普通压制片的崩解时间是（　　）

17. 分散片的崩解时间是（　　）

18. 糖衣片的崩解时间是（　　）

19. 肠溶衣片的崩解时间是（　　）

20. 薄膜衣片的崩解时间是（　　）

（三）多项选择题

1. 需做崩解度检查的片剂是（　　）

A. 普通压制片   B. 肠溶衣片   C. 糖衣片

D. 口含片   E. 咀嚼片

2. 可作片剂崩解剂的是（　　）

A. 淀粉浆   B. 干淀粉

C. 羧甲基淀粉钠   D. 微粉硅胶

E. 羧甲基纤维素钠

3. 湿法制粒包括（　　）

A. 过筛制粒   B. 一步制粒

C. 喷雾干燥制粒   D. 高速搅拌制粒

E. 压大片法制粒

4. 片剂包衣的目的是（　　）

A. 掩盖药物的不良气味

B. 增加药物的稳定性

C. 控制药物释放速率

D. 避免药物的首过效应

E. 提高药物的生物利用度

5. 片剂的质量检查项目是（　.　）

A. 装量差异   B. 硬度和脆碎度

C. 崩解度   D. 溶出度

E. 含量

6. 在粉体中加入硬脂酸镁的目的是（　　）

A. 降低粒子间的摩擦力

B. 降低粒子间的静电力

C. 延缓崩解

D. 促进湿润

E. 增加流动性

7. 影响片剂成型的主要因素有（　　）

A. 药物的可压性与药物的熔点

B. 黏合剂用量的大小

C. 颗粒的流动性是否好

D. 压片时压力的大小与加压的时间

E. 压力分布均匀与否

8. 可不做崩解时限检查的片剂剂型为（　　）

A. 控释片   B. 含片   C. 咀嚼片

D. 肠溶衣片   E. 舌下片

9. 片剂处方中润滑剂的作用是（　　）

A. 使颗粒不黏或少黏附在冲头、冲模上

B. 促进片剂在胃肠道中的润湿

C. 减少冲头、冲模的磨损

D. 增加颗粒的流动性

E. 压片时能顺利加料和出片

10. 颗粒干燥的设备种类很多，生产中常用的加热干燥设备有（　　）

A. 箱式干燥   B. 冷冻干燥   C. 沸腾干燥

D. 微波干燥   E. 远红外干燥

11. 片剂崩解时间太长，不合格，其原因有（　　）

A. 崩解剂用量过多   B. 润滑剂用量过多

C. 黏合剂用量过多   D. 颗粒中含水量过多

E. 片剂硬度过大

12. 一般包装好的片剂贮存条件包括（　　）

A. 避光   B. 阴凉   C. 通风

D. 干燥   E. 密封

13. 最好包肠溶衣的药物是（　　）

A. 半衰期短的药物

B. 胃液中不稳定的药物

C. 对胃黏膜有刺激性的药物

D. 在肠中不吸收的药物

E. 要求在肠内起作用的药物

二、填空题

1. 片剂常加入的辅料类型有＿＿＿＿、＿＿＿＿、＿＿＿＿、＿＿＿＿、＿＿＿＿。

2. 片剂中崩解剂的加入法有＿＿＿＿、＿＿＿＿、＿＿＿＿。

3. 以经验判断软材的干湿适宜的程度应该是＿＿＿＿＿＿＿＿＿＿＿＿＿＿＿。

4. 片剂的包衣通常分为＿＿＿＿、＿＿＿＿、＿＿＿＿。

5. 包糖衣的过程有＿＿＿＿、＿＿＿＿、＿＿＿＿、＿＿＿＿、＿＿＿＿。

三、简答题

1. 片剂有哪四类基本辅料？它们的主要作用是什么？

2. 简述片剂制备的主要方法及湿法制粒压片的一般过程。

3.简述片剂包衣类型及包糖衣、包薄膜衣的一般过程。

4.简述片剂质量评价的指标和规定。

5.简述片剂制备过程中制颗粒的目的。

6.简述包薄膜衣过程中可能出现的问题和解决办法。

四、处方分析题

1.下列是复方磺胺甲基异噁唑片的处方：

磺胺甲基异噁唑	400g	（　　）
三甲氧苄氨噁唑	80g	（　　）
干淀粉	23g	（　　）
淀粉　（120目）	40g	（　　）
10％淀粉浆	24g	（　　）
硬脂酸镁	3g	（　　）
共制成	1000 片	

（1）在括号中写出该成分的作用。

（2）按湿法制粒压片法写出制片的工艺流程。

2.下列是碳酸氢钠片的处方：

碳酸氢钠	300g	（　　）
干淀粉	20g	（　　）
淀粉浆	适量	（　　）
硬脂酸镁	3g	（　　）
共制成	1000 片	

（1）在括号中写出该成分的作用。

（2）说明制备过程中的注意事项。

3.下列是硝酸甘油片的处方：

硝酸甘油	0.6g	（　　）
17％淀粉浆	适量	（　　）
硬脂酸镁	1.0g	（　　）
乳糖	88.8g	（　　）
共制成	1000 片	（　　）

（1）在括号中写出该成分的作用。

（2）说明制备过程中的注意事项。

PPT 课件

模块四
半固体类制剂制备技术

1. 教学目标

（1）基本目标　能初步设计各类半固体制剂的工艺流程；会选用不同类型的软膏剂基质，小试制备软膏剂、乳膏剂等半固体制剂典型实例。

（2）促成目标　在此基础上，学生通过顶岗实习锻炼，能进行软膏剂、眼膏剂、凝胶剂、糊剂的生产制备操作，并能根据各类固体制剂的特点合理指导用药。

2. 工作任务

项目九　软膏剂、凝膏剂制备技术

具体的实践操作实例 9　制备软膏剂。

项目十　膜剂、涂膜剂制备技术

具体的实践操作实例 10　制备膜剂。

3. 相关理论知识

（1）掌握软膏剂、凝胶剂、糊剂、膜剂、涂膜剂的概念、类型、特点、制备方法。

（2）熟悉软膏剂的基质类型和常用品种，常用成膜材料。

（3）了解软膏剂、膜剂的质量评定方法。

4. 教学条件要求

利用教学课件、生产视频、各剂型实例和网络等先进的多媒体教学手段，并结合实训操作训练（或案例），灵活应用多种教学方法，采用融"教、学、做"一体化模式组织教学。

项目九
软膏剂、凝膏剂制备技术

® **实例与评析**

【实践操作实例9】 制备软膏剂

1. 器材与药品

水浴加热装置、烧杯、玻璃棒；水杨酸、凡士林、羊毛脂、硬脂酸、三乙醇胺、单硬脂酸甘油酯、吐温-80、甘油、羧甲基纤维素钠等。

2. 操作内容

（1）制备水杨酸软膏（油脂性基质）

［处方］水杨酸 0.75g；凡士林 15g。

［制法］用水浴将凡士林熔化，将温度降至 60℃左右，加入研细的水杨酸，边研边搅拌，或研磨至凝，即得。

（2）制备水杨酸乳膏（O/W 型乳剂基质）

［处方］水杨酸 2.0g；羊毛脂 0.4g；硬脂酸 4.8g；三乙醇胺 0.16ml；单硬脂酸甘油酯 1.4g；吐温-80 0.04g；白凡士林 2.4g；蒸馏水加至 40ml。

［制法］硬脂酸、单硬脂酸甘油酯、羊毛脂、白凡士林为油相，置蒸发皿中在水浴上加热至 80℃，另将三乙醇胺、吐温-80、蒸馏水置烧杯中水浴加热至 80℃，水相缓缓倒入油相中，水浴上不断搅拌至乳白色半固体状，室温下搅拌至冷凝，分次加入水杨酸，混匀，即得。

（3）制备水杨酸软膏（水溶性基质）

［处方］水杨酸 1.3g；甘油 3.0g；羧甲基纤维素钠 1.2g；蒸馏水加至 20g。

［制法］取甘油、羧甲基纤维素钠一同研匀，加适量蒸馏水使溶解，加入水溶液研匀，加蒸馏水至全量，分次少量加入水杨酸，不断研磨至匀，即得。

【评析】

［制备要点］（1）本品作用：止痛止痒，适用于伤风、头痛、蚊虫叮咬。

（2）本品较一般油性软膏的稠度要大些，近于固态，熔程在 46～49℃；处方中石蜡、蜂蜡、凡士林三者的配比应随原料熔点的不同适当调整。

（3）采用乳化法制备 W/O 型或 O/W 型乳剂基质时，油相和水相应分别于水浴上加热并保持温度在 80℃，然后将水相缓缓加入油相溶液中，边加边按顺向搅拌。若不是沿一个方向搅拌，往往难以制得合格的乳剂基质。

® **相关知识**

一、软膏剂概述

1. 软膏剂、乳膏剂、糊剂的定义

软膏剂系指药物与油脂性或水溶性基质混合制成的均匀的半固体外用制剂。因药物在基质

中分散状态不同，有溶液型软膏剂和混悬型软膏剂之分。溶液型软膏剂为药物溶解（或共熔）于基质或基质组分中制成的软膏剂；混悬型软膏剂为药物细粉均匀分散于基质中制成的软膏剂。

药物溶解或分散于乳状液型基质中形成的半固体外用制剂又称为乳膏剂。乳膏剂由于基质不同，可分为水包油型（O/W型）乳膏剂和油包水型（W/O型）乳膏剂。

含有大量固体粉末（一般25％以上）均匀地分散在适宜的基质中所组成的半固体外用制剂称为糊剂，可分为单相含水凝胶性糊剂和脂肪糊剂。

软膏剂主要起润滑皮肤、保护创面和局部治疗作用；某些药物透皮吸收后，亦能产生全身治疗作用，糊剂主要起局部保护作用。

《中国药典》软膏剂有57种，其中乳膏剂占40种。而与软膏剂有密切关系的防护用品、化妆品类的发展则更快。

新基质的不断开发、药物透皮吸收机理与途径的研究、生产工艺的革新、生产与包装自动化程度的不断提高，使软膏剂在医疗保健及劳动防护等方面发挥了越来越大的作用。

软膏剂的发展

软膏剂在我国创始很早，是古老的剂型之一。公元前2世纪，《灵枢经》中即有"涂以豚脂"的记载；汉代张仲景在《金匮要略》中记载有软膏剂及其制法和使用，所用基质多为植物油，故又称油膏剂。国外远在三千年前的《伊伯氏纸草本》中即有软膏剂的记载，到格林时代应用甚广。现今，半合成的脂肪酸、醇进展迅猛，使软膏的质量有所提高。随着石油化学工业的迅速发展，广泛采用凡士林、石蜡等烃类物质作为基质，随着高分子材料的发展，新型乳剂基质和水溶性基质的品种也明显增加，从而制成较为理想的软膏剂。

近年来，利用"经皮给药方便、可随时终止给药"这一特点，通过皮肤给药而作用全身的制剂日趋增多。但由于皮肤病灶深浅不同，所要求发挥作用的部位也有深浅，即有些软膏须在皮肤表层发挥作用，有些软膏则须使药物透入皮肤后发挥局部作用或全身作用。应当注意的是，由于所用基质的性质，病患的面积或用于破损的皮肤以及用药时间过长等因素的影响，软膏中的药物有可能被人体吸收而发生不良反应或中毒。

2. 软膏剂的分类

（1）**按分散系统分**　可分为溶液型、混悬型和乳剂型三类。类似于软膏剂但在性质上有区别的则有糊剂、凝胶剂、刚性泡沫剂等。

（2）**按软膏剂中药物作用的深度分**　大体上可分如下三大类：

① 作用局限在皮肤表面的软膏剂，如防裂软膏；

② 透过皮肤表面，在皮肤里面发挥作用的软膏剂，如激素软膏、癣净软膏等；

③ 穿透真皮层被吸收进入体循环，发挥全身治疗作用的软膏剂，如治疗心绞痛的硝酸甘油软膏等。

（3）**根据基质的不同分**　可分如下三类：

① 以油脂性基质如凡士林、羊毛脂等油脂性基质制备的软膏剂称为油膏剂；

② 以乳剂型基质制成的易于涂布的软膏剂称为乳膏剂；

③ 药物与能形成凝胶的辅料制成的软膏剂一般称为凝胶剂。药物粉末含量一般在25％以上的软膏剂称为糊剂。

知识链接

眼膏剂和外用凝胶剂概述

1.眼膏剂

（1）定义　药物与适宜基质均匀混合制成的供眼用的膏状制剂。

（2）常用基质

① 液体石蜡：凡士林：羊毛脂＝1：8：1；基质加热融合后用绢布等适当滤材保温滤过，且在150℃干热灭菌1～2h，备用。

② 制法：与一般软膏剂相同，但必须在净化条件下进行。

③ 质量要求：药典规定检查项目有装量、金属性异物、颗粒细度、微生物限度等。

2.外用凝胶剂

（1）定义　药物与适宜辅料制成均一或混悬的透明的或半透明的半固体制剂。

（2）常用基质　卡波普、纤维素衍生物等。

（3）制备方法　药物溶于水者常先溶于部分水或甘油中，必要时加热，其余处方成分按基质配制方法制成水凝胶基质，再与药物溶液混匀加水至足量搅匀即得；药物不溶于水者，可先用少量水或甘油研细，分散，再混于基质中搅匀即得。

3.软膏剂的质量要求

良好的软膏剂应具有以下几方面的特点：

① 软膏剂基质应细腻（混悬微粒至少要通过六号筛）、均匀、无粗糙感；

② 有适宜的稠度，易于在黏膜、皮肤等部位涂布而不融化；

③ 性质稳定，无酸败、变色、变硬、异臭、油水分离等变质现象，能保持药物固有的疗效；

④ 无过敏性、刺激性及其他不良反应，应用于创面的软膏还应无菌；

⑤ 除另有规定外，软膏剂、乳膏剂、糊剂应进行以下相应检查，如粒度、装量、无菌、微生物限度等，均应符合规定。

二、软膏剂基质

软膏剂的组成主要分为主药与基质。基质为主药的赋形剂，也是药物的载体，对药物的释放、吸收均有很大的影响。基质是软膏剂形成和发挥药效的重要组成部分。

知识链接

软膏基质要求

一个理想的软膏基质应符合下列要求：①细腻、均匀、润滑、无刺激、稠度适宜，易于涂布且在不同地区环境、不同气温下变化很少；②性质稳定，不与主药或附加剂等其他物质发生配伍变化；③释药性能好，无生理活性、不妨碍皮肤的正常功能；④有一定的吸水性，能吸收伤口分泌物；⑤容易洗除，不对皮肤和衣物造成污染等。但是，目前为止还没有一种单一成分的基质能满足上述要求，实际在使用时应根据药物和基质的性质及用药目的来具体分析，合理选择几种基质成分混合。

常用的基质可分三类：乳剂型基质、油脂性基质和水溶性基质。

1.乳剂型基质

（1）乳剂型基质的组成、种类　乳剂型基质与乳浊液型液体药剂类似，也是由水相、油相和乳化剂三部分组成的。

乳剂型基质是水相与油相借乳化剂的作用在一定温度下混合乳化，最后在室温下形成半固体的基质，分为水包油（O/W）型和油包水（W/O）型两类。常用的油相多数为固体或半固体如蜂蜡、石蜡、硬脂酸、高级醇（十八醇）等，有时加入液体石蜡、凡士林或植物油等调节稠度。常用的乳化剂有十二烷基硫酸钠、多元醇的脂肪酸、乳化剂 OP、皂类、聚山梨酯类、脱水山梨坦等。

乳剂型基质由于乳化剂的表面活性作用，对水和油均有一定的亲和力，可与创面渗出液或分泌物混合，促进药物与表皮的接触，药物释放、穿透作用均较油脂性软膏基质强；对皮肤正常功能影响小且易洗除，特别是 O/W 型乳剂基质。O/W 型乳剂基质能与大量水混合，基质含水量较高，无油腻性，易于洗除，色白如雪，故又称为"雪花膏"，常用作日用护肤霜，在日用化妆品行业应用广泛。W/O 型乳剂基质较不含水的油脂性基质易于涂布，油腻性小，且水分从皮肤蒸发时有缓和的冷却作用故又称为"冷霜"。

（2）乳剂型基质具有以下特点

① 由于基质中存在水分，增加了润滑性，易于涂布；

② 乳化剂的表面活性作用对水和油均有一定的亲和力，可与创面分泌物或渗出物混合，促进药物与表皮接触，药物的释放、穿透皮肤的性能均比油脂性基质强；

③ 乳化剂的存在使乳剂型基质较油脂性基质易于用水洗除。

此类基质也有不足之处：如遇水不稳定的药物如四环素、金霉素等不宜用乳剂型基质制备软膏；O/W 型基质外相含水量较多，在贮存过程中易霉变，常需加入防腐剂；同时水分易挥发而使软膏变硬，故常加入保湿剂，如丙二醇、山梨醇、甘油等，一般用量为 5%～20%；当 O/W 型软膏用于分泌物、渗出物较多的皮肤病，如湿疹时，其吸收的分泌物、渗出物可重新透入皮肤（称反向吸收）而使炎症恶化，应注意避免。

通常乳剂型基质适用于亚急性、慢性、无渗出液的皮损和皮肤瘙痒症，忌用于糜烂、溃疡、水疱及脓肿症。由于此类基质中所含乳化剂的表面活性作用，对皮肤正常功能影响小，易洗除。常用乳化剂和稳定剂见表 9-1。

表 9-1　常用乳化剂和稳定剂

类型	常用品种	应用特点
脂肪醇硫酸酯（酯）钠类	十二烷基硫酸钠	即十二烷基硫酸钠，HLB 值为 40，O/W 型乳化剂
高级脂肪醇	十六醇（鲸蜡醇）或十八醇（硬脂醇）等	优良的 O/W 型乳化剂
多元醇酯类	硬脂酸甘油酯	较弱的 W/O 型乳化剂
	聚山梨酯（吐温）类	HLB 值为 10.5～16.7，为 O/W 型乳化剂
	脂肪酸山梨坦（司盘）类	HLB 值为 4.3～8.6，为 W/O 型乳化剂
肥皂类	一价皂	HLB 值为 15～18，易形成 O/W 型的乳剂型基质
	多价（二价、三价）皂	多价皂 HLB 值较小，为 W/O 型乳化剂
聚氧乙烯醚衍生物类	平平加 O	为脂肪醇聚氧乙烯醚类，属 O/W 型乳化剂
	乳化剂 OP	为烷基酚聚氧乙烯醚类，属 O/W 型乳化剂

2. 油脂性基质

油脂性基质属于强疏水性物质，包括烃类、类脂及动植物油脂等。这类基质的特点是润滑、无刺激性，涂在皮肤上能形成封闭性的油膜，促进皮肤水合作用，对皮肤有保护、软化作用，不易长菌，适用于表皮增厚、角化、皲裂等慢性皮损和某些感染性皮肤病的早期。但由于其油腻及疏水性大，造成药物释药性能差，不适用于有渗出液的创面，不易用水洗除，故不适用于有渗出液的皮肤损伤，主要用于遇水不稳定的药物，一般不单独使用。为克服其强疏水性，常加入表面活性剂，或制成乳剂型基质。常用油脂性基质见表9-2。

表9-2　常用油脂性基质

类型	品种	应用特点
烃类	液体石蜡	主要用于调节软膏稠度或用以研磨药物粉末以利于与基质混合
	石蜡	用于调节软膏稠度，与其他基质熔合后不会单独析出，故优于蜂蜡
	凡士林	主要起局部的覆盖和保护作用，仅适用于皮肤表面病变
类脂	羊毛脂	可吸收相当于其质量2倍左右的水形成乳剂型基质
	蜂蜡、鲸蜡	均为弱的W/O型乳化剂，在O/W型乳剂基质中起增加稳定性与调节稠度作用
	聚硅氧烷类	常将其与油脂性基质合用制成防护性软膏，用来防止水性物质及酸、碱液等的刺激与腐蚀
动植物油脂	花生油、麻油、豚脂	可作软膏基质

3. 水溶性基质

水溶性基质是由天然或合成的高分子水溶性物质胶溶在水中形成的半固体状的凝胶。能与水溶液混合并吸收皮肤创面的渗出液，一般释放药物较快，无油腻感，易涂展与洗除。适宜于湿润、糜烂创面，也常用作防油性软膏基质，缺点是润滑性差，内含水分易于蒸发变硬，并易于霉变，所以须加入保湿剂和防腐剂。

常用于制备此类基质的高分子物质有甘油明胶、淀粉甘油、纤维素衍生物、聚乙烯醇和聚乙二醇类等，目前常用的是聚乙二醇类。常用水溶性基质见表9-3。

表9-3　常用水溶性基质

类型	品种	应用特点
天然胶类	桃胶、果胶、甘油明胶、淀粉明胶等	可用作眼膏基质，因甘油含量高，故能抑制微生物生长而较稳定
半合成水溶性高分子物质	即纤维素类衍生物类，如甲基纤维素（MC）、羧甲基纤维素钠（CMC-Na）	前者溶于冷水，后者在冷、热水中均溶，浓度较高时呈凝胶状，以后者较常用
合成的水溶性高分子聚合物类	如聚乙二醇、聚乙烯醇等	常用聚乙二醇（PEG）类，易溶于水，性质稳定，不易生霉。能与渗出液混合，易洗除，对皮肤的润滑、保护作用较差，久用可引起皮肤脱水干燥，不宜用于遇水不稳定的药物

℞ 必需知识

软膏剂的制备

软膏剂的制备方法有研和法、熔合法、乳化法，可根据药物与基质的性质、生产规模及设备条件选择适当的制备方法。一般来说，溶液型或混悬型软膏剂多采用研和法和熔合法，乳剂型基质的软膏剂则采用乳化法。软膏剂的制备工艺流程见图9-1。

1. 基质的处理

基质处理主要是针对油脂性基质的，若质地纯净可直接取用，若混有机械性异物需要加热熔融，用细布或120目铜丝筛网趁热过滤，加热至160℃，1h灭菌并除去水分。忌用直火加热以防起火，用蒸汽加热时，夹层中蒸汽压力应达到 0.5MPa。

2. 药物加入的一般方法

为了减少软膏对病患部位的机械性刺激，提高疗效，制剂必须均匀细腻，不含固体粗粒。药物的加入方法主要由药物的性质决定，以分散均匀为目的。可归纳为以下几种方法。

（1）药物可直接溶于基质中时，脂溶性药物溶于液体油中，再与油脂性基质混合成为油脂性溶液型软膏；水溶性药物溶于少量水中后，与水溶性基质混匀后成为水溶性溶液型软膏；不溶性药物也可用少量水溶解，再用羊毛脂吸收后加入油脂性基质中。此类软膏剂多为溶液型。

（2）药物不溶于基质或基质的任何组分中时，必须将药物粉碎成细粉（全部通过五号筛，过六号筛者不少于 95%，眼膏中的药物应过九号筛），取药粉先与少量基质或液体成分（如液体石蜡、植物油、甘油）研匀成糊状，再与其余基质混匀。

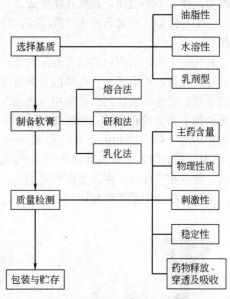

图 9-1　软膏剂的制备工艺流程

（3）具有特殊性质的药物如半固体黏稠性药物（如鱼石脂、煤焦油有一定极性，不易与凡士林混匀），可直接与基质混合，必要时先与少量羊毛脂或吐温类混合再与凡士林等油脂性基质混合；若药物有共熔性组分（如樟脑、薄荷脑、麝香草酚等）时，可先研磨使其共熔再与基质混合；单独使用时可用少量适宜溶剂溶解，再加入基质中混匀。中药浸出物为液体（如煎剂、流浸膏）时，可先浓缩至稠膏状再加入基质中，固体浸膏可加入少量水或稀醇等研成糊状，再与基质混合。受热易破坏或挥发药物，制备时又采用了熔合法或乳化法时，应等到基质冷却至 40℃ 以下再加入，以减少破坏或损失。

3. 制备方法

（1）研和法　用于半固体油脂性基质或主药对热不稳定的软膏制备。小量制备可在软膏板上或乳钵中，大量生产时采用电动乳钵，混入基质中的药物常是不溶于基质的。方法是先取药物与部分基质或适宜液体研磨成细腻糊状，再递加其余基质研匀，直到制成软膏，涂于皮肤无颗粒感。

（2）熔合法　凡软膏中含有基质的熔点不相同，常温下不能均匀混合者采用此法。油脂性基质大量制备时，也常采用熔合法。在熔融操作时，采用蒸发皿或蒸汽夹层锅进行，一般是先将熔点最高的基质加热熔化，然后将余下基质依熔点高低顺序逐一加入（此时加热温度可适当降低），待全部基质熔化后，再加入液体成分和药物（溶解或混悬其中），以避免低熔点物质受热分解。在熔融和冷凝过程中，均应不断搅拌，使成品均匀光滑，并通过胶体磨或研磨机进一步混匀，使软膏均匀、细腻、无颗粒感。

含不溶性药物粉末的软膏经一般搅拌、混合后尚难制成均匀细腻的产品，可通过研磨机进一步研匀。常用的有三滚筒软膏研磨机，其主要构造由三个平行的滚筒和传动装置组成，滚筒间的距离可调节。操作时将软膏置于加料斗中，开动后，由于滚筒的转速不同，因此软膏通过滚筒的间隙受到滚碾和研磨，固体药物被研细且与基质混匀。

（3）乳化法　是专门用于制备乳剂型软膏剂的方法。将处方中油脂性和脂溶性组分一并加热熔化至 80℃ 左右成为油相，用纱布过滤，保持油相温度在 80℃ 左右；另将水溶性组分溶于水，并加热至与油相相同温度，或略高于油相温度（防止两相混合时油相组分过早析出或凝结），油、水两相混合，不断搅拌，直至乳化完成并冷凝成膏状物即得。油、水均不溶解的组分最后加入，混匀。如有需要，在乳膏冷至30℃左右时可再用胶体磨或研磨机研磨，得到更加细腻、均匀的产品。

乳化法中水、油两相的混合有三种方法：①两相同时掺和，适用于连续或大批量的生产，需要一定的设备，如输送泵、连续混合装置等；②分散相加到连续相中，适用于含小体积分散相的乳剂系统；③连续相加到分散相中，适用于多数乳剂系统，在混合过程中引起乳剂转型，从而产生更为细小的分散相粒子。如制备O/W型乳剂型基质时，水相在搅拌下缓缓加到油相中，开始时水相的浓度低于油相的浓度，形成W/O型乳剂，当有更多水加入时，乳剂黏度继续增加，W/O型乳剂的体积也扩大到最大限度；超过此限，乳剂黏度降低，发生乳剂转型而成O/W型乳剂，使内相（油相）得以更细地分散。

常见的软膏剂灌装机如图9-2、图9-3、图9-4所示。

  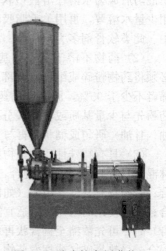

图9-2　立式软膏剂灌装机　　　图9-3　半自动软膏剂灌装机　　　图9-4　卧式软膏剂灌装机

质量评价

1.**主药含量测定**　一般是将主药与基质相分离，如用适宜的溶剂将主药成分溶解提出，再进行含量测定。

2.**基质与软膏的理化性状**

（1）熔点；（2）酸碱度；（3）黏度与稠度；（4）物理外观。

3.**稳定性**　采用加速试验，一般W/O型乳剂基质不耐热，油水易分层，而O/W型乳剂基质则不耐寒，质地易变粗。

4.**刺激性**　考查基质和软膏对皮肤、黏膜有无刺激性或致敏作用。一般将供试品涂在去毛的家兔皮肤上、眼黏膜上，或黏附于人体手臂、大腿内侧的皮肤上，观察24h有无发红、起泡、充血或其他过敏现象。

5.**无菌检查**　眼膏和某些应用于溃疡、烧伤或严重创伤的软膏剂与乳膏剂应符合无菌要求。

6.**微生物限度**　照微生物限度检查法检查，应符合规定。

7.**药物释放穿透及吸收的测定方法**

（1）**体外试验法**　离体皮肤法、半透膜扩散法、凝胶扩散法。

（2）体内试验法　测定方法与指标有体液与组织器官中药物含量的分析方法、生理反应法、放射性示踪原子法等。

8. 装量　按照《中国药典》最低装量检查法检查，应符合规定。

Ⓡ 拓展知识

软膏基质对药物透皮吸收的影响

由于皮肤具有类脂膜的性质，软膏中药物的释放、吸收，除与药物的溶解性和油水分配系数有关外，软膏基质对其亦有一定影响。一般来说，基质中药物透皮吸收的强弱顺序是：O/W 型＞W/O 型＞油脂性基质。目前所用的一些水溶性基质中药物的释放虽然快，但对药物的穿透作用影响不大。基质对药物透皮吸收影响主要表现在以下几方面。

（1）基质对药物的亲和力　基质对药物的亲和力不应太大，否则会明显影响药物的释放，从而影响透皮吸收。

（2）基质的 pH　当基质的 pH 小于酸性药物的 pK_a 值或大于碱性药物的 pK_a 值时，这时药物的分子形式将显著增加，因而有利于药物透皮吸收。

（3）基质对皮肤的水合作用　皮肤外层角蛋白或其降解产物具有与水结合的能力，称为水合作用。由于水合作用能引起角质层肿胀疏松，减低组织的致密性，形成孔隙，促进了药物在角质层的扩散，增加了透皮吸收。当角质层中含水量由 10% 增加到 50% 以上时，渗透性可增加 4～5 倍。一般来说，水合作用的强弱顺序为油脂性基质＞W/O 型＞O/W 型＞水溶性基质。

（4）基质中可加入透皮吸收促进剂　如表面活性剂、二甲基亚砜、月桂氮䓬酮等。

Ⓡ 达标检测题

一、选择题

（一）单项选择题

1. 关于软膏剂的特点不正确的是（　　）

A. 具有一定稠度的外用半固体制剂

B. 可发挥局部治疗作用

C. 可发挥全身治疗作用

D. 药物必须溶解在基质中

E. 药物可以混悬在基质中

2. 不属于软膏剂的质量要求是（　　）

A. 应均匀、细腻，稠度适宜

B. 含水量合格

C. 性质稳定，无酸败、变质等现象

D. 含量合格

E. 用于创面的应无菌

3. 关于乳剂基质的特点不正确的是（　　）

A. 乳剂基质由水相、油相、乳化剂三部分组成

B. 分为 W/O 型、O/W 型两类

C. W/O 型乳剂基质被称为"冷霜"

D. O/W 型乳剂基质被称为"雪花膏"

E. 湿润性湿疹适宜选用 O/W 型乳剂基质

4. 以凡士林、蜂蜡和固体石蜡为混合基质时，应采用的制法是（　　）

A. 研和法　　　B. 熔合法　　　C. 乳化法

D. 加液研和法　E. 热熔法

5. 对凡士林的叙述错误的是（　　）

A. 又称软石蜡，有黄、白两种

B. 有适宜的黏稠性与涂展性，可单独作基质

C. 对皮肤有保护作用，适合用于有多量渗出液的患处

D. 性质稳定，适合用于遇水不稳定的药物

E. 在乳剂基质中可作为油相

6. 用于改善凡士林吸水性、穿透性的物质是（　　）

A. 羊毛脂　　B. 聚硅氧烷　　C. 石蜡

D. 植物油　　E. 硫酸镁

7. 药物在以下基质中穿透力较强的是（　　）

A. 凡士林　　　　　　B. 液体石蜡

C. O/W 型乳剂基质　　D. 聚乙二醇类

E. 羊毛脂

8. 下列不可作为水性凝胶基质的是（　　）

A. 卡波姆　　B. 羧甲基纤维素钠

C. 甘油　　　D. 西黄蓍胶

E. 液体石蜡

9. 软膏剂制备中常作为水溶性基质的是（　　）

A. 卡波姆

B. 黄凡士林、液体石蜡、羊毛脂按 8：1：1 混合

C. 甘油明胶　　D. 蜂蜡　　E. 液体石蜡

10. 不是一般眼膏剂的质量检查项目的是（　　）

A. 装量　　　B. 无菌　　　C. 粒度

D. 金属性异物　　E. 微生物限度

11. 不宜作为眼膏基质成分的是（　　）

A. 卡波姆　　　B. 黄凡士林

C. 甘油明胶　　D. 羊毛脂

E. 液体石蜡

12. 不是水溶性软膏基质的是（　　）

A. 聚乙二醇　　B. 甘油明胶

C. 纤维素衍生物（MC、CMC-Na）

D. 羊毛醇　　　E. 卡波姆

13. 研和法制备油脂性软膏剂时，如药物是水溶性的，宜先用少量水溶解，再用（　　）吸收后与基质混合

A. 液体石蜡　　B. 单硬脂酸甘油酯

C. 羊毛脂　　　D. 白凡士林　　E. 蜂蜡

14. 不属于基质和软膏质量检查项目的是（　　）

A. 熔点　　　B. 黏度和稠度

C. 刺激性　　D. 硬度

E. 药物的释放、穿透及吸收的测定

15. 凡士林基质中加入羊毛脂是为了（　　）

A. 增加药物的溶解度　　B. 防腐与抑菌

C. 增加药物的稳定性　　D. 减少基质的吸水性

E. 增加基质的吸水性

（二）多项选择题

1. 眼膏剂常用基质的组成和比例为（　　）

A. 凡士林 8 份　　　B. 羊毛脂 1 份

C. 液体石蜡 1 份　　D. 石蜡 1 份

E. 凡士林 10 份

2. 下列软膏基质的叙述正确的是（　　）

A. 油脂性基质能促进皮肤水合作用

B. 聚乙二醇类润滑性较差

C. 乳剂型基质穿透性较油脂性基质弱

D. 有大量渗出液的患处宜选用 O/W 型乳剂基质

E. 水溶性基质释药性快，无刺激性

3. 下列关于软膏剂的质量要求叙述正确的是（　　）

A. 软膏剂应均匀、细腻

B. 易涂布于皮肤或黏膜上并融化

C. 除另有规定外，应遮光密闭贮存

D. 软膏剂无须进行粒度检查

E. 用于烧伤和严重创伤的应做无菌检查

4. 可作为软膏剂透皮促进剂的有（　　）

A. 二甲基亚砜类　　　B. 氮酮

C. 硬脂酸钠　　　　　D. 丙二醇

E. 尿素

5. 有关熔融法制备软膏剂的叙述，正确的是（　　）

A. 药物加入基质要不断搅拌至均匀

B. 熔融时熔点低的基质先加，熔点高的后加

C. 冬季可适量增加基质中石蜡的用量

D. 熔融法应注意冷却速率不能过快

E. 冷凝成膏状后应停止搅拌

6. 软膏剂的制备方法包括（　　）

A. 熔融法　　B. 化学反应法　　C. 乳化法

D. 研磨法　　E. 搅拌法

7. 下列软膏剂可以用微生物限度法来控制染菌量的是（　　）

A. 用于大面积烧伤的软膏

B. 用于皮肤严重损伤的软膏

C. 鼻用软膏　　D. 一般眼膏

E. 用于眼部手术及伤口的眼膏

8. 有关软膏中药物经皮吸收的叙述，正确的是（　　）

A. 水溶性药物的穿透力＞脂溶性药物

B. 溶解态药物的穿透力＞微粉混悬态药物

C. 药物的分子量越小，越易吸收

D. 皮肤破损可增加药物的吸收

E. 药物的油水分配系数是影响吸收的内在因素

9. 有关制备软膏剂的叙述，错误的是（　　）

A. 用于鼻黏膜的基质不需灭菌

B. 溶液型眼膏不必进行粒度检测

C. 眼膏剂基质滤过后，140℃灭菌 1h

D. 鼻用混悬型软膏剂中的不溶性固体药物，

应灭菌处理

E.用于眼部手术的眼膏，不得加抑菌剂

10.下列关于软膏基质的叙述中正确的是（ ）

A.液体石蜡主要用于调节软膏稠度

B.水溶性基质释药快，无刺激性

C.水溶性基质由水溶性高分子物质加水组成，需加防腐剂，而不需加保湿剂

D.凡士林中加入羊毛脂可增加吸水性

E.硬脂醇是 W/O 型乳化剂，但常用在 O/W 型乳剂基质中

二、填空题

1.雪花膏为_____性乳化型基质软膏剂，冷霜为_____性乳化型基质软膏剂。

2.乳化型基质软膏剂的组成为_____、_____、_____。

3.生产眼膏剂的不溶性药物应通过_____号筛。

4.二价皂与三价皂为_____型乳化剂。

5.凝胶扩散法为药物释放、穿透和吸收的体_____试验法。

6.软膏剂的物理性质测定法包括_____、_____、_____。

7.含有大量固体粉末（达 25%～70%）的软膏剂称_____。

三、简答题

1.软膏基质通常分为哪几类？简述各类常用基质名称。

2.软膏剂的制备方法有哪些？

3.下列物质起何种类型的乳化作用：

硬脂酸铝（铝皂）；油酸与氢氧化钠；羊毛脂；阿拉伯胶；胆固醇；十二烷基硫酸钠-十六醇（1:9）；吐温-80-司盘-80（3:1）。

四、处方分析

1.下列是醋酸氢化可的松软膏处方：醋酸氢化可的松 10g；白凡士林 85g；单硬脂酸甘油酯 70g；十二醇硫酸钠 10g；硬脂酸 112.5g；尼泊金乙酯 1g；甘油 85g；蒸馏水加至 1000g。

根据处方回答下列问题：

（1）写出处方中各组分的作用。

（2）此软膏基质属何种类型？

（3）可否用于渗出性患处，为什么？

（4）采用哪一种制备方法？

2.醋酸地塞米松软膏处方：醋酸地塞米松 0.25g；硬脂酸 120g；液体石蜡 150g；十二烷基硫酸钠 1g；白凡士林 50g；甘油 100g；三乙醇胺 3g；羟苯乙酯 0.25g；纯化水 适量；共制 1000g。

根据处方回答下列问题：

（1）分析处方中各组分的作用，指出油相、水相及乳化剂。

（2）写出制备过程。

PPT 课件

膜剂、涂膜剂制备技术

Ⓡ 实例与评析

【实践操作实例10】 制备膜剂

1.器材与药品

烧杯、玻璃棒、水浴加热装置；硝酸钾、2%CMC-Na、吐温-80、甘油、糖精钠、蒸馏水。

2.操作内容

（1）制备硝酸钾牙用膜剂

［处方］硝酸钾1.0g；2%CMC-Na 40ml；吐温-80 0.2g；甘油0.5g；糖精钠0.1g；蒸馏水10ml。

［制法］取处方量的甘油、吐温-80、糖精钠、硝酸钾溶解于10ml蒸馏水中，必要时可稍微加热溶解，然后与2%CMC-Na胶浆搅拌混匀，40℃保温，待气泡消除，立即倾于涂有少量液体石蜡、面积为20cm×20cm玻璃板上，振荡，摊匀，使成薄膜，于80℃干燥15min，脱膜即得。

（2）制备氟化钠膜剂

［处方］氟化钠1.5g；聚乙烯醇10.0g；吐温-80 1.0ml；甘油1.5ml；蒸馏水80.0ml。

［制法］取PVA置烧杯中，加水（留少许溶解氟化钠），90℃水浴使溶解，将氟化钠溶液、甘油、吐温-80加入PVA溶液中，搅匀，涂膜（厚约0.13mm，面积为20cm×40cm），干燥后剪成1.5cm^{2}小块，装袋，封好备用。

【评析】

膜剂系指药物与适宜的成膜材料经加工制成的膜状制剂，供口服或黏膜外用。

膜剂的处方主要由主药、成膜材料和附加剂组成，成膜材料的性能、质量不仅对膜剂成型工艺有影响，而且对膜剂的药效及成品质量产生重要影响。附加剂主要有增塑剂、着色剂等。

膜剂的制备方法主要有匀浆制膜法、热塑制膜法与复合制膜法。

［制备要点］（1）硝酸钾、糖精钠应完全溶解于水中后再与胶浆混匀。

（2）制膜后应立即烘干，以免硝酸钾等析出结晶，造成药膜中有粗大结晶及药物含量不均匀。

Ⓡ 相关知识

一、膜剂概述

1.膜剂的含义与分类

膜剂（films）是指药物与适宜的成膜材料经加工制成的膜状制剂。膜剂可供口服、口含、舌下给药、眼结膜囊内给药、阴道内给药、皮肤或黏膜创伤贴敷等。一些膜剂，尤其是鼻腔、皮肤用药的膜剂亦可起到全身的作用。

通常可按结构特点或给药途径对膜剂进行分类，按结构特点可将膜剂分为单层膜剂、多层膜剂（又称复合膜剂）和夹心膜剂（缓释或控释膜剂）等；按给药途径可将膜剂分为内服膜剂、口腔用膜剂（包括口含、舌下给药及口腔内局部贴敷）、眼用膜剂、皮肤及黏膜用膜剂等。膜剂的形状、大小和厚度等视用药部位的特点和含药量而定。一般膜剂的厚度为 0.1～0.2mm，面积为 $1cm^2$ 的可供口服，$0.5cm^2$ 的供眼用。

近年来，国内对中药膜剂进行了研究和试制，如复方青黛散膜，丹参、万年青苷等膜剂，其中某些品种已正式投入大量生产。

> **●知识链接●**
>
> ### 膜剂的发展
>
> 膜剂是在 20 世纪 60 年代开始研究并应用的一种新型制剂，70 年代国内对膜剂的研究应用已有较大发展，并投入生产。目前国内正式投入生产的膜剂约有 30 余种。其很受临床欢迎，可用于口腔科、眼科、耳鼻喉科、创伤、烧伤、皮肤科及妇科等，供口服、口含、舌下、眼结膜囊内、阴道内给药，皮肤或黏膜创伤表面的贴敷等。一些膜剂尤其是鼻腔、皮肤用药膜亦可起到全身作用，加之膜剂本身体积小、质量轻，随身携带极为方便，故在临床应用上有取代部分片剂、软膏剂和栓剂的趋势。

2. 膜剂的特点

（1）质量轻、体积小、使用方便，适用于多种给药途径。

（2）采用不同的成膜材料可制成具有不同释药速率的膜剂，可控速释药。多层复合膜剂便于解决药物间的配伍禁忌以及对药物分析上的干扰等问题。

（3）制备工艺较简单，成膜材料较其他剂型用量小，可以节约辅料和包装材料。

（4）制备过程中无粉尘飞扬，有利于劳动保护。但膜剂也有不足，最主要的缺点是载药量少，只适用于小剂量的药物。

（5）含量准确，稳定性好。

（6）配伍变化少（可制成多层复合膜），分析干扰少。

3. 膜剂的组成

膜剂一般由主药、成膜材料和附加剂三部分组成，附加剂主要有增塑剂（甘油、山梨醇、苯二甲酸酯等）和着色剂（TiO_2、色素等），必要时还可加入填充剂（$CaCO_3$、SiO_2、淀粉、糊精等）及表面活性剂（聚山梨酯-80、十二烷基硫酸钠、豆磷脂等）。

二、涂膜剂概述

1. 涂膜剂的含义与分类

涂膜剂是指将高分子成膜材料与药物溶解在挥发性有机溶剂中制成的外用液体剂型。用时涂于患处，有机溶剂挥发后形成薄膜，对患处有保护作用，同时能逐渐释放出所含药物而起治疗作用。例如伤湿涂膜剂，冻疮、烫伤涂膜剂等。涂膜剂可分为单层膜剂、多层膜剂（又称复合膜剂）和夹心膜剂等。

2. 涂膜剂的特点

涂膜剂是我国在硬膏剂、火棉胶剂和中药膜剂等剂型的应用基础上发展起来的一种新剂型，其主要特点是制备工艺简单，制备中不需要特殊的机械设备，不用裱褙材料，使用方便。涂膜剂在某些皮肤病、职业病的防治上有较好的作用，一般用于慢性无渗出液的皮损、过敏性皮炎、牛皮癣和神经性皮炎等。

3. 涂膜剂的组成

涂膜剂由药物、成膜材料和挥发性有机溶剂三部分组成。常用的成膜材料有聚乙烯醇缩甲乙醛、聚乙烯醇缩甲丁醛、聚乙烯醇、火棉胶等；挥发性溶剂有乙醇、丙酮、乙酸乙酯、乙醚等，或将上述成分以不同比例混合后使用。涂膜剂中一般还要加入增塑剂，常用邻苯二甲酸二丁酯、甘油、丙二醇、山梨醇等。

三、膜剂的成膜材料

1. 成膜材料的要求

成膜材料是膜剂的重要组成部分，其性能和质量对膜剂的成型工艺、成品的质量及药效的发挥有重要影响。较好的成膜材料应符合以下要求：

① 无毒、无刺激性、无生理活性，无不良臭味，不干扰免疫功能，外用不妨碍组织愈合，不致敏，长期使用无致畸、致癌作用；

② 性质稳定，与药物不起作用，不干扰药物的含量测定；

③ 成膜、脱膜性能好，成膜后有足够的强度和柔韧性；

④ 用于口服、腔道、眼用膜剂的成膜材料应具有良好的水溶性，能逐渐降解、吸收或排泄；外用膜剂应能迅速、完全地释放药物；

⑤ 来源广、价格低廉。

2. 常用的成膜材料

常用的成膜材料是一些高分子物质，按来源不同可分为两类，一类是天然高分子物质，如明胶、虫胶、阿拉伯胶、琼脂、淀粉、糊精等，其中多数可降解或溶解，但成膜、脱膜性能较差，故常与其他成膜材料合用；另一类是合成高分子物质，如聚乙烯醇类化合物、丙烯酸类共聚物、纤维素衍生物等，这类成膜材料成膜性能优良，成膜后强度与柔韧性均较好。常用的有聚乙烯醇（PVA）05-88，聚乙烯醇（PVA）17-88、乙烯-醋酸乙烯共聚物（EVA）、甲基丙烯酸酯-甲基丙烯酸共聚物、羟丙基纤维素、羟丙基甲基纤维素等。实验研究证明，在成膜性能及膜的拉伸强度、柔韧性、吸湿性和水溶性等方面，均以 PVA 最好，常用于制备溶蚀型膜剂。水不溶性的 EVA 则常用于制备非溶蚀型膜剂。

（1）聚乙烯醇（PVA）为白色或淡黄色粉末或颗粒，由醋酸乙烯在甲醇溶剂中进行聚合反应生成聚醋酸乙烯，再与甲醇发生醇解反应而得。其性质主要取决于分子量和醇解度，分子量越大，水溶性越小，水溶液的黏度大，成膜性能好。一般认为醇解度为 88％时，水溶性最好，在冷水中能很快溶解；当醇解度为 99％以上时，在温水中只能溶胀，在沸水中才能溶解。目前国内常用两种规格的 PVA，即 PVA 05-88 和 PVA 17-88，其平均聚合度分别为 $500 \sim 600$ 和 $1700 \sim 1800$（前两位数字用 05 和 17 表示），醇解度均为 88％（后两位数字用 88 表示），分子量分别为 $22\,000 \sim 26\,200$ 和 $74\,800 \sim 79\,200$。这两种 PVA 均能溶于水，但 PVA 05-88 聚合度小、水溶性大、柔韧性差；PVA 17-88 聚合度大、水溶性小、柔韧性好。常将二者以适当比例（如 $1:3$）混合使用，能制成很好的膜剂。

PVA 是目前较理想的成膜材料，它对眼黏膜及皮肤无毒性、无刺激性，眼用时能在角膜表面形成一层保护膜，且不阻碍角膜上皮再生，是一种安全的外用辅料；口服后在消化道吸收很少，80％的 PVA 在 48h 内由直肠排出体外。

（2）乙烯-醋酸乙烯共聚物（EVA）为无色粉末或颗粒，是乙烯和醋酸乙烯在过氧化物或偶氮异丁腈引发下共聚而成的水不溶性高分子聚合物，可用于制备非溶蚀型膜剂的外膜。其性能与分子量及醋酸乙烯含量关系很大，当分子量相同时，醋酸乙烯含量越高，溶解性、柔韧性、弹性和透明性也越大。按醋酸乙烯的含量可将 EVA 分成多种规格，其释药性能各不相同。

EVA 无毒性、无刺激性，对人体组织有良好的适应性；不溶于水，溶于有机溶剂，熔点较低，成膜性能良好，成膜后较 PVA 有更好的柔韧性。

（3）聚乙烯吡咯烷酮（PVP）为白色或淡黄色粉末，微有特臭，无味；在水、乙醇、丙二醇、甘油中均易溶解；常温下稳定，加热至 150℃时变色；无毒性和刺激性；水溶液黏度随分子量增加而增大，可与其他成膜材料配合使用；易长霉，应用时需加入防腐剂。

（4）羟丙基甲基纤维素（HPMC）为白色粉末，是应用最广泛的纤维素类成膜材料。本品在 60℃以下的水中膨胀溶解，超过 60％时则不溶于水，在纯的乙醇、三氯甲烷中几乎不溶，能溶于乙醇-二氯甲烷（1∶1）或乙醇-三氯甲烷（1∶1）的混合液中。其成膜性能良好，坚韧而透明，不易吸湿，高温下不黏着，是抗热抗湿的优良材料。

Ⓡ 必需知识

一、膜剂的制备

膜剂一般组成

主药<70％（质量分数）；
成膜材料（PVA 等）30％～100％；
增塑剂（甘油、山梨醇等）0～20％；
表面活性剂（聚山梨酯-80、十二烷基硫酸钠、豆磷脂等）1‰～2％；
填充剂（CaCO₃、SiO₂、淀粉）0～20％；
着色剂（色素、TiO₂ 等）0～2％（质量分数）；
脱膜剂（液体石蜡）适量。

1. 匀浆制膜法

匀浆制膜法又称涂膜法、流延法，是目前国内制备膜剂常用的方法。这种方法是将成膜材料溶解于适当溶剂中，再将药物及附加剂溶解或分散在上述成膜材料溶液中制成均匀的药浆，静置除去气泡，经涂膜、干燥、脱膜、主药含量测定、剪切包装等，最后制得所需膜剂。

大量生产时用涂膜机（见图 10-1）涂膜，小量制备时可将药浆倾倒于平板玻璃上，经振动或用推杆涂成厚度均匀的薄层。涂膜后烘干，根据药物含量确定单剂量的面积，再按单剂量面积切割、包装。膜剂制备工艺流程见图 10-2。

2. 热塑制膜法

此法是将药物细粉和成膜材料如 EVA 颗粒相混合，用橡皮滚筒混碾，热压成膜，随即冷却、脱膜即得。或将成膜材料如聚乳酸、聚乙醇酸等加热熔融，在热熔状态下加入药

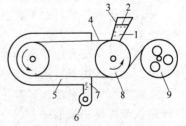

图 10-1 匀浆涂膜机示意
1—流液嘴；2—浆液；3—控制板；
4—循环带；5—干燥器；6—鼓风机；
7—加热器；8—转鼓；9—卷膜盘

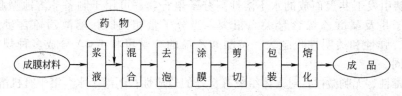

图 10-2　膜剂制备工艺流程

物细粉，使二者均匀混合，在冷却过程中成膜。

3. 复合制膜法

此法是以不溶性的热塑性成膜材料（如 EVA）为外膜，分别制成具有凹穴的底外膜带和上外膜带，另用水溶性成膜材料（如 PVA 或海藻酸钠）用匀浆制膜法制成含药的内膜带，剪切后置于底外膜带凹穴中；也可用易挥发性溶剂制成含药匀浆，定量注入到底外膜带凹穴中，经吹风干燥后，盖上上外膜带，热封即得。这种方法需一定的机械设备，一般用于缓释膜剂的制备，如眼用毛果芸香碱膜剂（缓释一周）在国外即用此法制成。与单用匀浆制膜法制得的毛果芸香碱眼用膜剂相比具有更好的控释作用。复合膜的简便制备方法是先将 PVA 制成空白覆盖膜后，将覆盖膜与药膜用 50％乙醇粘贴，加压，60℃±2℃烘干即可。

二、涂膜剂的制备

涂膜剂一般用溶解法制备，具体操作时应视药物的情况，如能溶于溶剂中，则直接加入溶解；如为中药，则应先制成乙醇提取液或提取物的乙醇-丙酮溶液，再加入到成膜材料溶液中。涂膜剂在生产与贮藏期间应符合下列有关规定：

① 药材应按各品种项下规定的方法进行提取、纯化或用适宜的方法粉碎成规定细度的粉末；

② 涂膜剂常用乙醇等易挥发的有机溶剂为溶剂；

③ 涂膜剂的成膜材料等辅料应无毒、无刺激性，常用的成膜材料有聚乙烯醇、聚乙烯吡咯烷酮、丙烯酸树脂类等，一般宜加入增塑剂、保湿剂等；

④ 涂膜剂一般应检查 pH 和相对密度，以乙醇为溶剂的应检查乙醇量；

⑤ 除另有规定外，涂膜剂应密封贮存；

⑥ 最低装量检查及微生物限度检查应符合规定。

膜剂的质量检查

《中国药典》对膜剂的质量有明确的规定，主要内容如下。

1. 成膜材料及辅料应无毒、无刺激性、性质稳定，与药物不起作用，不影响药效，成膜性能好。

2. 水溶性药物应溶于成膜材料中，制成具有一定黏度的溶液；水不溶性药物应粉碎成极细粉，并与成膜材料均匀混合。

3. 膜剂应完整光洁，厚度一致，色泽均匀，无明显气泡；多剂量膜剂的分格压痕应均匀清晰，并能按压痕撕开。

4. 除另有规定外，膜剂宜密封保存，防止受潮、发霉、变质，卫生学检查也应符合规定。

5. 重量差异：应符合规定。

膜剂的释药原理及影响释药速率的因素

膜剂中药物的释放速率，直接影响药效发挥的快慢，有时也会影响到生物利用度。因此，在设计、制备、评价、使用及开发膜剂的过程中，了解影响其释药速率的因素是很重要的。影响膜剂释药速率的因素很多，主要有以下几个方面。

1. 溶解度

药物的溶解度包括药物在成膜材料中的溶解度和在释放介质中的溶解度。在膜剂中药物在不溶性成膜材料中的释放过程可分为几个阶段：①药物分子从晶格中解脱出来；②解脱出来的药物分子进入成膜材料的结构中，并通过膜向膜外扩散；③药物进入膜周围的释放介质中。所以药物在成膜材料中的溶解度控制着药物的释放速率，药物在成膜材料中的溶解度越大，释放速率也快。为了增加药物的溶解度，可在难溶性材料中掺入不同的水溶性成分，如 PEG、PVP 等。水溶性成分的加入可明显促进药物的穿透。同一组成的膜，药物的穿透率与水溶性成分的比例成正比。药物在释放介质中的溶解度也影响药物的释放速率，通常药物在释放介质中的溶解度增大，释放速率也大。

2. 分配系数

分配系数大小也影响药物的释放速率。分配系数等于药物在释放介质中的溶解度与药物在成膜材料中的溶解度之比，用公式表示如下：

$$K = c_s / c_p$$

式中，K 为分配系数；c_s 为药物在释放介质中的溶解度；c_p 为药物在成膜材料中的溶解度。

药物的释放速率与分配系数无关，分配系数变化不影响药物的释放速率，而药物的释放速率只决定于扩散系数。药物的分配系数与其结构有关。因此，制备膜剂时，当成膜材料为不溶性聚合物，分配系数很小时，药物的释放为零级释放，即释放速率保持不变，这时分配系数与释放速率成直线关系。当分配系数增大并超过一定值时，成膜材料可根据临床对释放量和释放速率的要求，结合分配系数加以选择。

3. 扩散系数

药物的扩散系数指两方面而言，一是指在成膜材料中的扩散系数，二是指在释放介质中的扩散系数。药物在不溶性成膜材料中的扩散速率，取决于药物在膜表面的浓度和膜内部的浓度差，这是扩散的动力，也取决于药物分子量大小和扩散系数。扩散系数大小与成膜材料的种类有关，又与成膜材料中加入的交联剂、增塑剂及溶剂有关。交联剂和增塑剂能导致膜剂的孔隙率降低，结果降低了扩散系数。有些填充剂还可以吸附药物使扩散速率降低。药物的分子量或分子体积增大，扩散系数减小，但据药物通过微孔扩散的情况，如果药物的分子体积太大就有可能不易透过膜。药物分子在释放介质中的扩散系数大小也与释放介质的黏度有关。

4. 药物量与膜厚度

制备膜剂时，加入药物量多少直接影响药物的释放速率。释放速率随膜剂中的药物量的增加而增加。因此增加膜剂中的药物量能改变药物释放速率，也改变药物治疗所维持的时间。

膜剂的厚度对药物的释放速率也有影响。根据扩散定律，扩散速率与膜的厚度成反比。增加膜剂的厚度，可使药物分子扩散途径增加，因此释药速率变慢。

一、选择题

(一) 单项选择题

1. 膜剂的厚度一般不超过（　　）
A. 0.25mm　　B. 0.50mm　　C. 0.75mm
D. 0.85mm　　E. 1.0mm

2. 以下说法中错误的是（　　）
A. 药物与成膜材料加工制成的膜状制剂称膜剂
B. 制备膜剂时要将药物与成膜材料用挥发性有机溶剂溶解
C. EVA 常用于复合膜的外膜
D. 膜剂分单层膜和多层膜
E. 外用膜剂用于局部治疗

3. 目前较理想的成膜材料是（　　）
A. PVA　　　B. PVP　　　C. PHB
D. PEG　　　E. DMSO

4. 膜剂的制备多采用（　　）
A. 摊涂法　　B. 热熔法　　C. 溶剂法
D. 涂膜法　　E. 冷压法

5. 对成膜材料的要求不包括（　　）
A. 成膜、脱膜性能好
B. 成膜后有足够的强度和韧性
C. 性质稳定，不降低药物的活性
D. 无毒、无刺激性
E. 应具有很好的水溶性

6. 山梨醇在膜剂中作为（　　）
A. 填充剂　　B. 成膜材料　　C. 脱膜剂
D. 湿润剂　　E. 增塑剂

7. 在膜剂处方中作脱膜剂的是（　　）
A. 甘油　　　B. SiO_2　　　C. 液体石蜡
D. EVA　　　E. 豆磷脂

8. 有关涂膜剂的表述不正确的是（　　）
A. 是一种可涂布成膜的外用胶体溶液制剂
B. 使用方便
C. 处方由药物、成膜材料和蒸馏水组成
D. 制备工艺简单，无需特殊机械设备
E. 常用的成膜材料有聚乙烯缩丁醛和火棉胶等

9. 在膜剂处方中作增塑剂的是（　　）
A. 甘油　　　B. SiO_2　　　C. 液体石蜡
D. EVA　　　E. 豆磷脂

10. 膜剂的特点中不包括（　　）
A. 易于生产自动化和无菌操作
B. 可制成不同释药速率的制剂
C. 含量准确
D. 便于携带、运输和贮存
E. 适用于任何剂量的制剂

11. 二氧化钛在膜剂中起的作用为（　　）
A. 增塑剂　　B. 着色剂　　C. 遮光剂
D. 填充剂　　E. 成膜材料

12. 膜剂的质量要求与检查中不包括（　　）
A. 重量差异　　　　B. 含量均匀度
C. 微生物限度检查　D. 外观
E. 黏着强度

13. 膜剂论述正确的是（　　）
A. 只能外用
B. 多采用热熔法制备
C. 最常用的成膜材料是聚乙二醇
D. 为释药速率单一的制剂
E. 可以加入矫味剂，如甜菊苷

14. 碳酸钙在膜剂中作为（　　）
A. 填充剂　　B. 成膜材料　　C. 遮光剂
D. 抗氧剂　　E. 增塑剂

15. 白及胶在膜剂中用作（　　）
A. 填充剂　　B. 成膜材料　　C. 遮光剂
D. 抗氧剂　　E. 增塑剂

(二) 多项选择题

1. 膜剂的优点是（　　）
A. 含量准确　　B. 可以控制药物的释放
C. 使用方便　　D. 制备简单
E. 载药量高，适用于大剂量的药物

2. 膜剂的处方组分包括（　　）
A. 成膜材料　　B. 增塑剂　　　C. 色素
D. 脱膜剂　　　E. 表面活性剂

3. 下列物质属于人工合成高分子成膜材料的是（　　）
A. PVP　　　B. 琼脂　　　C. PVA
D. 阿拉伯胶　　E. EVA

4. 下列物质属于天然膜材的是（　　）
A. 明胶　　　B. PVA　　　C. 虫胶
D. 琼脂　　　E. 阿拉伯胶

5. 涂膜剂的组成包括（　　）
A. 药物　　　B. 润湿剂
C. 挥发性有机溶剂
D. 黏合剂　　E. 成膜材

6. 膜剂的质量要求与检查中包括（　　）

A. 重量差异　　　　B. 含量均匀度
C. 微生物限度检查　D. 外观
E. 黏着强度

7. 膜剂的辅料有（　　）
A. 成膜材料　　B. 增塑剂　　C. 着色剂
D. 遮光剂　　　E. 矫味剂

8. 膜剂理想的成膜材料应（　　）
A. 无刺激性、无致畸、无致癌等
B. 在体内能被代谢或排泄
C. 不影响主药的释放
D. 成膜性、脱膜性较好

E. 在体温下易软化、熔融或溶解

9. 关于膜剂和涂膜剂的表述错误的是（　　）
A. 膜剂仅可用于皮肤和黏膜伤口的覆盖
B. 常用的成膜材料都是天然高分子物质
C. 匀浆流延制膜法是将药物溶解在成膜材料中，涂成宽厚一致的涂膜，烘干而成，不必分剂量
D. 涂膜剂系指将高分子成膜材料及药物溶解在挥发性有机溶剂中制成的可涂成膜的外用胶体溶液制剂
E. 涂膜剂系药物与成膜材料混合制成的单层或多层供口服使用的膜状制剂

二、简答题

1. 什么是膜剂？有何特点？由什么组成？
2. 常用的成膜材料有哪些？PVA 作为膜材有何特点？应用规格有哪些？
3. 膜剂的制备方法有哪些？小量制备膜剂时，常用哪些成膜方法？
4. 制备膜剂时，如何防止气泡的产生？

PPT 课件

模块五
其他类制剂制备技术

1. 教学目标

（1）基本目标　能初步设计气雾剂和栓剂的工艺流程；会喷雾剂、粉雾剂、栓剂典型实例的小试制备。

（2）促成目标　在此基础上，学生通过顶岗实习锻炼，能进行气雾剂、气（粉）雾剂、喷雾剂、栓剂典型实例生产制备；能根据各类制剂的特点合理指导用药。并能进行栓剂融变时限检查。

2. 工作任务

项目十一　气（粉）雾剂、喷雾剂制备技术
具体的实践操作实例11　制备气（粉）雾剂、喷雾剂。
项目十二　栓剂制备技术
具体的实践操作实例12　制备栓剂。

3. 相关理论知识

（1）掌握气（粉）雾剂、喷雾剂、栓剂的概念、类型、特点、制备方法。
（2）熟悉气雾剂的组成，栓剂基质类型和常用品种、置换价及其测定意义和方法。
（3）了解气雾剂、栓剂的质量评定方法。

4. 教学条件要求

利用教学课件、生产视频、各剂型实例和网络等先进的多媒体教学手段，并结合实训操作训练（或案例），灵活应用多种教学方法，采用融"教、学、做"一体化模式组织教学。

® 实例与评析

【实践操作实例11】 制备气（粉）雾剂、喷雾剂

1. 器材与试剂

乳匀机、气雾剂小瓶、定量阀门；盐酸异丙肾上腺素、维生素 C、乙醇、二氯二氟甲烷、吐温-80、色甘酸钠、乳糖、莫米松糠酸酯、聚山梨酯-80。

2. 操作内容

（1）制备盐酸异丙肾上腺素气雾剂

［处方］盐酸异丙肾上腺素 2.5g；维生素 C 1.0g；乙醇 296.5g；二氯二氟甲烷适量；共制 1000g。

［制法］先将维生素 C 与盐酸异丙肾上腺素溶于乙醇中，滤过，灌入已处理好的容器内，装上阀门系统，加铝盖轧口封固，再用压灌法灌注二氯二氟甲烷，经质检合格后包装。

（2）色甘酸钠粉雾剂

［处方］色甘酸钠 20g；乳糖 20g；制成 1000 粒。

［制法］将色甘酸钠用适当方法制成极细的粉末，与处方量的乳糖充分混合均匀，分装到硬明胶胶囊中，使每粒含色甘酸钠 20mg，即得。

（3）莫米松喷雾剂

［处方］莫米松糠酸酯 3g；聚山梨酯-80（与增稠剂）适量；水适量；制成 1000 瓶。

［制法］将莫米松糠酸酯用适当方法制成细粉，加入表面活性剂混合均匀，再加入到含防腐剂和增稠剂的水溶液中，分散均匀，分装于规定的喷雾剂装置中即可。

【评析】

气（粉）雾剂是一种或一种以上药物，经特殊的给药装置给药后，药物进入呼吸道深部、腔道黏膜或皮肤等体表发挥全身或局部作用的一种给药系统。气（粉）雾剂制备过程可分为：容器阀门系统的处理与装配、药物的配制、分装和充填抛射剂、质量检查等。喷雾剂系指不含抛射剂，借助手动泵的压力将内容物以雾状等形态释出的制剂，可分为单剂量和多剂量喷雾剂。

［制备要点］（1）处方中盐酸异丙肾上腺素在二氯二氟甲烷中溶解性差，加入乙醇可作潜溶剂，使能溶于二氯二氟甲烷抛射剂中，维生素 C 作为抗氧剂。

（2）盐酸异丙肾上腺素气雾剂为乳剂型气雾剂，吐温-80、油酸山梨坦及十二烷基硫酸钠为乳化剂。

（3）色甘酸钠粉雾剂中处方量的乳糖为载体。

一、气（粉）雾剂概述

（一）气（粉）雾剂定义和分类

气（粉）雾剂是一种或一种以上药物，经特殊的给药装置给药后，药物进入呼吸道深部、腔道黏膜或皮肤等体表发挥全身或局部作用的一种给药系统。该给药系应对皮肤、呼吸道及腔道黏膜和纤毛无刺激性、无毒性。

> **·知识链接·**
>
> ### 气雾剂的发展
>
> 气雾剂是在 1931 年由挪威人俄利克·波希姆开始研究的。1933 年，他研制的用天然液化气作为气雾剂中的抛射剂，使用于物体表面涂装用的气雾产品获得了世界上第一个气雾剂的专利权。专利中的抛射剂改为氯甲烷、异丁烷之类，气雾剂的罐体用黄铜材料制成。而在同年，米德里·亨内和纳利等人也取得了用氟碳化氢作灭火剂的气雾剂专利。由于氟碳化氢在气雾剂中抛射时具有很高的蒸气压且无毒性，有助于气雾剂的发展，是当时的一项重大发明。药物气雾剂始于 1942 年磺胺类气雾剂。同年有人将氯苯乙烷溶于二氯二氟甲烷中，在压力下喷成雾状，杀灭蚊蝇。此后局部麻醉、香水等多用气雾剂应运而生，20 世纪 50 年代气雾剂用于气喘、烫伤、牙科、耳鼻喉等。《中国药典》自 1990 年版开始，收载了气雾剂。

气（粉）雾剂按性质和医疗用途可分为吸入气（粉）雾剂、皮肤和黏膜用气雾剂和外用气雾剂；按分散系统分溶液型（喷发胶）、混悬型、乳浊液型（泡沫气雾剂，定发型）；按气雾剂组成可分为二相气雾剂（气相和液相）和三相气雾剂（气相、液相和固相或液相）。二相气雾剂一般为溶液系统，三相气雾剂一般为混悬系统和乳剂系统。吸入气（粉）雾剂可以单剂量或多剂量给药，药物从装置中呈雾状释放出进入人体肺部。气雾剂可在呼吸道、皮肤或其他腔道起局部作用或全身作用。目前气雾剂在医疗上已用于治疗哮喘、烫伤、耳鼻喉疾病以及祛痰、血管扩张、强心、利尿等，均收到了显著的效果。

（二）气（粉）雾剂特点

（1）气雾剂可直接到达作用部位或吸收部位，药物分布均匀，起效快，可减少剂量，降低副作用。

（2）密闭于容器内能保证药物不易被微生物污染，且由于容器不透明，避光且不易与空气中的氧或水分直接接触，提高药物稳定性。

（3）无局部用药的刺激性。

（4）避免肝脏首过效应和胃肠道的破坏作用，生物利用度高。

（5）可以用定量阀门控制剂量，剂量准确。

气（粉）雾剂的不足之处是需配耐压容器和阀门系统，制备需冷却或灌装的特殊机械设备，成本高；借抛射剂蒸气压工作，包装不密封则易失效；受伤皮肤可能不适；中药提取物制备有一定困难等。

（三）气雾剂的组成

气雾剂由抛射剂、药物与附加剂、耐压容器和阀门系统组成。抛射剂、附加剂与药物一同装封在耐压容器中，由于抛射剂汽化产生压力，若打开阀门，则药物、抛射剂一起喷出而形成雾滴。离开喷嘴后抛射剂和药物的雾滴进一步汽化，雾滴变得更细。雾滴的大小决定于抛射剂的类型、用量、阀门和揿钮的类型，以及药液的黏度等。

1. 抛射剂

抛射剂多为液化气体，在常压常温下其蒸气压应高于大气压，沸点低于室温。抛射剂是喷射药物的动力，有时兼作药物溶剂或稀释剂。因此，需装入耐压容器中，由阀门系统控制。在阀门开启时，借抛射剂的压力将容器内的药液以雾状喷出到达用药部位。对抛射剂的要求是：常温下的蒸气压应大于大气压；无毒、无致敏性和刺激性；不与药物等发生反应；不易燃、不易爆；无色、无臭、无味；价廉易得。抛射剂的喷射能力的大小直接受其种类和用量的影响，同时也要根据气雾剂用药目的和要求加以合理选择。

（1）抛射剂的种类　主要有氟氯烷烃、碳氢化合物及压缩气体。

① 氟氯烷烃类　又称氟利昂，是医用气雾剂的主要抛射剂。其特点是沸点低，常温下蒸气压略高于大气压，易控制，且性质稳定，不易燃烧，液化后密度大，无味，基本无臭，毒性较小。不溶于水，可作脂溶性药物的溶剂。但有破坏大气中臭氧层的缺点。氟利昂有三氯一氟甲烷（F_{11}）、二氯二氟甲烷（F_{12}）和二氯四氟乙烷（F_{114}），国内目前应用最多的是 F_{12}。氟氯烷烃类在水中稳定，在碱性或有金属存在时不稳定。F_{11} 与乙醇可起化学反应而变臭，F_{12}、F_{114} 可与乙醇混合使用。由于氟氯烷烃类抛射剂的沸点和蒸气压范围很宽，使用时可选用一种，或根据产品需要选用混合抛射剂，以克服单一抛射剂的不足。氟氯烷烃类性质稳定，在大气层破坏臭氧层，有些国家已有限制氟氯烷烃类用于气雾剂的规定，此类不是理想的抛射剂，新一代的抛射剂有待开发。

② 碳氢化合物类　主要品种有丙烷、正丁烷、异丁烷。虽然稳定、毒性不大、密度低，但易燃、易爆，不宜单独使用，常与氟氯烷烃类抛射剂合用。

③ 压缩气体类　作抛射剂的主要有二氧化碳、氮气和一氧化氮等，其化学性质稳定，不与药物发生反应，不燃烧。但液化后的沸点较低，如氮−195.6℃、二氧化碳−78.3℃；常温时蒸气压过高，如一氧化氮 4961kPa（表压，21.1℃），二氧化碳 5767kPa（表压，21.1℃），对容器要求较严。若在常温下充入非液化压缩气体，则压力容易迅速降低，达不到持久喷射的效果。

（2）抛射剂的用量与蒸气压　气雾剂的喷射能力的强弱决定于抛射剂的用量及其自身蒸气压。一般是用量大，蒸气压高，喷射能力强，反之则弱。吸入气雾剂或要求喷出物雾滴细，则要求喷射能力强。皮肤用气雾剂、乳剂型气雾剂则要求喷射能力稍弱。一般多采用混合抛射剂，通过调整用量和蒸气压来达到调整喷射能力的目的。

氟氯烷烃类的抛射剂混合使用，对药物的吸收有一定的影响，常用的 F_{11}、F_{12} 和 F_{114} 在血液中的浓度大小顺序为 F_{114}＞F_{12}＞F_{11}，药物在肺部吸收的量也随之增加。但这类抛射剂从肺部排泄不经代谢，因此在血液中浓度高的氟氯烷烃类，从肺部排泄较慢，在血中达到一定浓度时可使心脏致敏，产生儿茶酚样的副作用。

2. 药物与附加剂

（1）药物　供制备气雾剂用的药物有液体、半固体或固体粉末。药物制成供吸入用气雾剂，应测定其血药浓度，定出有效剂量，安全指数小的药物必须做毒性试验，以确保安全。

（2）附加剂　溶液型气雾剂中抛射剂可作溶剂，必要时可加适量乙醇、丙二醇或聚乙二醇等作潜溶剂，使药物与抛射剂混合成均相溶液；混悬型气雾剂有时还加胶体二氧化硅、固体润湿剂，如滑石粉等，使药物微粉易混悬于抛射剂中；或加入表面活性剂及高级醇类作稳定剂，如司盘-85、三油酸山梨坦类等，使药物不聚集和重结晶，在喷雾时不会阻塞阀门。乳剂型气雾剂如药物不溶于水或在水中不稳定时，可用甘油、丙二醇类代替水。此外，根据药物的性质可加入适量的抗氧剂，如焦亚硫酸钠、维生素 C 等增加药物的稳定性。

3. 耐压容器

气雾剂的容器必须不与药物和抛射剂发生作用、耐压（有一定的耐压安全系数）、轻便、价廉等。耐压容器有金属容器和玻璃容器，其中玻璃容器较常用。在玻璃容器外搪有塑料防护层可增强其耐压和耐撞击性。金属容器包括不锈钢、铝等容器，耐压性强，但对药液不稳定，需要内涂聚乙烯或环氧树脂等，一般较少应用。

4. 阀门系统

阀门材料必须对内容物为惰性，其加工应精密。目前使用最多的定量型的吸入气雾剂阀门系统的结构与组成如图11-1所示。气雾剂的阀门系统除一般阀门外，还有供吸入用的定量阀门，供腔道或皮肤等外用的泡沫阀门系统。阀门系统坚固、耐用和结构稳定，因其直接影响到制剂的质量。

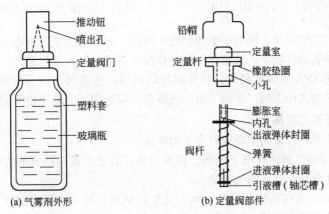

图 11-1 定量型吸入气雾剂阀门系统的结构与组成示意

（1）封帽 封帽通常为铝制品，将阀门固封在容器上，根据需要可涂上环氧树脂等薄膜。

（2）阀杆（轴芯） 阀杆常由尼龙或不锈钢制成，顶端与推动钮相接，其上端有内孔和膨胀室，其下端还有一段细槽或缺口以供药液进入定量室。

① 内孔（出药孔） 内孔位于阀门杆旁，平常被弹性封圈封在定量室之外，使容器内外不沟通。内孔是阀门沟通容器内外的极细小孔，其大小关系到气雾剂喷射雾滴的粗细。当撤下推动钮时，内孔进入定量室与药液相通，药液即通过它进入膨胀室，然后从喷嘴喷出。

② 膨胀室 膨胀室在阀门杆内，位于内孔之上，药液进入此室时，部分抛射剂因汽化而骤然膨胀，使药液雾化、喷出，进一步形成细雾滴。

③ 橡胶封圈 封圈应有弹性，通常由丁腈橡胶制成，分进液和出液两种。进液封圈紧套于阀杆下端，在弹簧之下，它的作用是托住弹簧，同时随着阀门杆的上下移动而使进液槽打开或关闭，且封闭定量室下端，使杯室药液不致倒流。出液弹性封圈紧套于阀杆上端，位于内孔之下，弹簧之上，它的作用是随着阀杆的上下移动而使内孔打开或关闭，同时封闭定量室的上端，使杯内药液不致逸出。

④ 弹簧 弹簧套于阀杆，位于定量杯内，提供推动钮上升的弹力，由不锈钢制成。

⑤ 定量杯（室） 定量杯（室）为金属或塑料制成，其容量一般为 0.05～0.2ml。它决定剂量的大小。由上下封圈控制药液不外溢，使喷出准确的剂量。

⑥ 浸入管 浸入管为塑料制成，如图11-2所示，其作用是将容器内药液向上输送到阀门系统的通道，向上的动力是容器的内压。国产药用吸入气雾剂不用浸入管，故使用时需将容器倒置，如图11-3所示，使药液通过阀杆的引液槽进入阀门系统的定量室。喷射时，按下撤钮，阀杆在撤钮的压力下顶入，弹簧受压，内孔进入出液橡胶封圈以内，定量室内的药液由内孔进入膨

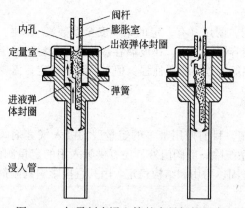

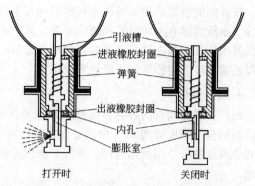

图 11-2　气雾剂有浸入管的定量阀门示意　　　图 11-3　气雾剂无浸入管阀门启闭示意

胀室，部分汽化后自喷嘴喷出。同时引流槽部进入瓶内，封圈封闭了药液进入定量室的通道。揿钮压力除去后，在弹簧的作用下，又使阀杆恢复原位，药液再进入定量室。

⑦ 推动钮　推动钮常用塑料制成，装在阀杆的顶端，推动阀杆以开启和关闭气雾剂阀门，上有喷嘴，控制药液喷出的方向。不同类型的气雾剂，应选用不同类型喷嘴的推动钮。

（四）吸入气雾剂的质量要求

吸入气雾剂在生产和贮藏期间均应符合下列规定。

① 气雾剂应在清洁、避菌环境下配制。各种用具、容器等须用适宜的方法清洁、灭菌。在整个操作过程中应注意防止微生物的污染。

② 配制气雾剂时，可按药物的性质，加入适量抗氧剂、抑菌剂等附加剂。吸入气雾剂、皮肤和黏膜用气雾剂均应无刺激性。

③ 吸入气雾剂的雾粒或药物微粒的细度应控制在 $10\mu m$ 以下，大多数的微粒应小于 $5\mu m$。

④ 根据气雾剂所需压力可将两种或几种气雾剂常用的抛射剂以适宜比例混合使用。

⑤ 气雾剂的容器，不应与内容物发生理化作用，应能耐受气雾剂所需的压力。可用玻璃瓶或金属容器，玻璃瓶外壁应搪以适当厚度的塑料防护层。金属容器如内涂保护层，必须保证涂层不能变软、溶解、脱落。

⑥ 气雾剂阀门调节系统中的弹簧、阀杆、定量杯和橡胶垫圈等组成部件均不应与药液发生理化作用，其尺寸精度和溶胀性必须符合要求。局部用气雾剂所用阀门应能持续喷射出均匀的雾粒。吸入气雾剂所用定量阀门每次喷射应能释出均匀的雾粒，所释剂量应准确。

⑦ 气雾剂须用适宜方法进行漏气和爆破检查，以确保安全使用。

⑧ 气雾剂应置凉暗处保存，应避免曝晒、受热、敲打、撞击。

⑨ 具定量阀门的气雾剂应标明每瓶的装量、主药含量、单次喷射剂量或单次喷出内容物的总质量。

二、粉雾剂概述

粉雾剂分为吸入粉雾剂和非吸入粉雾剂两类。

1. 吸入粉雾剂

（1）定义　吸入粉雾剂系指微粉化药物或与载体以胶囊、泡囊或多剂量贮库形式，采用特制的干粉吸入装置，由患者主动吸入雾化药物至肺部的制剂。

（2）吸入粉雾剂的质量要求　吸入粉雾剂在生产与贮藏期间均应符合下列有关规定。

① 粉雾剂应在避菌环境下配制，各种用具、容器等均用适宜的方法清洁、消毒，在整个操

作过程中注意防止微生物的污染。

② 配制粉雾剂时，为改善吸入粉末的流动性，可加入适宜的载体和润滑剂。所有附加剂均应是生理可接受物质，且对呼吸道黏膜和纤毛无刺激性。

③ 干粉吸入装置中各组成部件均应采用无毒、无刺激性、性质稳定、与药物不起作用的材料制备。

④ 吸入粉雾剂中药物粒度大小应控制在 $10\mu m$ 以下，其中大多数应在 $5\mu m$ 以下。

⑤ 粉雾剂应置凉暗处保存，防止吸潮。

⑥ 胶囊型、泡囊型吸入粉雾剂应标明：每粒胶囊或泡囊中的药物含量；胶囊应置于吸入装置中吸入，而非吞服；有效期；贮藏条件。

2. 非吸入粉雾剂

（1）定义　非吸入粉雾剂系药物或与载体以胶囊或泡囊形式，采用特制的干粉给药装置，将雾化药物喷至腔道黏膜的制剂。如鼻用粉雾剂中药物粉末粒径大多数应在 $30\sim150\mu m$。

（2）非吸入粉雾剂的质量要求　非吸入粉雾剂在生产与贮藏期间的要求与吸入粉雾剂相似。

三、喷雾剂概述

1. 喷雾剂定义

喷雾剂系指不含抛射剂，借助手动泵的压力将内容物以雾状等形态释出的制剂，可分为单剂量和多剂量喷雾剂。抛射药液的动力是压缩在容器内的气体，但并未液化。当阀门打开时，压缩气体膨胀将药液压出，药液本身不汽化，挤出的药液呈细滴或较大液滴。使用后器内的压力随之下降，不能保持恒定压力。内服的喷雾剂大多采用氮气或二氧化碳气体等压缩气体为抛射药液的动力。

2. 喷雾剂质量要求

喷雾剂在生产和贮藏期间均应符合下列规定。

（1）喷雾剂应在避菌环境下配制，各种用具、容器等须用适宜的方法清洁、消毒，在整个操作过程中应注意防止微生物污染。烧伤、创伤用喷雾剂应在无菌环境下配制，各种用具、容器等须用适宜的方法清洁、灭菌。

（2）配制喷雾剂时，可按药物的性质添加适宜的溶剂、抗氧剂、表面活性剂或其他附加剂。所有附加剂应对呼吸道、皮肤或黏膜无刺激性、无毒性。

（3）喷雾剂装置中各组成部件均应采用无毒、无刺激性、性质稳定、与药物不起作用的材料制造。

（4）溶液型喷雾剂药液应澄清；乳液型液滴在液体介质中应均匀分散；混悬型喷雾剂应将药物细粉和附加剂充分混合均匀，制成稳定的混悬剂。

（5）喷雾剂应标明：每瓶的装量；主药含量；总喷次；每喷主药含量；贮藏条件。喷雾剂在制备时，须较高的压力，较液化气体高，一般在表压为 $61.785\sim686.5kPa$ 以保证内容物能全部用完，容器的牢固性要求也较高，必须能抵抗 $1029.75kPa$ 的压力。喷雾剂的阀门系统与气雾剂相似，阀杆的内孔一般有 3 个，并且比较大，以便于物质的流动。

Ⓡ **必需知识**

一、气雾剂的制备

气雾剂的生产环境、用具和整个操作过程，应注意避免微生物的污染。其制备过程可分为：

容器阀门系统的处理与装配、药物的配制、分装和抛射剂充填、质量检查等。

1. 容器、阀门系统的处理与装配

（1）玻璃搪塑　先将玻璃瓶洗净烘干，预热至 120～130℃，趁热浸入塑料黏浆中，使瓶颈以下黏附一层塑料浆液，倒置，在 150～170℃烘干 15min，备用。对塑料涂层的要求是：能均匀地紧密包裹玻璃瓶，避免爆瓶时玻片飞溅，外表平整、美观。

（2）阀门系统的处理与装配　将阀门的各种零件分别处理：橡胶制品可在 75%乙醇中浸泡 24h，以除去色泽并消毒，干燥备用；塑料、尼龙零件洗净再浸泡在 95%乙醇中备用；不锈钢弹簧在 1%～3%氢氧化钠碱液中煮沸 10～30min，用水洗涤数次，然后用纯化水洗 2～3 次，直到无油腻为止，浸泡在 95%乙醇中备用。最后将上述已处理好的零件，按照阀门结构装配，定量室与橡胶垫圈套合，阀杆装上弹簧、橡胶垫圈与封帽等。

2. 药物的配制与分装

按处方组成及要求的气雾剂类型进行配制：溶液型气雾剂应制成澄清药液；混悬型气雾剂应将药物微粉化并保持干燥状态，严防药物微粉吸附水蒸气；乳剂型气雾剂应制成稳定的乳剂，然后定量分装在已准备好的容器内，安装阀门，轧紧封帽。

3. 抛射剂的填充

抛射剂的填充有压灌法和冷灌法两种。

（1）压灌法　先将配好的药液（一般为药物的乙醇溶液或水溶液）在室温下灌入容器内，再将阀门装上并轧紧，然后通过压装机压入定量抛射剂（最好先将容器内空气抽去）。压入法的设备简单，不需要低温操作，抛射剂损耗较少，目前我国多用此法生产。但生产速度较慢，且使用过程中压力的变化幅度较大。气雾剂灌装设备分手动气雾剂灌装设备、半自动气雾剂灌装设备、全自动气雾剂灌装设备（如图 11-4 所示）。

图 11-4　全自动气雾剂灌装机

（2）冷灌法　药液借冷灌装置中热交换器冷却至 -20℃左右，抛射剂冷却至沸点以下至少 5℃。先将冷却的药液灌入容器中，随后加入已冷却的抛射剂（也可两者同时灌入）。立即将阀门装上并轧紧，操作必须迅速，以减少抛射剂损失。冷灌法速度快，对阀门无影响，成品压力较稳定。但需制冷设备和低温操作，抛射剂损失较多。含水品种不宜使用此法。加铝盖轧口封固，再用压灌法灌注二氯二氟甲烷，经质检合格后包装。

二、气雾剂的质量控制

1. 吸入气雾剂

吸入气雾剂的质量评定应符合《中国药典》规定：二相气雾剂应是澄清、均匀的溶液；三相气雾剂药物粒度大小应控制在 $10\mu m$ 以下，其中大多数应为 $5\mu m$ 左右。其次是对气雾剂的包装材料、喷射情况等进行检查，主要检查项目如下。

（1）安全、漏气检查　对搪塑容器进行安全爆破试验，将充填好抛射剂的半成品放入有盖铅丝篓内，浸没于40℃水浴中1h（或55％，30min），取出冷至室温，拣去爆破、漏气及塑料套与玻璃瓶粘贴不紧者。

（2）装量与异物检查　在灯光下照明检查装量是否合格，剔除不足者，同时剔除色泽异常或有异物、黑点者。

（3）每瓶总揿次　取供试品4瓶，分别除去帽盖，精密称重（w_1），充分振摇，在通风橱内，向含适量吸收液的容器内弃去最初10喷，用溶剂洗净套口，充分干燥后，精密称重（w_2）；振摇后向上述容器内揿压阀门连续喷射10次，用溶剂洗净套口，充分干燥后，精密称重（w_3）；在铝盖上钻一小孔，等抛射剂汽化后弃去药液，用溶剂洗净容器，充分干燥后，精密称重（w_4）；按下式计算每瓶揿次：$10×(w_1-w_4)/(w_2-w_3)$，均应不少于每瓶标示总次数。

（4）每揿主药含量　取供试品1瓶，充分振摇，除去帽盖，试喷5次，用溶剂洗净套口，充分干燥后，倒置药瓶于加入一定量吸收溶剂的适宜烧杯中，将套口浸入吸收液面下（至少25mm），按压喷射10次或20次（注意每次喷射间隔5s并缓缓振摇），取出药瓶，用溶剂洗净套口内外，合并溶剂转移至适宜量瓶中并稀释成一定容量后，按各品种含量测定项下的方法测定，所得结果除以10或20，即为平均每揿主药含量，每揿主药含量为标示量的80％～120％，即符合规定。

（5）有效部位药物沉积量　除另有规定外，应按照有效部位药物沉积量法检测，药物沉积量应不少于标示每揿主药含量的15％。

（6）微生物限度　照微生物限度检查法检查，应符合规定。

2. 非吸入气雾剂

非吸入气雾剂需进行"每瓶总揿次""泄漏率""每揿主药含量"与"微生物限度"等检查，应符合规定。

3. 外用气雾剂

外用气雾剂亦需按《中国药典》规定检查泄漏率、喷射速率、喷出总量、微生物限度。对于烧伤、创伤、溃疡用气雾剂进行无菌检查。外用气雾剂应置凉暗处保存，并避免曝晒、受热、敲打、撞击。

三、粉雾剂的质量控制

1. 吸入粉雾剂

吸入气雾剂的质量评定首先应符合《中国药典》规定，其次是对气雾剂的包装材料、喷射情况等进行检查，主要检查项目如下。

（1）重量差异　除另有规定外，胶囊型、泡囊型吸入粉雾剂装量差异，照胶囊剂装量差异项下的方法和限度检查，应符合规定。凡规定检查含量均匀度测定的吸入粉雾剂，不进行装量差异的检查。

（2）含量均匀度　除另有规定外，胶囊型、泡囊型吸入粉雾剂装量每粒主药含量小于2mg或主药含量小于2％（g/g），应进行含量均匀度测定，按药典附录含量均匀度检查法检查，限度为±20％，应符合规定。

（3）排空率　胶囊型、泡囊型吸入粉雾剂排空率应符合规定。

（4）每瓶总吸次　多剂量贮库型粉雾剂应进行每瓶总吸次检查，均不得低于标示总吸次。

（5）每吸主药含量　多剂量贮库型粉雾剂每吸主药含量应符合规定。

（6）有效部位药物沉积量　除另有规定外，按有效部位药物量测定法检查，药物沉积量应不少于标示每吸主药含量的10％。

（7）微生物限度　照微生物限度检查法检查，应符合规定。

2. 非吸入粉雾剂

非吸入粉雾剂在生产与贮藏期间的要求与吸入粉雾剂相似，亦需进行"装量差异""含量均匀度""排空率"与"微生物限度"等项目检查。除另有规定外，检查法及限度与吸入粉雾剂各项下相同，应符合规定。

® 拓展知识

气雾剂的吸收

吸入气雾剂中的药物主要通过肺部吸收。肺吸收途径如图 11-5 所示。

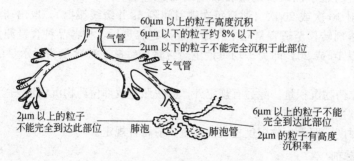

气管　60μm 以上的粒子高度沉积
6μm 以下的粒子约 8% 以下
2μm 以下的粒子不能完全沉积于此部位
支气管
2μm 以上的粒子不能完全到达此部位　肺泡　肺泡管
6μm 以上的粒子不能完全到达此部位
2μm 的粒子有高度沉积率

图 11-5　肺吸收途径示意

人的呼吸系统由口、鼻、咽喉、气管、支气管、细支气管、肺泡管及肺泡囊组成。肺泡为主要吸收部位，气管、支气管等也有一定的吸收能力。气雾剂吸入后，迅速吸收药物，立即起局部或全身治疗作用。

人体的肺泡总数估计达 3 亿～4 亿个，总表面积大约 200m²。肺泡由单层上皮细胞构成，肺泡表面至毛细血管间的距离仅 0.5～1μm，和肺泡接触的毛细血管总面积估计约 25～100m²，超过体表面积的 25 倍，这样大的表面，使肺部有很好的吸收功能。特别是血液通过肺循环量很大，自心脏输出的血液几乎全部通过肺。上述结构特点以及血流动力学特点构成了药物肺部吸收的速效性，是急救给药的有效途径。

药物在肺部的吸收速率与药物的脂溶性成正比，药物在肺部的吸收是被动扩散，与药物的分子大小成反比。

脂溶性药物经脂质双分子膜扩散吸收，小部分由膜孔吸收，故油水分配系数大的药物吸收速率快。

吸入气雾剂中的药物，必须能溶解于呼吸道中的分泌液和肺泡液中，否则将成为异物，对呼吸道产生刺激。

气雾剂给药时，雾化粒子未必能全部到达吸收部位肺泡中。对肺的局部作用，粒子以 3～10μm 大小为宜，吸入气雾剂微粒大小以 0.5～10μm 为宜。粒子过小也不好，因为吸入后可随呼气排出。

气雾剂给药是否到达或保持在肺泡中，主要取决于粒子大小。但就肺部的吸收而言，药物的脂溶性则显得更为重要。以气雾剂给药，由于药物在口腔、咽部的损失，在呼吸器官的各部位腔道中沉着，以反呼气、吸气时的逸散等，故实际上进入肺泡而被吸收的主药百分率不高。这是气雾剂不足之处。

一、选择题

(一) 单项选择题

1. 气雾剂的优点不包括（　　）
A. 药效迅速
B. 药物不易被污染
C. 可避免肝脏的首过效应
D. 使用方便，可减少对创面的刺激性
E. 制备简单，成本低

2. 关于气雾剂的叙述错误的是（　　）
A. 属于速效制剂
B. 是药物溶液填装于耐压容器中制成的制剂
C. 使用方便，可避免对胃肠道的刺激
D. 不易被污染
E. 可用定量阀门准确控制剂量

3. 对气雾剂的叙述错误的是（　　）
A. 气雾剂至少为两相系统
B. 混悬型气雾剂含水量极低，主要为防止颗粒聚集
C. 乳剂型气雾剂使用时以泡沫状喷出
D. 抛射剂可混合使用以调节适合的蒸气压
E. 吸入气雾剂必须为两相系统

4. 气雾剂的组成不包括（　　）
A. 药物与附加剂　　　B. 抛射剂
C. 耐压容器　　　　　D. 阀门系统
E. 灌装设备

5. 对溶液型气雾剂的叙述错误的是（　　）
A. 溶液型气雾剂为单相气雾剂
B. 常加入潜溶剂帮助药物溶解
C. 可供吸入使用
D. 抛射剂的比例大，喷出的雾滴小
E. 使用时以细雾滴状喷出

6. 气雾剂速效的原因中错误的是（　　）
A. 有巨大的吸收表面积
B. 肺泡囊紧靠着致密的毛细血管网
C. 肺部的血流量大
D. 药物的分散度高
E. 患者采取主动吸入的方式

7. 气雾剂中的氟利昂主要用作（　　）
A. 助悬剂　　　B. 防腐剂　　　C. 潜溶剂
D. 抛射剂　　　E. 填充剂

8. 二相气雾剂是指（　　）
A. 溶液型气雾剂
B. O/W 乳剂型气雾剂
C. W/O 乳剂型气雾剂
D. 混悬型气雾剂
E. 乳剂型气雾剂

9. 关于气雾剂的叙述中，正确的为（　　）
A. 抛射剂的沸点对成品特性无显著影响
B. 抛射剂的蒸气压对成品特性无显著影响
C. F_{12}、F_{11} 各单用与一定比例混合使用性能无差异
D. 抛射剂只有氟利昂
E. 喷出的雾滴的大小取决于药液的黏度

10. 有关抛射剂的叙述中，错误的为（　　）
A. 抛射剂是喷射药物的动力
B. 抛射剂是气雾剂中药物的溶剂
C. 抛射剂是气雾剂中药物的稀释剂
D. 抛射剂是一类高沸点的物质
E. 在常温下抛射剂蒸气压大于大气压

11. 采用冷灌法充填抛射剂的特点不包括（　　）
A. 生产速度快
B. 对阀门无影响
C. 容器中空气易排出
D. 在低温条件下操作，抛射剂消耗小
E. 含水产品不宜采用本法

12. 关于气雾剂的叙述中，正确的是（　　）
A. 抛射剂用量少，蒸气压高
B. 加入丙酮，会升高抛射剂的蒸气压
C. 给药剂量难以控制
D. 抛射剂可以作为药物的溶剂
E. 抛射剂的存在，降低了药物的稳定性

13. 吸入气雾剂的药物微粒，大多应在（　　）以下
A. 15μm　　　B. 10μm　　　C. 5μm
D. 0.5μm　　　E. 1μm

14. 关于气雾剂的叙述中，正确的是（　　）
A. 只能是溶液型，不能是混悬型
B. 不能加防腐剂、抗氧剂
C. 抛射剂用量少，喷出的雾滴细小
D. 抛射剂常是气雾剂的溶剂
E. 1μm

(二) 配伍选择题

题 1. ～4.
A. 异丁烷　　　B. 硬脂酸三乙醇胺皂

C. 维生素 C　　D. 尼泊金乙酯

E. 司盘类

1. 防腐剂为（　　）

2. 抛射剂为（　　）

3. 抗氧剂为（　　）

4. 助悬剂为（　　）

题 5.～8.

A. 氟氯烷烃类　B. 聚山梨酯类

C. 碳氢化合物　D. 压缩惰性气

E. 脂肪酸山梨坦类

5. 正丁烷为（　　）

6. N_2 为（　　）

7. F_{11} 为（　　）

8. 司盘-65 为（　　）

（三）多项选择题

1. 吸入气雾剂的特点是（　　）

A. 药物可直接到达肺部

B. 属于速效制剂

C. 可发挥局部作用

D. 可发挥全身作用

E. 药物必须溶解在抛射剂中

2. 气雾剂的附加剂包括（　　）

A. 潜溶剂　　B. 抗氧剂　　C. 乳化剂

D. 防腐剂　　E. 抛射剂

3. 可作抛射剂使用的有（　　）

A. 氟利昂　　B. 表面活性剂　　C. 丙烷

D. 液化的二氧化碳　　E. 丙酮

4. 下列关于气雾剂的叙述正确的有（　　）

A. 气雾剂可以起局部或全身治疗作用

B. 气雾剂分单相气雾剂、二相气雾剂、三相气雾剂

C. 混悬型气雾剂属三相气雾剂

D. 乳浊液型气雾剂属三相气雾剂

E. 溶液型气雾剂属单相气雾剂

5. 有关气雾剂的叙述中，正确的为（　　）

A. 在常温下抛射剂蒸气压大于大气压

B. 气雾剂只供呼吸道使用

C. 抛射剂是气雾剂中药物的稀释剂

D. 抛射剂是一类低沸点物质

E. 抛射剂是气雾剂中药物的溶剂

6. 关于影响气雾剂吸收的因素的叙述正确的为（　　）

A. 气雾剂雾滴的大小影响其在呼吸道不同部位的沉积

B. 吸收速率与药物脂溶性成正比

C. 雾滴过粗药物易沉着于肺泡部位

D. 雾滴过细药物易沉着于口腔、咽部等部位

E. 吸收速率与药物分子大小成正比

7. 气雾剂中抛射剂应具备的条件有（　　）

A. 沸点高　　B. 常温下蒸气压大于大气压

C. 无致敏性　　D. 无刺激性　　E. 性质稳定

8. 气雾剂的质量要求及质量检查包括（　　）

A. 喷射速率　　B. 喷出总量

C. 吸入用气雾剂应做粒度检查

D. 溶液型气雾剂药液应澄清

E. 气雾剂一般不使用药材细粉

9. 气雾剂的操作过程主要包括（　　）

A. 耐压容器的处理　　B. 阀门各部件的处理

C. 阀门各部件的装配　　D. 药物的配制

E. 抛射剂的填充

10. 气雾剂充填抛射剂的方法有（　　）

A. 冷灌法　　B. 热压法　　C. 压灌法

D. 减压法　　E. 水灌法

11. 气雾剂的组成包括（　　）

A. 药物与附加剂　　B. 抛射剂

C. 阀门系统　　D. 喷雾剂

E. 耐压容器

二、简答题

1. 什么是气雾剂？有何特点？可分为哪几类？由哪几部分组成？

2. 抛射剂有何作用？常用的有哪些？

3. 气雾剂怎样制备？

4. 气雾剂需做哪些质量检查？

5. 气雾剂有哪些优点和不足？

三、处方分析题

1. 大蒜油气雾剂处方：大蒜油 10ml；聚山梨酯-80 30g；油酸山梨酯 35g；十二烷基硫酸钠 20g；甘油 250ml；纯化水加至 1400ml。

根据处方回答下列问题：

（1）写出处方中各组分的作用。

（2）采用哪一种制备方法？

2.盐酸异丙肾上腺素气雾剂处方：盐酸异丙肾上腺素 2.5g；乙醇 296.5g；维生素 C 1.0g；柠檬油适量；二氯二氟甲烷适量；制成 1000g。

根据处方回答下列问题：

（1）写出处方中各组分的作用。

（2）写出制备注意事项。

PPT 课件

项目十二
栓剂制备技术

® 实例与评析

【实践操作实例 12】 制备栓剂

1. 器材与试剂

栓模；甘油、碳酸钠、硬脂酸、紫花地丁、明胶、硬脂酸钠、鞣酸、可可豆脂。

2. 操作内容

（1）甘油栓

［处方］甘油 12g；碳酸钠 0.3g；硬脂酸 1.2g；蒸馏水 2ml。

［制法］取干燥 Na_2CO_3 与蒸馏水置蒸发皿中，加甘油（相对密度 1.25）混合后，置水浴上加热，缓缓加入硬脂酸细粉，随加随搅拌，待泡沸停止、溶液澄明，将此溶液注入涂过润滑剂（液体石蜡）的鱼雷形栓模中，共注 3 枚，待冷，用刀削去溢出部分，启模，取出即得。

（2）紫花地丁甘油明胶栓

［处方］紫花地丁 20g；甘油 6.5g；明胶 6.5g；硬脂酸钠 1.5g。

［制法］① 取紫花地丁切碎，加水适量。

② 煎煮两次。第一次煎煮 30min，第二次煎煮 20min，合并煎液，滤过。将提取液浓缩至 5ml。

③ 基质的制备：取明胶 6.5g 加水 5ml 溶胀 10min，水浴加热，边加边搅，使其完全溶解，再加甘油，边加热边搅拌，蒸去多余的水至约 15g 以下。

④ 将浓缩液加入基质中，搅匀，将此溶液注入涂过润滑剂（液体石蜡）的鸭嘴形栓模中，共注 3 枚，待冷、用刀削去溢出部分、启模、取出即得。

（3）鞣酸栓的制备

［处方］鞣酸 0.8g；可可豆脂 适量。

［制法］① 测空白栓质量（栓模大小）取可可豆脂约 4g 置蒸发皿内，移置水浴上加热，至可可豆脂约 2/3 熔融时，立即取下蒸发皿，搅拌使全部熔融，注入涂过润滑剂（肥皂醑）的栓模中，共注 3 枚，凝固后整理启模，取出栓剂，称重，其平均值即为该空白栓质量（或栓模大小）。

② 根据药物的置换价，计算可可豆脂的用量。已知鞣酸的置换价为 1.6，测得空白栓质量为 x，欲制备 3 枚栓剂，实际投料需按 4 枚用量计算，可可豆脂用量（y）：$y = 4x - \dfrac{0.2 \times 4}{1.6}$。

③ 按①所述方法，将计算量的可可豆脂置蒸发皿内，于水浴上加热至近熔化时取下，加入鞣酸细粉，搅拌均匀，近凝时注入已涂过润滑剂的栓模中，共注 3 枚，用冰浴迅速冷却凝固，整理、启模、取出即得。

【评析】

栓剂是指药物与适宜基质制成的供腔道给药的固体制剂。常用的有肛门栓和阴道栓。栓剂中的药物与基质应混合均匀，栓剂无刺激性，外形完整光滑，塞入腔道内应能融化、软化或溶化，并和分泌液混合释放出药物，产生局部或全身作用，并应有适宜的硬度，以免在包装和贮存中变形。栓剂由药物和基质两部分组成，常用基质有脂肪性基质和水溶性基质两类。栓剂的制法有三种：搓捏法、冷压法（挤压法）和热熔法。脂肪性基质的栓剂制备可采用三法的任一种，而水溶性基质的栓剂多采用热熔法制备。

[制备要点]

（1）制备甘油栓时应注意以下几点。

① 水浴要保持沸腾，且蒸发皿底部应接触水面，使硬脂酸细粉（少量分次加入）与碳酸钠充分反应，直至泡沸停止、溶液澄明、皂化反应完全，才能停止加热。其化学反应式如下：

$$2C_{17}H_{35}COOH + Na_2CO_3 \longrightarrow 2C_{17}H_{35}COONa + CO_2\uparrow + H_2O$$

产生的二氧化碳必须除尽，否则所制得的栓剂内含有气泡，有损美观。

② 碱量比理论量超过 $10\% \sim 15\%$，皂化快，成品软而透明。

③ 水分含量不宜过多，否则成品混浊，也有主张不加水的。

④ 栓模预热至 80℃左右，冷却较慢，成品硬度更适宜。

（2）制备鞣酸栓时为保证栓剂含量准确，在制备脂肪性基质栓剂时应考虑药物的置换价。已知置换价，可按下式计算每枚栓剂所需基质的理论用量：

$$M = E - \frac{D}{f}$$

式中，M 为所需基质量；E 为空白栓剂的质量；D 为每枚栓剂的药量；f 为置换价。

® 相关知识

一、栓剂的定义

栓剂（suppository）系指药物与适宜基质制成的具有一定形状的供人体腔道内给药的固体制剂。栓剂在常温下为固体，塞入腔道后，在体温下能迅速软化熔融或溶解于分泌液，逐渐释放药物而产生局部或全身作用。

·知识链接·

栓剂的发展

栓剂为古老剂型之一，在公元前 1550 年的埃及《伊伯氏纸草本》中即有记载。中国使用栓剂也有悠久的历史，《史记——仓公列传》有类似栓剂的早期记载，后汉张仲景的《伤寒论》中载有蜜煎导方，就是用于通便的肛门栓；晋葛洪的《肘后备急方》中有用半夏和水为丸纳入鼻中的鼻用栓剂及用巴豆鹅脂制成的耳用栓剂等；其他如《千金方》《证治准绳》等亦载有类似栓剂的制备与应用。

栓剂应用的历史已很悠久，但都认为是局部用药起局部作用的。随着医药事业的发展，逐渐发现栓剂不仅能起局部作用，而且还可以通过直肠等吸收起全身作用，以治疗各种疾病。由于新基质的不断出现和使用机械大量生产，以及应用新型的单个密封包装技术等，近几十年来国内外栓剂生产的品种和数量显著增加，中药栓剂不断涌现，有关栓剂的研究报道也日益增多，栓剂剂型又重新被重视。

二、栓剂的分类与特点

1. 栓剂的分类

（1）按其作用分　可分为两种，一种是在腔道起局部作用的，如起滑润、收敛、抗菌消炎、杀虫、止痒、局麻等作用，例如甘油栓、蛇黄栓、紫珠草栓等；另一种是主药由腔道吸收至血液起全身作用的，如起镇痛、镇静、兴奋、扩张支气管和血管、抗菌等作用，如吗啡栓、苯巴比妥钠栓及克仑特罗栓等。所以栓剂给药除治疗局部疾病外，也是起全身作用的重要途径之一。

（2）按其应用部位分　可分为肛门栓、阴道栓、尿道栓等。常用的是肛门栓和阴道栓，相应的栓模如图 12-1 所示。

(a) 肛门栓　　　　　　　　　(b) 阴道栓

图 12-1　栓模

① 肛门栓　肛门栓有圆锥形、圆柱形、鱼雷形等形状。每颗质量约 2g，长 3～4cm，儿童用约 1g。其中以鱼雷形较好，塞入肛门后，因括约肌收缩容易压入直肠内。

② 阴道栓　阴道栓有球形、卵形、鸭嘴形等形状，每颗质量约 2～5g，直径 1.5～2.5cm，其中以鸭嘴形的表面积最大。

③ 尿道栓　有男女之分，男用的重约 4g，长 1～1.5cm；女用的重约 2g，长 0.60～0.75cm。

2. 栓剂的作用特点

（1）栓剂的优点

① 药物不受胃肠 pH 或酶的破坏而失去活性。

② 对胃黏膜有刺激性的药物可用直肠给药，可免受刺激。

③ 药物直肠吸收，不像口服药物受肝脏首过效应破坏。

④ 直肠吸收比口服干扰因素少。

⑤ 适宜于不能或者不愿吞服片、丸及胶囊的患者，尤其是婴儿和儿童。

⑥ 可在腔道起润滑、抗菌、杀虫、收敛、止痛、止痒等局部作用。

（2）栓剂给药的主要缺点　使用不如口服方便；栓剂生产成本比片剂、胶囊剂高；生产效率低。

3. 栓剂的一般质量要求

（1）供制栓剂用的固体药物，除另有规定外，应预先用适宜方法制成细粉，并全部通过六号筛。根据使用腔道和使用目的不同，制成各种适宜的形状。

（2）栓剂中药物与基质应混合均匀，栓剂外形要完整光滑，应无刺激性；塞入腔道后，应能融化、软化或溶化，并与分泌液混合逐渐放出药物，产生局部或全身作用；并应有适宜的度，以免在包装或贮藏时变形。

（3）栓剂所用包装材料或容器应无毒性并不得与药或基质发生理化作用，除另有规定外，应在 30℃ 以下密闭保存，防止因热、受潮而变形、发霉、变质。

（4）栓剂的融变时限、栓剂重量差异限度应符合《中国药典》有关规定。

三、栓剂的基质

· 知识链接 ·

栓剂基质的要求

用于制备栓剂的基质应具备下列要求：

1. 室温时具有适宜的硬度，当塞入腔道时不变形、不破碎。在体温下易软化、融化，能与体液混合和溶于体液；

2. 具有乳化或润湿能力，水值较高；

3. 不因晶型的软化而影响栓剂的成型；

4. 基质的熔点与凝固点的间距不宜过大，油脂性基质的酸价在 0.2mg KOH/g 以下，皂化值 200～245mg KOH/g，碘价低于 7g/100g；

5. 应用于冷压法及热溶法制备栓剂，且易于脱模。基质不仅赋予药物成型，且影响药物的作用。局部作用要求释药缓慢而持久，全身作用要求引入腔道后迅速释药。

栓剂的治疗作用受基质影响较大。栓剂的基质可分为脂肪性基质和水溶性基质两类。

1. 脂肪性基质

脂肪性基质的栓剂中，如药物为水溶性的，则药物能很快释放于体液中，机体作用较快。如药物为脂溶性的，则药物必须由油相中转入水相体液中，才能发挥作用。

（1）可可豆脂 可可豆脂是从梧桐科植物可可树种仁中得到的一种固体脂肪。主要是含有硬脂酸、棕榈酸、油酸、亚油酸和月桂酸的甘油酯，其中可可碱的含量高达 2%。可可豆脂为白色或淡黄色、脆性蜡状固体。有 α、β、β'、γ 四种晶型，其中以 β 型最稳定，熔点为 34℃。通常应缓缓升温加热待熔化至 2/3 时，停止加热，让余热使其全部熔化，以避免上述异物体的形成。每 100g 可可豆脂可吸收 20～30g 水，若加入 5%～10% 的吐温-61 可增加吸水量，且还有助于药物混悬于基质中。

（2）半合成或全合成脂肪酸甘油酯 系由椰子或棕榈种子等天然植物油水解、分馏所得 $C_{12} \sim C_{18}$ 游离脂肪酸，经部分氢化再与甘油酯化而得的一酯、二酯、三酯混合物，即成半合成脂肪酸酯。这类基质化学性质稳定，成型性良好，具有保湿性和适宜的熔点，不易酸败，目前为取代天然油脂的较理想的栓剂基质。国内已生产的有半合成椰油酯、半合成山苍子油酯、半合成棕榈油酯、硬脂酸丙二醇酯等。

（3）半合成椰油酯 系由椰油加硬脂酸再与甘油酯化而成。本品为乳白色块状物，熔点为 33～41℃，凝固点为 31～36℃，有油脂臭，吸水能力大于 20%，刺激性小。

（4）半合成山苍子油酯 系由山苍子油水解分离得月桂酸，再加硬脂酸与甘油经酯化而得的油酯。也可直接用化学品合成，称为混合脂肪酸酯。三种单酯混合比例不同，产生的熔点也不同，其规格有 34 型（33～35℃）、36 型（35～37℃）、38 型（37～39℃）、40 型（39～41℃）等，其中栓剂制备中最常用的是 38 型。本品的理化性质与可可豆脂相似，为白色或乳白色块状物。

（5）半合成棕榈油酯 系由棕榈仁油经碱化处理而得的皂化物，再经酸化得棕榈油酸，加入不同比例的硬脂酸、甘油经酯化而得的油酯。本品为乳白色固体，抗热能力强，酸价和碘价低，对直肠和黏膜均无不良影响。

（6）硬脂酸丙二醇酯 是硬脂酸丙二醇单酯与双酯的混合物，为乳白色或微黄色蜡状固体，稍有脂肪臭。水中不溶，遇热水可膨胀，熔点 35～37℃，对腔道黏膜无明显的刺激性、安全无毒。

2. 水溶性基质

(1) 甘油明胶 甘油明胶系由明胶、甘油、水按一定比例在水浴上加热融合，蒸去大部分水，放冷后经凝固而制得。本品具有很好的弹性，不易折断，且在体温下不融化，但能软化并缓慢溶于分泌液中缓慢释放药物等特点。其溶解速率与明胶、甘油、水三者用量有关，甘油与水的含量越高则越容易溶解，且甘油能防止栓剂干燥变硬。通常用量为明胶与甘油约等量，水分含量在10％以下。水分过多成品变软。本品多用作阴道栓剂基质，明胶是胶原的水解产物，凡与蛋白质能产生配伍变化的药物，如鞣酸、重金属盐等均不能用甘油明胶作基质。

(2) 聚乙二醇 为结晶性载体，易溶于水，熔点较低，多用熔融法制备成型，为难溶性药物的常用载体。于体温不融化，但能缓缓溶于体液中而释放药物。本品吸湿性较强，对黏膜有一定刺激性，加入约20％的水，则可减轻刺激性。为避免刺激还可在纳入腔道前先用水湿润，也可在栓剂表面涂一层蜡醇或硬蜡醇薄膜。

PEG栓剂基质中含有30％～50％的液体，接近或等于可可豆脂硬度，其硬度较为适宜。栓剂在水中的溶解度随液体PEG比例的增多而增加。如PEG 4000中加入PEG 400时，一般含30％PEG 400为佳。PEG基质不宜与银盐、鞣酸、奎宁、水杨酸、乙酰水杨酸、苯佐卡因、氯碘喹啉、磺胺类配伍。

(3) 聚氧乙烯 (40) 单硬脂酸酯类 系聚乙二醇的单硬脂酸酯和二硬脂酸酯的混合物，并含有游离乙二醇，呈白色或微黄色，无臭或稍有脂肪臭味的蜡状固体。熔点为39～45℃；可溶于水、乙醇、丙酮等，不溶于液体石蜡。商品名为Myri52，商品代号为S-40，S-40可以与PEG混合使用，可制得崩解、释放性能较好的稳定栓剂。

(4) 泊洛沙姆 本品为乙烯氧化物和丙烯氧化物嵌段聚合物 (聚醚)，为一种表面活性剂，易溶于水，能与许多药物形成空隙固溶体。本品型号有多种，随聚合度增大，物态从液体、半固体至蜡状固体，易溶于水，可用作栓剂基质。较常用的型号有188型，商品名为PluronicF68，熔点为52℃。型号188，编号的前两位18表示聚氧丙烯链段的分子量为1800 (实际为1750)，第三位8乘以10％为聚氧乙烯分子量占整个分子量的百分比，即8×10％＝80％，其他型号类推。本品能促进药物的吸收并起缓释与延效的作用。

栓剂的添加剂

栓剂的处方中，根据不同目的需加入一些添加剂：
①硬化剂；②增稠剂；③乳化剂；④吸收促进剂；⑤着色剂；⑥抗氧剂；⑦防腐剂。

Ⓡ 必需知识

栓剂的制备

1. 制备方法

栓剂的制备方法有热熔法、冷压法两种，可按基质的不同性质选择制备方法。一般脂肪性基质可采用上述方法之一，而水溶性及亲水性基质则多采用热熔法。

(1) 热熔法 热熔法应用较广泛，将计算量的基质锉末用水浴或蒸汽浴加热熔化 (勿使温度过高)，然后按药物性质以不同方法加入，混合均匀，倾入冷却并涂有润滑剂的模型中至稍溢出模口为度。冷却，待完全凝固后，削去溢出部分，开启模具，将栓剂推出。采用热熔法制各种栓剂，其工艺流程如图 12-2 所示。

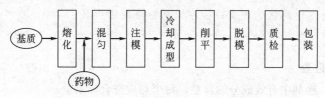

图 12-2　热熔法制栓剂工艺流程

为了使栓剂冷却后易从栓模中推出，模型应涂润滑剂。栓模的孔内涂的润滑剂通常有两类：①脂肪性基质的栓剂，常用软肥皂、甘油各 1 份与 95％乙醇 5 份混合所得；②水溶性或亲水性基质的栓剂，则用油性物质为润滑剂，如液体石蜡或植物油等。有的基质不粘模，如可可豆脂或聚乙二醇类，可不用润滑剂。

栓剂的大生产均采用自动化、机械化设备，从灌注、冷却、取出均用全（半）自动化制栓机来完成，如图 12-3 所示。

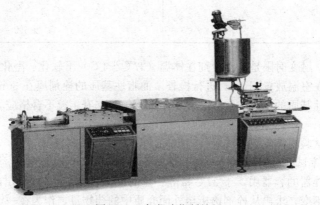

图 12-3　半自动化制栓机

（2）冷压法　冷压法主要用于脂肪性基质制备栓剂。不论是搓捏或模型冷压，均是先将药物与基质磨碎或锉末置于容器内再与主药混合均匀，然后手工搓捏成型或装入制栓模型机内压成一定形状的栓剂。机压模型成型者较美观。冷压法避免了加热对药物与基质稳定性的影响，不溶性药物亦不会在基质中沉降，但易夹带空气，对基质和主药起氧化作用。

栓剂的置换价

通常情况下栓剂模型的容量是固定的，但它会因基质或药物密度的不同可容纳不同的质量。而一般栓模容纳质量（如 1g 或 2g 重）是指以可可豆脂为代表的基质质量。加入药物会占有一定体积，特别是不溶于基质的药物。为保持栓剂原有体积，就要考虑引入置换价（displacement value，DV）的概念。测定方法：取基质作空白栓，称得平均质量为 G，另取基质与药物定量混合做成药栓，称得平均质量为 M，每粒栓剂中药物的平均质量为 w，将这些数据代入下式，即可求得某药物对某一新基质的置换价。

$$DV = \frac{w}{G - (M - w)}$$

用测定的置换价很方便地计算出制备这种药栓需要基质的质量 X：

$$X = \left(G - \frac{Y}{DV} \right) \times n$$

式中，Y 为处方中药物的剂量；n 为拟制备栓剂的枚数。

2. 栓剂的质量检查

（1）重量差异　栓剂中有效成分的含量，每个均应符合标示量。

取栓剂 10 粒，精密称出总质量，求得平均粒重后，再分别精密称定各粒的质量。取每粒质量与平均粒重相比较，超出限度的药粒不得多出 1 粒，并不得超出限度 1 倍。栓剂的重量差异限度见表 12-1。

表 12-1　栓剂的重量差异限度

平均重量	重量差异限度
1.0g 及 1.0g 以下	±10%
1.0g 以上至 3.0g	±7.5%
3.0g 以上	±5%

（2）融变时限　融变时限是测定栓剂在体温（37℃±1℃）下软化、融化或溶解的时间。

取栓剂 3 粒，在室温放置 1h 后，进行检查。油脂性基质的栓剂应在 30min 内全部融化或软化或无硬心；水溶性基质的栓剂应在 60min 内全部溶解。如有 1 粒不合格应另取 3 粒复试，应符合规定。

（3）体外溶出试验与体内吸收试验

① 体外溶出速率试验　将待测栓剂置于透析管的滤纸筒或适宜的微孔滤膜中，将栓剂浸入盛有介质并附有搅拌器的容器中，于 37℃ 每隔一定时间取样测定，每次取样后补充同体积的溶出介质，使总容积不变，求出从栓剂透析至外面介质中的药物量，作为在一定条件下基质中药物溶出速率的指标。

② 体内吸收试验　先进行动物实验，可用家兔或狗。开始时剂量不超过口服剂量，以后再 2 倍或 3 倍地增加剂量。给药后，按一定的时间间隔抽取血液或收集尿液，测定药物浓度，描绘出血药浓度-时间曲线（或尿中药量与时间关系），计算出体内药物动力学参数，最后求出生物利用度。

Ⓡ 拓展知识

一、栓剂的包装与贮存

1. 栓剂的包装

原则上要求每个栓剂都要用蜡纸或锡纸包裹，不得外露以免互相粘连；栓剂之间要有间隔，不得互相接触避免受压。

2. 栓剂的贮存

一般的栓剂应贮存于干燥阴凉处 30℃ 以下，油脂性基质的栓剂应格外注意避热，最好在冰箱中（+2～−2℃）保存。甘油明胶类水溶性基质的栓剂及聚乙二醇栓可室温阴凉处贮存，并宜密闭于容器中以免吸湿、变形、变质等。

二、栓剂药物吸收途径与影响吸收因素

1. 吸收途径

栓剂给药时，药物在直肠吸收主要有两条途径：一条是通过直肠上静脉，经门静脉进入肝脏，进行代谢后再由肝脏进入大循环；另一条是通过直肠下静脉和肛门静脉，经髂内静脉绕过肝脏进入下腔大静脉，而进入大循环。因此，栓剂纳入肛门的深度愈靠近直肠下部，栓剂所含药物在吸收时不经肝脏的量亦愈多，其部位应在距肛门 2cm 处。

2. 直肠吸收与其他给药途径的比较

由于药物种类不同，直肠吸收的情况亦有所不同。有些药物如四环素等，人的直肠吸收率远远低于口服。林可霉素的直肠吸收率与口服者相近似，但采用溶液作灌肠剂要比用栓剂吸收效果好。

3. 影响直肠吸收的因素

（1）生理因素　结肠内容物：粪便充满直肠时对栓剂中药物吸收量要比无粪便时少，在无粪便存在的情况下，药物有较大的机会接触直肠和结肠的吸收表面，所以如期望得到理想的效果，可在应用栓剂以前先灌肠排便。其他情况如腹泻、结肠梗死以及组织脱水等均能影响药物从直肠部位吸收的速率和程度。

（2）pH 及直肠液缓冲能力　直肠液基本上是中性而无缓冲能力，给药的形式一般不受直肠环境的影响，而溶解的药物却能决定直肠的 pH。弱酸、弱碱比强酸、强碱、强电离药物更易吸收，分子型药物易透过肠黏膜，而离子型药物则不易透过。

（3）药物的理化性质因素

① 溶解度　据报道在直肠内脂溶性药物容易吸收。而水溶性药物同样能通过微孔途径而吸收。

② 粒度　以未溶解状态存在于栓剂中的药物，其粒度大小能影响释放、溶解及吸收。粒径愈小、愈易溶解，吸收亦愈快。

③ 解离度　药物的吸收与其解离常数有关。未解离的分子愈多。吸收愈快。

（4）基质对药物作用的影响　栓剂纳入腔道后，首先必须使药物从基质释放出来，然后分散或溶解于分泌液中、才能在使用部位产生吸收或疗效，药物从基质释放得快，则局部浓度大作用强；反之则作用持久而缓慢。但由于基质性质的不同，释放药物的速率也不同。

（5）表面活性剂的作用　实验证明表面活性剂能增加药物的亲水性，能加速药物向分泌液中的转入，因而有助于药物的释放。但表面活性剂的浓度不宜过高，否则能在分泌液中形成胶团等因素而使其吸收率下降，所以表面活性剂的用量必须适当，以免得到相反的效果。

4. 栓剂中药物的剂量

关于栓剂的剂量，尚未有明确的规定，在一般情况下认为至少相当于口服剂量，或为口服剂量的 1.5～2 倍；毒剧药物则不应超过口服剂量。但适宜的直肠给药量以及栓剂的大小、形状、基质的选择，应根据药物的理化性质（如物理状态、溶解性及分配系数等）及基质的性质（如熔点、溶解性及表面活性）等而定。

® 达标检测题

一、选择题

（一）单项选择题

1. 下列不属于对栓剂基质要求的是（　　　）

A. 在体温下保持一定的硬度

B. 不影响主药的作用

C. 不影响主药的含量测量

D. 与制备方法相适宜

E. 水值较高，能混入较多的水

2. 将脂溶性药物制成起效迅速的栓剂应选用的基质是（　　）

A. 可可豆脂　　　　B. 半合成山苍子油酯

C. 半合成椰子油脂　　D. 聚乙二醇

E. 半合成棕榈油脂

3. 甘油明胶作为水溶性亲水基质正确的是（　　）

A. 在体温时熔融

B. 药物的溶出与基质的比例无关

C. 基质的一般用量明胶与甘油等量

D. 甘油与水的含量越高成品质量越好

E. 常作为肛门栓的基质

4. 制成栓剂后，夏天不软化，但易吸潮的基质是（　　）

A. 甘油明胶　　　　　B. 聚乙二醇

C. 半合成山苍子油酯　　D. 香果脂

E. 吐温-61

5. 油脂性基质的栓剂的润滑剂是（　　）

A. 液体石蜡　　B. 植物油

C. 甘油、乙醇　　D. 肥皂

E. 软肥皂、甘油、乙醇

6. 水溶性基质栓全部溶解的时间应在（　　）

A. 20min　　　B. 30min　　　C. 40min

D. 50min　　　E. 60min

7. 栓剂中主药的质量与同体积基质质量的比值称（　　）

A. 酸价　　B. 真密度　　C. 分配系数

D. 置换价　　E. 粒密度

8. 下列关于栓剂基质的要求叙述错误的是（　　）

A. 具有适宜的稠度、黏着性、涂展性

B. 无毒、无刺激性、无过敏性

C. 水值较高，能混入较多的水

D. 与主药无配伍禁忌

E. 在室温下应有适宜的硬度，塞入腔道时不变形亦不破裂，在体温下易软化、融化或溶解

9. 鞣酸制成栓剂不宜选用的基质为（　　）

A. 可可豆脂　　B. 半合成椰子油酯

C. 甘油明胶　　D. 半合成山苍子油酯

E. 混合脂肪酸甘油酯

10. 下列有关置换价的正确表述是（　　）

A. 药物的质量与基质质量的比值

B. 药物的体积与基质体积的比值

C. 药物的质量与同体积基质质量的比值

D. 药物的质量与基质体积的比值

E. 药物的体积与基质质量的比值

11. 制备栓剂时，选用润滑剂的原则是（　　）

A. 任何基质都可采用水溶性润滑剂

B. 水溶性基质采用水溶性润滑剂

C. 脂溶性基质采用水溶性润滑剂，水溶性基质采用油脂性润滑剂

D. 无需用润滑剂

E. 油脂性基质采用油脂性润滑剂

12. 以聚乙二醇为基质的栓剂选用的润滑剂是（　　）

A. 肥皂　　　　B. 甘油　　　C. 水

D. 液体石蜡　　E. 乙醇

13. 在制备栓剂中，不溶性药物一般应粉成细粉，过滤时所用的筛子是（　　）

A. 五号筛　　B. 六号筛　　C. 七号筛

D. 八号筛　　E. 九号筛

14. 下列关于栓剂的描述错误的是（　　）

A. 可发挥局部与全身治疗作用

B. 制备栓剂可用冷压法

C. 栓剂应无刺激，并有适宜的硬度

D. 可以使全部药物避免肝的首过效应

E. 吐温-61为其基质

15. 聚乙二醇作为栓剂的基质叙述错误的是（　　）

A. 多以两种或两者以上不同分子量的聚乙二醇合用

B. 用热熔法制备　　　C. 遇体温融化

D. 对直肠黏膜有刺激　　E. 易吸潮变形

16. 水溶性基质的栓剂可用（　　）

A. 冷压法和热熔法制备　　B. 热熔法制备

C. 研和法制备　　　　　　D. 乳化法制备

E. 滴制法制备

17. 软膏剂水溶性基质为（　　）

A. 半合成脂肪酸甘油酯　　B. 羊毛脂

C. 硬脂酸　　　　　　　　D. 卡波姆

E. 吐温-61

18. 基质为半固体、液体混合物的软膏剂用（　　）

A. 冷压法和热熔法制备　　B. 热熔法制备

C. 研和法制备　　　　　　D. 乳化法制备

E. 滴制法制备

19. 关于可可豆脂的表述错误的是（　　）

A. 可可豆脂具同质多晶性质

B. β晶型最稳定

C. 制备时熔融温度应高于40℃

D. 为公认的优良栓剂基质

E. 不宜与水合氯醛配伍

(二) 多项选择题

1. 影响栓剂中药物吸收的因素有（　　）

A. 塞入直肠的深度　　　B. 直肠液的酸碱性

C. 药物的溶解度　　　　D. 药物的粒径大小

E. 药物的脂溶性

2. 栓剂基质的要求有（　　）

A. 有适当的硬度

B. 熔点与凝固点应相差很大

C. 具润湿与乳化能力

D. 水值较高，能混入较多的水

E. 不影响主药的含量测定

3. 栓剂具有的特点是（　　）

A. 常温下为固体，纳入腔道迅速融化或溶解

B. 可产生局部和全身治疗作用

C. 不受胃肠道 pH 或酶的破坏

D. 不受肝脏首过效应的影响

E. 适用于不能或者不愿口服给药的患者

4. 可可豆脂在使用时应（　　）

A. 加热至36℃后再凝固

B. 缓缓升温加热熔化2/3后停止加热

C. 在熔化的可可豆脂中加入少量稳定晶型

D. 熔化凝时，将温度控制在28～32℃几小时或几天

E. 与药物的水溶液混合时，可加适量亲水性乳化剂制成的 W/O 型基质

5. 栓剂中脂溶性药物的加入方法是（　　）

A. 直接加入熔化的油脂性基质中

B. 以适量的乙醇溶解加入水溶性基质中

C. 加乳化剂

D. 若用量过大，可加适量蜂蜡、鲸蜡调节

E. 用适量羊毛脂混合后，再与基质混匀

6. 用热熔法制备栓剂的过程包括（　　）

A. 涂润滑剂　　　B. 熔化基质

C. 加入药物　　　D. 涂布

E. 冷却、脱模

7. 栓剂的主要吸收途径是（　　）

A. 直肠下静脉和肛门静脉→肝脏→大循环

B. 直肠上静脉→门静脉→肝脏→大循环

C. 直肠淋巴系统

D. 直肠上静脉→髂内静脉→大循环

E. 直肠下静脉和肛门静脉→髂内静脉→下腔静脉→大循环

8. 能作为栓剂基质的是（　　）

A. 羧甲基纤维素　　B. 石蜡

C. 可可豆脂　　　　D. 聚乙二醇类

E. 半合成脂肪酸甘油酯类

9. 下列关于栓剂制备的叙述正确的为（　　）

A. 水溶性药物，可用适量羊毛脂吸收后，与油脂性基质混匀

B. 水溶性提取液，可制成干浸膏粉后再与熔化的油脂性基质混匀

C. 油脂性基质的栓剂常以植物油为润滑剂

D. 水溶性基质的栓剂常以肥皂、甘油、乙醇的混合液为润滑剂

E. 不溶性药物一般应粉碎成细粉，过五号筛，再与基质混匀

10. 栓剂的制备方法有（　　）

A. 研和法　　B. 搓捏法　　C. 冷压法

D. 热熔法　　E. 乳化法

11. 栓剂的质量要求包括（　　）

A. 外观检查　　B. 重量差异

C. 融变时限　　D. 耐热试验

E. 耐寒试验

12. 聚乙二醇作为栓剂的基质，其特点有（　　）

A. 分子量1000者熔点38～42℃

B. 多为两种或两种以上不同分子量的聚乙二醇合用

C. 对直肠有刺激

D. 制成的栓剂夏天易软化

E. 制成的栓剂易吸湿受潮变形

13. 栓剂与软膏剂在质量检查项目中不同点为（　　）

A. 外观　　　B. 融变时限　　C. 稠度

D. 酸碱度　　E. 水值

14. 以甘油明胶为基质的栓剂，具备的特点是（　　）

A. 具有弹性，不易折断　　B. 阴道栓常用基质

C. 适用于鞣酸等药物　　　D. 体温时熔融

E. 药物溶出速率可通过明胶、水、甘油三者的比例调节

15. 下列有关栓剂的叙述中，错误的是（　　）

A. 栓剂使用时塞得深，生物利用度好

B. 局部用药应选释放慢的基质

C. 置换价是药物质量与同体积的基质质量之比

D. $pK_a < 4.3$ 的弱酸性药物吸收快

E. 药物不受胃肠 pH、酶的影响，在直肠吸收较口服干扰少

二、填空题

1.栓剂常温下为_____，塞入人体腔道后，在体温下能迅速软化、融化或溶解于分泌液。

2.肛门栓的形状有_____、_____、_____。

3.栓剂油脂性基质的酸价应在_____以下，皂化价应在_____之间，碘价低于_____。

三、简答题

1.肛门栓剂有什么应用上的特点？

2.栓剂的制备方法有哪些？写出置换价的计算公式。

3.栓剂基质的类型有哪些？

PPT 课件

模块六
药物制剂新技术

1. 教学目标

（1）基本目标　能初步设计微囊，包合物，缓释、控释制剂，脂质体制剂的工艺流程；能在实训室制备包合物，微囊，缓释、控释制剂，脂质体制剂产品。

（2）促成目标　在此基础上，学生通过顶岗实习锻炼，能应用包合技术、微囊化技术进行微囊、包合物、微囊的生产制备，以及缓释、控释制剂，靶向制剂等的制备；并能根据各类新剂型的特点合理指导用药。

2. 工作任务

项目十三　包合技术
具体的实践操作实例13　制备包合物。
项目十四　微囊化技术
具体的实践操作实例14　制备微囊。
项目十五　缓释、控释制剂制备技术
具体的实践操作实例15　制备缓释片。
项目十六　靶向制剂制备技术
具体的实践操作实例16　制备脂质体。

3. 相关理论知识

（1）掌握饱和水溶液法制备包合物和凝聚法制备微囊，以及缓释制剂、控释制剂、靶向制剂的制备。

（2）熟悉包合物、微囊、缓释制剂、控释制剂、靶向制剂的概念、类型、特点。

（3）了解缓释制剂、控释制剂、经皮吸收制剂、靶向制剂、生物技术药物制剂的吸收特点与质量评定方法。

4. 教学条件要求

利用教学课件、生产视频、各剂型实例和网络等先进的多媒体教学手段，并结合实训操作训练，灵活应用多种教学方法，采用融"教、学、做"一体化模式组织教学。

包合技术

【实践操作实例 13】 制备包合物

1. 器材与试剂

磁力搅拌器；β-环糊精、薄荷油、无水乙醇。

2. 操作内容

[处方] β-环糊精 4g；薄荷油 1ml；蒸馏水 50ml。

[制法] 取 β-环糊精置烧杯中，加入水，加热溶解，降温至 50℃，滴加薄荷油，恒温搅拌 0.5h，冷却，有白色沉淀析出，待沉淀完全后抽滤。沉淀用无水乙醇 5ml 分 3 次洗涤，至表面近无油迹，将沉淀置于干燥器中干燥，即得。

【评析】

环糊精是一种新型的水溶性包合材料，是淀粉经酶解得到的一种产物。此分子中有 6～8 个葡萄糖残基，分别简称 α-环糊精、β-环糊精、γ-环糊精，其中 β-环糊精（β-CD）使用较为广泛。β-CD 具有筒状结构，筒内壁空腔直径为 7Å[①]，筒内侧显疏水性，可将一些体积和形状适合的药物分子或部分基团借助范德华力包合在疏水区内，形成包合物，对药物起到稳定（抗氧化、抗紫外线、防止挥发）或提高溶解度等作用。

薄荷油中主要成分为薄荷脑、薄荷酮等，具有发汗、抗菌、解痉等作用，但容易挥发，制成 β-CD 的包合物可以延缓和减少其挥发。

[制备要点] （1）本实验采用饱和水溶液法制备包合物，β-环糊精在 25℃ 水中溶解度为 1.79%，但在 45℃ 时溶解度可增加至 3.1%。故在实验过程中应控制好温度，使其从水中析出沉淀。

（2）包合率取决于环糊精的种类、药物与环糊精的配比量以及包合时间，应按照实验内容的要求进行操作。

（3）加入薄荷油后，烧杯用保鲜膜覆盖，可减少薄荷油挥发。

一、包合技术概述

包合技术系指一种分子被包藏于另一种分子的空穴结构内，形成包合物的技术。包合物是一种分子被包藏在另一种分子的空穴结构内的复合物，它是通过包合技术形成独特形式的配合

[①] 1Å＝10^{-10}m。

物。包合过程是物理过程而不是化学过程，故属于一种非键型配合物。包合物由主分子和客分子组成。主分子即是包合材料，具有较大的空穴结构，足以将客分子容纳在内，形成分子胶囊。

1. 包合物在药物制剂上的应用

（1）增加药物的溶解度，如薄荷油、桉叶油的 β-CD 包合物，其溶解度可增加 30 倍。

（2）增加药物的稳定性，特别是一些易氧化、水解、挥发的药物形成包合物后，药物分子得到保护。

（3）液体药物粉末化，便于加工成其他剂型。

（4）减少刺激性，降低毒副作用，如 5-氟尿嘧啶与 β-CD 包合后可基本缓解恶心、呕吐等症状。

（5）掩盖不良气味，如大蒜油包合物可掩盖大蒜的臭味。

（6）调节释药速率，提高生物利用度。

2. 包合物分类

（1）按包合物的构成可分为单分子包合物、多分子包合物和大分子包合物。

（2）按包合物的几何形状可分为管状包合物、笼状包合物和层状包合物。

二、包合材料

常用的包合材料有环糊精、胆酸、淀粉、纤维素、蛋白质、核酸等。最常用的是环糊精及其衍生物。

> ● 知识链接 ●
>
> **环糊精的研究进展**
>
> 1. 1891 年由 Villes 首先发现。
> 2. 20 世纪初期分离成功 α-环糊精、β-环糊精。
> 3. 20 世纪 50 年代确定了环糊精的化学结构。
> 4. 1968 年美国 CPC 公司开始小批量生产 β-环糊精。
> 5. 1972 年日本帝人公司发现利用细菌可大量生产 β-环糊精。
> 6. 我国 1984 年工业生产试验通过鉴定。

1. 环糊精（cyclodextrin，CD）

系指淀粉用嗜碱性芽孢杆菌经培养得到的环糊精葡萄糖转位酶作用后形成的产物；是由 6～12 个 D-葡萄糖分子以 1,4-糖苷键连接的环状低聚糖化合物，为水溶性的非还原性白色结晶状粉末，结构为中空圆筒形。常见的有 α、β、γ 三种，分别由 6，7，8 个葡萄糖分子构成。3 种环糊精的基本性质除环状中空圆筒空穴深度相近外，其他性质均不相同。

环糊精形成的包合物一般为单分子包合物。其对药物的一般要求是：①无机药物一般不宜用环糊精包合；②有机药物分子的原子数大于 5，稠环数应小于 5，分子量在 100～400，水中溶解度小于 10g/L，熔点低于 250℃；③非极性脂溶性药物易被包合；④非解离型药物比解离型更易包合。

3 种 CD 中以 β-环糊精（β-CD）水中溶解度最小，毒性低，最为常用。由 7 个 β-吡喃葡萄糖的椅式构象通过 α-1,4-糖苷键连接而成的一种环状低聚糖化合物（结构图见图 13-1）。β-环糊精的立体结构呈一环状中空圆筒形，其上端以—CH_3OH 为主，下端以—OH 为主的两端亲水、内

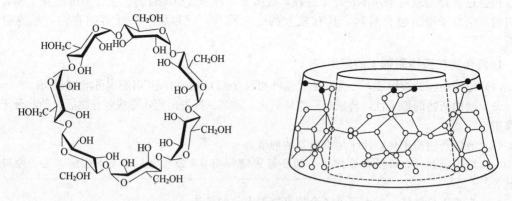

图 13-1 β-环糊精结构图

部疏水的特殊结构，许多疏水性的化合物能嵌入空隙形成包合物，达到改变物质的溶解度、防挥发、抗氧化、抗光和热、排除异味和苦涩味等目的。由于 β-CD 在水中的溶解度小，易从水中析出结晶，随着温度升高溶解度增大，温度为 20℃、40℃、60℃、80℃、100℃时，其溶解度分别为 18.5g/L、37g/L、80g/L、183g/L、256g/L。

2. 环糊精衍生物

环糊精衍生物更有利于容纳客分子，并可改善 CD 的某些性质。近年来主要对 β-CD 的分子结构进行修饰，如将甲基、乙基、羟丙基、羟乙基、葡糖基等基团引入 β-CD 分子中（取代羟基上的 H）。引入这些基团，破坏了 β-CD 分子内的氢键，改变了其理化性质。目前，主要应用的 CD 衍生物分为亲水性、疏水性和离子型三类。离子型环糊精主要包括羧甲基-β-环糊精（CME-β-CD）、硫代-β-环糊精（S-β-CD）等，其溶解度随 pH 值的变化而变化。疏水性衍生物主要包括二乙基-β-环糊精（DE-β-CD）、三乙基-β-环糊精（TE-β-CD）、烷基取代 β-环糊精（$C_2 \sim C_{18}$-β-CD）等。它们一般为水不溶性，溶于有机溶剂，有表面张力。亲水性衍生物主要包括甲基-β-环糊精、羟乙基-β-环糊精等。它们在水中有较大的溶解度，除甲基取代环糊精有较大的表面张力外，其余种类生物相容性较佳。

> **• 知识链接 •**
>
> **包合物形成的影响因素**
>
> 　　环糊精包合物形成的外在影响因素主要是时间、反应温度、搅拌（或超声振荡）时间、反应物浓度等。内在因素的影响主要取决于环糊精和其客体的基本性质，主要有如下三方面。
>
> 　　1. 主客体之间有疏水亲脂相互作用　因环糊精空腔是疏水的，客分子的非极性越高，越易被包合。当疏水亲脂的客分子进入环糊精空腔后，其疏水基团与环糊精空腔有最大接触，而其亲水基团远离空腔。
>
> 　　2. 主客体符合空间匹配效应　环糊精孔径大小不同，它们分别可选择容纳体积大小与其空腔匹配的客分子，这样形成的包合物比较稳定。
>
> 　　3. 氢键与释出高能水　一些客分子与环糊精的羟基可形成氢键，增加了包合物的稳定性。即客体的疏水部分进入环糊精空腔取代环糊精高能水有利于环糊精包合物的形成，因为极性的水分子在非极性空腔欠稳定，易被极性较低的分子取代。

包合物的制备

包合物的制备主要有以下几种方法：饱和水溶液法、研磨法、超声波法、冷冻干燥法、喷雾干燥法、液-液或气-液法等，其中最常用方法为前三种。

1. 饱和水溶液法

先将 β-CD 与水配成饱和溶液，然后根据客分子的不同性质分别采取以下方法：①可溶性药物与水难溶性液体药物，直接加入到环糊精饱和溶液，一般物质的量的比为 1：1，搅拌 30min 以上，直到成为包合物为止；②水难溶性药物，可先溶于少量丙酮或异丙醇等有机溶剂，再注入到环糊精饱和水溶液，搅拌，直至成为包合物。所得包合物若为固体，则滤取、水洗，再用少量适当溶剂洗去残留药物，然后干燥即得。若包合物为水溶性，则将其浓缩而得到固体，也可加入有机溶剂，促进其沉淀析出。此法亦可称为重结晶法或共沉淀法。

2. 研磨法

将 β-CD 加入 2～5 倍量的水混合，研匀，加入药物（难溶性药物应先溶于有机溶剂中），充分研磨成糊状物，低温干燥后，再用适宜的有机溶剂洗净，干燥即得。

3. 超声波法

将环糊精包合水溶液加入客分子药物溶解，混合后用超声波处理，析出沉淀，经溶剂洗涤、干燥即得稳定的包合物。

4. 冷冻干燥法

将药物和环糊精混合于水中，搅拌、溶解或混悬，通过冷冻干燥除去溶剂（水），得粉末状包合物。此法适用于制成包合物后易溶于水，且在干燥过程中易分解或变色，但又要求成品为干燥包合物，则可采用本法。所得成品较疏松，溶解度好，可制成注射用粉末。

5. 喷雾干燥法

此法适用于难溶性或疏水性药物，且对易溶于水的包合物，遇热性质又较稳定的药物用此法，由于干燥温度高，受热时间短，产率高。制得的包合物可增加药物溶解度，提高生物利用度。

6. 液-液法和气-液法

主要用于中药包合物，将中药提取的挥发油或芳香化合物的蒸汽或冷凝液直接通入 β-CD 溶液中，进行包合，经过滤、干燥即得包合物。

包合物的验证

药物与 CD 是否形成包合物，可根据包合物的性质和结构状态，采用下述方法进行验证，必要时可同时用几种方法。

1. 显微镜法与电镜扫描

通过显微镜观察药物包合物与未包合物的晶格改变进行鉴别。

2. X射线衍射法

由于晶体物质在相同角度具有不同晶面间距，因此用X射线衍射时，显示不同的衍射峰。晶体药物在用X射线衍射时，显示该药物结晶的衍射特征峰，而药物的包合物是无定形态，没有衍射特征峰。

3. 红外光谱法

红外光谱可提供分子振动能级的跃迁，并与药物分子结构相关。比较包合前后在红外区的特征峰，如果吸收峰降低、位移或消失，说明药物与环糊精产生了包合作用。

4. 核磁共振法

根据核磁共振（NMR）谱上碳原子的化学位移大小，可推断包合物形成。一般对含芳香环类药物采用 ^{1}H-NMR 技术，对不含芳香环类药物可采用 ^{13}C-NMR 技术。

5. 圆二色谱法

非对称的有机药物分子对组成平面偏振光的左旋和右旋圆偏振光的吸收系数不相等，称圆二色性，若将它们吸收系数之差对波长作图可得圆二色谱图，用于测定分子的立体结构，判断是否形成包合物。

6. 热分析法

热分析法中以差示热分析法（DTA）和差示扫描量热法（DSC）较为常用，前者是在程序控温条件下，测量供试样与参比物之间温度差（AHIAT）与温度之间关系的一种技术；后者是在程序控温条件下，测量供试样与参比物的功率差与温度之间关系的技术。如陈皮挥发油-β-CD 包合物，其中陈皮挥发油与 β-CD 配比为 1:1、1:2、1:4 时，DTA 均有一个 317℃的峰，表明形成了包合物，而混合物则具有两个峰，即 107℃与 317℃。

7. 薄层色谱法

此法以有无薄层斑点、斑点数和 R_f 值来验证是否形成包合物。用硅胶 GF$_{254}$ 板。展开剂为：石油醚-三氯甲烷-乙酸乙酯（10:0.5:1.5）。显色剂为：1‰香草醛浓硫酸液。样品为：①生姜挥发油石油醚溶液；②生姜挥发油-β-CD 包合物乙醇溶液；③生姜挥发油-β-CD 包合物石油醚溶液。结果：①和②色谱图的斑点数、R_f 值完全一致，而③则无斑点。说明生姜挥发油已与 β-CD 发生包合作用。

8. 荧光光度法

从荧光光谱曲线中峰的位置和强度来判断是否形成了包合物。

9. 紫外分光光度法

从紫外吸收曲线中吸收峰的位置和峰高可判断是否形成了包合物。

® 达标检测题

一、选择题

（一）单项选择题

1. 下列不宜作为环糊精的包合方法的是　　（　　）

A. 饱和水溶液法　　B. 重结晶法

C. 沸腾干燥法　　D. 冷冻干燥法

E. 喷雾干燥法

2. 下列关于 β-CD 包合物的叙述错误的是（　　）

A. 液体药物粉末化　　B. 释药迅速

C. 无蓄积、无毒

D. 能增加药物的溶解度

E. 能增加药物的稳定性

（二）多项选择题

1.常用的包合技术有（　　　）

A.重结晶法　　B.研磨法

C.冷冻干燥法　D.喷雾干燥法

E.共沉淀法

2.下列关于β-环糊精包合物的叙述正确的有（　　　）

A.液体药物粉末化　　B.可增加药物溶解度

C.减少刺激性　　D.是一种分子胶囊

E.调节释药速率

3.包合技术对药物的一般要求是（　　　）

A.无机药物一般不宜用环糊精包合

B.有机药物分子的原子数大于5，稠环数应小于5

C.非极性脂溶性药物易被包合

D.非解离型药物比解离型更易包合

E.分子量在100～400，水中溶解度小于10g/L，熔点低于250℃

二、简答题

1.什么是包合物？常用的包合材料是什么？有何应用特点？

2.本项目实践操作实例采用何法制备包合物？使用何种环糊精？

PPT 课件

项目十四
微囊化技术

Ⓡ 实例与评析

【实践操作实例 14】 制备微囊

1. 器材与试剂

乳匀机、磁力搅拌器、显微镜；液体石蜡、阿拉伯胶、明胶、甲醛溶液、乙酸、氢氧化钠。

2. 操作内容

液体石蜡微囊制备。

[处方] 液体石蜡 4g；阿拉伯胶 4g；明胶 4g；甲醛溶液 5ml；乙酸（10％）适量；蒸馏水适量。

[制法] 取阿拉伯胶加蒸馏水适量使成胶浆，加入液体石蜡共置于乳匀机中乳化成液体石蜡乳，另取明胶 4g 加水 100ml 制成胶浆，液体石蜡乳与明胶浆合并，置磁力搅拌器中搅拌，保温 37～50℃，加醋酸（10％）适量至等电点以下至成囊（显微镜下观察）为止，降温至 10℃ 以下，不断搅拌下加入甲醛溶液固化微囊，氢氧化钠调 pH 至 8～9，使固化完全，收集微囊即得。

【评析】

微囊是微型胶囊的简称，系以天然的或合成的高分子材料为囊材，将固体或液体药物（通称囊心物）包裹成直径 $1～5000\mu m$（通常为 $5～250\mu m$）的封闭微小胶囊。将药物制成微囊的过程称为微囊化，而用微囊制成的制剂则称为微囊化制剂。根据临床需要可将微囊制成散剂、胶囊剂、片剂、注射剂以及软膏剂等。微囊化后药物可根据需要制成粉剂、颗粒剂、胶囊剂和片剂等剂型。微囊的制法较多，可归纳为物理化学法、化学法和物理机械法三大类。具体有界面聚合法、相分离法、单凝聚法和复凝聚法等。以复凝聚法较常用。

[制备要点]（1）明胶有 A 型和 B 型之分，A 型明胶的等电点为 pH 7～8，B 型明胶的等电点为 pH 3.8～4.1，制备微囊均可使用。

（2）用 10％乙酸溶液调 pH 时，应逐渐滴入，特别是当接近等电点时更应小心，并随时取样在显微镜下观察微囊的形成。

（3）微囊容易粘连，故应不断搅拌并用适量酸水稀释。

（4）固化时应用少许甲醛先缓缓加入，再用氢氧化钠液调节 pH 为 7～8，使固化完全。

（5）甲醛用量的多少能影响明胶的变性温度，亦即影响药物的释放快慢。

Ⓡ 相关知识

一、微囊化的概念

微囊化技术又称为微型包囊技术，简称微囊化，系利用天然或合成的高分子材料（通称囊材），将固体或液体药物（通称囊心物）包裹成直径 $1\sim5000\mu m$（通常为 $5\sim250\mu m$）的微小胶囊的技术。这种由囊材包裹囊心物形成的微小贮库型结构称为微囊。如果囊心物溶解（或）均匀分散在高分子材料基质中，形成骨架型的微小球状实体，则称为微球。微球和微囊实际上很难区分，一般通称为微粒。囊膜具有透膜或半透膜性质，囊心物可借压力、pH 值、温度或提取等方法释出。囊心物是被包裹的特定物质，它可以是固体，也可以是液体，除主药外可以包括提高微囊化质量而加入的附加剂，如稳定剂、稀释剂以及控制释放速率的阻滞剂、促进剂和改善囊膜可塑性的增塑剂等。

近年采用微囊化技术的药物有解热镇痛药、抗生素、多肽、避孕药、维生素、抗癌药以及诊断用药等。已上市的有几十种之多，红霉素片、β-胡萝卜素片等。

微囊的发展

微型包囊是近 40 年来应用于药物的新工艺、新技术，起源于 20 世纪 60 年代。

药物微囊化技术的研究突飞猛进，可分为几个阶段。20 世纪 80 年代以前主要应用粒径为 $5\mu m\sim2mm$ 的小丸，20 世纪 80 年代发展了粒径为 $0.01\sim10\mu m$ 的第二代产品，这类产品通过非胃肠道给药时，被器官或组织吸收能显著延长药效、降低毒性、提高活性和生物利用度。第三代产品主要是纳米级胶体粒子的靶向制剂，即具有特异的吸收和作用部位的制剂。

二、微囊的特点

药物微囊化以后，具有许多应用特点，具体如下。

1. 增加药物的稳定性

一些受温度、pH 影响较大的药物应当聚合包衣，如果药物在 pH 较低的条件下稳定，则需以肠溶材料包衣或制备微囊以增加其稳定性，如易水解的阿司匹林、易挥发的挥发油类、薄荷脑、水杨酸甲酯、樟脑混合物等药物。

2. 掩盖不良气味及口感

如大蒜素微囊剂、氯霉素微囊片剂等。

3. 减少复方药物的配伍变化

将药物分别包囊后可避免药物之间可能产生的配伍变化，隔绝药物组分间的反应。

4. 防止药物胃内失活，减少对胃的刺激性

微囊技术克服了口服给药时，药物在胃酸环境中的不稳定性和药物对胃壁的刺激作用以及肝脏的首过效应，而不必利用其他给药途径，从而使更多的药物可口服给药。

5. 延缓释放，减少毒副作用

制成微囊使药物具有控释或靶向作用，控制药物的释放，将药物浓集于肝或肺部等靶区，降低毒副作用，提高疗效。

6. 使液态药物固体化，便于应用及贮存

一些液体药物如油脂类肠溶性维生素等制成微囊后，改善某些药物的物理特性（如流动性、可压性），可使液态药物固体化，便于应用及贮存。

7. 具备良好的生物相容性和稳定性

可将活性细胞或生物活性物质包囊，使在体内发挥生物活性作用，且具有良好的生物相容性和稳定性。如酶、胰岛素、血红蛋白等。

三、囊心物与囊材

1. 囊心物

被包在微型胶囊中的物质称为囊心物，又称囊心物质，包括固体或液体。除主药外，还可以加入稳定剂、稀释剂以及控释药物的阻滞剂、促进剂等。通常将主药与附加剂混匀后微囊化，亦可将主药单独微囊化，再加入附加剂。若有多种主药，可将其混匀再微囊化，亦可分别微囊化后再混合，这取决于设计要求、药物、囊材和附加剂的性质及工艺条件等。采用不同的工艺条件时，对囊心物也有不同的要求。

2. 囊材

包裹囊心物的材料称为囊材，为可成膜性物质，可以为天然的、合成的以及半合成的高分子材料。

微囊囊材的要求

选择囊材一般要求应该考虑产品或剂型、包囊材料自身的性质和包囊方法的要求以及囊心物的粒度、囊心物与包囊材料的比例等。一般的要求如下。

1. 可以和药物配伍，不影响药物的药效，不与药物发生反应。
2. 理化性质稳定。
3. 无毒、无刺激性。
4. 有合适的释放药物的速率。
5. 有一定的强度及可塑性，能完全包封囊心物。
6. 具有合适的黏度、溶解性、渗透性等。

（1）天然高分子囊材　天然高分子材料因其稳定性好、无毒、成膜性好而成为最为常用的包囊材料。

① 明胶　明胶是氨基酸与肽交联形成的直链聚合物，聚合度不同的明胶具有不同的分子量，其平均分子量在 15 000～25 000。因制备时水解方法的不同，明胶分酸法明胶（A 型）和碱法明胶（B 型）。A 型明胶的 1% 溶液 25℃以下时 pH 为 3.8～6.0，其等电点为 7～9，稳定而不易长菌。B 型明胶等电点为 4.7～5.0，10g/L 溶液 25℃的 pH 值为 5.0～7.4，稳定而不易长菌。两者的成囊性无明显差别，溶液的黏度均在 0.2～0.75cPa·s，可生物降解，几乎无抗原性。在生产上可单独或混合使用，但二者混合使用较好，在微囊中的用量一般为 20～100g/L。

② 苯二甲酸明胶　苯二甲酸明胶是一种改性明胶，带负电荷的亲水性明胶，等电点有所下降，可单用此辅料进行包囊。

③ 阿拉伯胶　亦称金合欢胶，含有较多的阿拉伯酸钙盐，水解后生成阿拉伯糖、半乳糖、鼠李糖、糖醛酸等。胶体带有负电荷。不溶于醇，在室温下可溶解于 2 倍量的水中，溶液呈酸性。一般常与明胶等量配合使用，作囊材的用量为 20～100g/L，亦可与白蛋白配合作复合材料。

④ 海藻酸钠　系多糖类化合物，常用稀碱从褐藻中提取而得。海藻酸钠可溶于不同温度的水中，不溶于乙醇、乙醚及其他有机溶剂；在 pH 值 4.5～10 较稳定。不同分子量的产品黏度有差异。可与甲壳素或聚赖氨酸合用作复合材料。

⑤ 壳聚糖　壳聚糖是由甲壳素脱乙酰化后制得的一种天然聚阳离子多糖，属含氮多糖类物质，具纤维素结构，为白色无定形固体。可溶于酸或酸性水溶液，无毒、无抗原性，在体内能被

溶菌酶等酶解，具有优良的生物降解性和成膜性，在体内可溶胀成水凝胶。

⑥ 蛋白质　常用作囊材的蛋白质包括人血白蛋白、牛血清白蛋白和玉米蛋白等，可生物降解，无明显的抗原性，常采用热固化或化学交联固化（甲醛或戊二醛）成囊。

（2）半合成高分子囊材　多系纤维素衍生物，其特点是毒性小、黏度大、成盐后溶解度增大。由于易溶于水，不宜高温处理，需要使用时新鲜配制。

① 羧甲基纤维素盐　属阴离子型的高分子电解质，为白色纤维状或颗粒状粉末，无臭无味，具吸湿性，易溶于水溶胀而成胶体溶液，不溶于乙醇、乙醚、丙酮等大多数有机溶剂，也不溶于酸性溶液中。水溶液黏度大，有抗盐能力和热稳定性。常与明胶搭配用作复合囊材，一般使用的浓度为 $0.1\% \sim 0.5\%$，明胶为 3%，两者按体积比 $2:1$ 的比例配合使用。

② 邻苯二甲酸醋酸纤维素（CAP）　本品在强酸中不溶解，可溶于 pH>6 水溶液，分子中含游离羧基，其相对含量决定其水溶液的 pH 值及能溶解 CAP 的溶液的最低 pH 值。用作囊材时可单独使用，用量一般为 $30g/L$，也可与明胶配合使用。

③ 乙基纤维素（EC）　分子中含有乙氧基 48%，化学稳定性好，适于多种药物的微囊化。不溶于水、甘油和丙二醇，可溶于乙醇，遇强酸易水解，故对强酸性药物不适宜。

④ 甲基纤维素（MC）　作为囊材的浓度通常是 $1\% \sim 3\%$，可以单独使用，也可以与明胶、羧甲基纤维素钠、聚乙烯吡咯烷酮等一起使用。

⑤ 羟丙基甲基纤维素（HPMC）　能溶于冷水成为黏性溶液，不溶于热水，具有一定的表面活性，长期保存有良好的黏度。

⑥ 羟丙基甲基纤维素邻苯二甲酸酯（HPMCP）　为白色至类白色无臭无味的颗粒。易溶于丙酮-甲醇、丙酮-乙醇、甲醇-二氯甲烷和碱性水溶液，不溶于水、酸溶液和己烷。化学和物理性质稳定。具成膜性，无毒副作用。

（3）合成高分子囊材　作囊材用的合成高分子材料有生物不降解的和生物可降解的两类。生物不降解且不受 pH 值影响的囊材有聚酰胺、硅橡胶等。生物不降解，但在一定 pH 条件下可溶解的囊材有聚丙烯酸树脂、聚乙烯醇等。近年来，生物可降解的材料得到了广泛的应用，如聚碳酯、聚氨基酸、聚乳酸（PLA）、丙交酯-乙交酯共聚物（PLGA）、聚乳酸-聚乙二醇嵌段共聚物（PLA-PEG）、ε-己内酯与丙交酯嵌段共聚物等，其特点是无毒、成膜性好、化学稳定性高，可用于注射和植入。

① 聚酯类　主要是羟基酸或其内酯的聚合物，是目前应用最广、研究最深的可体内生物降解的合成的高分子材料。常用的羟基酸是乳酸和羟基乙酸。乳酸缩合得到的聚酯用 PLA 表示，由羟基乙酸缩合得到的聚酯用 PGA 表示，由乳酸与羟基乙酸直接缩合得到的聚酯也可叫丙交酯-乙交酯共聚物，用 PLGA 表示。聚合比例不同，分子量不同，可获得不同的降解速率。

② 聚乙二醇 6000（PEG 6000）　为乳白色结晶性片状物，分子量为 $6000 \sim 7500$。能溶于水成澄明的溶液。

③ 聚酰胺　为结晶性固体，密度小强度高，具柔韧性和延展性。溶于苯酚、甲酚、甲酸等，不溶于醇类、酯类、酮类和烃类。不耐高温。碱水状态下稳定，酸水状态下迅速被破坏。遇光易变质。

® 必需知识

微囊的制备

微囊的制备方法可归纳为物理化学法、化学法和物理机械法三大类，如表 14-1 所示。根据药物、囊材的性质和微囊的粒径、释放要求以及靶向性要求，选择不同的制备方法。

表 14-1　微囊制备方法

分类	制备方法
物理化学法	相分离法（单凝聚法、复凝聚法、溶剂-非溶剂法、改变温度法）、液中干燥法
化学法	界面缩聚法、单体聚合法、辐射化学法、液中硬化包衣法
物理机械法	喷雾干燥法、喷雾冷凝法、空气悬浮包衣法、静电沉积法、多乳离心法、锅包法

1. 物理化学法

（1）相分离法　相分离法是在药物和辅料的混合溶液中，加入另一种物质或溶剂，或采用其他手段使辅料的溶解度降低，自溶液中产生一个新凝聚相。这种制备微粒的方法称为相分离法。其微囊化步骤大体可分为囊心物的分散、囊材的加入、囊材的沉积和囊材的固化 4 步，见图 14-1。

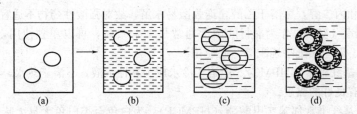

图 14-1　相分离微囊化步骤示意
（a）囊心物分散在液体介质中；（b）加囊材；（c）囊材的沉积；（d）囊材的固化

相分离工艺现已成为药物微囊化的主要工艺之一，其主要优势表现为设备简单，高分子材料来源广泛，适用于多种药物的微囊化。缺点是存在微囊粘连、聚集的问题，以及工艺过程中条件很难控制等。相分离法分为单凝聚法、复凝聚法、溶剂-非溶剂法、改变温度法。

① 单凝聚法　是相分离法中较常用的一种，它是在高分子囊材（如明胶）溶液中加入凝聚剂以降低高分子材料的溶解度而凝聚成囊的方法。单凝聚法制备微囊的囊材主要有明胶、CAP、CMC、EC、海藻酸钠等。凝聚剂包括乙醇、丙酮等强亲水性非电解质或如硫酸钠、硫酸铵等强亲水性电解质。

> 〔知识链接〕
>
> **单凝聚法制备微囊的机理及影响成囊的因素**
>
> 　　1. 单凝聚法制备微囊的机理　将药物分散在明胶材料溶液中，然后加入凝聚剂（可以是强亲水性电解质硫酸钠或硫酸铵的水溶液，或强亲水性的非电解质如乙醇或丙酮），由于明胶分子水合膜的水分子与凝聚剂结合，使明胶的溶解度降低，分子间形成氢键，最后从溶液中析出而凝聚形成凝聚囊。这种凝聚是可逆的，一旦解除促进凝聚的条件（如加水稀释），就可发生解凝聚，使凝聚囊很快消失。这种可逆性在制备过程中可加以利用，经过几次凝聚与解凝聚，直到凝聚囊形成满意形状为止（可用显微镜观察）。最后再采取措施加以交联固化，使之成为不凝结、不粘连、不可逆的球形微囊。
>
> 　　2. 影响成囊的因素
>
> 　　（1）凝聚剂的种类和 pH　用电解质作凝聚剂时，阴离子对胶凝起主要作用，强弱次序为枸橼酸＞酒石酸＞硫酸＞乙酸＞氯化物＞硝酸＞溴化物＞碘化物，阳离子电荷数愈高的胶凝作用愈强。

（2）药物吸附明胶的量　当用单凝聚法制备活性炭、卡波姆、磺胺嘧啶（SD）等几种药物的明胶微囊时，分别用乙醇、硫酸钠等作凝聚剂。药物多带正电荷而具有一定ζ电势，加入明胶后，因吸附带正电的明胶使药物的ζ电势值增大。发现明胶ζ电势的增加值较大者（9～90mV），均能制得明胶微囊；而ζ电势的增加值较小者（0～8mV），往往就无法包裹成囊，只有当药物为活性炭时才能包裹成囊。研究发现，ζ电势的增加值反映了被吸附的明胶量，实际是吸附明胶的量要达到一定程度才能包裹成囊。

（3）增塑剂的影响　为了使制得的明胶微囊具有良好的可塑性，不粘连、分散性好，常须加入增塑剂，如山梨醇、聚乙二醇、丙二醇或甘油等。研究表明，在单凝聚法制备明胶微囊时加入增塑剂，可减少微囊聚集、降低囊壁厚度，且加入增塑剂的量同释药半衰期$t_{1/2}$间呈负相关。

单凝聚法以明胶为囊材，制备微囊的工艺流程如图 14-2 所示。

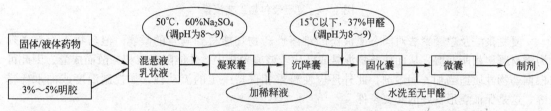

图 14-2　单凝聚法制备微囊的工艺流程

② 复凝聚法　系使用带相反电荷的两种高分子材料作为复合囊材，在一定条件下交联且与囊心物凝聚成囊的方法。复凝聚法是经典的微囊化方法，它操作简便，容易掌握，适合于难溶性药物的微囊化。可作复合材料的有明胶与阿拉伯胶（或 CMC 或 CAP 等多糖）、海藻酸盐与聚赖氨酸、海藻酸盐与壳聚糖、海藻酸与白蛋白、白蛋白与阿拉伯胶等。氯贝丁酯复凝聚微囊如图 14-3 所示。

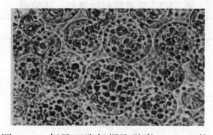

图 14-3　氯贝丁酯复凝聚微囊（×254 倍）

·知识链接·

复凝聚法制备微囊的机理

复凝聚法常以明胶、阿拉伯胶为囊材。制备微囊的机理如下：明胶为蛋白质，在水溶液中分子链上含有—NH_2 和—COOH 及其相应解离基团—NH_3^+ 与—COO^-，但含有—NH_3^+ 与—COO^- 多少，受介质 pH 值的影响。当 pH 值低于明胶的等电点时，—NH_3^+ 数目多于—COO^-，溶液荷正电；当溶液 pH 高于明胶等电点时，—COO^- 数目多于—NH_3^+，溶液荷负电。明胶溶液在 pH4.0 左右时，其正电荷最多。

阿拉伯胶为多聚糖，在水溶液中，分子链上含有—COOH和—COO⁻，具有负电荷。因此在明胶与阿拉伯胶混合的水溶液中，调节 pH 约为 4.0 时，明胶和阿拉伯胶因荷电相反而中和形成复合物，其溶解度降低，自体系中凝聚成囊析出。再加入固化剂甲醛，使明胶分子交联成网状结构而固化；加 2%NaOH 调节介质 pH 8～9，增强甲醛与明胶的交联作用。

以明胶、阿拉伯胶为囊材的复凝聚包囊工艺流程如图 14-4 所示。

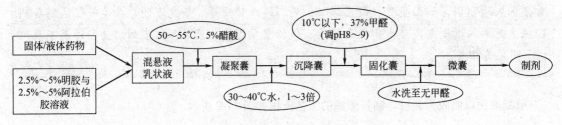

图 14-4　复凝聚包囊工艺流程

复凝聚法及单凝聚法对固态或液态的难溶性药物均能得到满意的微囊。但药物表面都必须为囊材凝聚相所润湿，从而使药物混悬或乳化于该凝聚相中，才能随凝聚相分散而成囊。因此可根据药物性质适当加入润湿剂。此外还应使凝聚相保持一定的流动性，如控制温度或加水稀释等，这是保证囊形良好的必要条件。

③ 溶剂-非溶剂法　是在囊材溶液中加入一种对囊材不溶的溶剂（非溶剂），引起相分离，而将药物包裹成囊的方法。如乙基纤维素-苯或四氯化碳-石油醚或玉米油、苄基纤维素-三氯乙烯-丙醇、聚乙烯-二甲苯-正己烷、橡胶-苯-丙醇等。使用疏水囊材，要用有机溶剂溶解，疏水性药物可与囊材溶液混合，亲水性药物不溶于有机溶剂，可混悬或乳化在囊材溶液中。然后加入争夺有机溶剂的非溶剂，使材料降低溶解度而从溶液中分离，除去有机溶剂即得。常用囊材的溶剂、非溶剂见表 14-2。

表 14-2　常用囊材的溶剂、非溶剂

囊　材	溶　剂	非　溶　剂
乙基纤维素	四氯化碳（或苯）	石油醚
苄基纤维素	三氯乙烯	丙醇
醋酸纤维素丁酯	丁酮	异丙醚
聚氯乙烯	四氢呋喃（或环己烷）	水（或乙二醇）
聚乙烯	二甲苯	正己烷
聚乙酸乙烯酯	三氯甲烷	乙醇
苯乙烯-马来酸共聚物	乙醇	乙酸乙酯

④ 改变温度法　本法不加凝聚剂，而通过控制温度成囊。如用白蛋白作囊材时，先制成 W/O 型乳状液，再升高温度将其固化，用乙基纤维素作囊材时可先高温溶解，后降温成囊。

（2）液中干燥法　又称溶剂挥发法，系指从囊心物和囊材所形成的乳状液中去除挥发性溶剂以制备微囊的方法。液中干燥法的干燥工艺包括两个基本过程：溶剂萃取过程（两液相之间）和溶剂蒸发过程（液相和气相之间）。操作方法可分为连续干燥法、间歇干燥法和复乳法。前两种方法应用于 O/W 型和 W/O 型乳状液，而复乳法则用于 W/O/W 型和 O/W/O 型复乳。其中连续干燥法具有成囊性好、工艺较为简单等优点。

① 连续干燥法　如囊材的溶剂与水不相混溶，多用水作连续相，加入亲水性乳化剂（如极性的多元醇）制成 O/W 型乳状液。如囊材的溶剂能与水混溶，则连续相可用液体石蜡，加入脂溶性乳化剂（如脂肪酸山梨坦-80 或脂肪酸山梨坦-85）制成 W/O 型乳状液。根据以上连续相的不同，又分别称为水中干燥法及油中干燥法。其中水中干燥法适用于制备疏水性药物微囊，水溶性药物为了提高包封率，宜采用油中干燥法。

② 间歇干燥法　是将成囊材料溶解在易挥发的溶剂中，然后将药物溶解或分散在成囊材料溶剂中，加连续相和乳化剂制成乳状液，当连续相为水时，首先蒸发除去部分成囊材料的溶剂，用水代替乳状液中的连续相，以进一步去除成囊材料的溶剂，分离得到微囊。这种干燥法可以明显地减少微囊表面含有微晶体的出现。

③ 复乳法　是将成囊材料的油溶液（含亲油性的乳化剂）和药物水溶液（含增稠剂）混合成 W/O 型的乳状液，冷却至 15℃左右，再加入含亲水性乳化剂的水作连续相制备 W/O/W 型复乳，最后蒸发掉成囊材料中的溶剂，通过分离干燥得到微囊。复乳法也适用于水溶性成囊材料和脂溶性药物的制备。复乳法制备微囊的工艺流程，如图 14-5 所示。

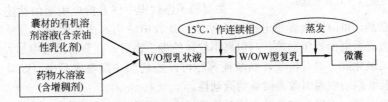

图 14-5　复乳法制备微囊的工艺流程

复乳法能克服连续干燥法和间歇干燥法所具有的缺点：在微囊表面形成微晶体、药物进入连续相、微囊的微粒流动性欠佳等。W/O/W 型微囊示意图见图 14-6。

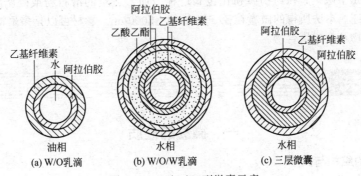

图 14-6　W/O/W 型微囊示意

2. 化学法

化学法系指利用溶液中的单体或高分子通过聚合反应或缩合反应生成囊膜而制成微囊的方法。本法的特点是不加凝聚剂，先制成 W/O 型乳状液，再利用化学反应交联固化。

（1）界面缩聚法　界面缩聚法亦称界面聚合法，是在分散相（水相）与连续相（有机相）的界面上发生单体的聚合反应。当亲水性的单体和亲油性单体在囊心物的界面处由于引发剂和表面活性剂的作用瞬间发生聚合反应而生成聚合物包裹在囊心物的表层周围，形成了半透性膜层的微囊。

（2）辐射化学法　以明胶或 PVA 为囊材，用 γ 射线照射使囊材在乳剂状态下发生交联，再经过处理得到球形镶嵌型的微囊，然后将微囊浸泡于药物的水溶液中，使其吸收、干燥水分即得含有药物的微囊。

3. 物理机械法

物理机械法是将液体药物或固体药物在气相中进行微囊化的技术，主要有喷雾干燥法和流化床包衣法等。

（1）喷雾干燥法　喷雾干燥法是将囊心物分散在囊材溶液中，在惰性的热气流中喷雾干燥，使溶解在囊材中的溶液迅速蒸发，囊材收缩成壳，将囊心物包裹。如囊心物不溶于囊材溶液，可得到微囊，如降肺动脉高压的汉防己甲素微囊见图14-7；如能溶解，则得微球。可用于固态或液态药物的微囊化，粒径范围通常为 $5\sim600\mu m$。

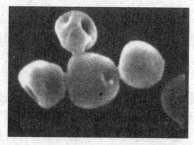

图14-7　汉防己甲素喷雾干燥
白蛋白微囊（×15000 倍）

喷雾干燥法的工艺影响因素包括混合液的黏度、均匀性、药物及囊材的浓度、喷雾的速率、喷雾方法及干燥速率等。囊心物所占的比例不能太大以保证被囊膜包裹，如囊心物为液态，其在微囊中含量一般不超过 30%。

微囊的干燥过程中注意静电引起的粘连，囊材中加入聚乙二醇作抗黏剂，可降低微囊带电而减少粘连。处方中使用水或水溶液，或采用连续喷雾工艺，均可减少微囊带电而避免粘连；当包裹小粒径的囊心物时，在囊材溶液中加入抗黏剂，可减少微囊粘连。二氧化硅、滑石粉及硬脂酸镁等亦可以粉状加在微囊成品中，以减少贮存时的粘连，或在压片及装空心胶囊时改善微囊的流动性。

（2）喷雾冷凝法　将囊心物分散于熔融的囊材中，喷于冷气流中凝聚而成囊的方法。在室温下为固体而在较高温度能熔融的囊材均适用于本法，如蜡类、脂肪酸和脂肪醇。

（3）流化床包衣法　流化床包衣法又称空气悬浮包衣法，利用垂直强气流使囊心物悬浮在包衣室中，囊材溶液通过喷雾附着于含有囊心物的微粒表面，通过热气流将囊材溶剂挥去的同时将囊心物包成膜壳型微囊。在药物微粉化包衣过程中加入适量的滑石粉或硬脂酸镁，可防止药物微粒之间的粘连。本法所得的微囊粒径一般在 $35\sim5000\mu m$。囊材可以是多聚糖、明胶、树脂、蜡、纤维素衍生物及合成聚合物。

® 拓展知识

一、微囊的性质

（一）微囊的结构与大小

1. 微囊的结构

理想的微囊应该是大小均匀的球形，微囊与微囊之间不粘连，分散性好，便于制成各种制剂。但随着工艺条件的不同，微囊的结构也有差异，通常单、复凝聚法与辐射化学法制得的微囊是球形镶嵌型，且是多个囊心物微粒分散镶嵌于球形体内；物理机械法、溶剂-非溶剂法、液中干燥法制得的微囊是球形膜壳型，可以有单个囊心物也可以有多个囊心物；界面缩聚法制得的微囊也是球形膜壳型，但只能有单个囊心物。

微囊还应该具有一定的可塑性和弹性。如果用明胶作囊材，再加 10%～20% 甘油或丙二醇可改善明胶的弹性；如果加入乙基纤维素可减少膜壁的细孔；如果加入 70% 的糖浆可以改善多孔性的特点。如果用乙基纤维素作囊材，则应该加入增塑剂改善其可塑性。

2. 微囊的大小

微囊的囊径大小直接影响药物的释放、生物利用度、含药量、有机溶剂残留量以及体内分布的靶向性。影响微囊囊径大小的因素主要如下。

（1）囊心物的大小　通常如果要求微囊的粒度在 $10\mu m$ 左右时，囊心物应该达到 $1\sim2\mu m$ 以下的细度；要求微囊的粒度在 $50\mu m$ 左右时，囊心物应该达到 $6\mu m$ 以下的细度；要求微囊的粒度在 $100\mu m$ 左右时，囊心物可以适当粗些。对于不溶于水的液体，可先乳化然后再微囊化，这样可得小而均匀的微囊。

（2）囊材的用量　一般囊材的用量应根据药物细度大小而定，药物粒子越小其表面积越大，所用囊材越多。

（3）制备方法　制备方法对微囊粒径的影响见表 14-3。

表 14-3　制备方法对微囊粒径的影响

制备方法	粒径范围/μm	适用的囊心物质	制备方法	粒径范围/μm	适用的囊心物质
相分离法	1～5000	固体和液体	流化床包衣法	30～5000	固体
界面聚合法	2～2000	液体和气体	喷雾干燥法	5～600	固体和气体

（4）制备温度　比如用明胶作囊材，单凝聚法制备微囊，温度不同时，微囊的产量、囊径大小和粒度都不一样。40℃ 和 45℃ 时微囊的产量为 74％ 和 95％，囊径为 $5.5\mu m$ 的产量分别是 34.7％ 和 33％；50℃ 时微囊的产量为 68％，囊径为 $5.5\mu m$ 的产量为 65％；55℃ 和 60℃ 时微囊的产量为 72％ 和 58％，大多数囊径小于 $2\mu m$。

（5）制备时的搅拌速率　搅拌速率越快，微囊囊粒就越细，反之亦然。但过高的搅拌速率，会使微囊、微球因碰撞合并而粒径变大。此外，搅拌速率取决于微囊化的工艺条件。如以明胶为囊材，用相分离-凝聚法制备时搅拌速率不宜快，太快会产生大量的泡沫，影响微囊的质量和产量，这时所得到的微囊的囊径为 $50\sim80\mu m$；但当采用界面缩聚法时，一般搅拌速率要快，搅拌速率为 600r/min 时囊径为 $100\mu m$，搅拌速率为 2000r/min 时，可得到囊径为 $10\mu m$ 以下的微囊。

（6）附加剂浓度的影响　比如用丙交酯-乙交酯（78∶22）共聚物为囊材，制备醋炔诺酮肟微囊，其囊径随加入乳化剂明胶浓度的增加而变小，即为 1％ 明胶溶液的微囊囊径为 $70.98\mu m$，2％ 明胶溶液的微囊囊径为 $79.81\mu m$，3％ 明胶溶液的微囊囊径为 $59.86\mu m$，4％ 明胶溶液的微囊囊径为 $46.77\mu m$。

（7）囊材相的黏度　一般地讲，微囊的平均粒径随最初囊材相黏度的增大而增大，降低黏度可以降低平均粒径。如在成囊过程中加入少量滑石粉降低囊材相黏度，可减小微囊粒径以及微囊粘连。

（二）微囊中药物的释放

药物微囊化后，一般都希望药物能按照设计的路线释放，以达到最佳的治疗效果。

1. 释药机制

微囊中药物的释放速率因受药物的性质、囊材或制备工艺等多种因素的影响，往往会遵循不同的释药规律，如零级释放、一级释放或 Higuchi 方程。其释放机制包括扩散、囊壁的溶解、囊壁的消化与降解三过程。

（1）扩散　指药物透过囊壁扩散。即微囊进入体内后，体液向微囊中渗透而逐渐使微囊中药物溶解并将药物扩散出囊壁，这是物理过程，囊壁不溶解。微囊中药物的释放常常伴随着突释效应，即首先是已溶解或吸附在囊壁中的药物发生短暂的快速释放，然后才是囊心物溶解成饱和溶液而扩散出微囊。

例如，阿霉素明胶微囊的药物释放可分为 4 个阶段：①快速释放——溶解或吸附在囊壁中的药物释放；②慢速释放——囊心药物溶解，并扩散透过囊壁；③稳态释放——囊心药物的饱和溶液的释放，维持时间也最长；④缓慢释放——残留部分药物的释放，这时已不足以维持所需的浓度梯度。

（2）囊壁的溶解　属于物理化学过程，不包括酶的作用。囊壁溶解的速率主要取决于囊材的性质、体液的体积、组成、pH值以及温度等。另外，囊壁还可能由于压力、剪切力、磨损等而破裂，引起药物的释放。

（3）囊壁的消化与降解　此过程是在酶作用下的生化过程。当微囊进入体内后，囊壁可受胃蛋白酶或其他酶的消化与降解，成为体内的代谢产物，而使药物释放出来。但是用合成的生物降解型聚合物作囊材时，囊材降解之前药物就已开始释放。

2. 影响药物释放速率的因素

影响微囊释放的因素有很多。囊壁的厚度、囊材的物理化学性质、微囊的粒径、囊心物与囊壁的质量比、附加剂的影响、工艺条件与剂型、介质的pH的影响以及溶出介质离子强度的影响。

（1）药物的性质　药物的溶解度与药物的释放速率密切相关。在囊材及其他条件相同的前提下，溶解度大的药物释药速率快。

（2）微囊的粒径　在囊壁的材料和厚度相同的条件下，微囊粒径愈小，表面积愈大，释药速率也应愈大。

（3）囊壁的厚度　囊心物与囊材的质量比愈小，释药愈慢，即囊材相同时，囊壁愈厚释药愈慢。主要是因为囊壁厚时药物的释放路径延长的缘故。

（4）囊材的物理化学性质　不同的囊材形成的囊壁具有不同的物理化学性质。如明胶所形成的囊壁具有网状结构，药物嵌入网状孔隙中，孔隙很大，药物能较快速释放；聚酰胺形成的囊壁则孔隙小，药物释放比明胶微囊慢得多。常用的几种囊材形成的囊壁释放速率的次序如下：明胶＞乙基纤维素＞苯乙烯-马来酸共聚物＞聚酰胺。

（5）附加剂的影响　在囊材中加入硬脂酸、蜂蜡、十六醇或巴西棕榈蜡等疏水性物质包封时，可使药物的释放速率减慢。如磺胺嘧啶乙基纤维素微囊采用不同量的硬脂酸为阻滞剂，随着阻滞剂含量增加，药物体外释放速率降低。

（6）工艺条件与剂型　如成囊时采用相同工艺，但干燥条件不同，结果释药速率也不相同。冷冻干燥或喷雾干燥的微囊，其释药速率就比烘箱干燥的微囊要大。

（7）介质的pH　在不同pH条件下微囊的释放速率也不同。如以壳聚糖-海藻酸盐为囊材的尼莫地平微囊，分别在pH 1.4和pH 7.2缓冲盐溶液中测定其释放速率，在pH 7.2时释药明显快于pH 1.4时，这是由于海藻酸盐在pH较高时可缓慢溶解导致微囊囊壁溶解。

二、微囊的质量评价

目前微囊的质量评定，除了制剂本身应符合药典规定的要求外，微囊质量的评定主要有以下几方面。

1. 微囊的囊形与大小

可采用光学显微镜、扫描或透射电子显微镜观察形态并提供照片。微囊形态应为圆整球形或椭圆形的封闭囊状物，微球应为圆整球形或椭圆形的实体。

不同的制剂微囊应具有不同的细度。用微囊作原料制成的各种制剂，都应该符合该剂型的制剂规定。若制成注射剂，则微囊大小应符合药典中有关混悬注射剂的规定。

2. 微囊中药物溶出速率的测定

微囊溶出速率的测定，可以直接反映微囊中药物的释放速率，用以比较各种微囊制品的性能，确定药物作用时间及作用部位。根据微囊的要求可采用《中国药典》中溶出度测定法中相应的方法进行测定。

3. 微囊中药物的含量测定

微囊囊心物的含量主要由制备工艺决定，囊心物和成囊材料的性质也有一定的影响。药物含量的测定一般采用溶剂提取法，原则上是使药物最大限度地溶出而不溶解囊材，同时溶剂也不应该形成干扰。

（1）含挥发油类微型胶囊的含量测定方法　通常采用提油法，如牡荆挥发油微囊片的含量测定，样品颗粒首先用人工肠液，在37℃水浴中消化，使油完全释放，然后用蒸馏法或索氏提取器提取挥发油，计算出每片所含挥发油。

（2）有机溶剂提取法　此法应用较广，根据包囊药物的性质，可选用不同种类的有机溶剂提取药物。常用的溶剂为乙醚、三氯甲烷、甲醇、二氧六环等。如复方甲地孕酮微囊注射液中甲地孕酮和戊酸雌二醇的含量测定，样品用甲醇振摇提取，直至在显微镜观察不到微囊内含有不透明药物为止，提取液采用高效 Bondapak C_{18} 色谱柱，用双波长紫外检测器，在 254nm 和 280nm 波长下，同时分别检测甲地孕酮和戊酸雌二醇的含量。

（3）水提取法　被包囊药物如果是水溶性的，常采用水提取主药。如美西律微型胶囊中美西律为无色结晶性粉末，易溶于水，用硬脂酸和乙基纤维素为囊材，采用喷雾凝结法制备微囊，所用主药用水提取液进行含量测定。

4. 药物的载药量与包封率

对于粉末状微囊（球），先测定其含药量后计算载药量；对于混悬于液态介质中的微囊（球），先将其分离，分别测定液体介质和微囊（球）的含药量后计算其载药量。

$$载药量 = \frac{微囊（球）中含药量}{微囊（球）的总质量} \times 100\% \tag{14-1}$$

$$包封率 = \frac{微囊（球）中含药量}{微囊（球）和介质中的总药量} \times 100\% \tag{14-2}$$

$$包封产率 = \frac{微囊（球）中含药量}{投药总量} \times 100\% \tag{14-3}$$

包封产率取决于采用的工艺。用喷雾干燥法和空气悬浮法制得的微囊、微球的包封产率可达 95% 以上，但用相分离法制得的微囊、微球的包封产率常为 20%～80%。包封产率对评价微囊、微球的质量意义不大，通常用于评价工艺。

5. 有机溶剂残留量

凡工艺中采用有机溶剂者，应测定有机溶剂残留量，并不得超过《中国药典》规定的限量。《中国药典》中未规定的有机溶剂，其残留量的限度可参考 ICH（International Conference of Harmo-nization of Technical Requirements for Registration of Pharmaceuticals for Human Use，人用药物注册技术要求国际协调会议）规定。

® 达标检测题

一、选择题

（一）单项选择题

1. 单凝聚法制备微囊时，加入的硫酸钠水溶液或丙酮的作用是（　　）

A. 凝聚剂　　B. 助悬剂　　C. 阻滞剂

D. 增塑剂　　E. 稀释剂

2. 微囊剂与胶囊剂比较，特殊之处在于（　　）

A. 可使液体药物粉末化

B. 增加药物稳定性

C. 提高生物利用度

D. 药物释放延缓

E. 避免苦味

3. 微囊最适宜的方法是（　　）

A. 盐析固化法　　　B. 逆相蒸发法

C. 单凝聚法　　　　D. 熔融法

E. 饱和水溶液法

4. 不是微囊剂的囊材是（　　）

A. 明胶　　B. CMC-Na　　C. PEG

D. CAP　　E. EC

5. 通过喷雾干燥制备微囊的方法为（　　）

A. 单凝聚法　　　　B. 复凝聚法

C. 改变温度法　　　D. 化学法

E. 物理机械法

6. 使用两种带相反电荷的高分子材料作为复合囊材制备的方法为（　　）

A. 改变温度法　　　B. 物理机械法

C. 化学法　　　　　D. 单凝聚法

E. 复凝聚法

7. 下列关于微囊特点的叙述错误的为（　　）

A. 改变药物的物理特性　　B. 提高稳定性

C. 掩盖不良气味　　　　D. 加快药物的释放

E. 降低在胃肠道中的副作用

8. 可作为复凝聚法制备微囊的囊材为（　　）

A. 阿拉伯胶-海藻酸钠　　B. 阿拉伯胶-桃胶

C. 桃胶-海藻酸钠　　　　D. 明胶-阿拉伯胶

E. 果胶-CMC

9. 采用单凝聚法，以明胶为囊材制备微囊时可用作凝聚剂的是（　　）

A. 石油醚　　B. 乙醚　　C. 甲醛

D. 丙酮　　E. 甲酸

10. 用明胶与阿拉伯胶作囊材以复凝聚法制备微囊时，应将 pH 调到（　　）

A. 4～4.5　　B. 5～5.5　　C. 6～6.5

D. 7～7.5　　E. 8～9

11. 用单凝聚法制备微囊，加入硫酸铵的作用是（　　）

A. 作固化剂　　　　　B. 调节 pH

C. 增加胶体的溶解度　　D. 作凝聚剂

E. 降低溶液的黏性

（二）多项选择题

1. 微囊中药物的释放机制是（　　）

A. 囊壁的破裂或溶解

B. 囊壁的消化与降解

C. 扩散或沥滤

D. 囊壁两侧的渗透压差

E. 离子交换作用

2. 药物微囊化的特点包括（　　）

A. 掩盖药物的不良气味及味道

B. 防止药物在胃内失活或减少对胃的刺激性

C. 提高药物的释放速率

D. 使药物浓集于靶区

E. 缓释或控释药物

3. 制备微囊的生物降解材料是（　　）

A. 硅橡胶　　B. 明胶　　C. 聚乙烯醇

D. 聚乳酸　　E. 聚酰胺

4. 下列关于微囊的叙述正确的为（　　）

A. 药物微囊化后可改进某些药物的流动性、可压性

B. 可使液体药物制成固体制剂

C. 提高药物稳定性

D. 减少复方配伍禁忌

E. 掩盖不良臭味

5. 微型包囊的方法有（　　）

A. 冷冻干燥法　　　B. 溶剂-非溶剂法

C. 界面缩聚法　　　D. 辐射化学法

E. 喷雾干燥法

6. 下列关于以明胶与阿拉伯胶为囊材，采用复凝聚法制备微囊的叙述中，正确的是（　　）

A. 成囊时温度应为 50～55℃

B. 成囊时 pH 应调至 8～9

C. 囊材浓度以 2.5%～5% 为宜

D. 甲醛固化时温度在 10℃ 以下

E. 甲醛固化时 pH 应调至 4.0～4.5

7. 用凝聚法制备微囊时，可以作为固化剂的是（　　）

A. 甲醛　　　　B. 丙酮　　C. 乙醇

D. 丙二醇　　　E. 强酸性介质

8. 用明胶与阿拉伯胶作囊材制备微囊时，应用明胶的原因是（　　）

A. 为两性蛋白质

B. 在水溶液中含有 $-NH_3^+$、$-COO^-$

C. pH 低时，$-NH_3^+$ 的数目多于 $-COO^-$

D. 具有等电点

E. 与带正电荷的阿拉伯胶结合交联形成正负离子配合物

9. 属于天然囊材物质的是（　　）

A. 阿拉伯胶　　B. CAP　　C. 明胶

D. HPMC　　　E. 海藻酸盐

10. 关于单凝聚法制备微囊表述，正确的是（　　）

A. 在单凝聚法中加入硫酸钠主要是增加溶液的离子强度

B. 在沉降囊中调节 pH 值到 8～9，加入 37% 甲醛溶液于 15℃ 以下使微囊固化

C. 影响成囊因素除凝聚系统外还与明胶溶液浓

度及温度有关

D. 单凝聚法是相分离法常用的一种方法

E. 单凝聚法中调节 pH 至明胶等电点即可成囊

11. 使用明胶、阿拉伯胶为囊材的复凝聚法的叙述，正确的是（　　）

A. 明胶与阿拉伯胶作囊材

B. 调节溶液的 pH 至明胶等电点，是成囊的条件

C. 调节溶液的 pH 至明胶带正电荷，是成囊的条件

D. 适合于难溶性药物的微囊化

E. 为使微囊稳定，应用甲醛固化

二、简答题

1. 什么是微囊化？药物微囊化有何特点？微囊制备方法有哪些？

2. 单凝聚法和复凝聚法制备微囊的原理、工艺流程怎样？

PPT 课件

项目十五

缓释、控释制剂制备技术

Ⓡ 实例与评析

【实践操作实例 15】 制备缓释片

1. 器材与试剂

研钵、100 目筛、18 目筛、40 目筛、16 目尼龙筛、压片机；阿司匹林、十八醇、丙烯酸树脂 1 号、滑石粉、茶碱、羟丙基甲基纤维素（HPMC，K15）、微晶纤维素（MCC，PH102）、乳糖、乙醇（90%）。

2. 操作内容

（1）阿司匹林缓释片的制备

［处方］ 阿司匹林 60g；羟丙基甲基纤维素（HPMC）110g；十八醇 150g；丙烯酸树脂 1 号 10g；滑石粉 3g；共制 1000 片。

［制法］ 将阿司匹林、羟丙基甲基纤维素（HPMC）、丙烯酸树脂 1 号粉碎过 100 目筛，混合均匀，加入熔融的十八醇充分混合，趁热过 18 目筛，置冷后，加入滑石粉混匀，用浅凹冲模压片，片剂硬度控制在 $4\sim5kgf/cm^2$。

（2）茶碱缓释片的制备

［处方］ 茶碱 100g；乳糖 20g；羟丙基甲基纤维素（HPMC）30g；微晶纤维素（MCC）5g；滑石粉 15g；90%乙醇 适量；共制 1000 片。

［制法］ 取茶碱、HPMC、MCC 及乳糖，粉碎，分别过 80 目筛。按处方称取上述原辅料，在研钵中混合，过 40 目筛混合 3 次，加 90%乙醇适量制成适宜软材，过 16 目尼龙筛制湿颗粒，于 50～60℃干燥（约 1h），16 目筛整粒，加入滑石粉混匀，用浅凹冲模压片，硬度控制在 5～$7kgf/cm^2$。

【评析】

缓释制剂系指延长药物在体内的吸收而达到延长药物作用时间为目的的制剂。缓释制剂的种类很多，按给药途径有口服、肌注、透皮及腔道用制剂等，其中口服缓释制剂研究最多。

口服缓释制剂又根据释药过程符合一级动力学（或 Higuchi 方程）和零级动力学方程分为缓释制剂和控释制剂。缓释、控释制剂有多种模式，如膜控释、溶蚀性骨架型、水凝胶骨架型、胃内漂浮滞留型、缓释微丸、渗透泵型等。

［制备要点］

（1）阿司匹林缓释片属于生物溶蚀性骨架片，采用熔融技术制备。

（2）硬脂酸镁和硬脂酸钙能促进阿司匹林的水解，故用滑石粉作润滑剂。

（3）茶碱缓释片利用亲水凝胶 HPMC 制备溶蚀性骨架片。亲水凝胶骨架片的释药过程是骨架溶蚀和药物扩散综合效应的过程。水溶性大的药物主要以药物扩散为主，而水溶性较小的药物（如茶碱）则以骨架溶蚀为主。

（4）茶碱缓释片可通过 HPMC、乳糖用量的改变来调节药物的释放速率，直至达到要求为止。

（5）以 90%乙醇为润湿剂制软材时，乙醇用量应适宜，使软材达到手握成团，手指轻压时又能散裂而不成粉状为度。制得的颗粒应以无长条、块状和过多细粉为宜。

（6）缓释片硬度对释药速率有直接影响，阿司匹林缓释片将硬度控制在 $4\sim5\text{kgf/cm}^2$ 为宜，茶碱缓释片实验将硬度控制在 $5\sim7\text{kgf/cm}^2$ 为宜。

℞ 相关知识

缓释、控释制剂概述

1. 缓释、控释制剂的定义

（1）缓释制剂　系指在规定释放介质中，按要求缓慢地非恒速释放药物，其与相应的普通制剂比较，给药频率比普通制剂减少一半或给药次数频率与普通制剂有所减少，且能显著增加患者的顺应性的制剂。

（2）控释制剂　系指在规定释放介质中，按要求缓慢地恒速或接近恒速释放药物，其与相应的普通制剂比较，给药频率比普通制剂减少一半或给药次数频率与普通制剂有所减少，血药浓度比缓释制剂更加平稳，且能显著增加患者的顺应性的制剂。

缓释、控释制剂也包括眼用、鼻腔、耳道、阴道、直肠、口腔或牙用、透皮或皮下、肌内注射及皮下植入，使药物缓慢释放吸收，避免肝门系统的首过效应的制剂。

⋯⋯ 知识链接 ⋯⋯

中药新剂型及举例

中药制剂是中医药发挥重要作用以及将中医药推广至全世界的直接载体。中药新剂型有软胶囊、滴丸、缓释及控释制剂、巴布剂与经皮吸收贴剂、靶向给药制剂等。中医中药历史悠久，疗效确切，但目前绝大多数的药物制剂还停留在第一阶段，即普通制剂，高效、长效而剂量又小的成药还很少，因而采用先进的制剂技术研究并开发中药缓释、控释制剂是十分必要的，也是中成药工业发展和社会需求发展的必然趋势。

从单味药的有效成分入手，我国已完成了长春西汀骨架型缓释片的研制。长春西汀属生物碱类药物，能有效防治心脑血管等疾病，需要长期服用，但该药服用后，半衰期为 2h 左右，生物利用度较低。为减少服药次数，保持一定时间有效的血药浓度，设计了骨架型缓释片的制剂新工艺。该工艺研究已获得成功，通过体内外溶出试验的评价，符合骨架型缓释片的技术要求。

2. 缓释、控释制剂的组成

无论何种类型的缓释、控释制剂，一般都由如下四部分组成。

（1）药物的贮库　贮存药物的部位，以治疗的需要为目的，提供恒速释放的药物，其药物总量大于释放药量，超过部分作为提供恒量释药的能源。

（2）控释部分　由一定厚度的微孔聚合物薄膜构成，作用是使药物按预定方案恒速释放。

（3）能源部分　提供药物从贮库中转运到机体吸收部位所需能量。

（4）传递孔道　提供药物向机体给药部位传递的通道，使药物能从制剂中转运出来，且有控释作用。

3. 缓释、控释制剂的特点

（1）优点

① 药物治疗作用持久，对半衰期短或需频繁给药的药物，可以减少服药次数。如普通制剂每天3次，制成缓释或控释制剂可改为每天一次。这样可以大大提高患者服药的顺应性，使用方便。特别适用于需要长期服药的慢性疾病患者，如心血管疾病、心绞痛、高血压、哮喘等。

② 药物可以缓慢地释放进入体内，血药浓度"峰谷"波动小，使血药浓度平稳，可避免超过治疗血药浓度范围的毒副作用，有利于降低药物的不良反应，同时又能保持在有效浓度范围之内维持疗效。缓释、控释制剂与常规制剂的血药浓度比较见图15-1。

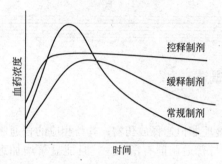

图 15-1　缓释、控释制剂与常规制剂的血药浓度比较

③ 可减少用药的总剂量，因此可用最小剂量达到最大药效。

④ 增加药物治疗的稳定性。另外某些缓释、控释制剂还可以避免某些药物对胃肠道的刺激性，避免夜间给药。

（2）缺点　缓释、控释制剂也存在着一些问题，如在临床使用中剂量调整缺乏灵活性，如果遇到某种特殊情况（如出现较大副反应），往往不能立即停止治疗；缓释、控释制剂一般是基于健康人群的平均动力学参数而设计的，当药物在疾病状态的体内动力学特性有所改变时，不能灵活调节给药方案；制备缓释、控释制剂所设计的设备和工艺较常规制剂昂贵。

4. 缓释、控释制剂主要类型

（1）骨架型缓释、控释制剂　骨架型缓释、控释制剂是指药物和一种或多种惰性固体骨架材料通过压制或融合技术制成片状、小粒或其他形式的制剂。大多数骨架材料不溶于水，其中有的可以缓慢地吸水膨胀。骨架型制剂常为口服剂型。包括亲水凝胶骨架型、溶蚀性骨架片、不溶性骨架片和骨架型小丸。

（2）膜控型缓释、控释制剂　主要是将含药核心，用适宜的包衣液，采用一定的工艺制成均一的包衣膜，达到缓释、控释目的。有微孔膜包衣片、膜控释小片、膜控释小丸。

（3）渗透泵控释制剂。

（4）注射控释制剂。

（5）植入型缓释、控释制剂。

（6）脉冲式释药系统或自调式释药系统。

（7）经皮给药系统。

（8）多层缓释、控释片。

缓释、控释制剂在临床上的应用

国外在20世纪50年代末开始研究口服缓释、控释制剂，70年代开始上市，截至1990年国外上市的口服缓释、控释制剂药物品种共约200种，不同规格的商品计400种以上。我国在20世纪70年代末和80年代初开始研制口服缓释、控释制剂。近年来，我国上市口服缓控释制剂逐年增多。目前在临床上使用的有：①治疗高血压、心绞痛的硝苯

地平缓释片（伲福达）、硝苯地平控释片（拜新同）、盐酸维拉帕米缓释片（缓释异搏定）、盐酸尼卡地平缓释微丸、地尔硫䓬缓释胶囊、单硝酸异山梨酯缓释片（依姆多）等；②治疗糖尿病的格列吡嗪控释片（瑞怡宁）、格列奇特缓释片（达美康）；③起镇痛作用的盐酸羟考酮控释片（奥施康定）、吗啡控释片，盐酸曲马多缓释片（奇曼丁）、缓释胶囊，芬太尼透皮贴剂（多瑞吉）；④治疗抑郁症的盐酸文拉法辛缓释胶囊；⑤治疗慢性胃炎的硫酸庆大霉素缓释片（瑞斯达）；⑥口服抗菌药，头孢氨苄缓释片及胶囊等。

国外上市的还有治疗糖尿病的二甲双胍胃滞留片；治疗儿童注意缺陷障碍伴多动症（ADHD）的盐酸哌甲酯缓释胶囊；治疗哮喘的沙丁胺醇（舒喘灵）渗透泵片等缓释、控释制剂。

® 必需知识

一、缓释、控释制剂的设计

• 知识链接 •

影响口服缓释、控释制剂设计的因素

1.理化因素

（1）剂量大小　对口服给药系统的剂量大小有一个上限，一般认为 $0.5\sim1.0g$ 的单剂量是常规制剂的最大剂量，此对缓释制剂同样适用。随着制剂技术的发展和异形片的出现，目前上市的口服片剂中已有很多超过此限，有时可采用一次服用多片的方法降低每片含药量。

（2） pK_a 、解离度和水溶性　由于大多数药物是弱酸或弱碱，而非解离型的药物容易通过脂质生物膜，因此了解药物的 pK_a 和吸收环境之间的关系很重要。口服制剂是在消化道 pH 改变的环境中释放药物，胃中呈酸性，小肠则趋向于中性，结肠呈微碱性，所以必须了解 pH 对释放过程的影响。对溶出型或扩散型缓释、控释制剂，大部分药物以固体形式到达小肠。吸收最多的部位可能是溶解度小的小肠区域。

由于药物制剂在胃肠道的释药受其溶出的限制，所以溶解度很小的药物（$<0.01mg/ml$）本身具有内在的缓释作用。

（3）分配系数　当药物口服进入胃肠道后，必须穿过各种生物膜才有可能在机体的其他部位产生治疗作用。由于这些膜为脂质膜，药物的分配系数对其能否有效地透过膜起决定性的作用。分配系数过高的药物，其脂溶性太大，药物能与脂质膜产生强结合力而不能进入血液循环中；分配系数过小的药物，透过膜较困难，从而造成其生物利用度较差。因此具有适宜分配系数的药物不仅能透过脂质膜，而且能进入血液循环中。

（4）稳定性　口服给药的药物要同时经受酸和碱的水解和酶降解作用。对固体状态药物，其降解速率较慢，因此，对于存在这一类稳定性问题的药物选用固体制剂为好。在胃中不稳定的药物，如丙胺太林和普鲁苯辛，将制剂的释药推迟至到达小肠后进行比较有利。对在小肠中不稳定的药物，服用缓释制剂后，其生物利用度可能降低，这是因为较多的药物在小肠段释放，使降解药量增加所致。

2.生物因素

（1）生物半衰期　通常口服缓释制剂的目的是要在较长时间内使血药浓度维持在治疗的有效范围内，因此，药物必须以与其消除速率相同的速率进入血液循环。对半衰期短的药物制成缓释制剂后可以减少用药频率，但对半衰期很短的药物，要维持缓释作用，单位药量必须很大，必然使剂型本身增大。一般地，半衰期<1h的药物，如呋塞米等不适宜制成缓释制剂。半衰期长的药物（$t_{1/2} > 24h$），如华法林，不采用缓释制剂，因为其本身已有药效较持久的作用。此外，大多数药物在胃肠道的运行时间是8~12h，因此药物吸收时间超过8~12h很难，如果在结肠有吸收，则可能使药物释放时间增至24h。

（2）吸收　药物的吸收特性对缓释制剂设计影响很大。制备缓释制剂的目的是对制剂的释药进行控制，以控制药物的吸收。因此，释药速率必须比吸收速率慢。假定大多数药物和制剂在胃肠道吸收部位的运行时间为8~12h，则吸收的最大半衰期应近似于3~4h；否则，药物还没有释放完，制剂已离开吸收部位。对于缓释制剂，本身吸收速率常数低的药物，不太适宜制成缓释制剂。

以上所述是假定药物在整个小肠以相当均匀的速率吸收。实际上，许多药物的吸收情况并非如此。如果药物是通过主动转运吸收，或者吸收局限于小肠的某一特定部位，制成缓释制剂则不利于药物的吸收。例如硫酸亚铁的吸收在十二指肠和空肠上端进行，因此药物应在通过这一区域前释放，否则不利于吸收。对这类药物制剂的设计方法是设法延长其停留在胃中的时间，这样，药物可以在胃中缓慢释放，然后到达吸收部位。这类制剂有低密度的小丸、胶囊或片剂，即胃内漂浮制剂，它们可飘浮在胃液上面，延迟其从胃中排出。

对于吸收差的药物，除了延长其在胃肠道的滞留时间，还可以用吸收促进剂，它能改变膜的性能而促进吸收。但是，通常生物膜都具有保护作用，当膜的性能改变时，可能出现毒性问题。这方面问题尚待研究。

（3）代谢　在吸收前有代谢作用的药物制成缓释剂型，生物利用度都会降低。大多数肠壁酶系统对药物的代谢作用具有饱和性，当药物缓慢地释放到这些部位，由于酶代谢过程没有达到饱和，使较多量的药物转换成代谢物。例如，阿普洛尔采用缓释制剂服用时，药物在肠壁代谢的程度增加。

1. 药物的选择

缓释、控释制剂一般适用于半衰期短的药物（$t_{1/2}$ 为2~8h），如5-单硝酸异山梨醇（$t_{1/2}$ 为5h）、茶碱（$t_{1/2}$ 为3~8h）、伪麻黄碱（$t_{1/2}$ 为6.9h）、普萘洛尔（$t_{1/2}$ 为3.1~4.5h）、吗啡（$t_{1/2}$ 为2.28h）。

半衰期小于1h或大于12h的药物，一般不宜制成缓释、控释制剂。个别情况例外，如硝酸甘油半衰期很短，也可制成每片2.6mg的缓释片，而地西泮半衰期长达32h，《美国药典》也收载有其缓释制剂产品。其他如剂量很大、药效很剧烈以及溶解吸收很差的药物，剂量需要精密调节的药物，一般也不宜制成缓释或控释制剂。抗生素类药物，由于其抗菌效果依赖于峰浓度，故一般不宜制成普通缓释、控释制剂。

2. 设计要求

（1）生物利用度　缓释、控释制剂的相对生物利用度一般应在普通制剂80%~120%的范围内。若药物吸收部位主要在胃与小肠，宜设计每12h服一次，若药物在结肠也有一定的吸收，则可考虑每 24h 服一次。为了保证缓释、控释制剂的生物利用度，除了根据药物在胃肠道中的吸收速率、控制适宜的制剂释放速率外，主要在处方设计时选用合适的材料以达到较好的生物利用度。

（2）峰浓度与谷浓度之比　缓释、控释制剂稳态时峰浓度与谷浓度之比应小于普通制剂。一般半衰期短、治疗指数窄的药物，可设计每 12h 服一次，而半衰期长的或治疗指数宽的药物则可 24h 服一次。若设计零级释放剂型，如渗透泵，其峰谷浓度比显著低于普通制剂，此类制剂血药浓度平稳。

3. 缓释、控释制剂的剂量计算

关于缓释、控释制剂的剂量，一般根据普通制剂的用法和剂量，如某药普通制剂，每天 2 次，每次 20mg，若改为缓释、控释制剂，可以每天 1 次，每次 40mg。这是根据经验考虑，也可采用药物动力学方法进行计算，但涉及因素很多，计算结果仅供参考。

4. 缓释、控释制剂的辅料类型及选择

辅料是调节药物释放速率的重要物质。制备缓释、控释制剂，需要使用适当辅料，使制剂中药物的释放速率和释放量达到设计要求，确保药物以一定速率输送到病患部位并在组织中或体液中维持一定浓度，获得预期疗效，减小药物的毒副作用。

缓释、控释制剂中多以高分子化合物作为阻滞剂控制药物的释放速率。其阻滞方式有骨架型、包衣膜型和增黏作用等。骨架型阻滞材料有：①溶蚀性骨架材料，常用的有动物脂肪、蜂蜡、巴西棕榈蜡、氢化植物油、硬脂醇、单硬脂酸甘油酯等；②亲水性凝胶骨架材料，有甲基纤维素（MC）、羧甲基纤维素钠（CMC-Na）、羟丙基甲基纤维素（HPMC）、聚维酮（PVP）、卡波普、海藻酸盐、脱乙酰壳多糖（壳聚糖）等；③不溶性骨架材料，有乙基纤维素（EC）、聚甲基丙烯酸酯、无毒聚氯乙烯、聚乙烯、乙烯-醋酸乙烯共聚物、硅橡胶等。

包衣膜阻滞材料有：①不溶性高分子材料，如用作不溶性骨架材料的 EC 等；②肠溶性高分子，如邻苯二甲酸醋酸纤维素（CAP）、丙烯酸树脂 L 型、丙烯酸树脂 S 型、羟丙基甲基纤维素酞酸酯（HPMCP）和醋酸羟丙基甲基纤维素琥珀酸酯（HPMCAS）等。主要利用其肠液中的溶解特性，在适当部位溶解。

增稠剂是一类水溶性高分子材料，溶于水后，其溶液黏度随浓度而增大，根据药物被动扩散吸收规律，增加黏度可以减慢扩散速率，延缓其吸收，主要用于液体药剂。常用的有明胶、PVP、CMC、PVA、右旋糖酐等。

二、缓释、控释制剂的处方和制备工艺

1. 骨架型缓释、控释制剂

（1）亲水性凝胶骨架片　这类骨架片主要骨架材料为羟丙基甲基纤维素（HPMC），其规格应在 4000cPa・s 以上，常用的 HPMC 为 K4M（4000cPa・s）和 K15M（15000cPa・s）。HPMC 遇水后形成凝胶，水溶性药物的释放速率取决于药物通过凝胶层的扩散速率，而水中溶解度小的药物，释放速率由凝胶层的逐步溶蚀速率所决定，凝胶最后完全溶解，药物全部释放，故生物利用度高。在处方中药物含量低时，可以通过调节 HPMC 在处方中的比例及 HPMC 的规格来调节释放速率，处方中药物含量高时，药物释放速率主要由凝胶层溶蚀所决定。直接压片或湿法制粒压片都可以。除 HPMC 外，还有甲基纤维素（400cPa・s，4000cPa・s）、羟乙基纤维素、羧甲基纤维素钠、海藻酸钠等。低分子量的甲基纤维素使药物释放加快，因其不能形成稳定的凝胶层。阴离子型的羧甲基纤维素能够与阳离子型药物相互作用而影响药物的释放。

例　阿米替林缓释片（50mg/片）

【处方】　阿米替林 50mg；柠檬酸 10mg；HPMC（K4M）160mg；乳糖 180mg；硬脂酸

镁 2mg。

【制法】 将阿米替林与 HPMC 混匀，柠檬酸溶于乙醇中作润湿剂制成软材，制粒，干燥，整粒，加硬脂酸镁混匀，压片即得。

(2) 生物溶蚀性骨架片 指将药物与蜡质、脂肪酸及其酯等物质混合制备的缓释片。如巴西棕榈蜡（carnauba wax）、硬脂醇、硬脂酸、氢化蓖麻油、聚乙二醇单硬脂酸酯、甘油三酯等。这类骨架片通过孔道扩散与蚀解控制释放。部分药物被不穿透水的蜡质包裹，可加入表面活性剂以促进其释放。通常将巴西棕榈蜡与硬脂醇或硬脂酸结合使用。熔点过低或太软的材料不宜制成物理性能优良的片剂。

此类骨架片的制备工艺有三种：①溶剂蒸发技术，将药物与辅料的溶液或分散体加入熔融的蜡质相中，然后将溶剂蒸发除去，干燥、混合制成团块再颗粒化；②熔融技术，即将药物与辅料直接加入熔融的蜡质中，温度控制在略高于蜡质熔点，熔融的物料铺开冷凝、固化、粉碎，或者倒入一旋转的盘中使成薄片，再磨碎过筛形成颗粒，如加入 PVP 或聚乙烯月桂醇醚，可呈表观零级释放；③药物与十六醇在温度 60℃混合，团块用玉米蛋白醇溶液制粒，此法制得的片剂释放性能稳定。

例 硝酸甘油缓释片

【处方】 硝酸甘油 0.26g（10％乙醇溶液 2.95ml）；硬脂酸 6.0g；十六醇 6.6g；聚维酮(PVP) 3.1g；微晶纤维素 5.88g；微粉硅胶 0.54g；乳糖 4.98g；滑石粉 2.49g；硬脂酸镁 0.15g；共制 100 片。

【制法】 ①将 PVP 溶于硝酸甘油乙醇溶液中，加微粉硅胶混匀，加硬脂酸与十六醇，水浴加热到 60℃，使熔。将微晶纤维素、乳糖、滑石粉的均匀混合物加入上述溶化的系统中，搅拌 1h。②将上述黏稠的混合物摊于盘中，室温放置 20min，待成团块时，用 16 目筛制粒。30℃干燥，整粒，加入硬脂酸镁，压片。本品 12h 释放 76％。开始 1h 释放 23％，以后释放接近零级。

(3) 不溶性骨架片 不溶性骨架片的材料有聚乙烯、聚氯乙烯、甲基丙烯酸-丙烯酸甲酯共聚物、乙基纤维素等。此类骨架片药物释放后整体从粪便排出。制备方法可以将缓释材料粉末与药物混匀直接压片。此类片剂有时释放不完全，大量药物包含在骨架中，大剂量的药物也不宜制成此类骨架片，现应用不多。

(4) 缓释、控释颗粒（微囊）压制片 缓释颗粒压制片在胃中崩解后类似于胶囊剂，并具有缓释胶囊的优点，同时也保留片剂的长处。制备这类制剂有三种方法。①将三种不同释放速率的颗粒混合压片，如一是以明胶为黏合剂制备的颗粒，二是以醋酸乙烯为黏合剂制备的颗粒，三是以虫胶为黏合剂制备的颗粒，药物释放受颗粒在肠液中的蚀解作用控制，明胶制的颗粒蚀解最快，其次为醋酸乙烯颗粒，虫胶颗粒最慢。②微囊压制片，如将阿司匹林结晶，以阻滞剂为囊材进行微囊化，制成微囊，再压成片子。③将药物制成小丸，然后再压成片子，最后包薄膜衣。如先将药物与乳糖混合，用乙基纤维素水分散体包制成小丸，必要时还可用熔融的十六醇与十八醇的混合物处理，然后压片，再用 HPMC（5cPa·s）与 PEG400 的混合物水溶液包制薄膜衣，也可在包衣料中加入二氧化钛，使片子更加美观。

(5) 胃内滞留片 胃内滞留片系指一类能滞留于胃液中，延长药物在消化道内的释放时间，改善药物吸收，有利于提高药物生物利用度的片剂。它一般可在胃内滞留达 5～6h。此类片剂由药物和一种或多种亲水胶体及其他辅料制成，又称胃内漂浮片，实际上是一种不崩解的亲水性凝胶骨架片。为提高滞留能力，加入疏水性而相对密度小的酯类、脂肪醇类、脂肪酸类或蜡类，如单硬脂酸甘油酯、鲸蜡酯、硬脂醇、硬脂酸、蜂蜡等。乳糖、甘露糖等的加入可加快释药速率，聚丙烯酸酯Ⅱ、聚丙烯酸酯Ⅲ等加入可减缓释药，有时还加入十二烷基硫酸钠等表面活性剂增加制剂的亲水性。

片剂大小、漂浮材料、工艺过程及压缩力等对片剂的漂浮作用有影响，在研制时针对实际情况进行调整。

例　呋喃唑酮胃漂浮片

【处方】　呋喃唑酮 100g；十六烷醇 70g；HPMC 43g；丙烯酸树脂 40g；十二烷基硫酸钠 适量；硬脂酸镁 适量。

【制法】　将药物和辅料充分混合后用 2% HPMC 水溶液制软材，过 18 目筛制粒，于 40℃干燥、整粒，加硬脂酸镁混匀后压片。每片含主药 100mg。

实验证明，本品以零级速率及 Higuchi 方程规律体外释药。在人胃内滞留时间为 4～6h，明显长于普通片（1～2h）。初步试验表明，其对幽门弯曲菌清除率为 70%，胃窦黏膜病理炎症的好转率 75.0%。

（6）生物黏附片　生物黏附片系采用生物黏附性的聚合物作为辅料制备片剂。这种片剂能黏附于生物黏膜，缓慢释放药物并由黏膜吸收以达到治疗目的。通常生物黏附性聚合物与药物混合组成片心，然后由此聚合物围成外周，再加覆盖层而成。

生物黏附片可应用于口腔、鼻腔、眼眶、阴道及胃肠道的特定区段，通过该处上皮细胞黏膜输送药物。该剂型的特点是加强药物与黏膜接触的紧密性及持续性，因而有利于药物的吸收。生物黏附片既可安全有效地用于局部治疗，也可用于全身。口腔、鼻腔等局部给药可使药物直接进入大循环而避免首过效应。

生物黏附性高分子聚合物有卡波普（carbopol）、羟丙基纤维素、羧甲基纤维素钠等。

（7）骨架型小丸　采用骨架型材料与药物混合，或再加入一些其他成型辅料，如乳糖等，调节释药速率的辅料有 PEG 类、表面活性剂等，经用适当方法制成光滑圆整、硬度适当、大小均一的小丸，即为骨架型小丸。骨架型小丸与骨架片所采用的材料相同。骨架型小丸制备比包衣小丸简单，根据处方性质，可采用旋转滚动制丸法（泛制法）、挤压-滚圆制丸法和离心-流化制丸法制备。

2. 膜控型缓释、控释制剂

膜控型缓释、控释制剂主要适用于水溶性药物，用适宜的包衣液，采用一定的工艺制成均一的包衣膜，达到缓释、控释目的。包衣液由包衣材料、增塑剂和溶剂（或分散介质）组成，根据膜的性质和需要可加入致孔剂、着色剂、抗黏剂和遮光剂等。

（1）微孔膜包衣片　微孔膜控释剂型通常是用胃肠道中不溶解的聚合物，如醋酸纤维素、乙基纤维素、乙烯-醋酸乙烯共聚物、聚丙烯酸树脂等作为衣膜材料，包衣液中加入少量致孔剂，如 PEG 类、PVP、PVA、十二烷基硫酸钠、糖和盐等水溶性的物质，亦有加入一些水不溶性的粉末，如滑石粉、二氧化硅等，甚至将药物加在包衣膜内既作致孔剂又是速释部分，用这样的包衣液包在普通片剂上即成微孔膜包衣片。水溶性药物的片心应具有一定硬度和较快的溶出速率，以使药物的释放速率完全由微孔包衣膜控制。当微孔膜包衣片与胃肠液接触时，膜上存在的致孔剂遇水部分溶解或脱落，在包衣膜上形成无数微孔或弯曲小道，使衣膜具有通透性。胃肠道中的液体通过这些微孔渗入膜内，溶解片心内的药物到一定程度，片心内的药物溶液便产生一定渗透压，由于膜内外渗透压的差别，药物分子便通过这些微孔向膜外扩散释放。药物向膜外扩散的结果使片内的渗透压下降，水分又得以进入膜内溶解药物，如此反复，只要膜内药物维持饱和浓度且膜内外存在漏槽状态，则可获得零级或接近零级速率的药物释放。包衣膜在胃肠道内不被破坏，最后排出体外。

（2）膜控释小片　膜控释小片是将药物与辅料按常规方法制粒，压制成小片，其直径约为2～3mm，用缓释膜包衣后装入硬胶囊使用。每粒胶囊可装入几片至 20 片不等，同一胶囊内的小片可包上不同缓释作用的包衣或不同厚度的包衣。此类制剂无论在体内外皆可获得恒定的释药速率，是一种较理想的口服控释剂型。其生产工艺也较控释小丸剂简便，质量也易于控制。

（3）肠溶膜控释片　此类控释片是药物片心外包肠溶衣，再包上含药的糖衣层而得。含药糖衣层在胃液中释药，当肠溶衣片心进入肠道后，衣膜溶解，片心中的药物释出，因而延长了释药时间。肠溶衣材料可用羟丙基甲基纤维素酞酸酯，也可与不溶于胃肠液的膜材料，如乙基纤维素混合包衣制成在肠道中释药的微孔膜包衣片，在肠道中肠溶衣溶解，在包衣膜上形成微孔，纤维素微孔膜控制片心内药物的释放。

（4）膜控释小丸　膜控释小丸由丸心与控释薄膜衣两部分组成。丸心含药物和稀释剂、黏合剂等辅料，所用辅料与片剂的辅料大致相同，包衣膜亦有亲水薄膜衣、不溶性薄膜衣、微孔膜衣和肠溶衣。

3. 渗透泵片

渗透泵片由药物、半透膜材料、渗透压活性物质和推动剂等组成。常用的半透膜材料有醋酸纤维素、乙基纤维素等。渗透压活性物质（即渗透压促进剂）起调节药室内渗透压的作用，其用量多少关系到零级释药时间的长短，常用乳糖、果糖、葡萄糖、甘露糖的不同混合物。推动剂亦称为促渗透聚合物或助渗剂，能吸水膨胀，产生推动力，将药物层的药物推出释药小孔，常用相对分子质量为 3 万～500 万的聚羟甲基丙烯酸烷基酯，分子量为 1 万～36 万的 PVP 等。除上述组成外，渗透泵片中还可加入助悬剂、黏合剂、润滑剂、润湿剂等。

渗透泵片有单室和双室渗透泵片。双室渗透泵片适于制备水溶性过大或难溶于水的药物的渗透泵片。

例　维拉帕米渗透泵片

【处方】①片心处方：盐酸维拉帕米（40 目）2850g；甘露醇（40 目）2850g；聚环氧乙烷（40 目、分子量 500 万）60g；聚维酮 120g；乙醇 1930ml；硬脂酸（40 目）115g。②包衣液处方（用于每片含 120mg 的片心）：醋酸纤维素（乙酰基值 39.8%）47.25g；醋酸纤维素（乙酰基值 32%）15.75g；羟丙基纤维素 22.5g；聚乙二醇 3350 4.5g；二氯甲烷 1755ml；甲醇 735ml。

【制法】①片心制备：将片心处方中前三种组分置于混合器中，混合 5min；将 PVP 溶于乙醇，缓缓加至上述混合组分中，搅拌 20min，过 10 目筛制粒，于 50℃干燥 18h，经 10 目筛整粒后，加入硬脂酸混匀，压片。制成每片含主药 120mg、硬度为 9.7kg 的片心。②包衣：用空气悬浮包衣技术包衣，进液速率为 20ml/min，包至每个片心上的衣层增重为 15.6mg。将包衣片置于相对湿度 50%、50℃的环境中 45～50h，再在 50℃干燥箱中干燥 20～25h。③打孔：在包衣片上下两面对称处各打一释药小孔，孔径为 254μm。

维拉帕米渗透泵片为一种单室渗透泵片，每天仅需服药 1～2 次。在人工胃液和人工肠液中的释药速率为 7.1～7.7mg/h，可持续释药 17.8～20.2h。

4. 植入剂

主要为用皮下植入方式给药的植入型给药系统，药物很容易到达体循环，因而其生物利用度高；另外，给药剂量比较小、释药速率慢而均匀，成为吸收的限速过程，故血药水平比较平稳且持续时间可长达数月甚至数年；皮下组织较疏松，富含脂肪，神经分布较少，对外来异物的反应性较低，植入药物后的刺激、疼痛较小；而且一旦取出植入物，机体可以恢复，这种给药的可逆性对计划生育非常有用。其不足之处是植入时需在局部（多为前臂内侧）做一小的切口，用特殊的注射器将植入剂推入，如果用非生物降解型材料，在终了时还需手术取出。

植入剂按其释药机制可分为膜控型、骨架型、渗透压驱动释放型。主要用于避孕、治疗关节炎、抗肿痛、胰岛素、麻醉药拮抗剂等。目前生物降解聚合物作为载体制得的给药系统中研究最多的是制成微粒甚至纳米粒，由于粒子很小，植入时可用普通注射器注入。这样的微粒由于大小不一，在吸收部位的表观释放速率可接近零级。

一、缓释、控释制剂释药原理与方法

1. 溶出原理

由于药物的释放受溶出的限制，溶出速率慢的药物显示缓释的性质，根据 Noyes-Whitney 溶出速率公式：$dc/dt = kS (c_s - c)$，减小药物的溶解度，增大粒径，降低药物的溶出速率，可使药物缓慢释放，达到长效作用。具体方法有下列几种。

（1）制成溶解度小的盐或酯　例如青霉素普鲁卡因盐的药效比青霉素钾（钠）盐显著延长。醇类药物经酯化后水溶性减小，药效延长，如睾丸素丙酸酯、环戊丙酸酯等，一般以油注射液供肌内注射，药物由油相扩散至水相（液体），然后水解为母体药物而产生治疗作用，药效约延长 2～3 倍。

（2）与高分子化合物生成难溶性盐　鞣酸与生物碱类药物可形成难溶性盐，例如 N-甲基阿托品鞣酸盐、丙咪嗪鞣酸盐，其药效比母体药显著延长，鞣酸与增压素形成复合物的油注射液（混悬液），治疗尿崩症的药效长达 36～48h。胰岛素注射液每天需注射 4 次，与鱼精蛋白结合成溶解度小的鱼精蛋白胰岛素，加入锌盐成为鱼精蛋白锌胰岛素，药效可维持 18～24h 或更长。

（3）控制粒子大小　药物的表面积减小，溶出速率减慢，故难溶性药物的颗粒直径增加可使其吸收减慢。例如超慢性胰岛素中所含胰岛素锌晶粒甚粗（大部分超过 10μm），故其作用可长达 30 余小时。

2. 扩散原理

以扩散为主的缓释、控释制剂，药物首先溶解成溶液后再从制剂中扩散出来进入体液，其释药受扩散速率的控制。药物的释放以扩散为主的结构有以下几种。

（1）水不溶性包衣膜　如乙基纤维素包制的微囊或小丸就属这类制剂。其释放速率符合 Fick's 第一定律：

$$\frac{dM}{dt} = \frac{ADK\Delta c}{L} \tag{15-1}$$

式中，dM/dt 为释放速度；A 为面积；D 为扩散系数；K 为药物在膜与囊心之间的分配系数；L 为包衣层厚度；Δc 为膜内外药物的浓度差。

若 A、L、D、K 与 Δc 保持恒定，则释放速率就是常数，系零级释放过程。若其中一个或多个参数改变，就是非零级过程。

（2）含水性孔道的包衣膜　乙基纤维素与甲基纤维素混合组成的膜材具有这种性质，其中甲基纤维素起致孔作用。其释放速率可用式(15-2) 表示。

$$\frac{dM}{dt} = \frac{AD\Delta c}{L} \tag{15-2}$$

式中，各项参数的意义同前，与式(15-1) 比较，少了 K，这类药物制剂的释放接近零级过程。

（3）骨架型的药物扩散　骨架型缓释、控释制剂中药物的释放符合 Higuchi 方程：

$$Q = \left[DS(P/\lambda)(2A - SP)t \right]^{\frac{1}{2}} \tag{15-3}$$

式中，Q 为药物在单位面积 t 时间的释放量；D 为扩散系数；P 为骨架中的孔隙率；S 为药物在释放介质中的溶解度；λ 为骨架中的弯曲因素；A 为单位体积骨架中的药物含量。

假设方程（15-3）右边除 t 外都保持恒定，则式(15-3)可简化为：

$$Q = k_H t^{1/2} \tag{15-4}$$

式中，k_H 为常数。

即药物的释放量 Q 与 $t^{1/2}$ 成正比。

膜控型缓释、控释制剂可获得零级释药，其释药速率可通过不同性质的聚合物膜加以控制。其缺点是贮库型制剂中所含药量比常规制剂大得多，因此，任何制备过程的差错或损伤都可使药物贮库破裂而导致毒副作用。

骨架型结构中药物的释放特点是不呈零级释放，药物首先接触介质，溶解，然后从骨架中扩散出来，显然，骨架中药物的溶出速率必须大于药物的扩散速率。这一类制剂的优点是制备容易，可用于释放大分子量的药物。

• 知识链接 •

利用扩散原理达到缓释、控释作用的方法

（1）包衣　将药物小丸或片剂用阻滞材料包衣。可以一部分小丸不包衣，另一部分小丸分别包厚度不等的衣层，包衣小丸的衣层崩解或溶解后，其释药特性与不包衣小丸相同。

（2）制成微囊　使用微囊技术制备控释或缓释制剂是较新的方法。微囊膜为半透膜，在胃肠道中，水分可渗透进入囊内，溶解药物，形成饱和溶液，然后扩散于囊外的消化液中而被机体吸收。囊膜的厚度、微孔的孔径、微孔的弯曲度等决定药物的释放速率。

（3）制成不溶性骨架片剂　以水不溶性材料，如无毒聚氯乙烯、聚乙烯、聚乙烯乙酸酯、聚甲基丙烯酸酯、硅橡胶等为骨架（连续相）制备的片剂。影响其释药速率的主要因素为：药物的溶解度、骨架的孔率、孔径和孔的弯曲程度。水溶性药物较适于制备这类片剂，难溶性药物释放太慢。药物释放完后，骨架随粪便排出体外。

（4）增加黏度以减少扩散速率　增加溶液黏度以延长药物作用的方法主要用于注射液或其他液体制剂。如明胶用于肝素、维生素 B_{12}、ACTH，PVP 用于胰岛素、肾上腺素、皮质激素、垂体后叶激素、青霉素、局部麻醉剂、安眠药、水杨酸钠和抗组胺类药物，均有延长药效的作用。CMC（1%）用于盐酸普鲁卡因注射液（3%）可使作用延长至约 24h。

（5）制成植入剂　植入剂为固体灭菌制剂。系将水不溶性药物熔融后倒入模型中形成，一般不加赋形剂，用外科手术埋藏于皮下，药效可长达数月甚至数年。如孕激素的植入剂。

（6）制成乳剂　对于水溶性的药物，以精制羊毛醇和植物油为油相，临用时加入注射液，猛力振摇，即成 W/O 型乳剂注射剂。在体内（肌内），水相中的药物向油相扩散，再由油相分配到体液，因此有长效作用。

3. 溶蚀与扩散、溶出结合

严格地讲，释药系统不可能只取决于溶出或扩散，只是因为其释药机制大大超过其他过程，以致可以归类于溶出控制型或扩散控制型。某些骨架型制剂，如生物溶蚀型骨架系统、亲水凝胶骨架系统，不仅药物可从骨架中扩散出来，而且骨架本身也处于溶蚀的过程。当聚合物溶解时，药物扩散的路径长度改变，这一复杂性则形成移动界面扩散系统。此类系统的优点在于材料的生物溶蚀性能不会最后形成空骨架，缺点则是由于影响因素多，其释药动力学较难控制。

通过化学键将药物和聚合物直接结合制成的骨架型缓释制剂，药物通过水解或酶反应从聚合物中释放出来。此类系统载药量很高，而且释药速率较易控制。

结合扩散和溶蚀的第三种情况是采用膨胀型控释骨架。这种类型系统，药物溶于聚合物中，聚合物为膨胀型的。首先水进入骨架，药物溶解，从膨胀的骨架中扩散出来，其释药速率很大程度上取决于聚合物膨胀速率、药物溶解度和骨架中可溶部分的大小。由于药物释放前，聚合物必须先膨胀，这种系统通常可减小突释效应。

4. 渗透压原理

利用渗透压原理制成的控释制剂，能均匀恒速地释放药物，比骨架型缓释制剂更为优越。现以口服渗透泵片剂为例说明其原理和构造：片心为水溶性药物和水溶性聚合物或其他辅料制成，外面用水不溶性的聚合物，例如醋酸纤维素、乙基纤维素或乙烯-醋酸乙烯共聚物等包衣，成为半渗透膜壳，水可渗进此膜，但药物不能。一端壳顶用适当方法（如激光）开一细孔。当片剂与水接触后，水即通过半渗透膜进入片心，使药物溶解成为饱和溶液，渗透压约 $4053\sim5066kPa$（体液渗透压为 $760kPa$），由于渗透压的差别，药物饱和溶液由细孔持续流出，其量与渗透进的水量相等，直到片心内的药物溶解完全为止。

渗透泵型片剂片心的吸水速率决定于膜的渗透性能和片心的渗透压。从小孔中流出的溶液与通过半透膜的水量相等，片心中药物未被完全溶解，则释药速率按恒速进行；当片心中药物逐渐低于饱和浓度，释药速率逐渐以抛物线式徐徐下降。若 $\mathrm{d}V/\mathrm{d}t$ 为水渗透进入膜内的流速，K、A 和 L 分别为膜的渗透系数、面积和厚度，$\Delta\pi$ 为渗透压差，Δp 为流体静压差，则：

$$\frac{\mathrm{d}V}{\mathrm{d}t}=\frac{KA}{L}(\Delta\pi-\Delta p) \tag{15-5}$$

若式（15-5）右端保持不变，则：

$$\frac{\mathrm{d}V}{\mathrm{d}t}=K' \tag{15-6}$$

如以 $\mathrm{d}m/\mathrm{d}t$ 表示药物通过细孔释放的速率，c_S 为膜内药物饱和溶液浓度，则：

$$\frac{\mathrm{d}m}{\mathrm{d}t}=c_S\frac{\mathrm{d}V}{\mathrm{d}t}=K'c_S \tag{15-7}$$

只要膜内药物维持饱和溶液状态，释药速率恒定，即以零级速率释放药物。

胃肠液中的离子不会渗透进入半透膜，故渗透泵型片剂的释药速率与 pH 无关，在胃中与在肠中的释药速率相等。

此类系统一般有两种不同类型。第一种（A类）片心含有固体药物与电解质，遇水即溶解，电解质可形成高渗透压差；第二种（B类）中，药物以溶液形式存在于不含药渗透心的弹性囊内，此囊膜外周围为电解质。两种类型系统的释药孔都可为单孔或多孔。

此类系统的优点在于其可传递体积较大，理论上，药物的释放与药物的性质无关，缺点是造价贵，另外对溶液状态不稳定的药物不适用。

5. 离子交换作用

由水不溶性交联聚合物组成的树脂，其聚合物链的重复单元上含有成盐基团，药物可结合于树脂上。当带有适当电荷的离子与离子交换基团接触时，通过交换将药物游离释放出来。

$$树脂^+\text{-}药物^- + X^- \longrightarrow 树脂^+\text{-}X^- + 药物^- \tag{15-8}$$

$$树脂^-\text{-}药物^+ + Y^+ \longrightarrow 树脂^-\text{-}Y^+ + 药物^+ \tag{15-9}$$

X^- 和 Y^+ 为消化道中的离子，交换后，游离的药物从树脂中扩散出来。药物从树脂中的扩散速率受扩散面积、扩散路径长度和树脂的刚性（为树脂制备过程中交联剂用量的函数）的控制。阳离子交换树脂与有机胺类药物的盐交换，或阴离子交换树脂与有机羧酸盐或磺酸盐交换，即成药树脂。干燥的药树脂制成胶囊剂或片剂供口服用，在胃肠液中，药物再被交换而释放于消化液中。只有解离型的药物才适用于制成药树脂。离子交换树脂的交换容量甚少，故剂量大的药物不适于制备药树脂。药树脂外面还可包衣，最后可制成混悬型缓释制剂。

二、缓释、控释制剂体内、体外评价

1. 体外释放度试验

（1）释放度试验方法　《中国药典》规定缓释、控释制剂的体外药物释放度试验可采用溶出度仪进行，贴剂可采用"释放度测定法"检查。

（2）取样点的设计　除肠溶制剂外，体外释放速率试验应能反映出受试制剂释药速率的变化特征，且能满足统计学处理的需要，释药全过程的时间不应低于给药的时间间隔，且累积释放率要求达到90%以上。

2. 体内生物利用度和生物等效性试验

《中国药典》规定缓释、控释制剂的生物利用度与生物等效性试验应在单次给药与多次给药两种条件下进行。单次给药（双周期交叉）试验目的在于比较受试者于空腹状态下服用缓释、控释受试制剂与参比制剂的吸收速率和吸收程度的生物等效性，并确认受试制剂的缓释、控释药物动力学特征。多次给药是比较受试制剂与参比制剂多次连续用药达稳态时，药物的吸收程度、稳态血药浓度和波动情况。

3. 体内外相关性

体内外相关性，指的是由制剂产生的生物学性质或生物学性质衍生的参数（如 t_{max}、c_{max} 或 AUC），与同一制剂的物理化学性质（如体外释放行为）之间，建立合理的定量关系。体内外相关性可归纳为3种：①体外释放与体内吸收两条曲线上对应的各个时间点应分别相关，这种相关简称点对点相关；②应用统计矩分析原理建立体外释放的平均时间与体内平均滞留时间之间的相关，由于能产生相似的平均滞留时间可有很多不同的体内曲线，因此体内平均滞留时间不能代表体内完整的血药浓度-时间曲线；③将一个释放时间点（$t_{50\%}$、$t_{100\%}$）与一个药代动力学参数（如 AUC、c_{max} 或 t_{max}）之间单点相关，但它只说明部分相关。

® 达标检测题

一、选择题

（一）单项选择题

1. 亲水凝胶缓释、控释骨架片的材料是（　　）

A. 海藻酸钠　　B. 聚氯乙烯　　C. 脂肪

D. 硅橡胶　　　E. 蜡类

2. 不是以减小扩散速率为主要原理制备缓释、控释制剂的工艺是（　　）

A. 包衣　　　　B. 微囊　　　C. 植入剂

D. 药树脂　　　E. 胃内滞留型

3. 评价缓（控）释制剂的体外方法称为（　　）

A. 溶出度试验法　　　B. 释放度试验

C. 崩解度试验法　　　D. 溶散性试验法

E. 分散性试验法

4. 可用于制备脂质体的是（　　）

A. 大豆磷脂　　　　B. 无毒聚氯乙烯

C. 羟丙基甲基纤维素　D. 单硬脂酸甘油酯

E. 乙基纤维素

5. 关于控释制剂特点中，错误的论述是（　　）

A. 释药速率接近一级速率

B. 可使药物释药速率平稳

C. 可减少给药次数

D. 可减少药物的副作用

E. 称为控释给药体系

6. 对缓释、控释制剂叙述正确的是（　　）

A. 所有药物都可用适当的手段制备成缓释制剂

B. 用脂肪、蜡类等物质可制成不溶性骨架片

C. 青霉素普鲁卡因的疗效比青霉素钾的疗效显著延长，是由于青霉素普鲁卡因的溶解度比青霉素钾的溶解度小

D. 缓释制剂可克服普通制剂给药的峰谷现象

E. 缓释制剂没有"首过效应"

7. 关于缓释制剂特点，错误的是（　　）

A. 可减少用药次数

B. 处方组成中一般只有缓释药物

C. 血药浓度平稳

D. 不适宜于半衰期很短的药物

E. 有首过效应

8. 可用于制备不溶性骨架片的是（　　）

A. 无毒聚氯乙烯　　　B. 甲基纤维素

C. 羟丙基甲基纤维素　D. 单硬脂酸甘油酯

E. 大豆磷脂

9. 可用于制备膜控释片的是（　　）

A. 大豆磷脂　　　　　B. 单硬脂酸甘油酯

C. 羟丙基甲基纤维素　D. 无毒聚氯乙烯

E. 乙基纤维素

10. 影响渗透泵式控释制剂的释药速率的因素不包括（　　）

A. 膜的厚度　　　　　B. 释药小孔的直径

C. pH　　　　　　　　D. 片心的处方

E. 膜的孔率

11. 不属于物理化学靶向制剂的是（　　）

A. 磁性制剂　　　　B. pH 敏感的靶向制剂

C. 靶向给药乳剂　　D. 栓塞靶向制剂

E. 热敏靶向制剂

12. 制备固体分散体时液体药物在固体分散体中所占比例不宜超过（　　）

A. 1∶5　　　　B. 1∶6　　C. 1∶7

D. 1∶8　　　　E. 1∶10

（二）多项选择题

1. 不宜制备缓释、控释制剂的药物是（　　）

A. 体内吸收比较规则的药物

B. 生物半衰期短的药物（$t_{1/2}$＜1h）

C. 生物半衰期长的药物（$t_{1/2}$＞24h）

D. 剂量较大的药物

E. 作用剧烈的药物

2. 属于口服缓释、控释制剂的是（　　）

A. 植入片　　　B. 前体药物

C. 渗透泵片　　D. 缓释胶囊

E. 胃内滞留片

3. 关于缓释、控释制剂，叙述错误的是（　　）

A. 作用剧烈的药物为了安全，减少普通制剂给药产生的峰谷现象，可制成缓释、控释制剂

B. 维生素 B_2 可制成缓释制剂，提高维生素 B_2 在小肠的吸收

C. 某些药物用羟丙基甲基纤维素制成片剂，延缓药物释放

D. 生物半衰期长的药物（大于 24h），没有必要做成缓释、控释制剂

E. 抗生素为了减少给药次数，常制成缓释、控释制剂

4. 缓释、控释制剂的特点是（　　）

A. 减少服药次数

B. 维持较平稳的血药浓度

C. 维持药效的时间较长

D. 减少服药总剂量

E. 缓释、控释制剂血药浓度比普通制剂高

5. 下列为缓释、控释制剂的是（　　）

A. 雷尼替丁蜡质骨架片　　B. 阿霉素脂质体

C. 维生素 B_2 胃漂浮片　　D. 硝酸甘油贴片

E. 茶碱渗透泵片剂

6. 减少溶出速率为主要原理的缓释制剂的制备工艺有（　　）

A. 制成溶解度小的酯和盐

B. 控制粒子大小

C. 溶剂化

D. 将药物包藏于溶蚀性骨架中

E. 将药物包藏于亲水性胶体物质中

7. 口服缓释制剂可采用的制备方法有（　　）

A. 增大水溶性药物的粒径

B. 与高分子化合物生成难溶性盐

C. 包衣

D. 微囊化

E. 将药物包藏于溶蚀性骨架中

8. 适合制成缓释或控释制剂的药物有（　　）

A. 硝酸甘油　　B. 苯妥英钠　　C. 地高辛

D. 茶碱　　　　E. 盐酸地尔硫䓬

9. 骨架型缓释、控释制剂包括（　　）

A. 骨架片　　　B. 压制片　　C. 泡腾片

D. 生物黏附片　E. 骨架型小丸

10. 下列关于 β-环糊精包合物的叙述正确的有（　　）

A. 液体药物粉末化　　B. 可增加药物溶解度

C. 减少刺激性　　　　D. 是一种分子胶囊

E. 调节释药速率

11. 下列关于缓释制剂的叙述正确的为（　　）

A. 需要频繁给药的药物宜制成缓释剂

B. 生物半衰期很长的药物宜制成缓释制剂　　　　　　　　B. 可克服血药浓度的峰谷现象

C. 可克服血药浓度的峰谷现象　　　　　　　　　　　　　C. 消除半衰期短的药物宜制成控释制剂

D. 能在较长时间内维持一定的血药浓度　　　　　　　　　D. 一般由速释与缓释两部分组成

E. 一般由速释与缓释两部分药物组成　　　　　　　　　　E. 对胃肠刺激性大的药物宜制成控释制剂

12. 缓释制剂可分为（　　　）　　　　　　　　　　　　14. 控释制剂的类型有（　　　）

A. 骨架分散型缓释制剂　　　　B. 缓释膜剂　　　　　　A. 骨架分散型控释制剂

C. 缓释微囊剂　　　　　　　　D. 缓释乳剂　　　　　　B. 渗透泵式控释制剂

E. 注射用缓释制剂　　　　　　　　　　　　　　　　　　C. 膜控释制剂

13. 下列关于控释制剂的叙述正确的为（　　　）　　　　D. 胃滞留控释制剂

A. 释药速率接近零级速率过程　　　　　　　　　　　　　E. 控释乳剂

二、简答题

1. 什么是缓释制剂、控释制剂？有何异同？与普通制剂相比有何特点？

2. 制备缓释、控释制剂的药物应符合什么条件？

3. 缓释、控释制剂的组成怎样？设计原理是什么？

PPT 课件

项目十六
靶向制剂制备技术

® 实例与评析

【实践操作实例16】 制备脂质体

1. 器材与试剂

旋转蒸发仪、烧瓶、恒温水浴锅、磁力搅拌器；盐酸小檗碱、注射用大豆卵磷脂、胆固醇、无水乙醇、95%乙醇、磷酸氢二钠、磷酸二氢钠、柠檬酸、柠檬酸钠、碳酸氢钠。

2. 操作内容

(1) 盐酸小檗碱脂质体的制备（被动载药法）

[处方] 注射用豆磷脂 0.6g；胆固醇 0.2g；无水乙醇 2～20ml；盐酸小檗碱溶液（1mg/ml）30ml；制成 30ml 脂质体。

[制法] ① 磷酸盐缓冲液（PBS）的配制 称取磷酸氢二钠（$Na_2HPO_4 \cdot 12H_2O$）0.37g 与磷酸二氢钠（$NaH_2PO_4 \cdot 2H_2O$）2.0g，加蒸馏水适量，溶解并稀释至 1000ml（pH 约为 5.7）。

② 称取适量的盐酸小檗碱溶液，用磷酸盐缓冲液配成 1mg/ml 的溶液。

③ 按处方量称取豆磷脂、胆固醇置于 100ml 烧瓶中，加无水乙醇（10ml），置于 65～70℃ 水浴中，搅拌使溶解，于旋转蒸发仪上旋转，使磷脂的乙醇液在壁上成膜，减压除乙醇，制备磷脂膜。

④ 取预热的 PBS 30ml，加至含有磷脂膜的烧瓶中，65～70℃ 水浴中搅拌水化 10～20min。取出脂质体液体于烧杯中，置于磁力搅拌器上，室温下搅拌 30～60min，如果溶液体积减少，可补加水至 30ml，混匀，即得。

(2) 盐酸小檗碱脂质体的制备（主动载药法）

[空白脂质体处方] 注射用豆磷脂 0.9g；胆固醇 0.3g；无水乙醇 2～20ml；柠檬酸缓冲液 30ml；制成 30ml 脂质体。

[制法] ① 空白脂质体制备 称取磷脂 0.9g 和胆固醇 0.3g，加入无水乙醇，置于 65～70℃ 水浴中，搅拌使溶解，于旋转蒸发仪上旋转，使磷脂的乙醇液在壁上成膜，减压除乙醇。加入同温的柠檬酸缓冲液 30ml，65～70℃ 水浴中水化 10～20min，取出脂质体于烧杯中，置于磁力搅拌器上，室温下，搅拌 30～60min，如果溶液体积减少，可补加水至 30ml，混匀，即得空白脂质体。

② 称取适量的盐酸小檗碱溶液，用磷酸盐缓冲液配成 3mg/ml 浓度的溶液。

③ 主动载药 准确量取空白脂质体 2.0ml、盐酸小檗碱溶液（3mg/ml）1.0ml、$NaHCO_3$ 溶液 0.5ml，在振摇下依次加入 10ml 西林瓶中，混匀，盖上塞，70℃ 水浴中保温 20min（定时摇动），随后立即用冷水降温，即得。

【评析】

脂质体系指将药物包封于类脂质双分子层内而形成的微型泡囊（vesicle），也有人称脂质体为类脂小球或液晶微囊，类脂双分子层厚度约 4nm。

脂质体可分为：单室脂质体（SUV）、大单室脂质体（LUV）、多室脂质体（MLV）、多孔脂质体（MVV）。

在脂质体内，由双分子层分成不同的隔室，亲油性基团彼此包封隔室称油相隔室，由亲水性基团包封隔室称水相隔室。

在脂质体制备过程中，若为非极性药物，则先与磷脂、胆固醇混合后，溶于有机溶剂中，当形成脂质体时，包封在油相隔室中；当包封药的药物是极性药物时，则先溶于水相中，当形成脂质体时，包封在水相隔室中。

常用的脂质体制备方法有：注入法、薄膜分散法、超声波分散法、逆相蒸发法、冷冻干燥法等。

① 被动载药法制备盐酸小檗碱脂质体实验是用薄膜分散法制备脂质体，它是将磷脂、胆固醇等类脂质及脂溶性药物溶于乙醇（或其他有机溶剂）中，然后将乙醇溶液在玻璃瓶中旋转蒸发，使在烧瓶内壁上形成薄膜；将水溶性药物溶于磷酸盐缓冲液中，加入烧瓶中不断搅拌，即得脂质体。

② 被动载药法制备盐酸小檗碱脂质体实验中磷脂和胆固醇的乙醇溶液应澄清，不能在水浴中放置过长时间。磷脂、胆固醇形成的薄膜应尽量薄；60～65℃水浴搅拌水化 10～20min 时，一定要充分保证所有脂质水化，不得存在脂质块。

③ "主动载药"过程中，加药顺序一定不能颠倒，加 3 种液体时，随加随摇，确保混合均匀，保证体系中各部位的梯度一致。

④ 被动载药法制备盐酸小檗碱脂质体实验中水浴保温时，应注意随时轻摇，只需保证体系均匀即可，无需剧烈振摇；用冷水冷却过程中应轻摇。

® 相关知识

靶向制剂概述

·知识链接·

靶向制剂的发展

靶向制剂的概念是 P. Ehrlich 在 1906 年提出的，至今已 100 多年了。但由于人类长期对疾病认识的局限和未能在细胞水平和分子水平上了解药物作用，以及靶向制剂的材料和制备方面的困难，直到分子生物学、细胞生物学和材料科学等方面的飞速进步，才给靶向制剂的发展开辟了新天地。靶向制剂从诞生开始就受到了各国药学家的重视。1995 年美国靶向制剂方面的产值已达数亿美元。瑞典已有淀粉微球的商品出售。1988 年日本已成功研制出靶向制剂的药物并已上市，我国也于 20 世纪 80 年代开始了对靶向制剂的研究工作。

1. 靶向制剂的含义

靶向制剂亦称靶向给药系统（targeting drug dilivery system，TDDS），是指载体将药物通过局部给药或全身血液循环而选择性地浓集定位于靶组织、靶器官、靶细胞或细胞内结构的给药系统。为第四代药物剂型，且被认为是抗癌药的适宜剂型。

靶向制剂是通过载体使药物选择性浓集于病变部位的给药系统，靶向制剂不仅要求药物选择性地到达特定部位的靶组织、靶器官、靶细胞甚至细胞内的结构，而且要求具有一定浓度的药物在这些靶部位滞留一定时间，以便发挥药效，而载体应无遗留的毒副作用。靶向制剂应具备定位浓集、控制释药、无毒及生物可降解性等要素。与注射剂、片剂等普通制剂比较（见图16-1），靶向制剂可以提高药物疗效，降低药物毒副作用，提高用药的安全性、有效性和可靠性。

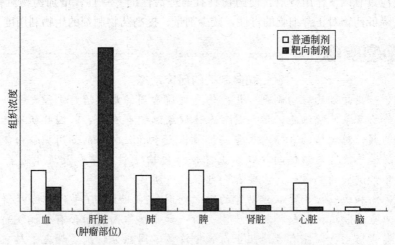

图 16-1　靶向制剂与普通制剂组织分布比较

2. 靶向制剂的分类

靶向制剂最初意指狭义的抗癌制剂，随着研究的逐步深入，研究领域不断拓宽，从给药途径、靶向的专一性和持效性等方面均有突破性进展，故还广义地包括所有具靶向性的药物制剂。

靶向制剂按载体的不同，可分为脂质体、毫微粒、毫微球、复合型乳剂等；按给药途径的不同可分为口腔给药系统、直肠给药系统、结肠给药系统、鼻腔给药系统、皮肤给药系统及眼用给药系统等；按药物所到达的靶部位分为到达特定靶组织或靶器官的靶向制剂，可以到达特定靶细胞的靶向制剂，可以到达细胞内某些特定靶点的靶向制剂；按靶向部位的不同可分为肝靶向制剂、肺靶向制剂等；按作用方式不同，可分为被动靶向制剂、主动靶向制剂及物理化学靶向制剂三类。

（1）被动靶向制剂（passive targeting preparation）　又称自然靶向制剂，利用液晶、液膜、脂质、类脂质、蛋白质、生物材料等作为载体，将药物包裹或嵌入其中制成的各类胶体或混悬微粒系统。被动靶向的微粒经静脉注射后，这些微粒的粒径选择性地聚集于肝、脾、肺或淋巴等部位。其在体内的分布取决于微粒的粒径，小于100nm的纳米囊与纳米粒可缓慢积聚于骨髓；小于 $3\mu m$ 时可被肝、脾中的巨噬细胞摄取；小于 $7\mu m$ 的微粒通常被肺的最小毛细血管床以机械滤过方式截留，被单核白细胞摄取进入肺组织或肺气泡。除粒径外，微粒表面性质如荷电对分布也起着重要作用。

被动靶向制剂主要有脂质体、乳剂（微乳和复乳）、微球、纳米囊和纳米球等。

（2）主动靶向制剂（active targeting preparation）　是用修饰的药物载体作为"导弹"，将药物定向地运送到靶区浓集发挥药效。如载药微粒表面经修饰后，能够避免巨噬细胞的摄取，防止在肝内浓集，改变了微粒在体内的自然分布而达特定的靶部位；亦可将药物修饰成前体药物，即能在活性部位被激活的药理惰性物，在特定靶区激活发挥作用。如果微粒要通过主动靶向到达靶部位而不被毛细血管（直径 $4\sim7\mu m$）截留，通常粒径不应大于 $4\mu m$。

（3）物理化学靶向制剂（physical and chemical targeting preparation）　用某些物理化学方法可使靶向制剂在特定部位发挥药效。如应用磁性材料与药物制成磁靶向制剂，在足够强的体外磁场引导下，通过血管到达并定位于特定靶区；使用对温度敏感的载体制成热敏感制剂，使热敏感制剂在靶区释放；也可利用对 pH 敏感的载体制备 pH 敏感制剂，使药物在特定的 pH 靶区内释药。制备栓塞性制剂阻滞靶区的血供与营养，起到栓塞和靶向化疗的双重作用。

3. 靶向制剂的作用特点

靶向制剂应具有以下作用特点：使药物具有药理活性的专一性，增加药物对靶组织的指向性和滞留性，降低药物对正常细胞的毒性，减少剂量，提高药物制剂的生物利用度。

靶向制剂的研究动态

1. 具有专一指向性的靶向制剂　化疗仍是目前常用的癌症治疗手段之一，系通过向肿瘤组织输送药物来杀死癌细胞，但同时对人体健康细胞也有损害。因此研制具有免疫促进作用的靶向制剂，对于根治肿瘤有着重要价值。关于肝靶向制剂如用糖蛋白、脂蛋白、胆酸（盐）等改进手段可使载体向肝组织选择性地传输活性物质，最近报道将 5-氟尿嘧啶（5-Fu）、胰岛素制成的毫微粒，主要靶向部位在肝脏。

2. 具有靶向和缓（控）释双重功能的靶向制剂　20 世纪 90 年代起国外研究出第二代脂质体，称为空间脂质体或长循环脂质体。新一代脂质体因表面含有棕榈酰葡萄糖苷酸或聚乙二醇等类脂衍生物，能有效地阻止血液中许多不同组分特别是调理素与它的结合，从而降低了与吞噬细胞的亲和力。靶向微球也具有靶向和缓释双重作用。

有关具有定位、控释作用的靶向制剂。如结肠靶向黏附释药系统的研究，据报道这种释药系统使药物经口服后，避免在上消化道释放，而将药剂运送到人体回盲肠后开始崩解和释放出药物，且在一定时间内黏附于结肠黏膜表面，以一定速率释放药物，从而达到提高药物局部浓度和生物效性的目的。

® 必需知识

被动靶向制剂（脂质体）的制备

脂质体（liposome）系指将药物包封于类脂质双分子层内而形成的微型泡囊体，具有类细胞膜结构，在体内可被网状内皮系统视为异物识别、吞噬主要分布在肝、脾、肺和骨髓等组织器官，从而提高药物的治疗指数。具有靶向性、细胞亲和性与组织相容性、缓释作用、降低药物毒性、保护药物、提高稳定性等特点。

1. 脂质体的分类

脂质体按照所包含类脂质双分子层的层数不同，分单室脂质体和多室脂质体，见图 16-2 和图 16-3。含有单个双分子层的泡囊称为单室脂质体，粒径约 $0.02\sim0.08\mu m$；含有多层双分子层的泡囊称为多室脂质体，粒径在 $1\sim5\mu m$；大单室脂质体为单层大泡囊，粒径 $0.1\sim1\mu m$。水溶性药物包封于泡囊的亲水基团夹层中，而脂溶性药物则分散于泡囊的疏水基团的夹层中。大单室脂质体包封的药物量可比单室多 10 倍，甚至数十倍。

2. 脂质体的组成、结构

脂质体的组成、结构与表面活性剂构成的胶束不同。脂质体由双分子层组成，而胶束由单分子层组成。脂质体的组成成分由类脂质（如磷脂和胆固醇）为膜材及附加剂组成。磷脂结构中含有一个磷酸基和一个季铵盐基，均为亲水性基团，还有两个较长的烃基为疏水链。胆固醇亦属于

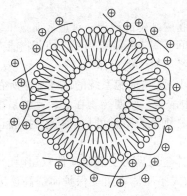

图16-2 单室脂质体

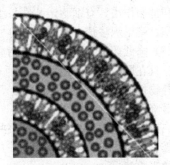

图16-3 多室脂质体

两亲物质,其结构中亦具有疏水与亲水两种基团,其疏水性较亲水性强。

磷脂分子形成脂质体时,具有两条疏水链指向内部,亲水基在膜的内外两个表面上,磷脂双层构成一个封闭小室,内部包含水溶液,小室中水溶液被磷脂双层包围而独立,磷脂双室形成泡囊又被水相介质分开。脂质体可以是单层的封闭双层结构,也可以是多层的封闭双层结构。在电镜下,脂质体的外形常见有球形、椭圆形等,直径从几十纳米到几微米之间。

3.脂质体的材料

制备脂质体常用的膜材有:卵磷脂、豆磷脂、脑磷脂、胆固醇、磷脂酰乙醇胺、胆固醇乙酰酯、β-谷甾醇、胆酸钠、蛋磷脂酰胆碱、合成磷脂酰丝氨酸、磷脂酰肌醇、二鲸蜡磷酸酯、二肉豆蔻酰卵磷脂、硬脂酰胺等。脂质体的膜材主要由磷脂与胆固醇构成,两种成分形成了脂质体的双分子层结构,类似于"人工生物膜",易被机体消化分解。

(1)磷脂类　磷脂类包括卵磷脂、脑磷脂、大豆磷脂以及其他合成磷脂等,都可作为脂质体的双分子层基本材料。卵磷脂以蛋黄卵磷脂为原料,用三氯甲烷为溶剂提取制得,但产品中三氯甲烷不易除尽,成本比豆磷脂高。豆磷脂的组成为卵磷脂与少量脑磷脂的混合物。供注射用的豆磷脂必须经过进一步精制除去致热、致敏和降压的物质。

(2)胆固醇　胆固醇与磷脂是共同构成细胞膜和脂质体的基础物质。胆固醇具有调节膜流动性的作用,故可称为脂质体的"流动性缓冲剂"。当低于相变温度时,胆固醇可使膜减少有序排列,而增加流动性,高于相变温度可增加膜的有序排列而减少膜的流动性。

4.脂质体的理化性质

(1)相变温度　脂质体的物理性质与介质温度有密切关系,当升高温度时脂质体双分子层中疏水链可从有序排列变为无序排列,从而引起一系列变化,如膜的厚度减小、流动性增加等。转变时的温度称为相变温度,它取决于磷脂的种类。脂质体膜可以由两种以上磷脂组成,它们各有特定的相变温度,在一定条件下它们可同时存在不同的相。

(2)电性　酸性脂质如磷脂酸(PA)和磷脂酰丝氨酸(PS)等的脂质体荷负电,含碱基(氨基)脂质如十八胺等的脂质体荷正电,不含离子的脂质体显电中性。脂质体表面电性与其包封率、稳定性、靶器官分布及对靶细胞作用有关。

5.脂质体的特点

脂质体有包封脂溶性药物或水溶性药物的特性,药物被脂质体包封后其主要特点如下。

(1)靶向性和淋巴定向性　脂质体进入体内可被巨噬细胞作为外界异物而吞噬,可治疗肿瘤和防止肿瘤扩散转移,以及肝寄生虫病、利什曼病等单核-巨噬细胞系统疾病。

(2)缓释性　许多药物在体内由于迅速代谢或排泄,故作用时间短。将药物包封成脂质体,可减少肾排泄和代谢而延长药物在血液中的滞留时间,使药物在体内缓慢释放,从而延长了药物的作用时间。

（3）细胞亲和性与组织相容性　因脂质体是类似于生物膜结构的泡囊，对正常细胞和组织无损害和抑制作用，有细胞亲和性与组织相容性，并可长时间吸附于靶细胞周围，使药物能充分向靶细胞、靶组织渗透，脂质体也可通过融合进入细胞内，经溶酶体消化释放药物。

（4）降低药物毒性　药物被脂质体包封后，主要被单核-巨噬细胞系统的巨噬细胞所吞噬而摄取，且在肝、脾和骨髓等单核-巨噬细胞较丰富的器官中浓集，而使药物在心、肾中累积量比游离药物低得多，因此如将对心、肾有毒性的药物或对正常细胞有毒性的抗癌药包封成脂质体，可明显降低药物的毒性。

（5）保护药物提高稳定性　一些不稳定的药物被脂质体包封后可受到脂质体双层膜的保护。如青霉素为对酸不稳定的抗生素，口服易被胃酸破坏，制成脂质体则可受保护而提高稳定性与口服的吸收效果。

脂质体常用的制备方法有薄膜分散法、注入法、超声波分散法、逆相蒸发法、冷冻干燥法等。此外，制备脂质体的方法还有复乳法、熔融法、表面活性剂处理法、离心法、前体脂质体法和钙融合法等。

（1）薄膜分散法　将磷脂、胆固醇等类脂质及脂溶性药物溶于三氯甲烷（或其他有机溶剂）中，然后将三氯甲烷溶液在玻璃瓶中旋转蒸发，使在烧瓶内壁上形成薄膜；将水溶性药物溶于磷酸盐缓冲液中，加入烧瓶中不断搅拌，即得脂质体。

（2）注入法　将磷脂与胆固醇等类脂质及脂溶性药物共溶于有机溶剂中（一般多采用乙醚），然后将此药液经注射器缓缓注入加热至 $50\sim60^{\circ}C$（磁力搅拌下）的磷酸盐缓冲液（可含有水溶性药物）中，加完后，不断搅拌至乙醚除尽为止，即制得脂质体，其粒径较大，不适宜静脉注射，再将脂质体混悬液通过高压乳匀机两次，则得成品。大多为单室脂质体，少数为多室脂质体，粒径绝大多数在 $2\mu m$ 以下。

（3）超声波分散法　将水溶性药物溶于磷酸盐缓冲液，加入磷脂、胆固醇与脂溶性药物共溶于有机溶剂的溶液，搅拌蒸发除去有机溶剂，残液经超声波处理，然后分离出脂质体，再混悬于磷酸盐缓冲液中，制成脂质体混悬型注射剂。

（4）逆相蒸发法　逆向蒸发法系将磷脂等膜材溶于有机溶剂如三氯甲烷、乙醚中，加入待包封药物的水溶液（有机溶剂用量是水溶液的 $3\sim6$ 倍）进行短时超声，直到形成稳定的 W/O 型乳剂，然后减压蒸发除去有机溶剂，达到胶态后，滴加缓冲液，旋转使器壁上的凝胶脱落，室温减压下继续蒸发，制得水溶性混悬液，通过凝胶色谱法或超速离心法，除去未包入的药物，即得大单室脂质体。本法特点是包封的药物量大，体积包封率可大于超声波分散法 30 倍，它适合于包封水溶性药物及大分子生物活性物质如各种抗生素、胰岛素、免疫球蛋白、碱性磷脂酶、核酸等。

（5）冷冻干燥法　将磷脂经超声处理高度分散于缓冲盐溶液中，加入冻结保护剂（如甘露醇、葡萄糖、海藻酸等）冷冻干燥后，再将干燥物分散到含药物的缓冲盐溶液或其他水性介质中，即可形成脂质体。

· 知识链接 ·

脂质体作为药物载体的应用

1. 抗肿瘤药物的载体　利用脂质体的靶向性，可提高抗癌药物的选择性，降低化疗药物的毒副作用，提高化疗药物的治疗指数。同时脂质体能够增加药物与癌细胞的亲和力，克服或延缓耐药性，增加癌细胞对药物的摄入量，降低用药剂量，提高疗效。

2. 抗寄生虫药物的载体　脂质体具有被动靶向性，静脉注射后，可迅速被网状内皮细胞摄取，达到治疗相关疾病的目的。

3.抗菌药物的载体　将抗生素包封于脂质体，利用其与细胞膜的特异性亲和力，可提高抗菌作用。两性霉素B是治疗全身性真菌病中最有效的多烯类抗生素，但其肾毒性较大。将两性霉素B包封成脂质体能显著降低其毒性，能保持药物的抗霉菌活性。

4.激素类药物的载体　脂质体包封抗炎甾体激素后，可使药物与血浆蛋白的结合率下降，血浆中游离药物浓度增大；脂质体将药物浓集在炎症部位，通过吞噬和融合作用释放药物，使药物在低剂量下达到治疗作用，降低剂量，减少了激素的毒副作用。

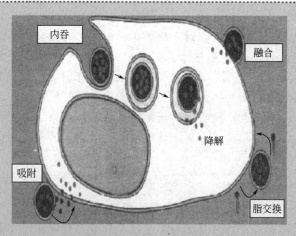

图 16-4　脂质体在体内细胞水平上的作用机制

合方式传递到培养细胞内。因此对产生耐药的菌株或癌细胞群，用脂质体载药可显著提高抗菌或抗癌效果。

脂质体可完全生物降解，一般无毒，可制备成各种大小和具有不同的表面性质，因而可适用于多种给药途径，包括静脉、肌内和皮下注射，口服或经眼部、肺部、鼻腔和皮肤给药。

® 拓展知识

一、其他被动靶向制剂

1. 靶向乳剂

乳剂（emulsions）是由一种或一种以上的液体以液滴状态分散在另一种与之不相混溶的液体连续相中所构成的一种非均相液体分散体系。包括普通乳、亚微乳、复乳和微乳等，现在研究较多的是 W/O/W 型复合乳剂。靶向给药乳剂指用乳剂为载体，传递药物定位与靶部位的微粒分散系统。

（1）靶向乳剂的特点及作用　乳剂的靶向性特点是对淋巴系统有较好的亲和性。①油状药物或亲油性药物制成 O/W 型及 O/W/O 型复乳，注射后药物主要在肝、脾、肾等单核-巨噬细胞丰富的组织器官中浓集。②水溶性药物制成 W/O 型乳剂及 W/O/W 型和 O/W/O 型复乳，经口服，肌内、皮下注射后，易聚集于淋巴器官，浓集于淋巴系统。

近年来，利用乳化技术制成普通乳剂和复合乳剂可作为靶向给药系统与缓释给药系统，W/O/W 型复合乳剂可以作为多肽、蛋白质等水溶性药物的载体，以避免药物受胃肠液的破坏，有利于药物进入淋巴系统。

目前应用的乳剂给药的途径主要有两种：一种为静脉乳，例如康莱特静脉注射乳剂具有"靶向作用"，直接有效抑制癌细胞，同时能整体提高机体免疫功能，并有良好的镇痛功能，而且无毒副作用。又如鸦胆子油乳、五味子乳等使药物定向分布，增强药效，减少副作用；另一种为非静脉乳剂，如抗癌中药消痔灵制成乳剂，通过皮下或肿瘤周围组织局部注射给药，针对肿瘤血管进行治疗，抗癌效果比较好。

（2）药物的淋巴转运特点

① 药物经淋巴系统转运，可避免肝脏的首过效应，提高药物的生物利用度。

② 如果淋巴系统存在细菌感染或癌细胞转移等病灶，淋巴系统的定向性给药具有重要的临床价值。5-氟尿嘧啶的 W/O 型乳剂经口服后，在癌组织及淋巴组织中的含量明显高于血浆。

（3）药物经淋巴转运的可能途径

① 经血液循环向淋巴转运　静脉注射时，药物全部进入血液，后经组织液再转运到淋巴管内。

② 经消化道向淋巴转运　口服或直肠给药时，药物通过消化道黏膜细胞被吸收后，由于血液和淋巴液两种循环流速的显著差异，一般 98% 以上的药物直接进入血液循环转运，只有 2% 以下很少一部分药物进入淋巴管转运。

③ 经组织向淋巴转运　肌内注射、皮下注射以及其他组织间隙注射时，药物可通过组织液进入毛细血管，也可通过组织液进入毛细淋巴管。

（4）乳剂中药物释放机制　乳剂中药物释放机制主要有通过细胞膜扩散，通过载体使亲水性药物变成疏水性而更易透过油膜或通过复乳中形成的混合胶束转运等。

（5）影响乳剂靶向性与释药特性的因素

① 乳滴粒径和表面性质　乳剂中油滴愈小，比表面积愈大，释药愈快；乳剂的粒径对靶向部位也有影响。静注的乳剂乳滴在 $0.1 \sim 0.5\mu m$ 时，被肝、脾、肺和骨髓的巨噬细胞系统的巨噬细胞所吞噬，静注 $2 \sim 12\mu m$ 粒径的乳剂可被毛细血管摄取，其中 $7 \sim 12\mu m$ 粒径的乳剂可被肺机械性截留滤取。

② 油相的影响　一般油的含量愈高，释药愈慢，急性毒性愈低。油相的黏度愈低，物质从外相进入内相的速率愈高，油膜也愈易破裂或形成漏隙。

③ 乳化剂的用量和种类　如用卵磷脂制备的微乳，主要被巨噬细胞系统吞噬而浓集于肝、脾，改用泊洛沙姆（Poloxamer）338 作乳化剂，则可避免吞噬，而使炎症部位的微乳聚集量大大提高。乳化剂的种类与量的不同，可影响体内的靶向性，如拟用于肿瘤适应证一般宜选用卵磷脂作乳化剂，如拟用靶位为炎症区域，则宜选用泊洛沙姆。

④ 乳剂的类型　O/W 型、W/O 型、W/O/W 型、O/W/O 型乳剂给药后，血药浓度均比水溶液的低。

2. 微球

微球（microsphere）系指药物溶解或分散在辅料中形成的微小球状实体，亦即基质型骨架微粒。微球通常粒径在 $1 \sim 250\mu m$，一般制成混悬剂供注射或口服给药。

（1）微球的特性

① 靶向性　一般微球主要是被动靶向，小于 $3\mu m$ 时一般被肝、脾中的巨噬细胞摄取，大于 $7 \sim 12\mu m$ 的微球通常被肺的最小毛细血管床以机械滤过方式截留，被巨噬细胞摄取进入肺组织或肺气泡。

② 释药特性　微球中药物的释放机制与微囊基本相同，即扩散、材料的溶解和材料的降解三种。如药物均匀分布或溶解在聚合物材料中的微球，其释药量常用 Higuchi 方程描述。当微球中固态药物先溶解成饱和溶液，释药前一阶段符合零级动力学。

（2）常用材料　作微球的材料多数是生物降解材料，如蛋白类（明胶、白蛋白等）、糖类（琼脂糖、淀粉、葡聚糖、壳聚糖等）、聚酯类（如聚乳酸、丙交酯-乙交酯共聚物等）；此外，少数非生物降解材料如聚丙烯也用作微球载体。

（3）微球的制备　若药物能溶解或分散在材料溶液中，就可用于制备微球。

① 加热固化法　白蛋白作载体时，利用白蛋白受热固化凝固的性质，在 $100 \sim 180℃$ 条件下加热使内相固化并分离制备的方法。将药物与载体溶液混合后，加入含乳化剂的油相中制成油

包水（W/O）型初乳，搅拌下注入 100～180℃的油中，使白蛋白乳滴固化成球。

② 交联剂固化法　对于受热不稳定的水溶性药物，先溶解或均匀分散于载体材料中，采用化学交联剂如甲醛、戊二醛等使内相固化经分离制备微球。一般难溶性的药物，可在制备时加入二甲基甲酰胺提高其水溶性。

③ 溶剂蒸发法　将水不溶性载体材料溶解在有机溶剂中，再与药物混匀后，加入水相中，超声乳化制成 O/W 型初乳，继续搅拌至有机溶剂蒸发使成微球。

④ 喷雾干燥法制备　将药物与辅料的混悬液或溶液，经蠕动泵输入喷雾干燥器，物料同干燥热气流进入的方向一致，溶液蒸发后得微球。根据释药要求，所得微球可进一步加热固化，该法可避免使用有机溶剂或化学交联剂。

⑤ 液中干燥法制备　明胶微球亦可通过两步法制备，即首先制备空白明胶微球，再择既能溶解药物又能浸入空白明胶微球的适当溶剂系统，用药物溶液浸泡空白微球后干燥即得。两步法适用于对水相和油相都有一定溶解度的药物。

聚酯类靶向微球的制备，可采用液中干燥法制备。该方法制备的聚酯类微球，其微球形态是多种多样的。有的是表面光滑的完整圆球，有的虽为圆球但表面粗糙或具有一定结构的表面，偶尔也有外形不规则的，有的表面有药物的微晶体，有的外表面有孔，许多内部多孔等。

3. 纳米粒

纳米粒包括纳米囊和纳米球。纳米囊属药库膜壳型，纳米球属基质骨架型。它们均是高分子物质组成的固态胶体粒子，粒径多在 10～1000nm 范围内，可分散在水中形成近似胶体的溶液。药物可以包埋或溶解在纳米粒的内部，或耦合在其表面。药物制成纳米囊或纳米球后，具有缓释、靶向、提高药物稳定性、提高疗效和降低毒副作用等特点。注射纳米粒粒径小，不易阻塞血管，可靶向肝、脾和骨髓。同时，纳米粒可保护药物不受胃肠道酶的破坏，且粒径小于 500nm 的纳米粒在胃肠道中可以通过淋巴结 M 细胞进入血液循环。

（1）纳米粒的材料

① 合成高分子材料　常用有聚氰基丙烯酸烷酯、聚甲基丙烯酸甲酯（PMMA）、聚己内酯、DL-丙交酯-乙交酯共聚物等。

② 天然高分子材料　明胶、白蛋白和多糖类等。

（2）纳米粒制备方法　制备纳米囊和纳米球的方法有乳化聚合法、盐析固化法、胶束聚合法、液中干燥法和界面聚合法等。

① 乳化聚合法　目前，乳化聚合法是以水作连续相制备纳米粒最重要的方法。将单体分散于含乳化剂的水相中的胶束内或乳滴中，单体遇 OH^- 或其他引发剂或经高能辐射发生聚合，胶束及乳滴可作为提供单体的仓库，而乳化剂对相分离以后的聚合物微粒也起防止聚集的稳定作用。有的系统也可进行无乳化剂聚合。在聚合反应终止前后，经相分离形成固态。一个固态纳米囊或纳米球有若干聚合物分子组成。将单体分散于含乳化剂的水相中的胶束内或乳滴中，可避免使用有机溶剂。

② 盐析固化法　将药物和包封材料如明胶溶于水中，在表面活性剂存在下，高速搅拌，徐徐加入盐类沉淀剂（如硫酸钠溶液）盐析，加少量如乙醇、异丙醇溶剂，至混浊消失，继续搅拌加入固化剂（如戊二醛溶液），固化，经透析或经葡聚糖凝胶柱除去盐类制得。如明胶、人血浆白蛋白、牛血清白蛋白、酪蛋白和乙基纤维素等高分子材料，用乙醇或硫酸钠脱水，用戊二醛固化。乙醇的优点是易于在冻干时除去。有时为了使药物稳定需加入聚山梨酯-20 或聚山梨酯-80 等表面活性剂，它们也对冻干的产品的再分散有利。

③ 胶束聚合法　系将聚合物水溶液单体及药物溶解于水中，在表面活性剂存在下经搅拌分散至大量疏水介质中（如正己烷），然后加入引发剂或 γ 射线、紫外光或可见光照射下发生聚合反应。

④ 液中干燥法　也称溶剂挥发法，即将材料溶于可挥发且水中可适当溶解的有机溶剂中，制成 O/W 型乳状液，再挥发除去有机溶剂而得纳米球。纳米球的粒径取决于溶剂蒸发之前形成的乳滴的粒径，可通过搅拌速率、分散剂的种类和用量、有机相及水相的量和黏度、容器及搅拌器的形状和温度等因素，来控制纳米球粒径。该法既可包裹水溶性药物，也可包裹水不溶性药物。

此外，对于受热不稳定的药物还可采用冷冻干燥法。

（3）纳米粒的体内动力学　纳米粒可以静脉注射给药，主要分布于网状内皮系统，其中肝分布为 60%～90%、脾为 2%～10%、肺 3%～10%。此外，纳米粒的体内分布与粒径有直接关系，当纳米粒粒径小于 60nm 时，大部分可分布到骨髓中。同时，纳米粒具有对肿瘤组织的亲和性，有利于抗肿瘤药物的应用。阿克拉霉素 A 纳米囊在大鼠体内的组织分布显示，药物在肺、脾、小肠和胸腺的分布分别为原药溶液的 3.6 倍、1.4 倍、1.1 倍和 1.2 倍。

固体脂质纳米粒

固体脂质纳米粒（solid lipid nanoparticle，SLN）是近年来正在发展的一种新型纳米粒给药系统，采用固态的脂质，如卵磷脂、三酰甘油等为载体。制备成的粒径为 50～1000nm 的胶状载药系统，它可以用来控制药物的释放，避免药物的降解和泄漏，具有良好的靶向性。

二、主动靶向制剂

主动靶向制剂包括经过修饰的药物载体及前体药物两大类制剂。修饰的药物载体有长循环脂质体、免疫脂质体、配体修饰脂质体、免疫微球、修饰纳米球、修饰微乳、免疫纳米球等；前体药物包括抗癌药、脑部位前体药物和结肠部位的前体药物等。目前研究较多的为修饰的药物载体。药物载体经修饰后可将疏水表面由亲水表面代替，就可以减少或避免单核-巨噬细胞系统的吞噬作用，有利于靶向于肝脾以外的缺少单核-巨噬细胞系统的组织，又称为反向靶向。利用抗体修饰，可制成定位于细胞表面抗原的免疫靶向制剂。

1. 修饰的药物载体

（1）长循环脂质体　脂质体表面经适当修饰后，可避免单核-巨噬细胞系统吞噬，延长在体内循环系统的时间，称为长循环脂质体。如脂质体用聚乙二醇（PEG）修饰，其表面被柔顺而亲水的 PEG 链部分覆盖，极性的 PEG 基增强了脂质体的亲水性，减少了血浆蛋白与脂质体膜的相互作用，降低了被巨噬细胞吞噬的可能，延长了在循环系统的滞留时间，故有利于肝、脾以外的组织或器官的靶向作用。其他纳米球或纳米囊经 PEG 修饰亦可获得类似效果。

（2）免疫脂质体　在脂质体表面接上某种抗体，具有对靶细胞分子水平上的识别能力，可提高脂质体的专一靶向性。免疫脂质体具有加快免疫应答和增强脂质体结合于靶细胞的能力，一定程度上可提高人体免疫功能。

（3）配体修饰脂质体　体内某些组织器官上存在有特定的受体，其配体多为糖残基化合物。用特殊的糖残基与脂质体膜材结合，使其覆盖在脂质体的表面，一旦进入体内即靶向特定的组织器官。如脂质体带有半乳糖残基时可被肝实质细胞所摄取，与甘露糖残基结合的脂质体可被 K 细胞摄取，带氨基甘露糖的衍生物的脂质体能分布于肺内等。

（4）免疫微球　用聚合物将抗原或抗体吸附或交联形成的微球称为免疫微球，可用于抗癌药的靶向治疗、标记和分离细胞作诊断和治疗，可使免疫微球带上磁性提高靶向性和专一性，或用免疫球蛋白处理红细胞得免疫红细胞，它是在体内免疫反应很小且靶向于肝脾的免疫载体。

（5）免疫纳米球　将单克隆抗体与含药纳米球结合，注入体内后可实现主动靶向。先将单抗与载体材料结合后再交联载药的方法，与药物直接同单抗结合相比，因单抗受到保护而较少失活，且载药量较大。

2. 前体药物

前体药物是活性药物衍生而成的药理惰性物质，能在体内经化学反应或酶反应，使活性的母体药物再生而发挥其治疗作用。欲使前体药物在特定的靶部位再生为母体药物，基本条件是：①使前体药物转化的反应物或酶均应仅在靶部位才存在或表现出活性；②前体药物能同药物的受体充分接近；③酶须有足够的量以产生足够量的活性药物；④产生的活性药物应能在靶部位滞留，而不漏入循环系统产生毒副作用。常用的前体药物的类型如下。

（1）抗癌药前体药物　某些抗癌药制成磷酸酯或酰胺类前体药物可在癌细胞定位，因为癌细胞比正常细胞含较高浓度的磷酸酯酶和酰胺酶；若干肿瘤能产生大量的纤维蛋白溶酶原活化剂，可活化血清纤维蛋白溶酶原成为活性纤维蛋白溶酶，故将抗癌药与合成肽连接，成为纤维蛋白溶酶的底物，可在肿瘤部位使抗癌药再生。

（2）脑部靶向前体药物　只有强脂溶性药物可穿过血脑屏障，而强脂溶性前体药物对其他组织的分配系数也很高，从而引起明显的毒副作用。故必须采取一定措施，使药物仅在脑部发挥作用。如口服多巴胺的前体药物L-多巴胺，进入脑部纹状体的L-多巴经再生可起治疗作用，但进入外围组织的再生后却可引起许多不良反应。要降低毒副作用，可应用抑制剂（芳香氨基脱羧酶，如卡比多巴），抑制剂使外围组织中的L-多巴再生受到抑制，不良反应降低，而卡比多巴不能进入脑部，故不会妨碍L-多巴胺在脑部的再生。

（3）结肠靶向前体药物　口服结肠定位给药系统可避免口服药物在消化道上段的破坏或释放，而到人体结肠释药发挥局部或全身治疗作用。结肠释药对治疗结肠局部病变特别有用。

（4）其他前体药物　如戊环尿苷与月桂酸酰氯和棕榈酰氯分别生成亲油性前体药物，戊环尿苷月桂酸酯和戊环尿苷棕榈酸酯，再分别制成脂质体。体外抗疱疹病毒实验表明，前体药物进入细胞的量增加，从而使抗病毒的能力增强。

三、物理化学靶向制剂

1. 磁性靶向制剂

利用体外磁场响应导向至靶部位的制剂称为磁性靶向制剂。磁性靶向给药系统主要有磁性微球、磁性微囊、磁性脂质体、磁性乳剂等。常用的磁性物质多为直径为 $10 \sim 30nm$ 超细磁流体。磁性材料有 Fe_3O_4 或 Fe_2O_3。将微囊注入病灶部位血管，在外界磁场的作用下，可将药物导向靶组织器官。

磁性靶向制剂为药物靶向提供了一个新的途径，尤其对治疗离表皮比较近的癌症如乳腺癌、食管癌、膀胱癌、皮肤癌等已显示出特有的优越性。由于磁场聚焦仍存在困难，故深部肿瘤的应用受到限制。

磁性微球或磁性纳米囊可用一步法或两步法制备，一步法是在成球前加入磁性物质，聚合物将磁性物质包裹成球；两步法先制成微球，再将微球磁化。

磁性微球或磁性纳米囊的形态、粒径分布、溶胀能力、吸附性能、体外磁响应、载药稳定性等均有一定要求。

2. 栓塞靶向制剂

（1）动脉栓塞的原理　动脉栓塞是将导管插入病灶部位的动脉中，通过注射将含药物的微球输送到靶组织，微球可以阻滞对靶区的供血和营养，使靶区的肿瘤细胞缺血坏死；同时微球逐渐释放药物，杀死肿瘤。因此栓塞微球具有靶向化疗和栓塞的双重作用。

（2）动脉栓塞靶向制剂的类型　主要有栓塞微球和栓塞复乳。

（3）栓塞微球的载体材料　如天然高分子材料：白蛋白、明胶、淀粉及壳聚糖；乙基纤维素、聚乳酸及聚乙烯醇等。

（4）栓塞微球的制备方法　主要有乳化-液中干燥法和乳化-化学交联法等。栓塞复乳的制备一般先将药物制成微球，然后再制成复乳。

目前，临床上广泛使用明胶海绵进行肝动脉栓塞，但其颗粒大，不规则，在血管内分布不均匀，且易被吸收而使栓塞部位再通。而明胶微球可以提高栓塞效果。

3. 热敏靶向制剂

（1）热敏脂质体　利用在相变温度时，脂质体的类脂质双分子层膜从胶态过渡到液晶态，脂质膜的通透性增加，药物释放速率增大的原理可制成热敏脂质体。例如将不同比例类脂质的二棕榈酸磷脂和二硬脂酸磷脂混合，可制得不同相变温度的脂质体。

（2）热敏免疫脂质体　在热敏脂质体膜上将抗体交联，可得热敏免疫脂质体，在交联抗体的同时，可完成对水溶性药物的包封。这种脂质体同时具有物理化学靶向与主动靶向的双重作用，如阿糖胞苷热敏免疫脂质体等。

4. pH 敏感的靶向制剂

（1）pH 敏感脂质体　利用肿瘤间质液的 pH 比周围正常组织显著低的特点，设计了 pH 敏感脂质体。利用肿瘤间质的 pH 比周围正常组织细胞显著低的特点，选择对 pH 敏感性的类脂材料，如二棕榈酸磷脂或十七烷酸磷脂为膜材，可制备载药的 pH 敏感性脂质体。当脂质进入肿瘤部位时，由于 pH 的降低导致脂肪酸羧基脂质化成六方晶相的非相层结构，从而使膜融合，加速释药。

（2）口服结肠定位给药系统　是利用结肠 pH 较高的特点而设计的。结肠溶解的释药系统，也可看作是物理化学靶向。

® 达标检测题

一、选择题

（一）单项选择题

1. 不属于靶向制剂的是（　　）

A. 药物-抗体结合物　　B. 纳米囊

C. 微球　　　　　　　D. 环糊精包合物

E. 脂质体

2. 属于被动靶向给药系统的是（　　）

A. 磁性微球　　　　　B. DVA 药物结合物

C. 药物-单克隆抗体结合物

D. 药物毫微粒　　　　E. pH 敏感脂质体

3. 为主动靶向制剂的是（　　）

A. 前体药物　　　　　B. 动脉栓塞制剂

C. 环糊精包合物制剂　D. 固体分散体制剂

E. 微囊制剂

4. 不属于物理化学靶向制剂的是（　　）

A. 磁性制剂　　　　　B. pH 敏感的靶向制剂

C. 靶向给药乳剂　　　D. 栓塞靶向制剂

E. 热敏靶向制剂

5. 脂质体是指（　　）

A. 将药物包封于类脂质双分子层内而形成的微型泡囊

B. 将药物包封于类脂质单分子层内而形成的微型泡囊

C. 将药物包封于磷脂的单分子层内而形成的微型泡囊

D. 将药物包封于明胶的单分子层内而形成的微型泡囊

E. 将药物包封于胆固醇双分子层内而形成的微型泡囊

6. 脂质体的两个重要理化性质是（　　）

A. 相变温度及靶向性

B. 相变温度及荷电性

C. 荷电性及缓释性

D.组织相容性及细胞亲和性

E.组织相容性及靶向性

(二) 配伍选择题

题1.~5.

A.舌下片　　B.多层片　　C.肠溶片

D.控释片　　E.口含片

1.在口腔内缓慢溶解而发挥局部治疗作用的是（　　）

2.可避免复方制剂中不同药物的配伍变化的是（　　）

3.可避免药物的首过效应的是（　　）

4.在胃液中不溶，而在肠液中溶解的片剂是（　　）

5.使药物恒速释放或近假恒速释放的片剂是（　　）

题6.~10.

A.熔融法　　B.重结晶法　　C.注入法

D.复凝聚法　　E.乳化聚合法

6.制备脂质体采用（　　）

7.制备纳米囊采用（　　）

8.制备环糊精包合物采用（　　）

9.制备固体分散体采用（　　）

10.制备微囊宜用（　　）

题11.~15.

A.单凝聚法　　B.熔融法

C.饱和水溶液法　　D.盐析固化法

E.逆相蒸发法

11.制备环糊精包合物采用（　　）

12.制备纳米囊宜用（　　）

13.制备微囊可用（　　）

14.制备固体分散体采用（　　）

15.制备脂质体选择（　　）

(三) 多项选择题

1.属于靶向制剂的是（　　）

A.微丸　　B.纳米囊　　C.微囊

D.微球　　E.固体分散体

2.脂质体的制备方法包括（　　）

A.超声波分散体　　B.注入法

C.高压乳匀法　　D.凝聚法

E.薄膜分散法

3.不具备靶向性的制剂是（　　）

A.纳米囊注射液　　B.脂质体注射液

C.口服乳剂　　D.混悬型注射剂

二、填空题

1.目前将抗癌药物运送至淋巴器官最有效的是_____。

2.靶向给药系统分为_____、_____和_____三类。

3.脂质体的制备方法主要有_____、_____、_____、_____及_____。

三、简答题

1.什么是靶向制剂？有何特点？按作用方式可分为哪几类？

2.什么是脂质体？组成怎样？有何特点？

3.比较毫微球、毫微粒、纳米囊与纳米球的异同（含义、特点)？

PPT 课件

模块七
药物制剂综合技术

1. 教学目标

（1）基本目标　能综合应用所学知识和技能初步设计各类常用中药浸出制剂、液体制剂和固体制剂的处方和工艺；能进行中药浸出制剂、液体制剂和固体制剂典型实例的中试制备。

（2）促成目标　在此基础上，学生通过顶岗实习锻炼，能进行中药浸出制剂、液体制剂和固体制剂生产制备操作，并能根据各类固体制剂的特点合理指导用药，提高学生分析解决问题的能力及综合技术应用能力。

2. 工作任务：药物制剂综合技术

项目十七　制剂综合技术

（1）具体的实践操作实例 17-1　制备四种板蓝根制剂。

（2）具体的实践操作实例 17-2　制备四种丹参制剂。

3. 相关理论知识

（1）掌握中药浸出制剂和自制的各剂型的制备方法和生产工序。

（2）熟悉自制的各剂型在应用上的特点。

（3）了解 GMP 工艺布局和药物制剂研究相关知识。

4. 教学条件要求

利用教学课件、视频、案例和网络等先进的多媒体教学手段，并结合实训操作，灵活应用多种教学方法，采用融"教、学、做"一体化模式组织教学。

项目十七

制剂综合技术

® 实例与评析

【实践操作实例 17-1】 制备四种板蓝根制剂

1. 器材与药品

学生自选实训室设备，药品

2. 操作内容

学生自主查阅文献资料或网上搜索板蓝根提取工艺和各种板蓝根制剂产品的处方、制备工艺等，以及四种以上常用制剂产品的处方和制法，然后在实训室分组完成提取和制剂操作。

【评析】

(1) 浸出、浓缩与干燥是中药制剂生产的三个基本单元操作，只有明确各种浸出方法、浓缩与干燥方法的特点和适用范围，才能选择合适的方法，为制备合格的浸出药剂与中药新剂型奠定基础。

(2) 根据药材的有效成分不同，可采用不同的溶剂和方法进行提取，药材的提取物为药材用水提醇沉法制成的提取液（制备中药口服液、合剂、汤剂、酊剂、注射剂等）或药材的水煎液浓缩而成的稠膏（制备流浸膏剂、浸膏剂、煎膏剂等），也可以提取药材的有效部位供制备颗粒剂、胶囊剂、片剂、丸剂等固体制剂的软材用。

(3) 板蓝根为菘蓝和马蓝的根，菘蓝根提取物主要含靛蓝、靛玉红，马蓝根提取物主要含蒽醌类、β-谷甾醇。主要功效为抗菌抗病毒作用，菘蓝根对多种细菌有抵抗作用。

【实践操作实例 17-2】 制备四种丹参制剂

1. 器材与药品

学生自选实训室设备，药品。

2. 操作内容

学生自主查阅文献资料或网上搜索丹参提取工艺和各种丹参制剂产品的处方、制备工艺等设计提取，及四种以上常用制剂产品的处方和制法，然后在实训室分组完成提取和制剂操作。

【评析】

(1) 丹参为丹参的干燥根及根茎提取加工而成，丹参主要含有脂溶性和水溶性两类成分。脂溶性成分主要是丹参酮类，而水溶性成分主要是酚酸类，如丹麦参、原儿茶醛等。

(2) 丹参的提取可采用传统水煎法、乙醇回流法、超声波法、超临界流体萃取法。不同溶剂、不同浓度、不同溶剂量和不同提取时间提取有效成分的量有明显差别，应采用最佳工艺路线和工艺条件，提高提取率。

（3）丹参具有活血祛瘀、安神宁心、排脓、止痛的功效，用于治疗心绞痛、月经不调、痛经、经闭、血崩带下、癥瘕、积聚、瘀血腹痛、骨节疼痛、惊悸不眠、恶疮肿毒。

® 相关知识

常用制剂生产工艺流程

1. 浸出制剂生产工艺流程

见图 17-1。

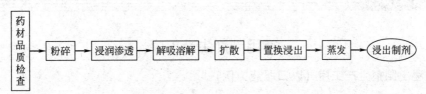

图 17-1　浸出制剂生产工艺流程

2. 无菌制剂生产工艺流程

见图 17-2。

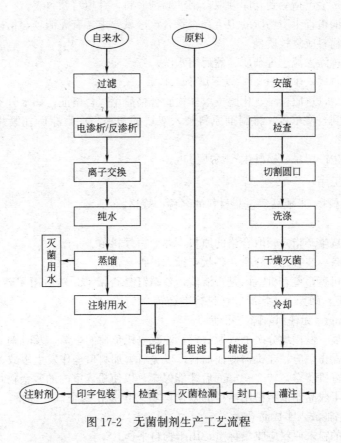

图 17-2　无菌制剂生产工艺流程

3. 固体制剂生产工艺流程

见图 17-3。

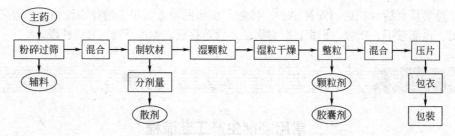

图 17-3 固体制剂生产工艺流程

Ⓡ 必需知识

常用制剂生产工序

（一）浸出制剂生产工序（以口服液为例）

1. 原料净选工序

（1）核对采用的原料、包装材料的名称及规格数量。

（2）程序

① 操作工应按生产指令到仓库领取合格的制剂原料，并填写领料表。

② 生产操作前检查生产场所的卫生是否符合该区域要求，有无清场合格证等。

③ 对所领的物料应复核质量。

④ 将原料挑拣除去泥土等杂质，然后用水洗。

⑤ 洗过的原料放入烘箱中80℃以下烘干。

⑥ 填写检验单，送质检科，化验员取样检验合格后填写合格证，如水分不合格则继续烘干。

⑦ 操作工收到合格单后，将制剂原料装入双层的塑料袋中，凉后扎紧袋口，放上合格证，称重，入半成品库。

⑧ 及时填写生产记录，搞好生产场所卫生。

2. 原料粉碎工序

（1）核对原材料、半成品、包装材料的名称、规格。

（2）程序

① 操作工应按生产指令领取合格的原料，并填写领料单。

② 查看各设备、装置是否合格，各状态标志是否具备。

③ 打开粉碎机盖，检查机室内是否清洁，各螺钉是否松动，然后用手转动皮带看转动是否灵活，有无碰击声，确无上述情况才可进行空运转。

④ 空运转1min，无任何故障方可使用。

⑤ 运转正常后，慢慢地分次加入原材料，注意电机负荷的平衡，及时调节进料门和投料量。

⑥ 工作时，操作工应站在机器侧面加料，以免对着加料口操作发生事故。

⑦ 停车前，待机器空运转2～3min后才能停车，以使粉碎室内的残余物料全部被吸出。

⑧ 粉碎好的半成品制剂粗粉用洁净的双层塑料袋包装扎紧袋口并称量，做好物料平衡，质检合格后，贴合格证放入半成品仓库。

⑨ 撒在地上的粉末原料应收集称量，用于物料平衡。

3. 原料渗漉工序

（1）采用的原料、器具、制剂原料、不锈钢桶、滤纸。

（2）程序

① 操作工应按生产指令领取合格的半成品制剂原料粗粉，并填写领料表。

② 检查渗漉桶及有关的设备是否正常，有无合格的状态标志。

③ 将半成品制剂原料粗粉加入 65％的乙醇，浸泡 24h 后，进行渗漉，收集渗漉液约为原料的 11 倍。

④ 渗漉结束，渗漉液倒入已消毒的不锈钢桶中贮放备用。

⑤ 做好生产区域的卫生工作，及时将废弃物处理。

⑥ 及时做好生产记录。

4. 提取液减压浓缩工序

（1）采用的原料、器具　制剂原料渗漉液、不锈钢桶、滤纸。

（2）程序

① 操作工应按生产指令领取合格的半成品制剂原料渗漉液，并填写领料表。

② 检查减压浓缩的设备是否正常，有无合格的状态标志。

③ 将半成品制剂原料渗漉液通过加料口泵入减压浓缩罐中，关紧加料口。

④ 打开冷却水开关，打开减压阀，接通减压浓缩罐的电源。

⑤ 打开乙醇收集液开关，渗漉液进行减压浓缩，至一定体积时，关闭电源，关闭减压阀，关闭冷却水，关闭收集液开关。

⑥ 打开出料口，将浓缩液放入已消毒的不锈钢桶中贮放备用。

⑦ 做好生产区域的卫生工作，及时将废弃物处理。

⑧ 及时做好生产记录。

5. 配料工序

（1）采用配料的名称　制剂原料、浓缩液、单糖浆、苯甲酸钠。

（2）采用的工具　天平、不锈钢桶、磅秤、取料勺、量筒。

（3）程序

① 操作工接生产指令后到原辅料库领取制剂原料浓缩液、配料，并填写领料表。

② 原辅料的包装表面经清洁、消毒后送入车间。

③ 检查所用的容器、工具是否清洁，有无合格标志。

④ 检查衡器是否正常。

⑤ 按配料表开始配料，配料过程中应有人复核。

⑥ 配料完毕后称量配好物料的总重，以防止出现差错。

⑦ 及时做好室内卫生和生产记录。

6. 配料过滤工序

（1）采用的原料、器具　制剂原料提取浓缩液、不锈钢桶、滤布。

（2）程序

① 操作工应按生产指令领取合格的半成品制剂原料，并填写领料表。

② 检查过滤及有关的设备是否正常，有无合格的状态标志。

③ 将滤纸用纯水浸湿，贴在压滤机滤板的网花上，滤板放在硅胶圈内压紧顶板。

④ 关闭进气阀后，启动输液泵，逐渐打开球阀达所需压力（2～3kgf/cm²）并排出空气即可过滤。

⑤ 当压力表压力突然上升或压力突然下降时，为滤材阻塞和破裂，可以换滤材重新过滤。

⑥ 停泵时应先关闭进液阀，以防突然停泵后液体回流击坏滤材。然后停泵并拧开放气螺栓，松开顶板即可更换滤材或清洗。

⑦ 过滤结束，滤液倒入已消毒的不锈钢桶中贮放备用。

⑧ 做好生产区域的卫生工作，及时处理废弃物。

⑨ 做好生产记录。

（二）液体制剂的生产工序（以低分子溶液剂为例）

1. 工艺用水的制备工序

（1）使用的工器具名称　贮水槽、电导率仪、50ml烧杯。

（2）程序　工艺用水主要是指生产中洗瓶、配料、洗涤设备、工具等用水，按水质可分为饮用水、去离子水等。饮用水主要用于清洗器具，去离子水主要用于配料和清洁器具。去离子水的制备程序如下。

① 查看上班原始记录，了解上班次运行及水质情况。

② 检查各设备装置是否正常。开启饮用水进水阀门，使饮用水缓慢地充满树脂交换器。

③ 至水质检测合格以后，将水导入纯水贮水槽中。随时查看贮水槽的水位，防止溢出。

④ 每两小时测电导率一次，并做好记录，如某一水质已接近边缘时，应做到勤测。按要求做好原始记录。

⑤ 关闭进水阀门，待出水口停止出水后，将离子交换树脂的出口阀关闭。

⑥ 离子交换树脂的再生　当交换树脂的出水不符合标准时，即需再生。将树脂柱逐只倒放，从进水口通入少量自来水，使树脂微托起2～3min，以除去杂质和气泡，疏松树脂层，并使之重新排列。

> ● 知 识 链 接 ●
>
> #### 离子交换树脂的再生
>
> 离子交换树脂使用一段时间后，吸附的杂质接近饱和状态，就要进行再生处理，通常用化学药剂将树脂所吸附的离子和其他杂质洗脱除去，使之恢复原来的组成和性能。在实际运用中，为降低再生费用，要适当控制再生剂用量，使树脂的性能恢复到最经济合理的再生水平。
>
> 钠型强酸性阳离子树脂可用 10% NaCl 溶液再生，用药量为其交换容量的 2 倍（用 NaCl 量为 117g/L 树脂）；氢型强酸性树脂用强酸再生，宜先通入 $1\%\sim2\%$ 的稀硫酸再生，以防止被树脂吸附的钙与硫酸反应生成硫酸钙沉淀物；氯型强碱性树脂，主要以 NaCl 溶液来再生，加入少量碱可有助于将树脂吸附的色素和有机物溶解洗出，故通常用含 10% NaCl $+0.2\%$ NaOH 的碱盐液再生，常规用量为每升树脂用 $150\sim200$g NaCl 及 $3\sim4$g NaOH；OH 型强碱阴离子树脂则用 4% NaOH 溶液再生。

⑦ 纯水的电导率测定。

a.电导率未开电源前，观察表针是否指零，如不指零，可调整表头上的螺丝使表针指零。

b.将测量开关扳在"校正位置"，插接电源线，打开电源开关，并预热数分钟，等指针完全稳定下来为止，调节"调正"器，使电表满度指示。

c.根据量程范围和被测液电导率估值大小，选用"低围"或"高围"。

d.将量程选择开关扳到所需的测量范围，若预先不知被测液体电导率大小，应先把其扳到最大测量挡，然后逐挡下降，以防表针打弯。

e.将电极浸入待测溶液中，将测量开关扳至"测量"，等手表指针平衡后记录读数。

f.注意事项：电极的引线不得受潮湿，否则将测不准；盛被测水的容器，必须清洁，无离子沾污；高纯水被盛入容器后迅速测量，否则电导率降低很快，因为空气中的 CO_2 溶入水中，变成碳酸根离子。

⑧ 贮水桶的清洗：倒尽桶内的水，用1%～2%的过氧化氢浸泡内壁2h以上，然后放尽桶内的水，用纯水冲洗至电导率至合格，每周生产前进行清洗一次。

2. 配料工序

（1）采用的工具　天平、不锈钢桶、磅秤、取料勺、量筒、漏斗、滤纸。

（2）程序

① 操作工接生产指令后到原辅料库领取原辅料，并填写领料表。

② 原辅料的包装表面经清洁、消毒后送入车间。

③ 检查所用的容器、工具是否清洁，有无合格标志。检查衡器是否正常。

④ 按配料表开始配料，配料过程中应有人复核。配料完毕后称量配好物料的总重，以防止出现差错。

⑤ 及时做好室内卫生和生产记录。

注意事项：取料的勺子应每个品种一个，不得相互混用，所用的量具也应每个品种一个，以防止污染。

3. 灌装工序

（1）采用的工具　灌装加塞机、不锈钢桶。

（2）程序

① 操作工应按产量领取一定量的配料和适量的塞子。

② 操作方法

注意：不可在电位器处于高数位时启动；任何故障指示灯亮的情况下，不能启动，须排除故障后方能运行。

a. 开启电柜外侧电源总开关，操作箱电源指示灯亮，电柜外右侧轴流风机运转，向外排风。

b. 将工作方式置于空车位。

c. 打开层流、理塞、真空泵开关。打开输瓶调速旋钮、理瓶调速旋钮。

d. 打开主机调速旋钮，分别调整输瓶和理瓶速度，使之与主机速度匹配。此时，理瓶、输瓶和主机全部动作，理塞斗开始上塞，整机进行空车运行。

e. 将工作方式置于"自动"位。此时，理瓶盘内须有瓶存在。

f. 分别按下输瓶启动、主机启动按钮。输瓶启动指示灯亮，主机启动。打开液泵开关。机器自动运行。

g. 正常停机：先将灌泵开关旋至全不灌位置，再按下主机停止按钮，相继将理瓶开关、理瓶电机的启停按钮、输瓶电机的启停按钮及真空泵的启停按钮旋至关位置，并将其对应调速电位器调到"0"的位置，再把总电源开关旋至关，总电源段开，机器停止运转。

4. 轧盖工序

（1）采用的工具　轧盖机。

（2）程序

① 操作工应按产量领取适量的瓶盖。

② 操作方法

a. 合上电源，电源指示灯亮。

b. 在输送带上装满盖子，旋转理瓶振荡旋钮，慢慢加大振荡，使盖子理好进入输送轨道。

c. 将自动、空车开关拨到自动位置上。将计数器清零。

d. 按下电机启动按钮，再旋转调速旋钮，慢慢加快速度，调到合适为止。此时，再看进瓶能否供得上。如不合适，再调旋钮直到所需速度，然后观察供盖系统，加大输盖振荡，使盖进到落盖口。

　　e.停机后,将速度旋钮调至零位。

5. 产品的外包工序

　　① 外包装操作工应按产量领取适量的包装盒、包装纸箱和标签、说明书、封口签,并填写领出单。

　　② 按规定折好包装箱和包装纸盒,并在盒上打上批号。

　　③ 为增加彩盒的牢度,还应在彩盒内部的底面贴上白纸条。

　　④ 规定将成品装入彩盒中,溶液剂是每瓶一盒,口服液是每盒10支。

　　⑤ 折叠说明书,盒内放上说明书。彩盒开端贴上防伪封口签,装箱。

　　⑥ 将包装好的产品送到待验室,并填写请验单送质检科,质检科在收到请验单的1个工作日内派人前往取样,贴上待验证和取样证。

　　⑦ 经检查后质检科填写化验报告单一式3份,一份交仓库,一份交车间,一份留底,并填写发放相应的产品合格证,并将待验证换成合格证。

　　⑧ 化验员在化验合格时应抽取相应数量的留样品。

(三) 无菌液体制剂生产工序 (以注射剂液为例)

1. 原辅料的预处理工序

　　原辅料使用前应核对品名、规格、重量及化验合格报告单。确认无误后,按照工艺规程要求进行预处理,预处理后的原辅料应放置于干净的容器内,容器外壁应标明品名、批号、重量、日期和操作者,并填好记录。

2. 制水工序 (多效蒸馏水器标准操作程序)

　　在注射剂生产中,主要控制纯化水和注射用水的质量。目前制备纯化水的方法多采用离子交换法或反渗透法。离子交换法详见本项目必需知识"液体制剂的生产工序"。制备注射用水的方法多采用多效蒸馏水器,另外还有二级反渗透法。不同多效蒸馏水器的参数见表17-1。多效蒸馏水器标准操作程序如下。

表 17-1　不同多效蒸馏水器的参数

型号	蒸汽压力/MPa	离子交换水消耗量/(L/h)	蒸馏水出水温度/℃
LD500-4	0.2~0.3	460	80
ZCPC	0.3~0.4	600	80

　　(1) 操作工按规定穿戴洁净工作衣、帽、鞋进入制水间,检查多效蒸馏水器及附属各阀门管道、蒸馏水贮槽是否完好,开贮水间紫外灯20min。通知锅炉房供汽、离子交换水间供离子交换水,打入贮水桶。

　　(2) 打开主蒸汽阀,待蒸汽压力达到0.3MPa以上时,按动多效蒸馏水器的水泵电钮,待出口水压达到0.6MPa时,缓缓开出水阀,根据蒸汽压力控制离子交换水流量,调节冷却水流量。

　　(3) 多效蒸馏水器正常运转时,操作人员须随时观察蒸汽压力、离子交换水流量、冷却水压力、视镜内的水位和出水温度等,中途不得离岗。蒸馏水槽用蒸汽夹套保温80℃。

　　(4) 停机时,先关闭主蒸汽阀门,然后停水泵及关闭流量计调节阀门,并打开所有排水阀,排除机内及水泵、管道内积水。

　　(5) 遇异常情况如锅炉停汽、离子交换水压力低等情况,须立即停机查明原因,排除故障后,方可重新开机生产。

　　(6) 每隔2h测定一次水质,必要时需连续测试。随时注意水质,正确填写原始记录,发现问题及时反映。

（7）生产结束做好清洁卫生工作，蒸馏水贮槽放去余水，每周用75％乙醇消毒。平时每天使用前用新制备的蒸馏水冲淋后使用。

●知●识●链●接●

制水岗位注射用水质量控制和检测方法

检 查 标 准	检查人	次数	方法
1. CL、pH、氨应符合规定并有记录	1. 自查	1. 每2h检查一次 CL、pH、氨	核对工艺规程
2. 贮水桶每天清洗一次。每周用75％乙醇消毒一次	2. 检查员	2. 每周检查一次	
3. 本品应于制备后12h内使用	3. 化验员	3. 热原抽查	

3. 管道、容器、清洁和消毒处理工序

（1）新不锈钢泵、阀、不锈钢贮水槽等不锈钢制品的处理：先用3％洗衣粉液擦洗水槽、泵、阀，并回流15min后，用自来水冲洗至中性，将水放尽，再用75％乙醇擦洗水槽、泵、阀，并回流15min后用去离子水、蒸馏水依次冲洗备用。

（2）旧不锈钢或玻璃水泵、阀门的处理：每周处理一次，处理前放去泵内存水，用75％乙醇回流15min，依次用自来水、去离子水、蒸馏水冲洗至中性备用，停产3天以上或机修后按新品处理。

4. 配液工序

配料岗位是整个注射剂生产流水线中关键环节，操作工必须严格按照产品和工艺标准操作，稍有疏忽将会导致整批药液的损失。本操作分称量、配制、过滤、清场四个步骤。

（1）称量工序

① 操作人员须换鞋，穿戴洁净工作衣、帽，用肥皂洗净双手上岗。

② 配料前核对原辅料品名、批号、生产厂家、规格及数量应与检验报告单相符，如发现原辅料包装、外观、色泽、形态有差异应及时上报。

③ 按照处方，一人计算投料量，另一人复核；一人称量，另一人复核。操作人、复核人均应在原始记录上签名。

④ 其余的原辅料应封口贮存，在容器外标明品名、批号、日期、剩余量，使用人应签名。

⑤ 天平、磅秤每次使用前应校正，并定期由专人校验，做好标贴及记录。

（2）配制工序

① 配料前应先用注射用水润湿地面，开紫外灯杀菌30min以上，用注射用水冲洗配料罐内外、标尺，用滤过的合格注射用水冲洗管道、罐内用纯蒸汽消毒。

② 减速器，接通电源后，试转一下，看运转是否正常。如发现减速器有异声，电机不转，请电工或钳工检查，排除故障。有蒸汽加温的配料罐，接通蒸汽时，旋开阀门，进汽应先小后大，压力一般不能超过 0.1MPa，以免损坏管路，造成事故。

③ 查看配料水化验合格单，水质合格方可投料。使用的注射用水在80℃以上保温，贮存时间不得超过12h。

④ 开启阀门，将注射用水注入搪玻璃反应罐中至总体积的80％（冷却至约30℃）。

⑤ 关闭进水阀门，通入惰性气体（N_2 或 CO_2），饱和后加入维生素C，搅拌，缓缓加入碳酸氢钠，边加边搅拌使之中和作用完全，气泡不再产生为止，再将已溶于注射用水的乙二胺四乙酸二钠及亚硫酸氢钠溶液加入，搅匀，用惰性气体饱和的注射用水加至全量。

⑥ 待药物全部溶解后，取样测定含量、pH、查看色泽，同时通惰性气体封液面（直接与药液接触的氮气使用前需经净化处理）。

⑦ 按要求进行半成品检验。

（3）过滤工序

① 药液经含量、pH、色泽检验合格后，才能进行过滤。

② 待半成品检验合格后用垂熔滤棒粗滤，按品种专用。0.45μm微孔滤膜精滤至澄明（微孔滤膜的处理：先做泡点试验或灯光检查亮点，然后再用注射用水浸泡24h方可使用。浸泡用的注射用水两天换一次）。

③ 注射用水筒式滤器操作

a. 同串联滤器的单个操作，单支滤芯滤器的滤芯插入插口后旋转90°卡紧。

b. 管道通滤器腹腔的是进口，管道接滤芯插口的是出口，安装时，进、出口不要装反。

c. 滤芯插入插口时，方向要垂直，卡箍螺钉应尽量旋紧。

d. 过滤器使用压力不能超过0.4MPa。

④ 药液筒式过滤器操作

a. 查滤器状态，设备完好方可进行操作。

b. 旋开筒体与滤器底座的卡箍螺钉，取下密封圈，将筒体放平放正，取处理合格的滤芯，将滤芯方向垂直插入滤筒，并适当压紧压紧板，以免滤芯被滤液冲动歪倒。

c. 按a. 反方向安装好滤器，旋开进、出口阀，用注射用水冲洗滤器和管道10～15min，至滤出水澄明度合格。

d. 开启第一滤器的放气开关，关闭其他出口阀，让药液充满滤器，再开启第二滤器的放气开关、第一滤器的出口阀，关闭第二滤器的出口阀，使药液充满滤器。打开两滤器出口阀，滤器开始工作。

e. 生产结束，打开滤器下部的放液阀排清剩余药液。

f. 关闭放液阀，用注射用水顺冲滤器10～15min。

g. 先将第二滤器的进、出口换位反冲第二滤器10～15min，再将第二滤器按正常位装到第一滤器前面，并将第一滤器进、出换位，反冲第一滤器10～15min。

h. 旋开筒体与滤器底座的卡箍螺钉，取出滤芯。滤芯按"微孔滤芯清洗消毒标准操作程序"处理，再反顺序装好滤器。

⑤ 保养

a. 药液滤芯使用前后按微孔滤芯起泡点试验标准操作程序做起泡点试验，注射用水滤芯每半月做起泡点试验。滤器属于精密械，应时常保持清洁，不要野蛮操作，每次生产结束后，在相应洁具间取干净抹布将筒体擦拭干净。

b. 生产中经常巡视检查，保证药液管道衔接牢固，滤器流速均匀，无泄漏，如发现异常应及时排除。

c. 精滤品盛放容器应密闭，并标明药液品种、规格、批号、目检色泽、可见异物合格后，方可流入下工序。

（4）清场工序

① 每天（或每批）生产结束后必须严格清场。连续生产产品的配料缸、容器、滤具、管道及下道工序灌封机药液管应用热蒸馏水冲洗干净（特殊品种例外），并灌满浸泡过夜。更换产品品种必须全部拆除清洗（按SOP"管道、滤器、容器、玻璃器皿的常规消毒处理"有关内容进行）。

② 清场结束后，及时、认真填写清场记录。

5. 灌封工序

（1）灌封前的准备

① 检查安瓿灌封机状态，设备完好方可投入操作。

② 检查已烘干瓶是否已在机器网带部分排好，将倒瓶扶正或用镊子夹走。

③ 手动操作将灌装管路充满药液，并排空管内空气。

④ 开动主机运行再设定速度试灌装，检测装量，调节装量使其在标准范围之内，然后停机。

（2）灌封

① 开启抽风启动按钮，开启氧气、燃气启动按钮。

② 点燃各火嘴，调节流量计开关，使火焰达到设定状态。

③ 按下转瓶电机按钮。

④ 开动主机至设定速度并进行灌装，根据拉丝效果，调节火焰至最佳。

⑤ 拉丝完后用推板把瓶赶入接瓶盘中，同时用镊子夹走明显不合格产品。

⑥ 中途停机时先按绞龙制动按钮，待瓶走完后方可停机，以免浪费药液和包材。

⑦ 总停机时先按氧气停止按钮，后按抽风停止按钮及转瓶停止按钮，之后按层流停止按钮，最后切断总电源。

⑧ 如总停间隔时间不长，可让层流风机一直处于开启状态，以保护未灌装完的瓶。

（3）灌封结束

① 关闭燃气、氧气、保护惰性气体总阀门。

② 拆卸灌装泵及管路，移往指定清洁位置清洁、消毒，注意泵体与活塞应配对做好标志以避免混装。

③ 对储液罐进行清洗、消毒。

④ 对机器进行清洗，并擦拭干净，认真、及时填写各项原始记录。

6. 灭菌工序

（1）灭菌前准备

① 操作人员穿戴工作衣、帽、鞋后方可进入工作场地。

② 必须严格检查灭菌锅、烘房、工作场地有无针药遗漏，以免混药、混批及重复灭菌。将灌封盘从灯检间取来，必须复转，冲洗干净，交灌封备用。

（2）灭菌

① 按灌封好的产品顺序检查车号盘数，并盖上锅号按产品品种要求掌握灭菌温度、时间，灌封到灭菌时间越短越好，从配料至灭菌结束时间不超过 12h。

② 按产品工艺要求控制产品灭菌温度。升温时间一般为 15min，特殊品种要求为 10min 以内。锅内最高气压不超过 0.12MPa，温度升到工艺规定时，开始计算保温时间，其间温度要保持恒定，还应适时补充蒸汽。

（3）检漏

① 保温结束关闭蒸汽阀，开排气阀直至锅表压为零，开进水阀和排水阀至产品冷却后关闭。

② 开进色液阀，根据产品将配制的色液约 500ml 倒入色液进口漏斗，进水至灭菌产品全部浸在色液中（一般白瓶用红色液，棕瓶用蓝色液）。

③ 开真空阀检漏，真空度达到规定限度以下，持续时间不少于规定时间后，关闭真空阀，开放空阀置常压，待 20min 后开排液阀排尽色液，开锅门，拉出灭菌车，逐盘挑出漏头破瓶，用自来水洗尽瓶壁沾着的色液。挂上已灭菌的状态牌。

④ 认真填写原始记录，详细记录灭菌锅号、产品、温度、时间、漏头和冷爆等数据。

（4）去湿

① 灭菌检漏后的产品按锅号放置在烘房内去湿干燥。开排风扇、去湿机，温度一般不超过

50℃，特殊品种应按有关规定操作。

② 同规格不同品种，同品种不同批号产品不得放在同一烘房内，每车只许放一个锅号产品。

（5）安全及其他注意事项

① 灭菌锅系高温受压容器，灭菌操作必须保证安全。灭菌锅每月应进行可靠性验证，校验温度记录仪、压力表，测定柜内温度均匀性。

② 本岗位操作须二人同时在岗，一人操作，另一人复核。

③ 使用灭菌锅，要严格防止灭菌前后产品混淆。灭菌品名牌必须与锅内产品一致，产品车必须挂上相应的状态牌。

④ 每天生产结束或中途更换灭菌品种必须严格清场，检查锅内、场地、烘房无遗留产品，方可再生产。

7. 灯检工序

① 操作人员穿戴工作衣、帽、鞋上岗。

② 与灭菌工序联系核对产品流转卡中的品名、规格、批号、数量，并检查产品的干燥情况，方可车入灯检工序。

③ 按照"注射剂可见异物检查规则和判别标准"逐瓶目检，剔除残次品，力争正品中无废品，废品中无正品。

④ 逐瓶目检后再由专职人员抽检。1～2ml产品每盘抽检100支，5～20ml每盘抽检25支，必要时可增加抽检量。漏检率不得超过3%，若超出了指标必须逐瓶重新灯检。

⑤ 操作时要拿得稳，翻得轻，不重放，不夹双排。灯检2h后，应休息20min，以恢复视力。操作工目力应在0.9以上。

⑥ 灯检后，每盘成品必须放上标有品名、规格、工号的标签，移交印包工序。

⑦ 检出的玻屑、白块、焦头、容量差异等可回收品应与裂丝、空瓶、漏头、混浊、色素瓶等不可回收废品要分别做好标记，分开存放。

⑧ 可回收品每盘应标明品名、规格、批号，生产结束后交配料间回收。不可回收废品每天由灯检工负责打碎，剧毒药品必须经二人检查核对无误后方可销毁。

⑨ 在同一灯检间内不得同时灯检不同品种及同规格、同色泽的产品或同品种不同规格的产品。

⑩ 生产结束，要严格清场。不得有遗漏。做好清扫工作，灯检盘应定时清洗干净。认真、及时填写各项原始记录。

• 知 识 链 接 •

灯检岗位质量控制和灯检设备操作程序

1. 灯检岗位半成品质量检测操作方法

检查项目	检查标准	检查方法		
		检查人	次数	方法
检漏	灯检合格品中,玻璃屑、白块超过限量的白点等异物的漏检率不得超过4%,不得有异常的色泽加深及容量明显不足等	班组检查员 车间质量员	每盘抽查 抽查	1～2ml 每盘抽检100支; 5～20ml 每盘抽检25支
灯检速度	1～2ml 3s/支;5ml 4s/支; 10ml 5s/支;20ml 7s/支	车间质量员	抽查	

2.灯检台标准操作程序

(1) 将检品盘正向放入灯箱内,保护电器箱内电器元件。

(2) 启动电源开关,此时荧光灯亮。

(3) 启动照度开关,此时照度显示为数字"00",表示照度为 $0 \times 100 \text{lx}$。

(4) 将仪器配备的照度传感器插头插入面板孔,掀开光池保护盖,将其放在平行于伞栅边缘的被检品待检测位置,测定照度,同时旋转仪器上部的照度调节旋钮至所需照度为止。

(5) 根据测定要求,用仪器面板上的拨盘开关设定所需检测的时间。

(6) 在检测样品的同时,按动计时微触开关,指示灯每秒闪烁一次,并在起始和终止时有声响报警。

(7) 测试完毕后,关上仪器的总电源开关,拔下电源插头。

8.印包工序

印字包装整个过程包括安瓿印字、装盒、加说明书、贴标签及捆扎多道工序。目前我国多用机器和人工配合操作的半机械化安瓿印包生产线进行生产操作。尽管印包是生产的最后一步工序,但在这一工序有很多的包装材料,如空盒子、标签、印字铜板、说明书等,若清场不严格,则极易发生装错盒子,造成混药事件;若校对不细致,则极易搞错印字批号或在盒子上盖错批号。安瓿上印字要求字迹清晰,并标明注射剂的名称、规格及批号。工序操作分印字、开盒、嵌盒、盖盒、印章、扎绳、装箱等操作步骤。

(1) 准备

① 操作人员穿戴工作衣、帽上岗。

② 与灯检工序联系核对半成品的名称、规格、批号及数量,将产品车到机旁或烘房温热。

③ 由专人到仓库领取包装材料、标签、说明书等,并核对相符。

(2) 印字

① 印字前先检查印字机运转是否正常,装印字铜板时由挡车工与质检员二人核对产品名称、规格及批号。

② 安瓿上机要轻拿轻放,避免破碎。空盘内不得遗落针药,以免混药、混批。

③ 开车印字时应立即检查印字质量,复核品名、规格及批号。字迹要清晰、整齐,发现问题及时停机纠正。

(3) 开盒、嵌盒、盖盒

① 开盒、加盒要检查盒贴的品名、规格,严防不同品种盒子混入。

② 随时剔除损坏或霉变的纸盒。

③ 将安瓿嵌入纸盒格档,操作要轻,不弄糊字迹,每格 1 支针药,发现印字不清,应立即通知机头停车处理。

④ 中途调品种、工号、批号时应捡净操作台面及传送带口散落的针药,以防混批、混药。

⑤ 盖盒操作工要协助嵌瓶,保证药盒内不多支、不缺支,盖盒完整。

⑥ 有说明书的产品,每盒一份,不多放,不漏放。

(4) 印章、扎绳

① 药盒盖章前先调好橡皮图章的批号、工号,并由盖盒工复核。

② 盖批号章字迹要清楚,防止漏盖、重盖。尽可能盖准盒贴、批号位置。

③ 药盒要捆扎牢,上下整齐,不缺盒,不多盒。要防止空盒混入。堆放要整齐。

（5）装箱

① 待装箱的产品要核对名称、规格，及时将扎捆好的针盒装入大箱，不要过多积在台面。

② 装箱数量要准确，不多装，不缺盒，上下衬底板，箱面、箱底封口要牢固，防止脱开。发现霉变、损坏的大箱应剔除。

③ 在大箱指定部位盖批号、锅号章，字迹要求清晰。防止混批、混药。及时做好装箱记录。

④ 每批产品包装结束，零头针、盒专人保管。同种产品不足一盒的与下一批并盒，不足一箱的与下一批并箱，并在箱、盒上面盖上并箱、并盒批号。

⑤ 包装结束准确统计标签（盒贴、瓶贴）的实用数及剩余数，剩余的印有批号的标签由专人销毁，并有销毁记录。

⑥ 生产结束后地面、台面、空盘等不得有散落的针药。调批号或调换品种时应清场，做好清洁卫生工作。

⑦ 认真、及时填写生产记录，生产结束半成品送仓库待验，合格后方可入库。

• 知识链接 •

印包岗位半成品质量检测操作方法

检查项目	检 查 标 准	检 查 方 法			
		检查人	次数	方法
盒子	不允许有坏盒子、霉变、不洁纸盒。盒子外观应挺括，格档整齐	自查 小组质量员 车间质量员 仓库保管员	随时 随时 抽查 进仓前检查	按实样及质量标准
印字质量	印字必须清楚、油墨均匀，不应有品名、规格、批号等错误，不得有白板、缺字	自查 小组质量员 车间质量员	同上	

（四）固体制剂制备技术（以片剂为例）

1. 原辅料的预处理工序

原辅料使用前应核对品名、规格和重量以及是否有化验合格报告单。确认无误后，按照工艺规程要求进行烘干、粉碎、过筛。经预处理的原辅料应放置于干净的容器内，容器外壁应标明品名、批号、重量、日期和操作者，并做好记录。一般将辅料如淀粉烘干 2h，便于粉碎。

• 知识链接 •

片剂生产设备一览表

序号	设备名称	序号	设备名称
1	万能粉碎机	5	整粒机
2	旋振筛	6	混合机
3	混合制粒机	7	压片机
4	沸腾干燥机	8	铝塑包装机

2. 粉碎工序

（1）准备工作

① 操作前首先自检设备、卫生、计量、物料的状态，以及相应的合格证。

② 经现场监控员检查合格后，发放"准许生产证"，准予正式生产。

（2）操作过程

① 认真核对需粉碎的原辅料的名称、数量、性状、批号等内容。

② 确认无误，将接料袋用软乳胶管扎紧在粉碎机出料口处，袋底与机体相连接，避免撒漏物料。

③ 接通电源，先将粉碎机空运转 2～3min，无异常现象时打开排风开关，将要粉碎的原辅料缓慢倒入加料口中，进行粉碎，严禁倒入过量物料，以免造成机械故障。

④ 粉碎完一种物料时，将机体用不掉毛刷子清洁干净，换下接料袋，再进行下一物料的粉碎。

⑤ 原辅料全部粉碎后，认真填写记录。

⑥ 搞好卫生，保持室内清洁干净，按清洁规程认真填写清场记录，经现场监控员检查合格后，发放清场合格证，方可离开。

本工序所有记录应及时规范填写，字迹整洁、清晰，并附本批清场记录。

3. 过筛工序

（1）准备工作

① 操作前自检设备、卫生、计量器具、物料状态，应有相应的合格证。

② 经质量保证部现场监控员检查合格后发放"准许生产证"，准予生产。

（2）操作过程

① 认真核对需过筛的原辅料名称、批号、重量等内容，均要与标识卡的内容一致，方可使用。

② 将接料袋用软胶管扎紧在过筛出料口处，上出料口同时也用软管将布袋扎紧，避免撒漏物料。

③ 按工艺要求安装规定标准筛。

④ 拧紧螺丝，接通电源，打开排风装置，将需过筛的原辅料缓慢倒入旋振筛，进行振荡过筛。

⑤ 一种原辅料过筛完毕后，用不掉毛刷子将机体及筛网清洁干净，换下接料袋；按物料平衡计算收率，及时填写记录，再进行下一原辅料的过筛。

⑥ 特殊药品过筛时，必须有工艺员、监控员对过筛全过程进行监控，并及时记录。

⑦ 原辅料全部过筛后，认真填写批生产记录及批平衡记录，并及时填写中间体递交单元，经现场监控员复核签字并发放流转证后移交下工序，双方复核并签字。

⑧ 按清洁规程清洁本工序卫生，保持室内清洁干净，认真填写清场记录，经现场监控员检查合格后发放清场合格证，方可离开。

⑨ 填写记录需及时，规范填写，字迹清晰、整洁，并附本批清场记录。

⑩ 擦洗机器时，关掉电源，严禁运转操作。

⑪ 严格按照设备使用 SOP 进行操作，确保安全生产。

4. 配料工序

（1）配料操作工（至少 2 人），要详细阅读产品生产指令和产品批配料记录的有关指令。

（2）检查配料所用的计量器具是否清洁，计量范围与称量范围是否相符；每个计量器具上有无检定合格证，是否在规定的周检效期内。

（3）配料盛装容器、取料器具应清洁，容器外无原有的任何标记。

（4）配料间要有监控员核发的说明配制环境及室内一应物品均符合生产要求的清场合格证及准许生产证。

（5）上述准备工作完毕后，由操作工按配料单或批记录中的配方记录对物料逐个核对、称量。

（6）称量人要核对物料品名、代号、批号、合格标记、物料的物理状态，及化学稳定性是否在规定的有效期内。确定无误后，按规定的称量方法和指令准确称量出批配料规定的处方量，放于规定的容器中；将原辅料根据物料性质和用量不同分别放于不同容器中，加标识卡备用。填写配料批记录，注明生产的品名、批号、批量、规格及称量的物料品名、代号、批号、检验证号、数量，并由称量人签名，注明日期。复核人应对上述过程进行监督、复核，必须独立地确认物料已检验合格，原料的名称、代号、数量与配方（批配料记录）无误，容器外标记准确无误。完成上述复核后，由复核人在容器外标识卡上签名，并再次复核称量人填写的批配料记录与配料过程，准确无误后，在复核人项下签名，物料及标识卡递交下工序。

注意：称量过程所用容器要每料一个，不得混用，以避免造成交叉污染。

（7）工序操作完毕后，完成批生产记录，及时清洁或清场，填写清场记录，并将清场记录附于配料批记录之后，交车间工艺员保管。

5. 颗粒制备工序

（1）根据批记录生产指令按半成品递交单各项内容，认真验收原辅料的品名、检验合格报告书，检验证号、批号、数量及外观质量等，必须与实际相符，双方方可在合格的递交单上签字，并将递交单贴在当班的生产记录背面。

（2）检查机器设备、生产用具必须清洁、齐全、运转正常，有"设备完好证"及"已清洁"方可操作。

（3）根据配料折纯投料量，两人核对无误后投入至湿法混合制粒机中。所投物料主要用于制粒，其他物料如外加崩解剂、润滑剂称取后放入总混间备用，黏合剂另取洁净容器盛装备用，剩余物料称重后附标志卡放入颗粒中间站。

（4）复方片剂，处方量相差悬殊的，应按等量递增法将原料充分混匀后，投入湿法混合制粒机中。全过程必须在工艺员、管理员的监控下完成，并及时记录。

（5）按处方的浓度及要求，准确地制备好黏合剂或湿润剂，并填写制造记录。

（6）按处方规定量加入配制好的黏合剂，根据工艺要求，为保证颗粒的质量，应严格控制混合的时间、搅拌的速度等技术参数，并填写在记录上。

（7）制粒时要严格按照处方的批量进行生产。

（8）制粒结束后必须将料斗、搅拌桨、切割刀及滚轴上颗粒物料清理干净。认真清场，及时规范填写生产记录。并附有上工序的中间体递交单、流转证、本批清场记录。

6. 颗粒干燥工序

（1）自查"设备完好证""清场合格证"，待监控员下发"准许生产证"后方可开工生产。

（2）在干燥岗位操作标识卡上注明该生产工序生产名称、批号、数量、生产日期，经二人核对无误后方可操作。

（3）将待干燥颗粒倒入干燥车斗中，推入沸腾干燥机内进行沸腾干燥，注意一次干燥量不得大于沸腾干燥床所允许的最大干燥量。

（4）调节温度至该品种要求的干燥温度，开启蒸汽及进风，进行沸腾干燥，干燥至规定时间。

（5）将干燥后颗粒拉出，填写"请验单"送质控部检验。

（6）填写相应生产记录和批平衡记录，做到及时准确。

（7）一批物料干燥完毕，需对沸腾床进行清洁清场，保持设备清洁，且清场操作需及时，彻底，并有记录，清场记录附于本批批记录之后。

7. 整粒工序

（1）开工前检查整粒机是否有"设备完好证""已清洁"标牌及"准许生产证"。

（2）检查整粒机的各部位螺丝拧紧后，将接料布袋扎紧在不锈钢网上，网口底部放一不锈钢容器，布袋放于不锈钢容器中，本产品粒度较大，要求筛网为 14 目，整粒机转速应适中。

（3）开动机器，打开排风装置，将物料倒入斗内，根据颗粒的软硬程度再调节整粒机转速，使颗粒软硬适合；加料时应逐渐加入，不宜加得太满。

（4）料斗内如颗粒停滞不下应先停机，将颗粒取出一部分，然后再开机。边加料边过筛直至结束。

（5）每批结束时，应将整粒机上的物料清理干净，并填写相应批记录及批平衡记录，交清场记录于批记录之后，待清场完毕，质控部发放清场合格证后，方可离开。

（6）维护保养。

① 每班使用前应检查机器的加油部位，按规定加油、润滑。

② 下班前应将机器各部位及工作现场的浮粉清扫干净。

③ 整粒机一级保养要用一天时间，由操作工完成，间隔为 6 个月。

8. 总混工序

（1）此设备应挂有"设备合格"标志，"已清洁"标牌和"准许生产证"，操作人员必须经过安全操作培训，方可允许操作。

（2）操作人员在操作前必须按工艺要求完成准备工作。

（3）接通总电源，检查操作盘，无异常方可使用点动按钮，让罐体空运转 3～5 转，无异常后，使进料口停在水平 45°位置。

（4）检查出料口密封盖，封严后方可打开进料口密封盖，开始进料。将全部外加辅料如外加崩解剂、润滑剂等及全部整过的颗粒同放入混合机中。

（5）进料完毕，拧紧进料口密封盖后，操作人员必须离开混粉机的旋转范围。

（6）确认混粉机旋转范围内无人员、无物件后，启动联动开启，进行混合操作。

（7）按工艺规定时间混合完毕，待混粉机件完全停止旋转后，使用点动按钮，将混粉机体的出料口停在下面，拔去电源插销，准备接料桶，将布袋放入桶中，上口与混合要用软乳胶管扎紧，方可进行出料。

（8）工作结束后，应彻底清场，并认真规范地做好批记录及物料平衡记录，将清场记录附于本批批记录之后。

（9）填写中间体递交单，待监控员检查合格签字并发放流转证后，将其连同总混物料一同递交中间站。

9. 压片工序

（1）开工前检查室内一切状态是否标记齐全，待现场监控员下发准许生产证后，方可开工。

（2）认真查看交接班记录，了解生产进度及其他注意事项后，到中间站领颗粒。

（3）认真核对颗粒递交单的每项内容，要确保与实物相符，核对中间体递交单准确无误后，双方均在中间体递交单上签字，并将中间体递交单贴在当班生产记录的背面。

（4）根据确定片重，核对好天平砝码（必须二人核对）。计算好片重。

（5）检查机器各部位必须正常，机器上不得有用具，离合器拉开。

（6）开机前先用手轮盘几圈车，无异常后再开机，每换一个新品种时必须先用空白粒试车。

（7）开车调好片重及压力后，立即请验测试崩解，待崩解合格，方可正式压片。

（8）检查片子外观必须符合质量标准，如有印字，应清晰、硬度适宜，无花斑、黑点、异物、麻面、松片等现象，待片差稳定、崩解合格后，方可正式开车压片。

（9）压片正常时，每隔一定时间称一次片重，每次抽片每片称重，应在合格范围内，并随时检查片子的外观质量。

（10）压制时要随时观察机器的运转情况，避免堵车等现象；如机器有异常声响，应立即停车，及时检修，经手动无异常后，方可开机。

（11）接片筛中的片子不得超过半筛，及时筛去片中的细粉及颗粒；接片的桶及布袋必须清洁、干燥。

（12）压片结束后，应填写半成品递交单，待监控员检查合格签字，并发放流转证后，连同压好的片子一同交付素片中间站，并履行中间站进站手续。同时必须与中间站管理人员核对，拴好袋口，将填写合格的标记分放桶内外。

（13）换品种时机器各部件（包括吸主器）必须彻底拭干净，以免混药，拆下的冲头按规程进行管理。

（14）上冲头检查，核对冲头的长度及磨损情况，如不符合质量要求，及时更换。

（15）应及时填写批生产记录和批平衡记录，前工序的中间体递交单、流转证和本工序本批清场记录同归于本批批生产记录，将剩余的颗粒及细粉称重后送入中间站，履行进站程序。

（16）如颗粒压片困难，须积极努力进行试车，必要时找车间技术人员协助试车，经车间技术人员确定确实无法压片时，立即将颗粒退回中间站，待返工。

（17）出现不合格片子及其他质量事故，及时向有关技术人员报告，等待处理，不得擅自处理。

（18）如发生设备事故，及时报告车间及设备部进行处理。

（19）机器运转时，严禁手或其他工具伸入，设备发生故障或出现异常声响，应及时停车，请维修工进行检查，待修复后方可开机。

（20）要经常保持机器的清洁及润滑，各润滑部分每班上次油，应适量，不要过多。

（21）填写相关记录，做到及时、准确、清晰。

10. 内包装操作工序

① 开工前首先自检所有状态标记是否全部合格，待现场监控员下发准许生产证后，方可正式开工。

② 根据车间生产指令，按领料规程领取待包装物料，领取时先检查有无质管部颁发的流转证和中间站出具的中间体递交单，并认真核对数量，批号、规格，核对无误后方可领片。

③ 根据当班所包的品种，验收包装材料的规格必须相符。

注意事项：内包材必须清洁，否则不得使用；两人核对批号后，将批号码紧固于包装机上。

④ 装片。

a. 开机前应先检查机器各部位，确认正常后，点动开机，无异常后方可开机。

b. 包装每桶物料前，一次标志卡内容应与桶中所装片子相符，每桶的标志卡应保存起来，直到产品入库后方可销毁。

c. 装片过程中发现异常要及时停机，排除故障后方可继续开机。

d. 内包装完毕后，填写中间体递交单，由监控员签字后与中间站管理员核对无误后，由监控员出具流转证履行进站手续。剩余的物料按零碎头管理退回素片中间站，未使用的包装材料的下脚料为工业垃圾。

e. 按清洁规程对包装机进行清洁。

f. 认真填写批生产记录及批平衡记录，前工序的中间体递交单和流转证以及本工序本批清场记录同归于本批批生产记录。

·知识链接·

片剂包装质量控制与检查方法

1. 内包装外观标准

（1）内包装每板片数应准确，不能有漏片。

（2）铝塑压合牢固，PVC塑泡眼严密，切割边缘整齐。

（3）印字及批号清晰，正确。

2. 检查方法及处理

（1）在每一容器内各任取20板，应检查无误。

（2）若发现个别板存在问题，应在外包装时给予剔除。

（3）若问题严重则应汇报给车间主任处理，不得进行外包装。

（4）外包装外观标准

① 外包装数量应准确，不得有误。

② 批号清晰、端正、准确。

③ 说明书、封签、装箱单不得遗漏，封签端正、牢固。

④ 大箱封箱带粘贴端正、平整，捆扎牢固、规范。

（5）检查方法及处理

① 由外包班长随时现场检查。

② 发现问题及时纠正或返工。

·知识链接·

颗粒剂和胶囊剂生产工序

1. 颗粒剂　将原辅料经干燥、粉碎、过筛，达到要求粒度后，按配方称量，然后进行混合，用干法或湿法制粒，制得干颗粒之后进行整粒，加入润滑剂进行总混，然后上颗粒包装机进行颗粒小包装，最后装盒装箱，成品入库待检。

2. 胶囊剂　将原辅料经干燥、粉碎、过筛，达到要求粒度后，按配方称量，然后进行湿法或干法制粒，得干颗粒之后进行整粒，或直接原辅料药粉加入润滑剂总混，上胶囊机充填、抛光；最后经铝塑包装或塑料瓶包装，装盒装箱，成品入库后待检。

ⓡ 拓展知识

一、GMP工艺布局

（1）避免人流、物流交叉，车间内的工艺布局根据工艺要求顺序布置，避免物流迁回。洁净生产区的洁净级别为A、B、C、D级。

（2）洁净生产区室内装修　生产车间净化区洁净级别分别为A、B、C、D级，其室内装修材料和构造除满足一般建筑要求外，还应围绕"净化"（防尘、防菌、防湿）要求进行，材料必须选用气密性良好，且在温湿度变化下变形较小的材料，具体措施如下。

① 吊顶为彩钢板吊顶，上为技术夹层。

② 内墙隔断为厚彩钢夹芯板，所有阴阳角均做成圆弧。

③ 为防止地面受温度变化或地基沉降引起开裂，需加厚混凝土基层厚度且适当配筋，同时设置防潮层，面层为环氧树脂自流地坪。

④ 所有钢柱均以彩钢板包封至吊顶底。

⑤ 内墙上开门为彩钢板门，窗为铝合金固定窗，安全门为钢化玻璃，铝合金外框固定。

⑥ 洁净区内墙涂料应采用仿搪瓷涂料。

⑦ 踢脚应与墙面做平。

（3）电气照明

① 照明配电箱选用 QDB4（R）型。照明线路采用 BV 型铜塑线穿电线管暗敷于地、墙和吊顶内。防爆 2 区线路采用镀锌钢管保护，沿地暗敷、沿墙明敷。

② 洁净区选用 HQ9410-2 型吸顶式洁净灯，主要工作室的照度不低于 300lx，辅助工作室的照度大于等于 150lx，并采用臭氧灭菌和移动式紫外线杀菌灯结合的方式消毒。

③ 普通区域采用荧光灯、工矿灯照明。

④ 给排水和工艺管道：车间洁净区内的所有管道（给水、排水、消防、冷却水、真空、压缩、蒸汽、冷冻、凝结水、纯水及工艺物料管）均在技术夹层内布置，进入洁净房间的立支固定很容易在彩钢板内敷设，局部立支很容易，可从楼板下直接穿板进入设备接管处。穿越楼板和墙体的管道设置套管并做密封处理。洁净室的地漏均采用洁净室专用地漏，洗涤盆采用全不锈钢洗涤盆，洗涤盆的存水弯、支架处三面用彩钢板封平。

二、药物制剂研究指导

药物必须制成适宜的剂型，才可用于临床。剂型选择不当，处方工艺设计不合理，不仅影响产品的理化特性（如外观、溶出度、稳定性），还可能降低生物利用度与临床疗效。因此，正确选择剂型，设计合理的处方与工艺，规范制剂研制程序，是保证药物产品安全有效、质量稳定的重要前提，此项工作在新药研究与开发中占有十分重要的地位。

1. 剂型选择的依据

研究一种剂型，首先要说明该剂型的选择依据，有何特点。同时要说明该剂型国内外研究现状，并提供国内外文献资料。

2. 处方前工作

在处方设计前应查阅有关文献资料，或进行必要的实验研究工作。

（1）查阅主药物理化学性质，了解其分子结构、色、味、颗粒大小、形状、晶型、熔点、水分、含量、纯度、溶解度、溶解速率等性质，特别要了解热、湿及光对药物稳定性的影响。同时对所用辅料也应掌握其理化特性，为处方设计与工艺研究提供科学依据。

（2）进行主药与辅料相互作用研究：一类新药应进行主药与辅料相互作用研究，其他类新药必要时也可以进行此项研究。

· 知 识 链 接 ·

主药与辅料相互作用研究实例（以口服固体制剂为例）

实验方法如下：可选若干种辅料，如辅料用量较大的（如赋形剂、填充剂、稀释剂等）可用主药：辅料＝1∶5 的比例混合，若用量较小的（如润滑剂），则用主药：辅料＝20∶1 的比例混合，取一定量，照药物稳定性指导原则中影响因素的实验方法，分别在强光（4500lx±500lx）、高温（60℃）、量及有关物质放置前后有无变化，同时观察外观、色泽等药物性状的变化。必要时，可用纯原料做平行对照实验，以区别是原料本身的变化还是辅料的影响，有条件的地方可用差热分析等方法进行实验，以判断主药与辅料是否发生相互作用，根据实验结果，选择与主药没有相互作用的辅料，用于处方研究。高湿（相对湿度90%±5%）的条件下放置10天，用HPLC或其他适宜的方法检查含量。

3. 处方筛选

（1）研究制剂如系国内外已生产并在临床上使用的品种，且采用的处方与已有的品种主药、辅料种类及用量完全一致，并可提供已有品种处方的可靠资料，则可不必进行处方筛选研究。如制备工艺与已有品种完全一致，并能提供有效证明，也可不必进行制备工艺研究。若只有辅料种类相同，而用量不同，则应进行处方筛选。凡自行设计的处方均应进行处方筛选。在进行预实验的基础上，可以采用比较法，也可用正交设计、均一设计或其他适宜的方法进行处方筛选。

（2）辅料的选择

① 辅料选择的一般要求　辅料是除主药外一切辅料的总称，是药物制剂的主要组成部分，应根据剂型、基本性能及给药途径的需要选择适宜的辅料，例如小剂量片剂，主要选择填充料（或稀释剂），以便制成适当大小的片剂，便于患者服用；对一些难溶性药物的片剂，除一般成型辅料外，还应考虑加入较好的崩解剂或表面活性剂；凝胶剂则应选择能形成凝胶的辅料。此外，还应考虑辅料与主药不应发生相互作用，不影响制剂的含量测定等因素。

② 辅料的来源　制剂处方中使用的辅料，原则上应使用国家标准（即《中国药典》、部颁标准、局颁标准）收载的品种及批准进口的辅料。对制剂中习惯使用的辅料，应提供依据并制定相应的质量标准；对国外药典收载及国外制剂中已经使用的辅料，如系特殊需要而且用量不大，应提供国外药典资料、国外制剂使用的依据及有关质量标准与检验结果；对食品添加剂（如调味剂、矫味剂、着色剂、抗氧化剂等），应提供质量标准及使用依据。对改变药物给药途径而应用的辅料，应制定相应的质量标准。凡国内外未使用过的辅料，均应按新辅料申报。化学试剂不得用作药用辅料。

（3）处方筛选　根据查阅资料及实验所得到的原辅料性质，考查辅料是否对主药含量及有关物质的测定存在干扰，应结合剂型特点，至少设计3种以上的处方与工艺操作，进行小样试制。处方包括主药与符合剂型要求的各类辅料，如片剂应有稀释剂、黏合剂、崩解剂、润滑剂等。工艺操作一般包括粉碎、过筛、混合、配制、干燥、成型等过程，特别要注意温度、转速、时间等操作条件，小剂量药物应采用特殊方法将其混合均匀。

4. 制备工艺研究

在进行预实验的基础上，可以采用比较法，也可用正交设计、均一设计或其他适宜的方法进行工艺研究。制备工艺研究包括工艺设计、工艺研究和工艺放大三部分。工艺研究过程虽然不属于GMP的检查范畴，但应参考GMP的基本要求进行过程控制、数据积累等方面研究与处理，为药品生产和质量控制打下坚实的基础。

（1）工艺设计　可根据剂型的特点、药物理化性质和生物学性质，设计几种基本合理的制剂工艺。如实验或文献资料表明药物存在多晶型现象，且晶型对其稳定性和/或生物利用度影响较大，可通过IR、粉末X射线衍射、DSC等方法研究粉碎、制粒等工艺过程对药物晶型的影响，避免药物晶型在制备工艺中发生变化。例如对湿不稳定的原料药，应在注意对生产环境湿度控制的同时，尽量避免水分的影响，可采用干法制粒、粉末直接压片等工艺。

工艺设计还需充分考虑与工业化生产的衔接性，尽量选择与生产设备原理一致的实验设备，以保证工艺、操作、设备在工业化生产中的可行性，避免制剂研发与生产过程脱节。

（2）工艺研究　制剂工艺通常由多个步骤组成，涉及多种生产设备，均可对制剂生产造成影响。工艺研究的目的是保证生产过程中药品的质量及其重现性。工艺研究的重点是确定制剂生产的关键环节和影响因素，建立生产过程的控制指标和工艺参数。

① 工艺研究和过程控制　首先，可根据剂型及药物特点选择有代表性的检查项目作为考查指标，考查工艺过程各主要环节对产品质量的影响，根据工艺过程各环节的考查结果，分析工艺过程中影响制剂质量的关键环节。如普通片剂、原料药和辅料粉碎、混合、湿颗粒的干燥以及压片过程均可对片剂质量产生较大影响。对于采用新方法、新技术、新设备的制剂，应对其制剂工艺进行更细的研究。

在初步研究的基础上，应研究建立关键工艺环节的控制指标。可根据剂型与制剂工艺的特点，选择有代表性的检查项目作为考查指标，研究工艺条件、操作参数、设备型号等变化对制剂质量的影响。根据研究结果，对工艺过程中关键环节建立控制指标，是保证制剂生产和药品质量稳定的重要方法，也为工艺放大及向工业化生产过渡提供重要依据。指标的制定应根据剂型及工艺的特点进行。指标的允许波动范围应由研究结果确定，并随着对制备工艺研究的深入和完善不断修订，最终应根据工艺放大和工业化生产为有关数据确定合理范围。

② 工艺重现性研究　工艺重现性研究的主要目的是保证制剂质量的一致性，一般需要对连续三批样品的制备过程进行考查，详细记录制备过程的工艺条件、操作参数、生产设备型号，以及各批样品的质量检验结果等。

③ 研究数据的汇总和积累　制剂工艺研究过程提供了丰富的实验数据和信息。通过对这些数据的分析，对确定制剂工艺的关键环节，建立相应的控制指标，保证制剂生产和药品质量的重现性有重要意义。这些数据为制剂工艺放大和工业化生产提供依据。

工艺研究数据主要包括以下方面：a. 使用的原料药及辅料情况（如货源、规格、质量标准等）；b. 工艺操作步骤及参数；c. 关键工艺环节的控制指标及范围；d. 设备的种类和型号；e. 制备规模；f. 样品检验报告。

（3）工艺放大　经过小试而确定制剂处方与制备工艺条件后，应放大实验（如片剂在10 000 片左右、胶囊剂在10 000 粒左右），对放大产品应按照制定的质量标准进行全面质量评价，才能用于临床研究。

工艺放大是工艺研究的重要内容，是实验室制备技术向工业化生产转移的必要阶段，是药品工业化生产的重要基础，同时也是制剂工艺进一步完善和优化的过程。由于实验室制剂设备、操作条件等与工业化生产的差别，实验室建立的制剂工艺在工业化生产中常常会遇到问题。

生产采用的高速填装设备与实验室设备不一致，实验室确定的处方颗粒的流动性可能并不完全适合生产的需要，可能导致重量差异变大；特别是对于缓释、控释等新剂型，工艺放大研究更为重要。

研究重点主要有两方面，一方面是考查生产过程的主要环节，进一步优化工艺条件；另一方面是确定适合工业化生产的设备和生产方法，以保证工艺放大后产品的质量和重现性。研究中需要注意对数据的翔实记录和积累，发现前期研究建立的制备工艺与生产工艺之间的差别，包括生产设备方面（设计原理及操作原理）存在的差别。若这些差别可能影响制剂的性能，则需考虑进行进一步研究或改进。

应能保证定量给药的准确性和重现性，在进行预实验的基础上，可以采用比较法，也可用正交设计、均一设计或其他适宜的方法进行工艺研究。

5. 初步质量评价

根据不同剂型选择合理的评价项目，一般包括制剂基本性能评价与稳定性评价两部分。

（1）制剂基本性能评价　列举几种典型剂型的评价项目（见表17-2），其他剂型可参考应用。

表 17-2 典型剂型的评价项目

剂　型	制剂基本评价项目
片剂	性状、硬度、脆碎度、崩解时限、水分、溶出度或释放度、含量均匀度(小规格)、有关物质、含量
胶囊剂	性状、内容物的流动性和堆密度、水分、溶出度或释放度、含量均匀度(小规格)、有关物质、含量
颗粒剂	性状、粒度、流动性、溶出度或释放度、溶化性、干燥失重、有关物质、含量
注射剂	性状、溶液的颜色与澄清度、澄明度、pH 值、不溶性微粒、渗透压、有关物质、含量、无菌、细菌内毒素或热原、刺激性等
滴眼剂	溶液型:性状、可见异物、pH 值、渗透压、有关物质、含量 混悬型:性状、沉降体积比、粒度、渗透压、再分散性(多剂量产品)、pH 值、有关物质、含量
软膏剂、乳膏剂、糊剂	性状、粒度(混悬型)、稠度或黏度、有关物质、含量
口服溶液剂、口服混悬剂、口服乳剂	溶液型:性状、溶液的颜色、澄清度、pH 值、有关物质、含量 混悬型:性状、沉降体积比、粒度、pH 值、再分散性、干燥失重(干混悬剂)、有关物质、含量 乳剂型:性状、物理稳定性、有关物质、含量
贴剂	性状、剥脱力、黏附强度、透皮速率、释放度、含量均匀性、有关物质、含量
凝胶剂	性状、pH 值、黏度(混悬型)、黏度、有关物质、含量
栓剂	性状、融变时限、溶出度或释放度、有关物质、含量

(2) 制剂稳定性评价与包装材料的选择　对经过制剂基本项目考查合格的样品,选择两种以上进行制剂影响因素考查,主要考查项目如含量、有关物质及外观变化情况,具体实验方法参看药物稳定性指导原则。

制剂稳定性评价与包装材料的选择

样品分别在强光 (4500lx±500lx)、高温 (60℃)、高湿 (相对湿度 90%±5%) 条件下考查 5 天,若考查项目能够区别制剂处方的优劣,就不再进行实验,若不能区别,则继续进行 5 天累计 10 天考查,还可适当提高温度或延长实验时间,对不适宜采用 60℃ 高温或 90%±5% 相对湿度的品种,可用 40℃ 或相对湿度 75%±5% 的条件。对于易水解的水溶液制剂 (如注射液),应研究不同 pH 的影响。易氧化的品种,探讨是否通氮气或加抗氧剂等条件的变化。总之要根据品种剂型性能不同,设计必要的影响因素实验,选择出稳定的制剂处方,根据本项研究结果,对光敏感的制剂应采取避光包装,对易吸湿的产品则应用防潮包装,对不耐高温的产品除严密包装外应低温或阴凉处贮存。

6. 申报资料要求

剂型选择依据整理于综述资料第一项中,其他资料应整理总结于药学资料第一项中,即制剂处方与工艺研究资料及文献资料。

(1) 完整处方　完整处方应包括原辅料名称、数量、产品规格。数量以 1000 个剂量单位计,如 1000 片,同时应说明各辅料在处方中的作用。

(2) 制剂工艺与工艺流程图　应写明详细的制备过程与操作步骤,画出流程图,并应说明使用设备情况,制备工艺过程应与大生产相一致。

（3）处方依据、处方筛选与工艺研究过程 按前述第二和第三项所述要求整理，根据试验结果如实总结，试验方法、结果与结论，可以用图表说明。特别是制剂基本性能与稳定性应将结果附表，经过放大试验的处方与工艺可以整理在本项目内。

（4）原辅料质量标准及生产厂家。

（5）参考文献资料。

® 达标检测题

一、选择题

（一）单项选择题

1. 汤剂制备时，对于人参等贵重药材应（ ）
  A. 先煎   B. 后下   C. 包煎
  D. 另煎   E. 烊化

2. 含有毒性药材的酊剂每1ml相当于（ ）
  A. 0.1g   B. 0.2g   C. 0.5g
  D. 1g   E. 1.5g

3. 散剂的水分含量不得超过（ ）
  A. 5%   B. 6%   C. 9%
  D. 12%   E. 8%

4. 正确浸出过程是（ ）
  A. 浸润、渗透、解吸、溶解
  B. 浸润、渗透、解吸、溶解、扩散
  C. 浸润、溶解、过滤、浓缩、干燥
  D. 浸润、渗透、扩散、置换、乳化
  E. 浸润、溶解、扩散、置换

5. 最常用的超临界流体是（ ）
  A. 氮气   B. CO   C. CO_2
  D. 氦气   E. 氧气

6. 配制药液时，搅拌的目的是增加药物的（ ）
  A. 润湿性   B. 表面积   C. 溶解度
  D. 溶解速度   E. 稳定性

7. 苯甲酸钠在咖啡因溶液中的作用是（ ）
  A. 延缓水解   B. 防止氧化
  C. 增溶作用   D. 助溶作用
  E. 防腐作用

8. 根据Stokes定律，与微粒沉降速率呈正比的是（ ）
  A. 微粒的半径   B. 微粒的直径
  C. 分散介质的黏度   D. 微粒半径的平方
  E. 分散介质的密度

9. 用作矫味、助悬的糖浆的浓度是（ ）
  A. 20%（g/ml）   B. 50%（g/ml）
  C. 65%（g/ml）   D. 85%（g/ml）
  E. 95%（g/ml）

10. 我国药典对0.3g以上片剂的片重差异的限度是（ ）
  A. 5%   B. 7.5%   C. 10%
  D. 15%   E. 12%

11. 大输液的滤过、灌封要求的洁净级别是（ ）
  A. D级   B. C级   C. B级
  D. 无洁净度要求   E. A级

12. 某含钙注射剂中为防止氧化通入的气体应该是（ ）
  A. O_2 B. H_2 C. CO_2
  D. 空气   E. N_2

13. 滴眼剂允许的pH范围为（ ）
  A. 6～8   B. 5～9   C. 4～9
  D. 5～10   E. 4～8

14. 倍散的稀释倍数由剂量决定，通常百倍散是指（ ）
  A. 10份稀释剂与1份药物均匀混合的散剂
  B. 100份稀释剂与10份药物均匀混合的散剂
  C. 9份稀释剂与1份药物均匀混合的散剂
  D. 90份稀释剂与10份药物均匀混合的散剂
  E. 99份稀释剂与1份药物均匀混合的散剂

15. 按崩解时限检查法检查，普通片剂应在（ ）内崩解。
  A. 15min   B. 30min   C. 60min
  D. 20min   E. 10min

16. 下列包糖衣顺序正确的是（ ）
  A. 隔离层→糖衣层→粉衣层→色衣层→打光
  B. 粉衣层→糖衣层→隔离层→色衣层→打光
  C. 粉衣层→隔离层→糖衣层→色衣层→打光
  D. 粉衣层→隔离层→色衣层→糖衣层→打光
  E. 隔离层→粉衣层→糖衣层→色衣层→打光

（二）配伍选择题

题1.～5.
  A. 3min完全崩解   B. 15min以内崩解

C. 30min 以内崩解　　D. 60min 以内崩解

E. 人工胃液中 2h 不得有变化，人工肠液中 1h 完全崩解

1. 普通压制片（　　）

2. 分散片（　　）

3. 糖衣片（　　）

4. 肠溶衣片（　　）

5. 薄膜衣片（　　）

题 6. ～10.

分析下列乳剂基质的处方

A. 白凡士林　　　　　300g

B. 十二醇硫酸酯钠　　10g

C. 尼泊金乙酯　　　　1g

D. 甘油　　　　　　　120g

E. 蒸馏水加至　　　　1000g

6. 油相（　　）

7. 水相（　　）

8. 乳化剂（　　）

9. 保湿剂（　　）

10. 防腐剂（　　）

（三）多项选择题

1. 以乙醇为提取溶剂的浸提方法有（　　）

A. 煎煮法　　B. 浸渍法　　C. 渗滤法

D. 回流法　　E. 水蒸气蒸馏法

2. 适用于渗滤法提取的有（　　）

A. 含贵重药的制剂　　B. 含毒性药的制剂

C. 含黏性药材的制剂　　D. 高浓度制剂

E. 新鲜的易于膨胀的药材制剂

3. 浸渍法的应用特点为（　　）

A. 溶剂的用量大，有效成分浸出完全

B. 能直接制得高浓度的制剂

C. 适用于含黏性药物制剂的提取

D. 浸出液的量代表一定的药材量

E. 适用于含新鲜的易于膨胀药物制剂的提取

4. 下列哪些注射方式的注射剂一般不得添加防腐剂（　　）

A. 皮下注射　　B. 肌内注射

C. 静脉注射　　D. 皮内注射

E. 脊椎腔注射

5. 用于表示表面活性剂特性的是（　　）

A. RH　　　　B. CMC　　　C. HLB 值

D. Krafft 点　　E. 昙点

6. 我国《药品生产质量管理规范》把空气洁净度分为哪几个等级（　　）

A. A 级　　　　B. E 级　　　C. B 级

D. C 级　　　　E. D 级

7. 下列关于口服固体剂型吸收快慢的顺序正确的是（　　）

A. 颗粒剂＞散剂＞胶囊剂

B. 散剂＞颗粒剂＞胶囊剂

C. 胶囊剂＞片剂＞丸剂

D. 片剂＞胶囊剂＞丸剂

E. 散剂＞颗粒剂＞片剂

8. 药物制剂临床前研究内容包括（　　）

A. 剂型选择

B. 处方前研究及处方筛选

C. 制剂工艺研究

D. 初步质量研究及评价

E. 书写并提交申报资料

9. 申报资料要求的内容包括（　　）

A. 完整处方

B. 制剂工艺与工艺流程图

C. 处方依据、处方筛选与工艺研究过程

D. 原辅料质量标准及生产厂家

E. 参考文献资料

二、填空题

1. 原辅料混合时如果重量差异大可以用＿＿＿＿＿＿＿法加入。

2. 干法制粒压片包括＿＿＿＿＿、＿＿＿＿＿。

3. 生产眼膏剂的不溶性药物应通过＿＿＿＿＿号筛。

4. 复方碘溶液中的碘化钾为＿＿＿＿＿溶剂。

5. 制滴丸时油溶性药物要选择＿＿＿＿＿溶性冷凝液。

6. 二价皂与三价皂为＿＿＿＿＿型乳化剂。

7. 要求为等渗水溶液，不得加抑菌剂，注射量不得超过 10ml 的注射剂为＿＿＿＿＿注射剂。

8. 含有大量固体粉末（达 25%～70%）的软膏剂称＿＿＿＿＿。

9. 洁净生产区的洁净级别为＿＿＿＿＿、＿＿＿＿＿和＿＿＿＿＿区域。

10. 药物制剂制备工艺研究分为＿＿＿＿＿、＿＿＿＿＿和＿＿＿＿＿。

三、简答题

1. 丹参浸膏可用以制备哪些剂型？制备过程中，加乙醇的目的何在？

2.如何防止煎膏"返砂"？

3.简述药液精制的常用方法及水提醇沉法的操作过程及注意事项。

4.注射剂的附加剂有哪几类？说明各类附加剂的代表物。

5.片剂制备的主要方法有哪些？列出湿法制粒压片的工艺流程图。

四、实例分析题

1.下列为硝酸甘油片处方

硝酸甘油	0.6g	（　　）
17%淀粉浆	适量	（　　）
硬脂酸镁	1.0g	（　　）
乳糖	88.8g	（　　）
共制成	1000 片	（　　）

根据处方回答下列问题：

（1）在括号里写出硝酸甘油片各成分的作用。

（2）说明硝酸甘油片采用何种压片法制备，制备时的注意事项。

2.下列为维生素C注射液处方

维生素C	104g	（　　）
$NaHCO_3$	49g	（　　）
$NaHSO_3$	3g	（　　）
EDTA-2Na	0.05g	（　　）
注射用水加至	1000ml	

根据处方回答下列问题：

（1）在括号里写出维生素C注射液各成分的作用。

（2）说明维生素C注射液制备时应注意哪些问题。

PPT 课件

达标检测题答案